职业教育专科、本科计算机类专业新形态一体化教材

Windows Server 网络操作系统项目化教程

蒋建峰　孙金霞　编　著

电子工业出版社
Publishing House of Electronics Industry
北京·BEIJING

内 容 简 介

本书采用项目任务式教学理念,充分体现学生的学习认知规律,以真实的企业网络服务器管理为场景,引入实际工程案例,内容涉及 Windows Server 2022 网络操作系统的配置与管理,应用服务的搭建与维护。整体教学内容分为 12 个教学单元,包括操作系统的安装、用户和组管理、部署域服务、管理组策略、管理文件系统和磁盘、部署文件服务器与打印服务器,以及配置 DHCP、Web、DNS、FTP 等网络服务等。全书引例一线贯穿,基于学校—企业—业务场景精心设计,每个单元通过引例描述简单概述本单元的核心教学知识点,让学生明确教学任务。每个任务又分为任务陈述、知识准备、任务实施、任务拓展 4 个环节。其中,任务陈述简要描述本单元教学的任务目标,让学生明确本单元教学任务的重点和难点;知识准备是详细解释本单元任务知识点原理的环节,以实例实践为重点,让学生通过"做中学、学中做"掌握知识点;任务实施通过综合实例详细阐述本单元的知识点和技能点,提高学生系统运用知识点和技能点的能力;任务拓展是单元知识点和技能点的延伸,用来加强学生对知识的拓展,促进知识与技能的紧密结合。

本书结构新颖合理,知识点全面,配套 PPT、微课视频、电子活页等数字化资源,实用性强,可作为高等职业院校计算机类相关专业 Windows Server 2022 网络操作系统课程的教学用书,也可作为相关从业人员的实践指导用书。

未经许可,不得以任何方式复制或抄袭本书之部分或全部内容。
版权所有,侵权必究。

图书在版编目(CIP)数据

Windows Server 网络操作系统项目化教程 / 蒋建峰,孙金霞编著. -- 北京:电子工业出版社,2025.6.
ISBN 978-7-121-50212-5
Ⅰ.TP316.86
中国国家版本馆 CIP 数据核字第 2025ZW1627 号

责任编辑:李 静
印　　刷:三河市良远印务有限公司
装　　订:三河市良远印务有限公司
出版发行:电子工业出版社
　　　　　北京市海淀区万寿路 173 信箱　邮编　100036
开　　本:787×1092　1/16　印张:23.25　字数:473 千字
版　　次:2025 年 6 月第 1 版
印　　次:2025 年 6 月第 1 次印刷
定　　价:59.80 元

凡所购买电子工业出版社图书有缺损问题,请向购买书店调换。若书店售缺,请与本社发行部联系,联系及邮购电话:(010)88254888,88258888。

质量投诉请发邮件至 zlts@phei.com.cn,盗版侵权举报请发邮件至 dbqq@phei.com.cn。
本书咨询联系方式:(010)88254604 或 lijing@phei.com.cn。

前 言

党的二十大报告中指出,推动战略性新兴产业融合集群发展,构建新一代信息技术、人工智能、生物技术、新能源、新材料、高端装备、绿色环保等一批新的增长引擎。

为贯彻落实党的二十大精神,以培养高素质技能人才助推产业和技术发展,建设现代化产业体系,编者依据新一代信息技术领域的岗位需求和院校专业人才目标编写了本书。

Windows Server 系列操作系统是现阶段功能较强大、较容易掌握的网络操作系统之一,具有显著的可靠性、可管理性和安全性,非常适合搭建中小型企业网络中的各种服务。随着互联网行业的发展,云计算、虚拟化等技术成为网络领域的热门技术,全球服务器的数量每年增长的速度极快,而 Windows Server 操作系统在服务器操作系统的市场占有率有着绝对优势,因此,掌握 Windows Server 操作系统管理能力是从事网络系统管理相关工作的必备技能。

本书第 1 版的内容基于 Windows Server 2019 操作系统,本次改版将版本升级至 Windows Server 2022,这是截至本书编写时最新的版本,于 2021 年发布。它继续增强了系统性能,并提供了对现代硬件和技术的支持。它还提供了更好的云集成和 AI 功能,常见的版本有标准版和数据中心版。

本书结合当前网络操作系统的技术和成果,采用任务驱动的项目化教学方法,从学生认知规律的角度将教学内容分为 12 个教学单元,每个教学单元围绕几个基本任务展开知识讲解。

本书的内容安排以基础性和实践性为重点,力图在介绍 Windows Server 2022 网络操作系统基本工作原理的基础上,注重对学生实践技能的培养。本书列举了当前网络中流行的网络操作系统,主要内容涉及 Windows Server 网络操作系统的配置与管理,应用服务的配置与管理,其目的在于使学生通过学习本书,掌握计算机网络操作系统的管理,理解有关网络操作系统的一系列工业标准。各单元的任务又包括 4 个环节:任务陈述——讨论明确的任务目标,展示任务效果,直观地培养学生对知识点的兴趣;

知识准备——详细介绍任务知识点的原理，围绕实例展开详细描述；任务实施——通过综合知识的应用提高学生系统运用知识点和技能点的能力；任务拓展——拓展知识的深度和广度，提高知识点中技巧的应用水平。

本书具有以下几个特点。

1. 落实立德树人根本任务

全书引例一线贯穿，基于学校—企业—业务场景精心设计，介绍国产网络操作系统，如红旗 Linux、银河麒麟、SPG 思普操作系统等，激发学生爱国热情和使命担当；引入中国顶级域名 CN，国产硬件品牌，如华为、联想、紫光、星火等知名厂商，提升学生民族自豪感；注重培养学生团队协作意识、岗位责任意识、网络安全意识、法律法规意识，引导学生立志成为刻苦钻研，爱岗敬业，精益求精，德、智、体、美、劳全面发展的大国工匠。

2. 产教融合、校企双元开发

教学任务精心设计，由行业专家和教学名师联合编写，提供真实的实践实训环境，为学生营造了通过实践来感悟问题的情境。围绕任务展开学习，教学内容安排符合当代职业教育能力培养的基本要求和规律。全书基于工作过程系统化方法，由浅入深地设计了 28 个进阶式项目任务，将知识点融入各项目中，内容对接职业标准和企业岗位需求。

3. 赛教结合，融入竞赛最新内容

教学内容基于最新的全国职业院校技能大赛"网络系统管理"赛项的"服务构建"模块进行设计，增加主辅域服务器，分布式文件系统 DFS，L2TP VPN，子域 DNS 服务器等竞赛内容。

4. 数字资源丰富，创新教材形态

利用虚拟化技术打造教、学、做一体化的项目实训平台，每台计算机都可以同时模拟 4 台以上的 Windows Server 网络操作系统服务器及客户端，模拟企业真实网络运行环境，每个学生都可以扮演网络管理员和客户角色，能够快速、方便地完成 Windows Server 网络操作系统的配置与管理任务。本教材配套 PPT、微课视频、电子活页等数字化资源，为教学提供最大便利。

本书建议授课 48/64 学时，教学单元与课时安排见表 1。

表 1　教学单元与课时安排

单　　元	单元名称	学　　时
单元 1	认知和安装网络操作系统	2
单元 2	域服务的配置与管理	6/8
单元 3	用户和组的创建与管理	4

续表

单　元	单元名称	学　时
单元 4	配置与管理组策略	4
单元 5	磁盘的配置与管理	4
单元 6	文件服务器的配置与管理	4/6
单元 7	打印服务器的配置与管理	4
单元 8	路由与远程服务的配置	4/8
单元 9	DHCP 服务器的配置与管理	4
单元 10	DNS 服务器的配置与管理	4/8
单元 11	Web 服务器的配置与管理	4/8
单元 12	FTP 服务器的配置与管理	4

本书由蒋建峰、孙金霞和福建中锐网络股份有限公司资深网络工程师、教研总监任超等共同编写，参与本书编写工作的还有张运嵩、张娴等老师，全书由蒋建峰负责统稿。

由于编者水平有限，书中难免存在不妥之处，敬请各位老师和同学指正。

编　者

教材资源服务交流 QQ 群
（QQ 群号：684198104）

目 录

单元1　认知和安装网络操作系统 ……………………………………… 1

任务1-1　安装VMware Workstation ………………………………………2
1.1.1　虚拟机简介 ………………………………………………………2
1.1.2　虚拟机的网络连接方式 …………………………………………4

任务1-2　安装和配置Windows Server 2022网络操作系统 ………………7
1.2.1　网络操作系统概述 ………………………………………………7
1.2.2　Windows Server 2022网络操作系统 …………………………8
1.2.3　国产网络操作系统 ………………………………………………10

单元小结 ……………………………………………………………………19
单元练习题 …………………………………………………………………19

单元2　域服务的配置与管理 ……………………………………………… 21

任务2-1　安装域服务并验证 ………………………………………………22
2.1.1　域服务概述 ………………………………………………………23
2.1.2　子域控制器 ………………………………………………………27

任务2-2　主域控制器与辅助域控制器的配置 ……………………………44
2.2.1　主域控制器与辅助域控制器概述 ………………………………45

任务2-3　安装只读域控制器 ………………………………………………48
2.3.1　只读域控制器 ……………………………………………………49

单元小结 ……………………………………………………………………56
单元练习题 …………………………………………………………………56

单元3　用户和组的创建与管理 ……………………………………………… 58

任务3-1　新建本地用户和组 ……………………………………………… 59
3.1.1　本地用户和组 …………………………………………………… 60
任务3-2　新建域用户、组和组织单位 …………………………………… 69
3.2.1　域用户和组 ……………………………………………………… 69
3.2.2　组织单位 ………………………………………………………… 74
单元小结 …………………………………………………………………… 83
单元练习题 ………………………………………………………………… 83

单元4　配置与管理组策略 ……………………………………………………… 86

任务4-1　本地安全策略 …………………………………………………… 87
4.1.1　组策略 …………………………………………………………… 87
4.1.2　本地组策略 ……………………………………………………… 90
任务4-2　创建域环境的安全策略 ………………………………………… 98
4.2.1　域环境中的组策略 ……………………………………………… 98
单元小结 …………………………………………………………………… 112
单元练习题 ………………………………………………………………… 112

单元5　磁盘的配置与管理 ……………………………………………………… 114

任务5-1　配置NTFS权限 ………………………………………………… 115
5.1.1　文件系统 ………………………………………………………… 116
5.1.2　NTFS权限 ……………………………………………………… 118
5.1.3　NTFS压缩和加密 ……………………………………………… 121
任务5-2　配置基本磁盘和动态磁盘 ……………………………………… 128
5.2.1　磁盘分类 ………………………………………………………… 128
5.2.2　磁盘配额 ………………………………………………………… 130
单元小结 …………………………………………………………………… 145
单元练习题 ………………………………………………………………… 146

单元6　文件服务器的配置与管理　148

任务6-1　配置共享文件夹和文件服务器　149
6.1.1　共享文件夹　149
6.1.2　文件服务器概述　151
任务6-2　安装与管理分布式文件系统　161
6.2.1　分布式文件系统概述　162
6.2.2　DFS复制　164
单元小结　177
单元练习题　177

单元7　打印服务器的配置与管理　179

任务7-1　安装与设置打印服务器　180
7.1.1　打印服务概述　180
任务7-2　管理打印服务器　188
7.2.1　配置与管理打印服务器　188
单元小结　193
单元练习题　193

单元8　路由与远程服务的配置　195

任务8-1　配置静态和动态路由　196
8.1.1　路由的基本概念　197
8.1.2　安装远程访问服务　198
任务8-2　配置VPN连接　212
8.2.1　VPN概述　212
单元小结　226
单元练习题　226

单元9　DHCP服务器的配置与管理　228

任务9-1　添加并授权DHCP服务　229
9.1.1　DHCP概述　230

IX

任务9-2　构建DHCP中继代理服务器 ··· 244
　　9.2.1　DHCP中继代理 ··· 244
单元小结 ·· 254
单元练习题 ·· 254

单元10　DNS服务器的配置与管理 ··· 256

任务10-1　DNS服务配置与管理 ·· 257
　　10.1.1　域和域名 ··· 257
　　10.1.2　DNS服务 ··· 258
　　10.1.3　DNS资源记录 ·· 263

任务10-2　配置子域DNS与委派 ·· 277
　　10.2.1　子域DNS ··· 277
　　10.2.2　DNS转发器 ·· 279

任务10-3　配置DNS辅助区域 ·· 288
　　10.3.1　DNS辅助区域 ·· 288
　　10.3.2　DNS区域传送 ·· 290

单元小结 ·· 295
单元练习题 ·· 295

单元11　Web服务器的配置与管理 ··· 297

任务11-1　Web站点配置与管理 ·· 298
　　11.1.1　Web服务 ·· 298
　　11.1.2　Web站点配置 ·· 301

任务11-2　Web多站点配置与管理 ··· 315
任务11-3　Web虚拟目录 ·· 321
单元小结 ·· 332
单元练习题 ·· 332

单元12　FTP服务器的配置与管理 ··· 334

任务12-1　添加FTP服务 ·· 335
　　12.1.1　FTP服务 ·· 336

任务12-2　FTP站点的配置与管理 …………………………………………… 341
　　12.2.1　FTP站点 ……………………………………………………………341
任务12-3　FTP隔离用户 …………………………………………………………… 352
　　12.3.1　FTP隔离用户的功能 ………………………………………………353
单元小结 ………………………………………………………………………………… 359
单元练习题 ……………………………………………………………………………… 359

单元 1

认知和安装网络操作系统

学习目标

【知识目标】
- 了解虚拟机的基本概念。
- 熟悉 VMware 与 VMware Workstation。
- 了解主流和国产网络操作系统。
- 熟悉 Windows Server 网络操作系统的各个版本。
- 熟悉 Windows Server 2022 网络操作系统的特色和功能。

【技能目标】
- 掌握 VMware Workstation 虚拟软件的安装方法。
- 掌握 Windows Server 2022 网络操作系统的安装方法。
- 掌握 Windows Server 2022 网络操作系统基本信息的设置方法。

【素养目标】
- 培养严谨细致、敢于创新的职业精神。
- 明确操作系统的重要性,激发科技报国情怀和使命担当。

引例描述

Svist 学院网络专业的小宋同学进入一家 IT 企业实习,成为一名网络管理员。部门经理告诉小宋,作为一个网络工程师,首先要具有责任意识,敢于创新,养成精益求精的职业素养。他要求小宋将公司的物理服务器的操作系统升级为 Windows Server 2022 网络操作系统,方便以后为公司部署各种业务,小宋抱着谦虚的态度请教了网络专业的孙老师。

孙老师要求他从以下三方面了解网络操作系统。

一是，了解目前主流的网络操作系统有哪些。

二是，了解 Windows Server 网络操作系统有哪些版本。

三是，了解如何利用虚拟机技术构建 Windows Server 网络操作系统。

任务 1-1 安装 VMware Workstation

安装 VMware 虚拟机和 VMware（理论）

任务陈述

VMware Workstation 是一款功能强大的桌面虚拟计算机软件。它允许用户在 Windows 或 Linux 计算机上运行不同的操作系统，可以模拟一个标准的物理计算机（Physical Computer，PC）环境或完整的网络环境，并为开发、测试和部署新的应用程序提供了解决方案。虚拟机和真实的计算机一样，都有 CPU、内存、硬盘、网卡、USB 等设备。在本任务中完成 VMware Workstation 17 的安装（低版本的 VMware Workstation 软件不支持 Windows Server 2022 操作系统，VMware Workstation 16.2 以上的版本才支持）。

知识准备

1.1.1 虚拟机简介

虚拟机（Virtual Machine，VM）是通过软件模拟的具有完整硬件系统功能的、运行在一个完全隔离环境中的完整计算机系统。一般来讲，在物理计算机上能够完成的任务，在虚拟机中都能够实现。在物理计算机中创建虚拟机时，需要将物理计算机的部分硬盘和内存容量作为虚拟机的硬盘与内存容量。每台虚拟机在逻辑上都有独立的互补金属氧化物半导体（Complementary Metal Oxide Semiconductor，CMOS）、硬盘和操作系统，可以像使用物理计算机一样对虚拟机进行操作。

在虚拟环境中的计算机系统常会用到以下概念。

- 物理计算机：简称物理机，通常指运行虚拟机的物理计算机硬件系统，又称宿主机。
- 主操作系统（Host OS）：物理机中运行的操作系统。
- 客户操作系统（Guest OS）：虚拟机中运行的操作系统，这些操作系统也能在物理机中运行，如 Linux、Windows、UNIX 等。
- 虚拟硬件（Virtual Hardware）：指虚拟机通过软件模拟出来的硬件配置，如 CPU、内存、硬盘等。

1. 虚拟服务器

虚拟服务器，也称虚拟主机或共享主机，是指在物理机上建立的一台或多台虚拟机，由虚拟机来完成网络服务工作。各台虚拟机之间完全独立并可由用户自行管理，"虚拟"并非指"不存在"，而是指它们是由实体的服务器延伸而来的，其硬件系统可以基于服务器群，或者基于单个服务器。

互联网服务器通过硬件服务器虚拟成虚拟服务器，这样可以节省硬件成本。一台虚拟服务器可以逻辑划分给多个服务单位，对外表现为多个服务器，从而充分利用服务器的硬件资源，可以提供多种服务如 HTTP、DHCP、FTP、EMAIL 等。

2. 虚拟软件

虚拟软件，也称虚拟机软件，是一种可以在计算机平台和终端用户之间建立虚拟环境的软件。这种虚拟软件通过模拟真实计算机的运行环境，使用户在这个虚拟环境中像在真实计算机中一样运行程序。当前主流的虚拟软件有 VMware、Virtual Box、Hyper-V、Virtual PC 和 Bochs 等，它们都能够在 Windows 操作系统上虚拟出多台虚拟机。

传统虚拟机可以模拟出其他种类的操作系统，但传统虚拟机需要模拟底层的硬件指令，因此传统虚拟机运行应用程序的速度稍慢，这是传统虚拟机和当前的虚拟软件最大的区别。

VMware 公司的总部位于美国加利福尼亚州帕洛阿尔托，VMware 公司是全球云基础架构和移动商务解决方案的提供商，提供基于 VMware 的解决方案。VMware 公司通过改造数据中心和整合公有云业务，实现任意云端和设备上各种应用的管理。VMware 公司最常见的产品就是 VMware Workstation，VMware Workstation 是一款功能强大的桌面虚拟计算机软件。VMware 桌面产品的使用非常简单便捷，不仅具有友好的图形界面，还提供了丰富的特性和工具，如实时快照、拖曳共享文件夹、支持 PXE 等，支持当前多种主流的网络操作系统，如 Windows、Linux（CentOS、UOS、Ubuntu）及 UOS 等，并且提供多平台版本。

1.1.2 虚拟机的网络连接方式

在 VMware Workstation 中，虚拟机的网络连接主要是由 VMware 创建的虚拟交换机负责实现的，VMware 可以根据需要创建多个虚拟网络。VMware 的虚拟网络都是以"VMnet+ 数字"的形式来命名的，如 VMnet0、VMnet1、VMnet2。一般情况下，虚拟机在建立之后需要和宿主机通信，虚拟机中主要可选的三种网络连接模式分别为桥接模式、NAT 模式和 Host-only 模式。

1. 桥接模式

桥接（Bridge）模式是比较容易实现的网络连接方式。Host 主机的物理网卡和 Guest 客户机的虚拟网卡在 VMnet0 上通过虚拟网桥进行连接，也就是说，Host 主机的物理网卡和 Guest 客户机的虚拟网卡处于同等地位，此时的 Guest 客户机就好像是宿主机所在网段上的另外一台计算机。如果宿主机上存在 DHCP 服务器，那么宿主机和 Guest 客户机都可以通过 DHCP 的方式获取 IP 地址。

2. NAT 模式

NAT（Network Address Translation，网络地址转换）模式主要用于虚拟机通过宿主机连接互联网，也就是说虚拟机通过宿主机才能连接上网。虚拟机自己不能连接互联网，宿主机负责虚拟机收/发数据时的 IP 地址转换，在这种情况下，虚拟机的 IP 地址对外是不可见的。

3. Host-only 模式

Host-only 模式的网络为一个与外界隔离的网络。Host-only 模式的虚拟网络适配器仅对宿主机可见，并在虚拟机和宿主机系统之间提供网络连接。与 NAT 模式相比，Host-only 模式不具备 NAT 功能，因此在默认情况下，使用 Host-only 模式连接的虚拟机无法连接互联网。

任务实施

VMware Workstation 虚拟机在 Windows 或 Linux 计算机上运行，可以模拟标准的 PC 硬件系统环境。本任务以安装 VMware Workstation 17 的 Windows 版本为例，介绍 VMware Workstation 虚拟软件的安装和配置过程。

（1）双击 VMware Workstation 软件安装文件，安装向导界面如图 1-1 所示，单击"下一步"按钮。

（2）打开"最终用户许可协议"界面，如图 1-2 所示，单击"下一步"按钮。

（3）打开"自定义安装"界面，选择安装路径，本任务选择默认路径"C:\Program Files (x86)\VMware\VMware Workstation\"，并勾选"将 VMware Workstation 控制台工具添加到系统 PATH"复选框，如图 1-3 所示，单击"下一步"按钮。

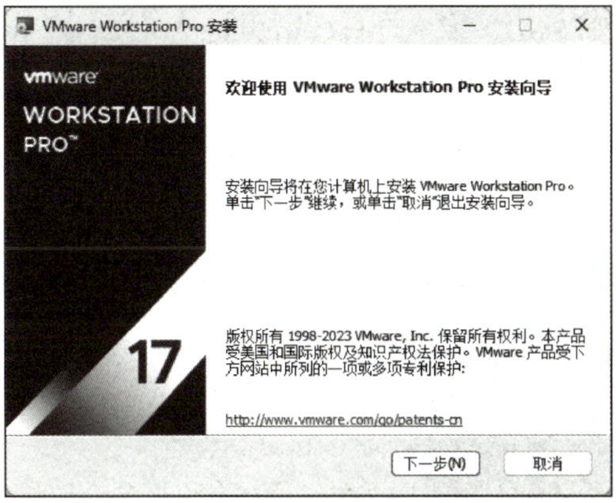

单元 1　认知和安装网络操作系统

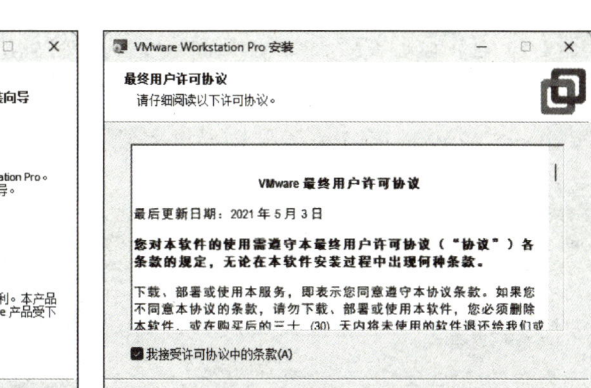

图 1-1　安装向导界面　　　　　图 1-2　"最终用户许可协议"界面

（4）打开"快捷方式"界面，创建桌面快捷方式，按照默认配置，如图 1-4 所示，单击"下一步"按钮。

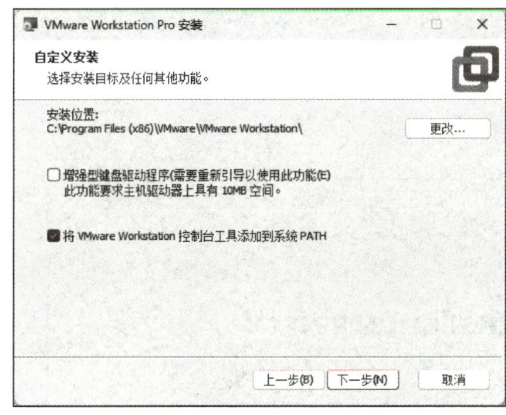 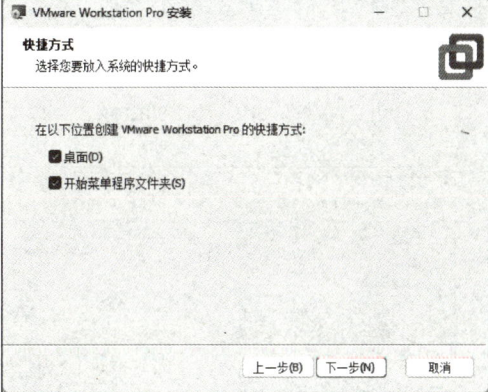

图 1-3　"自定义安装"界面　　　　　图 1-4　"快捷方式"界面

（5）打开"已准备好安装 VMware Workstation Pro"界面，单击"安装"按钮，软件开始安装，过程如图 1-5 所示。

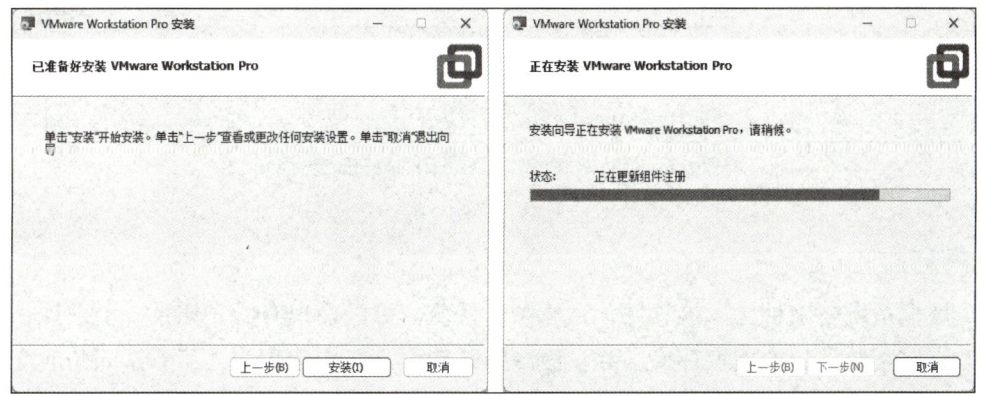

图 1-5　安装过程

5

（6）首次运行 VMware Workstation 时可能会弹出"输入许可证密钥"界面，如图 1-6 所示，输入 VMware Workstation 的许可证密钥，输入密钥后单击"输入"按钮即可打开"VMware Workstation Pro 安装向导已完成"界面，如图 1-7 所示，单击"完成"按钮。

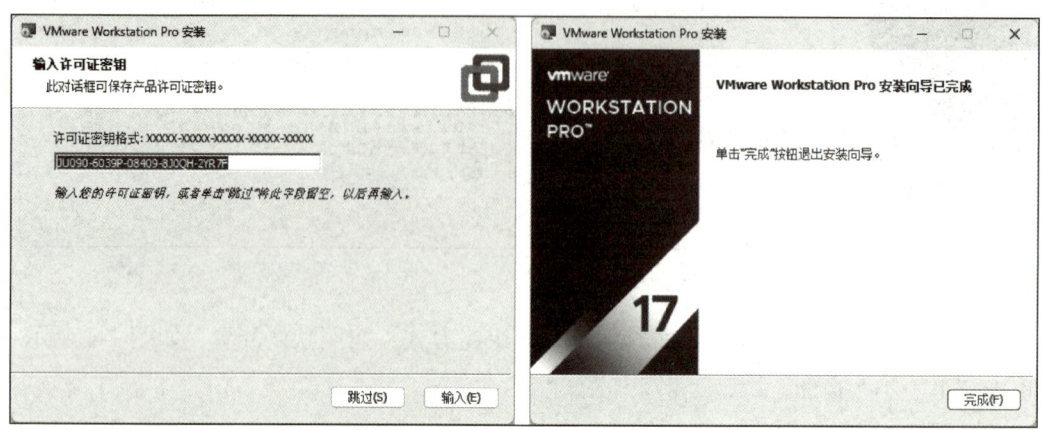

图 1-6 "输入许可证密钥"界面　　　　图 1-7 "VMware Workstation Pro 安装向导已完成"界面

（7）进入 VMware Workstation 17 的工作界面，如图 1-8 所示。

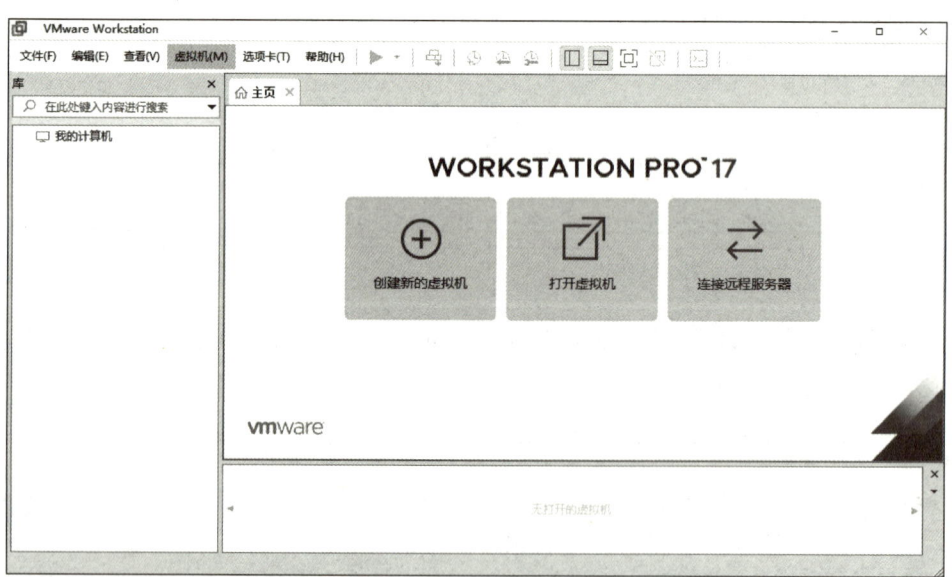

图 1-8　VMware Workstation 17 的工作界面

任务拓展

虚拟系统是一种计算机软件，又称影子系统，可以在现有的实体系统上虚拟出一个与真实系统类似的虚拟环境，并在该虚拟环境中运行应用程序，所有访问与改变操作系统的活动都被限制在该环境下，即虚拟系统与实体系统是隔离的，虚拟系统中的

单元 1　认知和安装网络操作系统

活动不会造成实体系统的改变。

虚拟系统主要用于保护用户的实体系统，它可以构建现有实体系统的虚拟影像（影子模式），影子模式与真正的实体系统完全一样，用户可以随时选择进入或退出这个影子模式。用户进入影子模式后，所有操作都是虚拟的，不会对真正的实体系统产生影响，一切在影子模式下所做的改变在退出影子模式后随之消失。因此在虚拟系统中，所有病毒、木马程序、流氓软件都无法侵害真正的实体系统，它们的所有操作都只是假象。

虚拟系统和虚拟机的功能相似但不完全相同，虚拟系统和虚拟机的不同在于虚拟系统只能模拟与当前操作系统相同的虚拟环境，而虚拟机可以模拟出其他类型的操作系统。虚拟机需要模拟底层的硬件指令，所以在运行应用程序的速度上比现有的宿主机操作系统要慢得多。

任务 1-2　安装和配置 Windows Server 2022 网络操作系统

任务陈述

著创公司的部门经理要求小宋在办公室新购置的服务器中安装 Windows 网络操作系统，作为办公室的文件服务器。文件服务器的操作系统为企业版的 Windows Server 2022 网络操作系统，该操作系统的初始配置要求如下。

- 计算机名称：server1。
- IP 地址：192.168.0.100。
- 子网掩码：255.255.255.0。
- 网关：192.168.0.254。

安装 Windows Server 2022

知识准备

1.2.1　网络操作系统概述

网络操作系统（Network Operating System，NOS）是一种特殊的操作系统，它是计算机网络的核心软件，主要是为网络中的计算机提供高效、稳定的通信服务。网络操作系统能够管理和控制网络中的各种硬件与软件资源，实现网络中的数据处理、信息共享、网络通信和安全管理等功能。

网络操作系统通常分为服务器端操作系统和客户端操作系统。服务器端操作系统主要负责管理和控制网络中的各种资源与设备，如文件服务器、数据库服务器、邮件

7

服务器等,同时还需要对网络流量进行监控和管理,以确保网络的稳定运行。客户端操作系统则主要为用户提供各种网络服务,如文件访问、网页浏览、邮件收发等。

常见的网络操作系统有 Windows Server、Linux、UNIX 等。其中,Windows Server 是微软公司开发的服务器端操作系统,具有易于使用、功能强大等特点;Linux 是一种开源的服务器端操作系统,具有高度的可定制性和灵活性;UNIX 是一种历史悠久的服务器端操作系统,具有稳定、安全等特点,广泛应用于金融、电信等领域。网络操作系统是计算机网络中不可或缺的重要组成部分,它能够提供高效、稳定的网络服务,促进信息资源的共享和交流。

1.2.2　Windows Server 2022 网络操作系统

在当今信息化的社会中,网络操作系统已成为企业和组织运营的核心组成部分。作为微软公司的重要产品,Windows Server 网络操作系统凭借其稳定性、兼容性和广泛的用户基础,在网络操作系统领域占据了重要的地位。它由微软公司开发,旨在为企业和组织提供高效、安全的网络环境。它提供了多种服务器角色和功能,如文件服务器、Web 服务器、数据库服务器等,以满足不同用户的需求。

Windows Server 网络操作系统内置了强大的安全功能,如防火墙、入侵检测系统等,以保护用户的数据和网络环境免受攻击。此外,它还提供了一套完整的管理工具,如 Server Manager、PowerShell 等,可以帮助管理员轻松地部署、配置和管理服务器。Windows Server 作为一款成熟、稳定的网络操作系统,凭借其强大的功能、完善的安全性和高效的管理工具,已成为企业和组织首选的网络操作系统之一。

一、Windows Server 网络操作系统的版本

Windows Server 网络操作系统有多个版本,以满足不同用户和组织的需求。以下是一些常见的 Windows Server 网络操作系统的版本及其特点。

(1) Windows Server 2003:这是 Windows Server 网络操作系统系列中的早期版本,在 2003 年发布。它提供了一些基本的服务器功能,但在安全性和性能方面存在一定的局限性。

(2) Windows Server 2008:这个版本在 2008 年发布,提供了增强的安全性和性能、更好的虚拟化支持,还引入了一些新的管理工具和功能。

(3) Windows Server 2012:这个版本在 2012 年发布,继续增强了安全性和性能,并引入了新的管理界面和功能。它还提供了更好的云集成和存储选项。

(4) Windows Server 2016:这个版本在 2016 年发布,继续增强了安全性和性能,并引入了新的存储、网络和计算功能,它还提供了更好的容器和虚拟化支持。

(5) Windows Server 2019:这个版本在 2019 年发布,带来了更多的安全性和性能

单元 1　认知和安装网络操作系统

改进，提供了对 AI 和容器的更好支持。它还包括了一些新的功能和工具，简化了服务器的管理和部署。

（6）Windows Server 2022：这个版本在 2021 年发布，继续增强了安全性和性能，同时提供了对现代硬件和技术的支持，以及更好的云集成和 AI 功能，常见的版本有标准版和数据中心版。

1. Windows Server 2022 标准版

Windows Server 2022 标准版是一个性能良好的基础操作系统，通过内置的防御机制、智能安全性和高级威胁防护等功能，为企业提供了强大的安全保障。Windows Server 2022 标准版支持 Azure 混合云集成，使企业能够无缝地将本地服务器和 Azure 云服务结合起来，实现灵活的资源部署和管理。通过支持最新的存储和网络技术，Windows Server 2022 标准版能够帮助企业构建高性能、高可用的存储和网络解决方案。通过 Active Directory 等身份和访问管理解决方案，Windows Server 2022 标准版能够帮助企业实现细粒度的访问控制和单一登录，同时提供了强大的管理工具和功能，如 Windows Admin Center、PowerShell 等，使得服务器的管理和部署变得更加简单与高效。

2. Windows Server 2022 数据中心版

Windows Server 2022 数据中心版（Datacenter Edition）是微软公司为大型企业和数据中心提供的高级且全面的服务器操作系统版本。这个版本提供了一系列强大的功能和技术，以满足高度虚拟化、软件定义的数据中心环境的需求。数据中心版支持不限数量的虚拟机，并允许用户在 Hyper-V（虚拟化产品）上运行不限数量的 Windows Server 容器。Windows Server 2022 数据中心版包含软件定义的数据中心功能，允许通过软件定义、管理网络，存储、计算资源，从而简化数据中心的运维和管理工作。需要注意的是，由于 Windows Server 2022 数据中心版是针对大型企业和高度虚拟化的环境设计的，因此其价格通常会比 Windows Server 2022 标准版的价格高。在选择适合企业需求的服务器网络操作系统版本时，需要综合考虑企业的规模、业务需求、预算等因素。

二、Windows Server 2022 网络操作系统的特色和功能

Windows Server 2022 网络操作系统融合了更多云计算、大数据时代的新特性，包括更先进的安全性，广泛支持容器基础，支持混合云扩展，提供了低成本的超融合架构等。

Windows Server 2022 网络操作系统引入了一系列新的安全特性，如针对数据污染攻击的系统防护，以及通过 HTTPS 的安全 DNS 客户端（DoH）。此外，Windows Server 2022 网络操作系统还提供了对静态数据和传输数据（AES-256 加密）的保护，以确保数据的完整性和安全性。Windows Server 2022 网络操作系统与 Azure 混合云集成更加紧密，用户可以利用 Azure 云服务的优势，使虚拟机保持最新状态，同时最大限度地减少停机时间。这种混合集成使得在本地和云端之间的管理与操作更加顺畅，提高了工作效率和

9

灵活性。

Windows Server 2022 网络操作系统引入了一些新的管理特性，以简化服务器的管理和维护，包括改进了监控和报告工具，增加了对容器和 Kubernetes 等新技术的支持。它还提供了对新应用程序框架和工具的支持，增强了对现有应用程序的兼容能力。

三、Windows Server 网络操作系统的安装方式

Windows Server 网络操作系统有多种安装方式，分别适用于不同的环境，用户可以根据实际需求选择合适的方式进行安装。常见的安装方式有 DVD 光盘安装、升级安装、远程安装及 Server Core 安装等，本任务使用 VMware 虚拟机安装 Windows Server 2022 网络操作系统。

1.2.3　国产网络操作系统

国产网络操作系统主要是指由中国自主研发和生产的网络操作系统。近年来，随着信息技术的快速发展和互联网的普及，国产网络操作系统得到了越来越多的关注和发展。Linux 操作系统作为基础开源软件，在国内得到了广泛应用和二次开发，成为国产网络操作系统的重要组成部分。

目前，国内已经涌现出一批优秀的国产网络操作系统，如红旗 Linux、银河麒麟、SPG 思普网络操作系统等。这些网络操作系统在桌面办公、服务器应用、云计算等领域都有着广泛的应用，并不断推动着国产网络操作系统的技术创新和应用发展。红旗 Linux 作为国内较为成熟和知名的 Linux 发行版本之一，已经在国内外市场取得了一定的成绩。银河麒麟是由中国人民解放军国防科技大学、中软国际、联想公司、浪潮集团有限公司和民族恒星公司合作研制的闭源服务器网络操作系统，具有较高的安全性和稳定性。SPG 思普网络操作系统则是一款集成办公、娱乐、通信等功能的桌面操作系统，具有简单易用、功能丰富等特点。

除了以上提到的网络操作系统，还有许多其他优秀的国产网络操作系统，如中标麒麟、深度操作系统（Deepin）、统一操作系统（UOS）、红旗 Linux、华为鸿蒙操作系统（HarmonyOS）等。这些网络操作系统在各自的领域都有着独特的技术优势和应用特点，共同推动着国产网络操作系统的应用发展。

任务实施

本任务宿主机使用 Window 11 操作系统，通过 VMware Workstation 建立 Windows Server 2022 网络操作系统的虚拟机。

（1）运行 VMware Workstation。

（2）在 VMware Workstation 界面中，单击"创建新的虚拟机"按钮。

单元 1　认知和安装网络操作系统

（3）打开"欢迎使用新建虚拟机向导"界面，选中"典型（推荐）"单选按钮，单击"下一步"按钮。

（4）在打开的"安装客户机操作系统"界面中选中"安装程序光盘映像文件(iso)"单选按钮，此步骤之前需要准备好 Windows Server 2022 网络操作系统的映像文件，如图 1-9 所示。

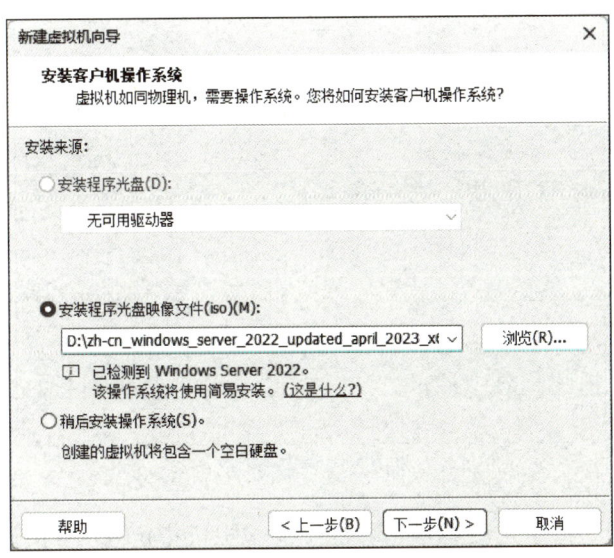

图 1-9　客户端操作系统的安装

（5）单击"下一步"按钮，在打开的"简易安装信息"界面中输入 Windows 产品密钥，在"要安装的 Windows 版本"下拉列表中选择"Windows Server 2022Datacenter"选项，并且设置账号密码为"Svist2030"，如图 1-10 所示，单击"下一步"按钮。

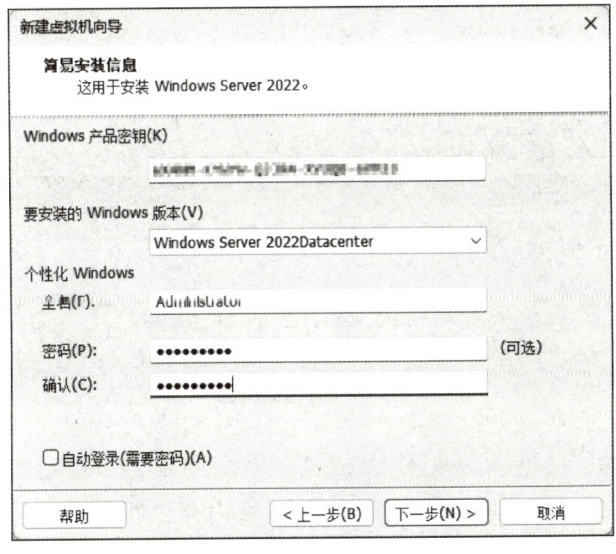

图 1-10　设置安装信息

11

（6）在打开的"命名虚拟机"界面中为新建的虚拟机命名，并且指定虚拟机文件保存的位置，这里设置虚拟机名称为"Windows Server 2022"，位置为"D:\Windows Server 2022"，如图 1-11 所示，单击"下一步"按钮。

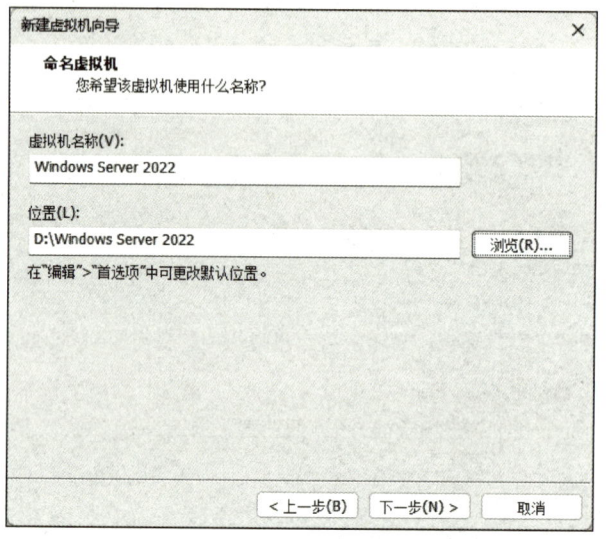

图 1-11　命名虚拟机

（7）在打开的"指定磁盘容量"界面中为虚拟机指定 60GB 的硬盘空间，并选中"将虚拟磁盘拆分成多个文件"单选按钮，如图 1-12 所示，单击"下一步"按钮。

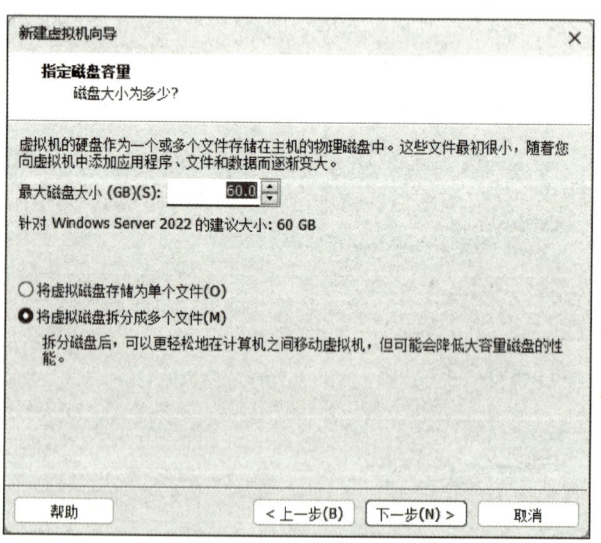

图 1-12　指定磁盘容量

（8）在打开的"已准备好创建虚拟机"界面中单击"自定义硬件"按钮，如图 1-13 所示，可以在打开的"硬件"界面中设置内存、处理器和网络适配器等信息。网络适配器默认的网络连接模式为"NAT 模式"，在本任务中将网络连接模式修改为

12

"桥接模式",如图 1-14 所示,单击"关闭"按钮即可返回"已准备好创建虚拟机"界面,并单击"完成"按钮,创建虚拟机。

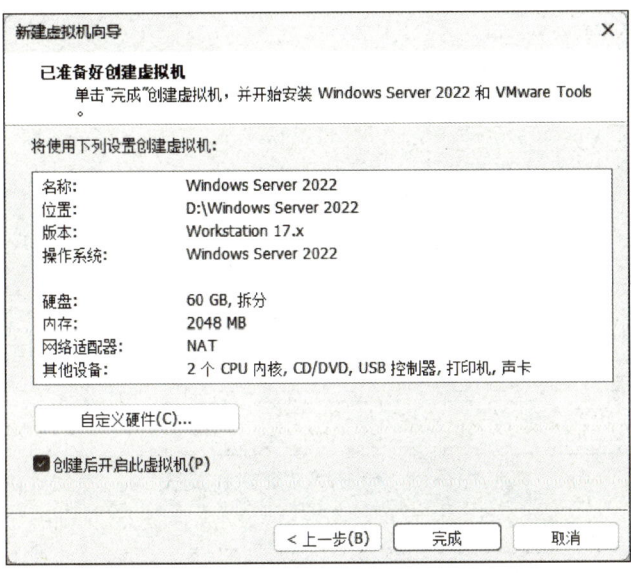

图 1-13 "已准备好创建虚拟机"界面

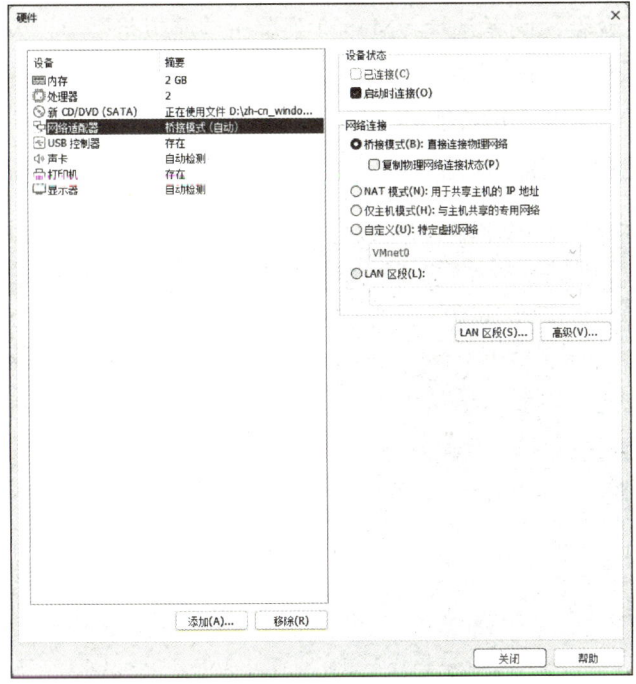

图 1-14 配置硬件信息

(9)虚拟机创建完成后可以直接启动虚拟机,Windows Server 2022 网络操作系统安装程序会自动继续安装,并且一次完成"安装功能""安装更新"等步骤,如图 1-15 所示。

Windows Server 网络操作系统项目化教程

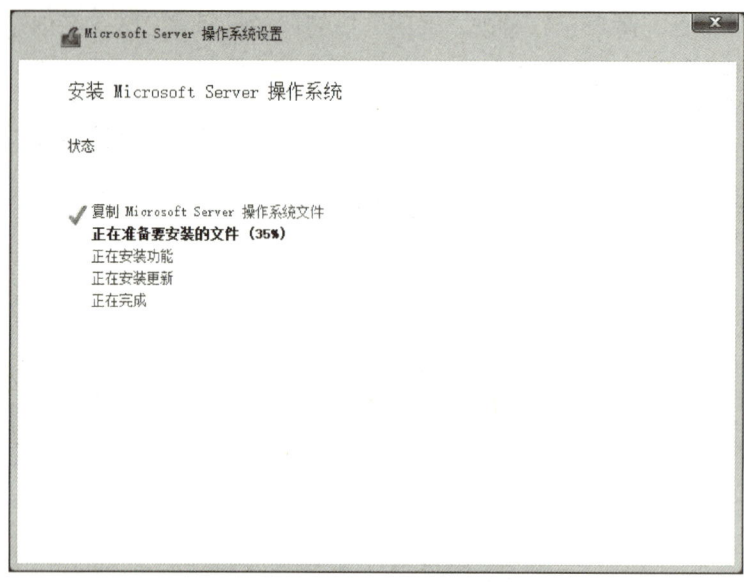

图1-15　网络操作系统安装的过程

（10）在Windows Server 2022网络操作系统安装成功后，登录虚拟机的操作系统时需要用户按"Ctrl+Alt+Del"组合键，由于该组合键已经被宿主机的操作系统使用了，因此在虚拟机中就不能使用该组合键了。在虚拟机主界面中单击获得焦点后，使用"Ctrl+Alt+Ins"组合键，或者选择VMware菜单中"虚拟机"→"发送Ctrl+Alt+Del"命令实现虚拟机操作系统的用户登录。

（11）在如图1-16所示的操作系统登录界面中输入创建操作系统时设定的密码"Svist2030"，直接单击"　"按钮，或者按"Enter"键登录操作系统。

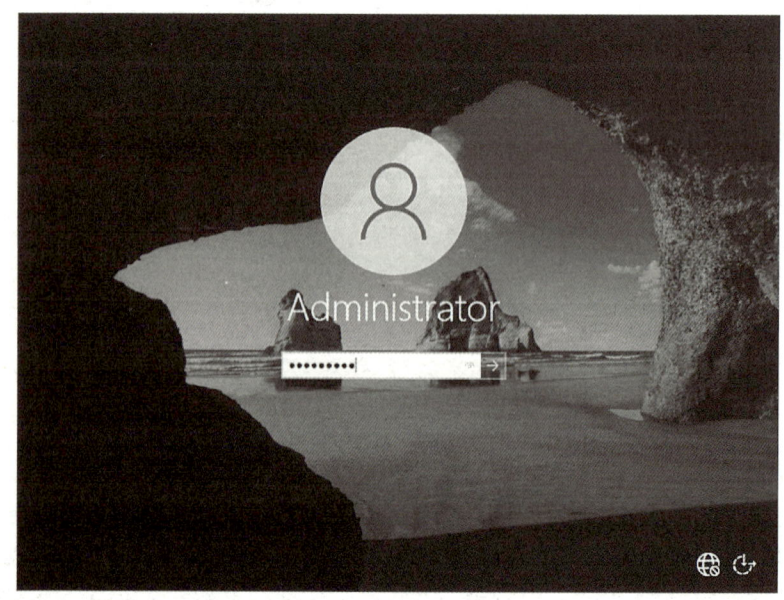

图1-16　操作系统登录界面

（12）登录 Windows Server 2022 网络操作系统成功后，可以在桌面的空白处右击，在弹出的快捷菜单中选择"个性化设置"→"主题菜单"→"桌面图标"命令，把"此电脑""控制面板"等常用图标放到桌面上。右击"此电脑"图标，在弹出的快捷菜单中单击"属性"选项，即可打开计算机系统设置界面，如图 1-17 所示，并单击"重命名这台电脑"按钮。

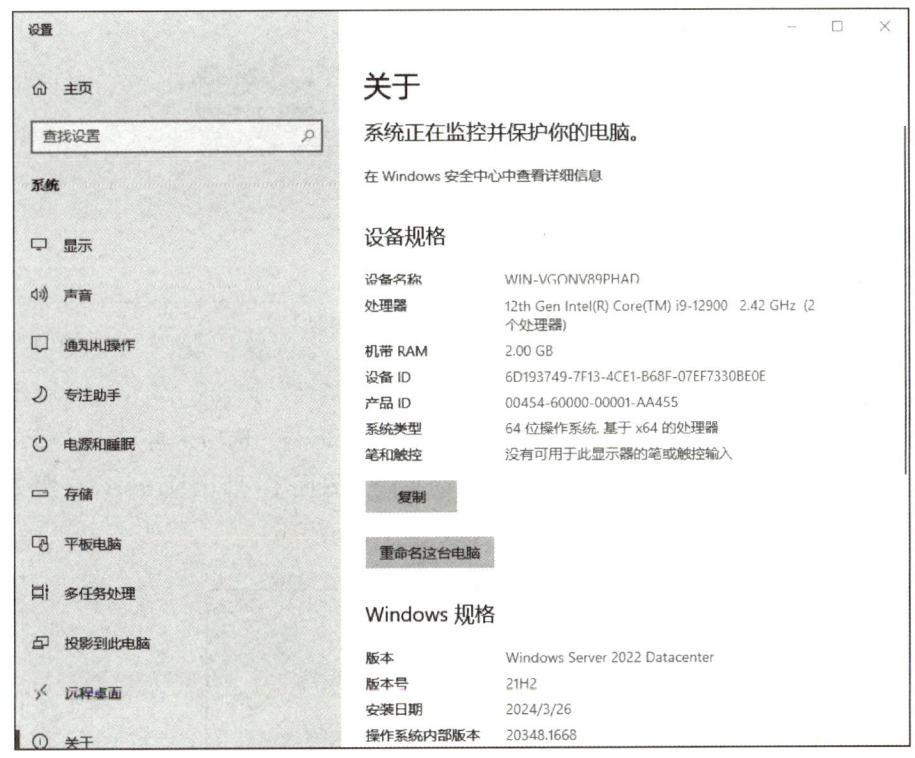

图 1-17　计算机系统设置界面

（13）首先在打开的"重命名你的电脑"界面的文本框中输入计算机的名称"scrver1"，如图 1-18 所示，然后单击"下一页"，"立即重启"按钮，让计算机重新启动以完成计算机的重命名。

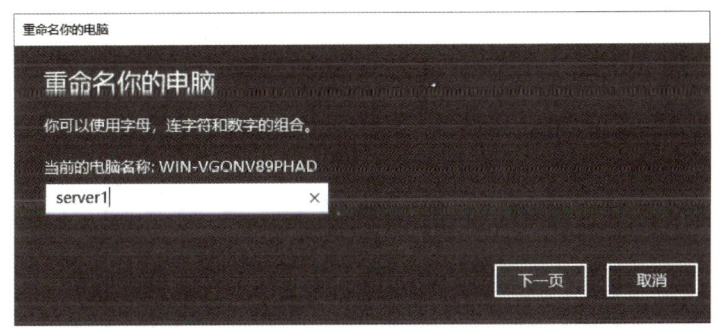

图 1-18　重命名计算机

15

（14）重新启动计算机后，从桌面上打开"控制面板"界面，选择"网络和 Internet"选项，在打开的"网络和共享中心"界面中查看基本网络信息并设置连接，单击"Ethernet0"按钮，如图 1-19 所示。

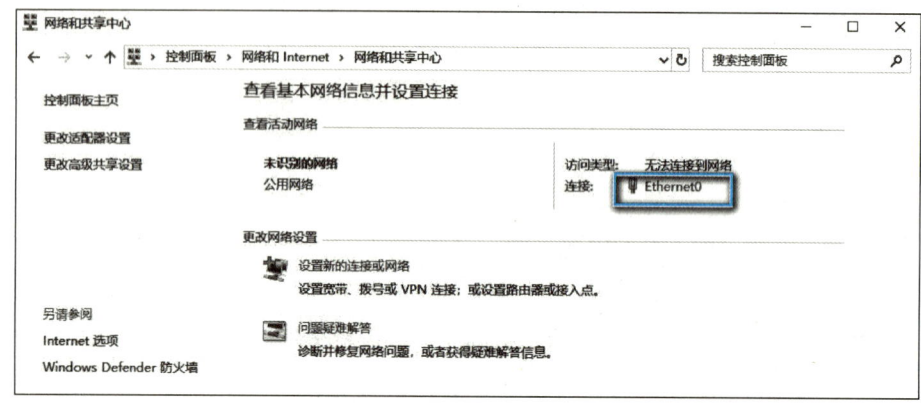

图 1-19 "网络和共享中心"界面

（15）在打开的"Ethernet0 状态"界面中单击"属性"按钮，如图 1-20 所示。在打开的属性界面中先选择"Internet 协议版本 4(TCP/IPv4)"选项，再单击"属性"按钮，在打开的"Internet 协议版本 4(TCP/IPv4) 属性"界面中可以配置 server1 服务器的 IP 地址、子网掩码和默认网关等网络信息，如图 1-21 所示。

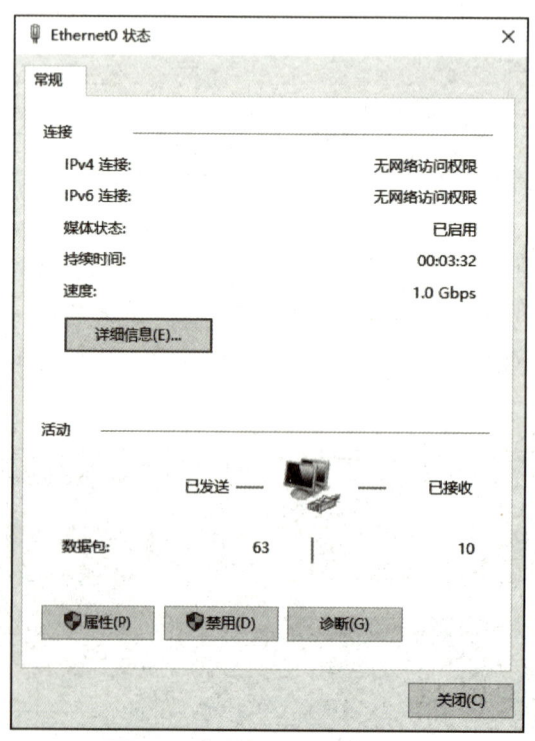

图 1-20 "Ethernet0 状态"界面

单元 1　认知和安装网络操作系统

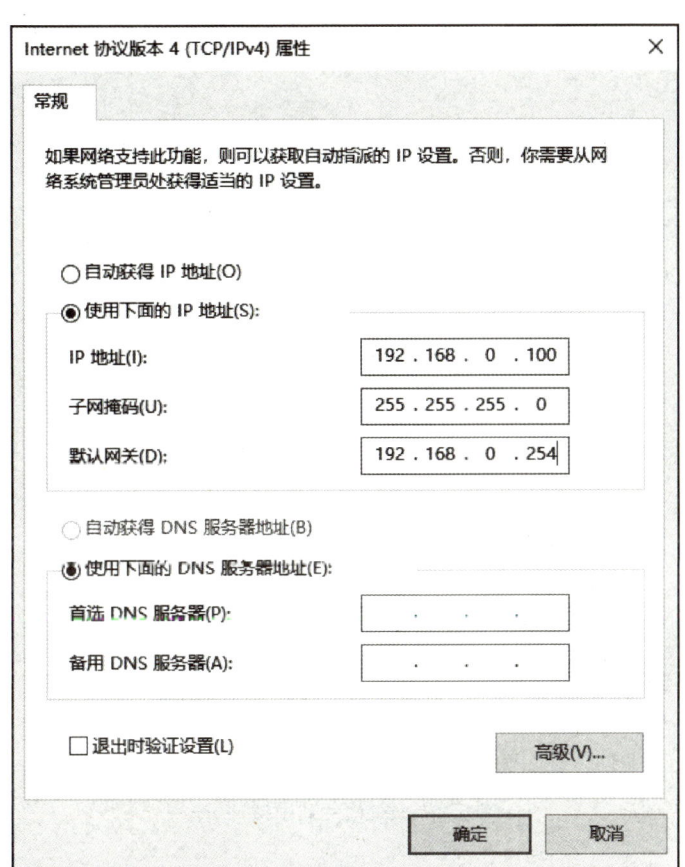

图 1-21　配置网络信息

（16）配置完成后，单击"确定"按钮，最后完成 Windows Server 2022 网络操作系统的配置，另外还可以打开服务器管理器界面，配置服务器的功能和角色。

任务拓展

很多情况下，我们往往需要使用多台 Windows Server 2022 虚拟机模拟真实网络场景，如果已经安装好一台 Windows Server 2022 虚拟机，就可以克隆出多台虚拟机，这样可以省去为新虚拟机安装操作系统的过程，在克隆虚拟机前需要关闭要克隆的虚拟机。

（1）在 VMware 的菜单栏中选择"虚拟机"→"管理"→"克隆"命令，打开"克隆虚拟机向导"界面，如图 1-22 所示。

（2）单击"下一页"按钮，在打开的界面中选择克隆源为"虚拟机中的当前状态"，并单击"下一页"按钮。在打开的"克隆类型"界面中选中"创建完整克隆"单选按钮，如图 1-23 所示，单击"下一页"按钮。

（3）在打开的"新虚拟机名称"界面中输入虚拟机的名称和新虚拟机的保存位置，如图 1-24 所示，单击"完成"按钮。

17

（4）克隆完成后，我们可以看到，在虚拟机列表中已经存在克隆得到的虚拟机，如图 1-25 所示。

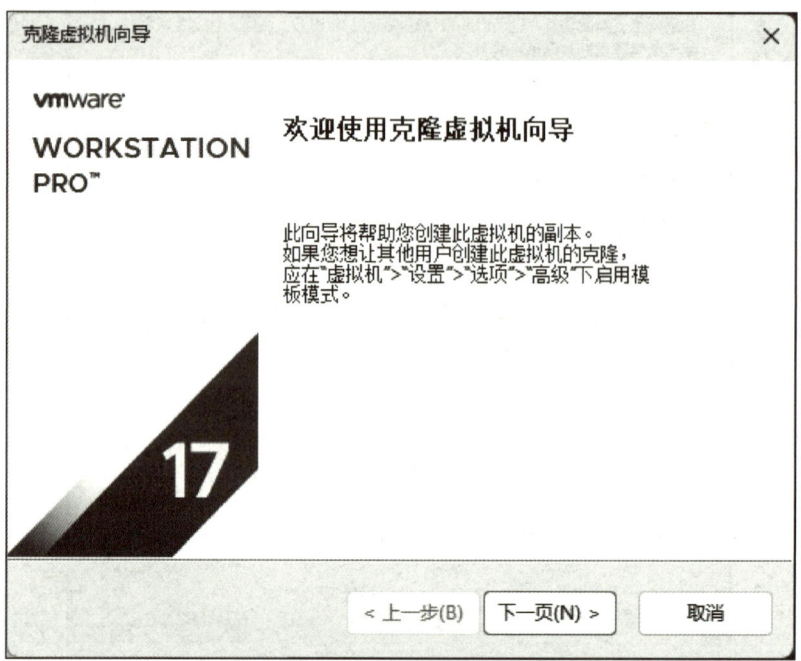

图 1-22 "克隆虚拟机向导"界面

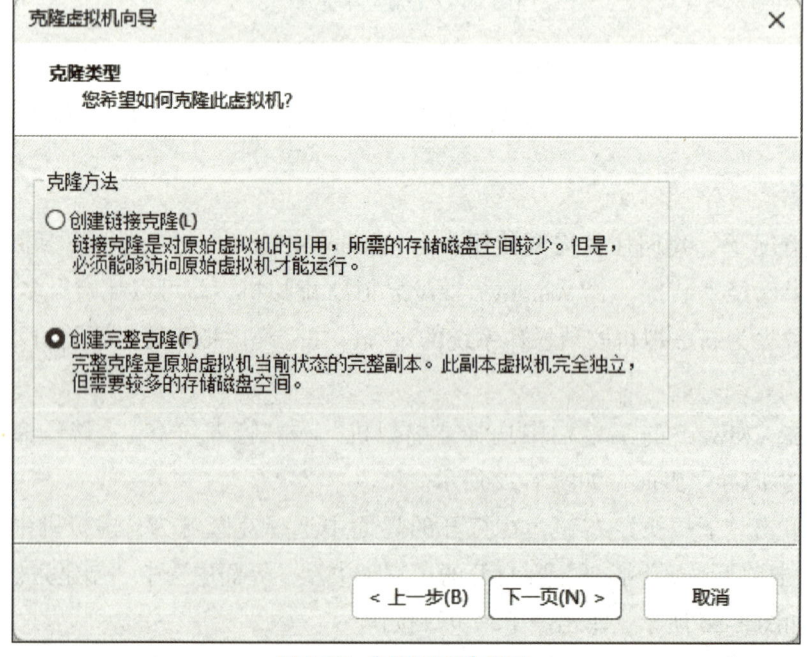

图 1-23 "克隆类型"界面

单元 1　认知和安装网络操作系统

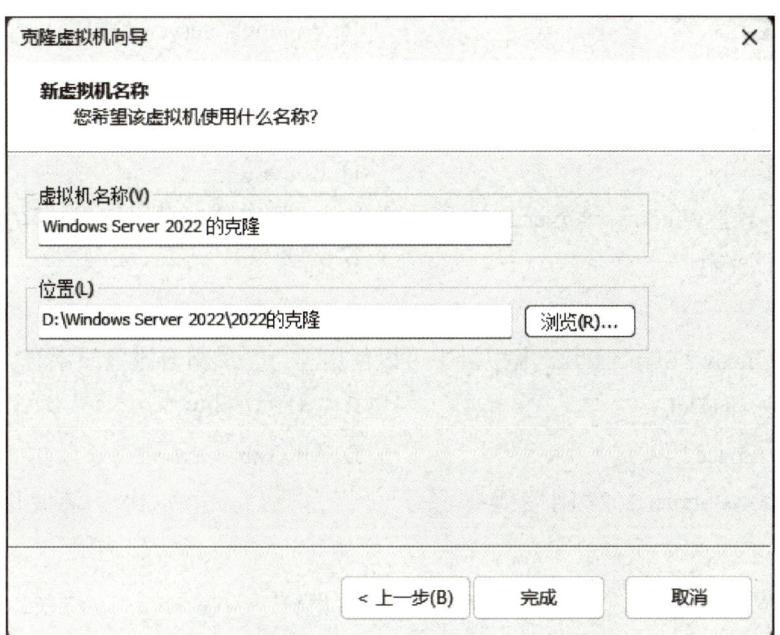

图 1-24　"新虚拟机名称"界面

图 1-25　虚拟机列表

单元小结

Windows Server 2022 网络操作系统能够满足企业和组织日新月异的需求，提供高安全性、可靠性和可用性的服务。Windows Server 2022 网络操作系统具有增强后的新基础结构，它在虚拟化工作负载、运行复杂应用程序和网络安全保护等方面都能提供可靠的平台，在性能和管理等方面具有明显优势。

单元练习题

一、单项选择题

1. 在以下选项中，不属于网络操作系统的是（　　）。

A. UNIX   B. Windows 7

C. DOS   D. Windows Server 2022

2. 在以下选项中，不是 VMware 的网络连接方式的是（   ）。

A. Bridge   B. NAT

C. Host-only   D. Route

3. 以下不是 Windows Server 2022 网络操作系统的安装方式的是（   ）。

A. DVD 光盘   B. 远程

C. 升级   D. 无线安装

4. 在 Windows Server 2022 虚拟机中可以使用（   ）组合键登录系统。

A. Ctrl+Alt+Del   B. Ctrl+Alt+Ins

C. Ctrl+Space   D. Alt+Tab

5. Windows Server 2022 网络操作系统安装完成后，第一次登录使用的账户是（   ）。

A. admin   B. guest

C. root   D. Administrator

6.（   ）是 Windows Server 2022 网络操作系统的新特性。

A. 支持网络虚拟化

B. 对静态数据和传输数据（AES-256 加密）的保护

C. 能够架设 DHCP 服务器

D. 可以加入域管理

二、解答题

1. 简述各版本 Windows Server 2022 网络操作系统的特点。

2. 简述网络操作系统的分类有哪些。

3. 简述目前主流的虚拟软件有哪些。

4. 简述目前国产操作系统有哪些。

单元 2 域服务的配置与管理

学习目标

【知识目标】
- 了解域服务器在网络中的作用。
- 熟悉活动目录的相关概念。
- 理解 Active Directory 域的基本概念。
- 理解域功能级别和林功能级别。
- 理解域和工作组的区别。

【技能目标】
- 掌握 Active Directory 域的创建、安装与配置方法。
- 掌握只读域控制器的安装和配置方法。
- 掌握将 Windows 计算机加入和登录域的方法。
- 掌握活动目录中资源的使用方法。

【素养目标】
- 培养责任意识,养成爱岗敬业的职业素养。
- 提升 ICT 领域专业技术,培养精益求精的大国工匠精神。

引例描述

小宋已经成为著创公司总部的网络管理员。根据规划,该公司打算开始部署服务基础架构。部门经理告诉小宋,按照项目计划,将首先在公司总部部署主域控制器,在子公司部署子域控制器,在分支机构中部署只读域控制器;然后在总部域控制器上创建相应的组织单位，管理公司网络和资源。

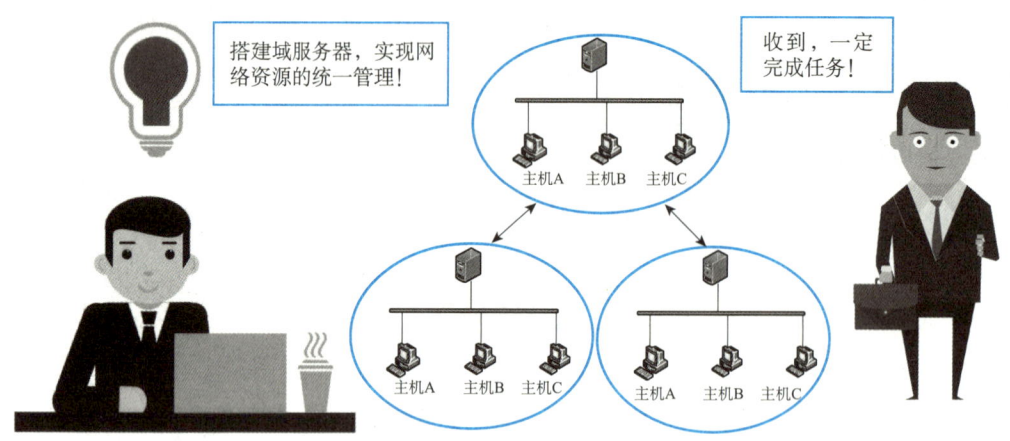

通过查询资料，小宋得知搭建域服务器的基本步骤如下。

第一步，添加域服务角色。

第二步，将该服务器提升为域控服务器。

第三步，在客户端加入该域，使用域中资源。

域服务概述（理论）　网络连接和IP设置

任务 2-1　安装域服务并验证

主域控的设置　客户端加域成功　子域服务器的安装

任务陈述

著创公司总部在上海，网络管理员小宋需要在总部的 Windows Server 2022 操作系统的服务器上，通过添加角色向导进行域服务角色的安装。在安装过程中创建公司的主域控制器 siso.com，设置该服务器 IP 地址为 192.168.0.100，主机名为 server1；创建子域控制器 sie.siso.com，设置该服务器 IP 地址为 192.168.0.101，主机名为 server2，域环境架构如图 2-1 所示。

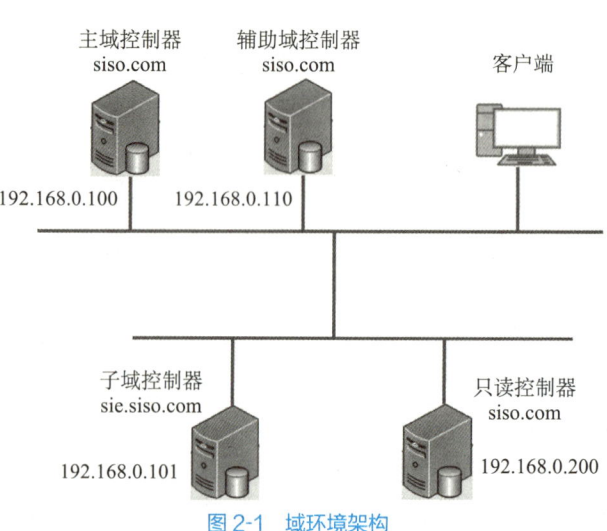

图 2-1　域环境架构

22

知识准备

2.1.1 域服务概述

Windows 活动目录域服务（Active Directory Domain Services，AD DS）是 Windows 网络环境下用于管理网络资源的一种服务，提供了一个分布式数据库，用于存储和管理网络资源的相关信息，其中所有用户账户、计算机、打印机和其他安全主体都可以在一个或多个域控制器所组成的中央计算机群集上的中央数据库中进行注册，如图 2-2 所示。

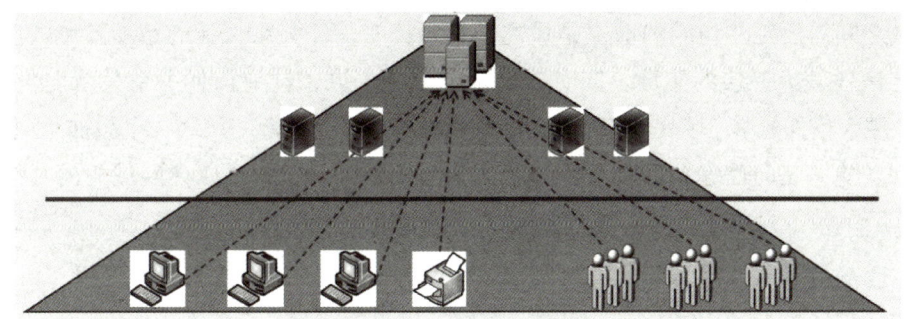

图 2-2　域控制器

在域控制器中进行身份验证，每个在域中使用计算机的用户都会有一个唯一的用户账户，该账户拥有对域内资源的访问权限。

从 Windows Server 2003 版本的网络操作系统开始，Active Directory 成为负责维护该中央数据库的 Windows 组件。Active Directory 是适用于 Windows Standard Server、Windows Enterprise Server 及 Windows Datacenter Server 的目录服务，用于存储网络对象的相关信息。

在国产网络操作系统中，也有一些支持域管理的系统。例如，中兴新支点操作系统就支持域管理功能。该系统基于 Linux 稳定内核，分为嵌入式操作系统（NewStart CGEL）、服务器操作系统（NewStart CGSL）和桌面操作系统（NewStart NSDL）。其中，服务器操作系统和桌面操作系统都支持域管理功能，可以实现集中化的用户管理和权限控制，提高网络安全性和管理效率。

另外，一些以 Linux 为基础二次开发的国产网络操作系统，如红旗 Linux、银河麒麟等，也支持域管理功能。这些网络操作系统通过对 Linux 内核和开源软件的集成与优化，提供了更加稳定、安全和易用的网络操作系统解决方案，可以满足不同领域和行业的需求。需要注意的是，国产网络操作系统的域管理功能需要专业技术人员的支持和管理人员的操作下才能实现，以确保系统的稳定性和安全性。同时，随着技术的不断发展和应用需求的不断变化，国产网络操作系统的域管理功能也需要不断更新和完善，以适应新的挑战和需求。

1. 域的三大边界

域的三大边界分别是安全边界、管理边界和业务边界。其中，安全边界是指在两个域中，一个域中的计算机不能访问另一个域中的资源，这种隔离机制可以确保域内计算机的安全性和数据的保密性。管理边界涉及域的管理和控制，包括用户账户的管理、权限的设置等，可以确保域内的计算机和系统能够正常、高效地运行。业务边界则是指域与业务之间的界限，定义了域内计算机和系统所支持的业务范围与服务内容，可以确保域能够满足业务的需求。

2. 信任

域之间需要互相访问的前提是域之间必须拥有信任关系。新的域加入域树后，这个域会信任其上一层的父域，同时父域也会信任子域，这些信任关系是双向传递的。例如，域A信任域B，域B又信任域C，那么域A自动信任域C。当一个域加入域树后，就会自动建立双向信任关系，只要拥有适当的权限，新域就可以访问域树内其他域的资源。

3. 活动目录

活动目录（Active Directory，AD）存储了网络中各种对象，是 Microsoft 公司提供的一种目录服务，用于 Windows 操作系统，它按照层次结构方式进行信息的组织，方便用户使用。同时，它作为一个动态目录服务，能够实时更新和复制数据。管理员可以在活动目录中创建、修改、删除用户账户和组，活动目录负责验证用户的身份，确保只有经过授权的用户才能访问网络资源。活动目录与域名系统（Domain Name System，DNS）紧密集成，使得网络中的计算机可以通过域名来解析和访问其他计算机中的资源。

活动目录的特性如下。

（1）服务的集成性。
- 活动目录包括的内容更丰富。
- 采用 Internet 标准协议，用户账户可以使用"用户名@域名"表示。
- 与 Internet 的域名空间结构一致。

（2）信息的安全性。
- 支持多种网络安全协议。
- 在活动目录数据库中存储了域安全策略的相关信息。
- 每个对象都有一个独有的安全性描述，主要用于定义浏览或更新对象属性所需要的访问权限。

（3）管理的简易性。
- 以层次结构组织域中的资源。
- 提供了对网络资源管理的单点登录。

- 活动目录允许在线备份，网络系统环境的管理工作变得更加便捷。

（4）应用的灵活性。

- 活动目录具有较强的、自动的可扩展性。系统管理员可以将新的对象添加到应用框架中，并且将新的属性添加到现有对象上。在活动目录中可实现一个域或多个域，每个域中有一个或多个域控制器，多个域可合并为域树，多个域树又可合并成为域林。
- 可以应用到局域网计算机系统环境中，还可以应用到跨地区的广域网系统环境中。

4. 活动目录的逻辑结构

域是活动目录的基本单元，是一组具有相同安全策略和目录数据库的计算机与用户的集合。从安全管理角度讲，域是安全的边界。域由一个或多个域控制器（Domain Controller，DC）管埋，这些域控制器存储着域中的用户账户、组、计算机等对象的信息。域提供了一种将网络资源划分为独立的管理区域的方法，每个域都有自己的安全边界和身份验证机制。

域树是由一组具有连续命名空间的域组成的逻辑结构，由域自动建立的信任关系连接起来。域树允许组织在单个逻辑结构中管理多个域，同时保持域之间的独立性和安全性，活动目录的逻辑结构如图 2-3 所示，域树中的命名空间是有命名原则的，子域包含着父域的域名，例如，子域 sie.siso.com 的后缀包含上一层的域名 siso.com，sales.sie.siso.com 的后缀包含上一层的域名 sie.siso.com。

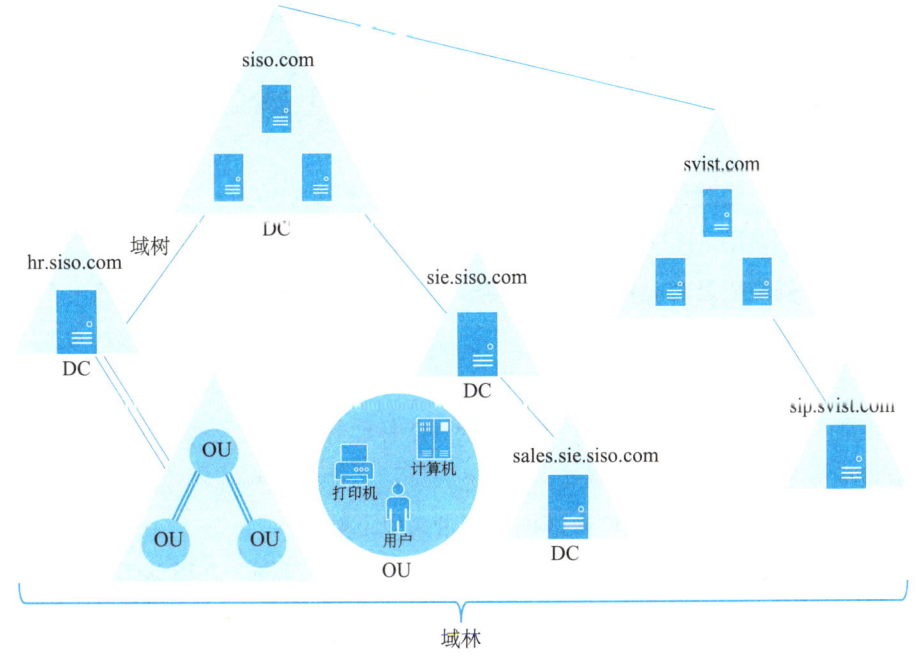

图 2-3 活动目录的逻辑结构

AD DS 中的域和域林功能提供了一种可以在网络环境中启用全域或全林 Active Directory 功能的方法。不同的网络环境有不同级别的域功能和林功能。

组织单位（Organizational Unit，OU）是组织、管理一个域内对象的容器，用于包容用户账户、用户组、计算机、打印机和其他的组织单位层次结构。

5. 活动目录的物理架构

（1）站点（Site）。

在 AD DS 中的站点代表网络的物理结构或拓扑。站点可以被定义为 IP 子网的集合，这些集合之间具有良好的物理连接功能。例如，WAN（Wide Area Network，广域网）带宽及线路等潜在因素都会影响连接能力，而在不同的公司会有不同的物理连接良好的判定标准，但总的来说有三个条件：高带宽、高可靠性、低费用。如果计算机之间的连接满足以上条件，我们就可以判定这些计算机连接良好，在同一个站点内。

区分站点和域很重要，站点代表网络的物理结构，而域代表组织的逻辑结构。在一个站点中，可以有好几个域，或者一个域包含许多站点。站点提供了三个功能：首先，通过站点能更好地控制 Active Directory 复制；其次，站点可以帮助 Active Directory 的客户端找到与自己距离最近的域控制器，快速完成登录验证；最后，站点可以为支持 Active Directory 的应用程序选择本地的服务器资源。

站点有助于促进多种活动，包括以下几种。

- 复制。在站点内，数据更新会触发信息复制，或者根据配置的计划在站点间进行信息复制，AD DS 可以平衡最新目录信息与带宽优化的需要。
- 身份验证。站点信息可以使身份验证更加快速和高效。当客户端登录域时，它首先请求本地站点中的域控制器进行身份验证。建立站点，确保客户端使用最接近它们的域控制器进行身份验证，这会减少身份验证延迟和广域网连接上的流量。
- 服务位置。当其他服务，如活动目录证书服务（AD CS）、Exchange Server 和消息队列，使用 AD DS 存储时，会使用站点和子网信息，从而使客户端能够更轻松地查找最接近的提供服务的对象。

（2）域控制器。

管理员可以使用 AD DS 将网络中的对象（如用户账户、计算机和其他设备）组织到分层的包含结构中。分层包含结构包括 AD 林、林中的域及每个域中的组织单位。运行 AD DS 的服务器称为域控制器。

将网络对象组织成分层的包含结构可以带来以下好处。

- 域林充当组织的安全边界，并定义管理员的权限范围。在默认情况下，域林包含一个林根域。
- 在 AD 林中创建其他域以提供 AD DS 数据的分区，这使组织可以仅在需要的地方复制数据。这使 AD DS 可以在可用带宽有限的网络上进行全局扩展。AD 域还支持许多其他与管理相关的核心功能，包括网络范围内的用户身份管理、身份验证和信任关系。
- 简化了授权，方便管理大量对象。通过委派，所有者可以将对象的全部或有限权限转移给其他用户或组。委派很重要，因为委派有助于将大量对象的管理权限分配给可信任的、可以执行管理任务的人员。

6. AD DS 的功能

通过登录验证身份和对目录中资源的访问控制，可以实现安全性与 AD DS 的集成。通过一次网络登录，网络管理员可以管理整个网络中的目录数据和组织。被授权的网络用户还可以使用单点网络登录访问网络中任何地方的资源。基于策略的管理还简化了复杂网络的管理。

AD DS 的其他功能包括以下几点。
- 组规则，即模式，用于定义目录中包含的对象和属性的类，定义这些对象实例的约束和限制，以及定义它们的名称格式。
- 全局目录，其中包含目录中每个对象的相关信息。用户和管理员可以使用全局目录查找目录信息，而无须考虑目录中的哪个域实际包含数据。
- 一种查询和索引机制，以便网络用户或应用程序发布和找到对象及其属性。
- 一种复制服务，可以在网络上分发目录数据。域中的所有可写域控制器都可以参与复制，并包含域中所有目录信息的完整副本。对目录数据的任何更改都会被复制到域的所有域控制器中。
- 指定操作主机角色，指定具有操作主机角色的域控制器执行特定任务，以确保一致性并消除目录中的冲突条目。

2.1.2 子域控制器

子域控制器负责管理特定子域内的计算机和用户。子域是域的一个子集，它可以用于组织内部的不同部门或分支机构。子域控制器为子域提供认证、授权、安全策略管理、组策略管理、软件分发和更新等功能，确保子域内的计算机和用户得到高效管理。

在一个大型的网络环境中，除了主域控制器，还可以设置多个子域控制器来管理不同的子域。这样不仅可以提高管理的灵活性，还可以提高整个网络的可靠性。如果主域控制器出现故障，则子域控制器仍然可以继续管理其对应的子域，确保业务的连续性。

任务实施

在部署域服务器之前应该先进行规划，明确 IP 地址的分配方案。例如，在本任务中，主域名为 siso.com，IP 地址为 192.168.0.100，主机名为 server1；子域名为 sie.siso.com，IP 地址为 192.168.0.101，主机名为 server2。验证的客户机 IP 为 192.168.0.150，主机名为 win10。

1. 安装域服务器角色

（1）将 Windows Server 2022 虚拟机设置成域服务器，最简单的方法是使用服务器管理器添加域服务器角色，通过"开始"菜单打开"服务器管理器"界面，如图 2-4 所示，单击"添加角色和功能"选项（图 2-4 中两处入口都可以），通过添加角色和功能向导来安装服务。添加服务器向导如图 2-5 至图 2-6 所示。

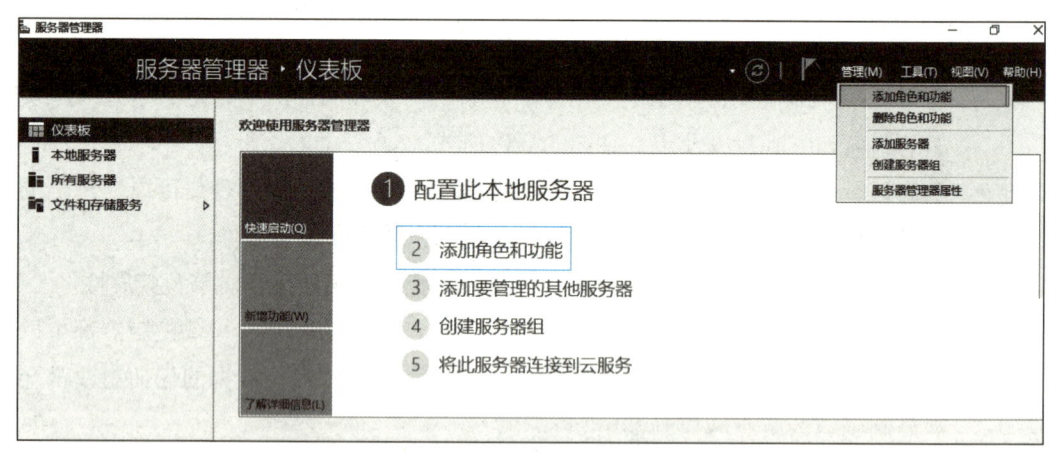

图 2-4 "服务器管理器"界面

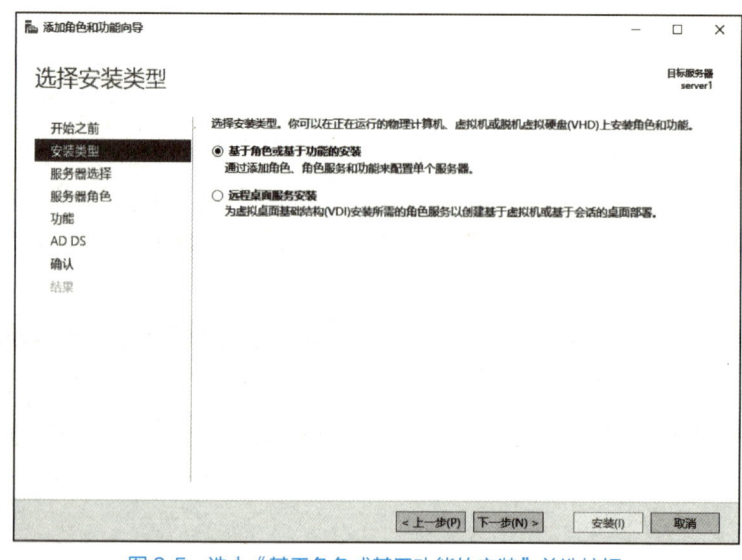

图 2-5 选中"基于角色或基于功能的安装"单选按钮

单元 2　域服务的配置与管理

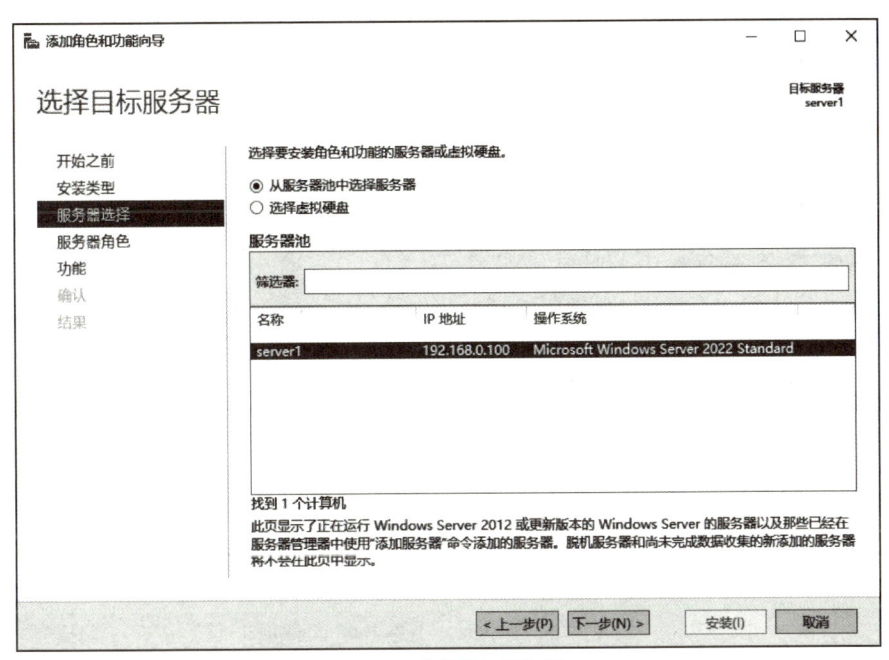

图 2-6　选择目标服务器

（2）在如图 2-7 所示的"选择服务器角色"界面中，如果服务器角色前面的复选框没有被勾选，则表示该网络服务尚未安装。本任务勾选"Active Directory 域服务"复选框，在打开的"添加 Active Directory 域服务 所需的功能？"界面中单击"添加功能"按钮。在打开的"选择功能"界面中选择要添加的功能，如图 2-8 所示，单击"下一步"按钮。

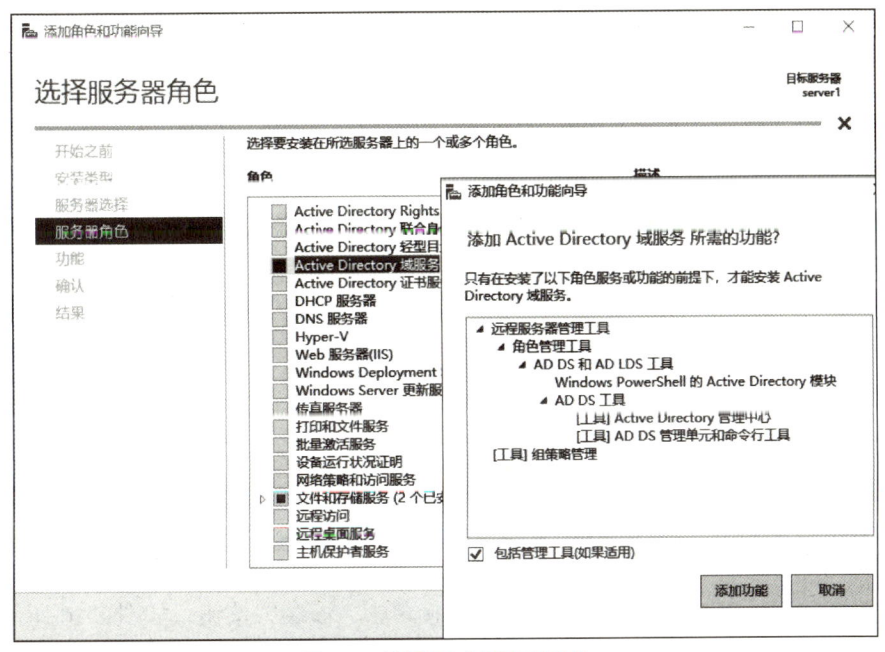

图 2-7　选择添加域服务器角色

29

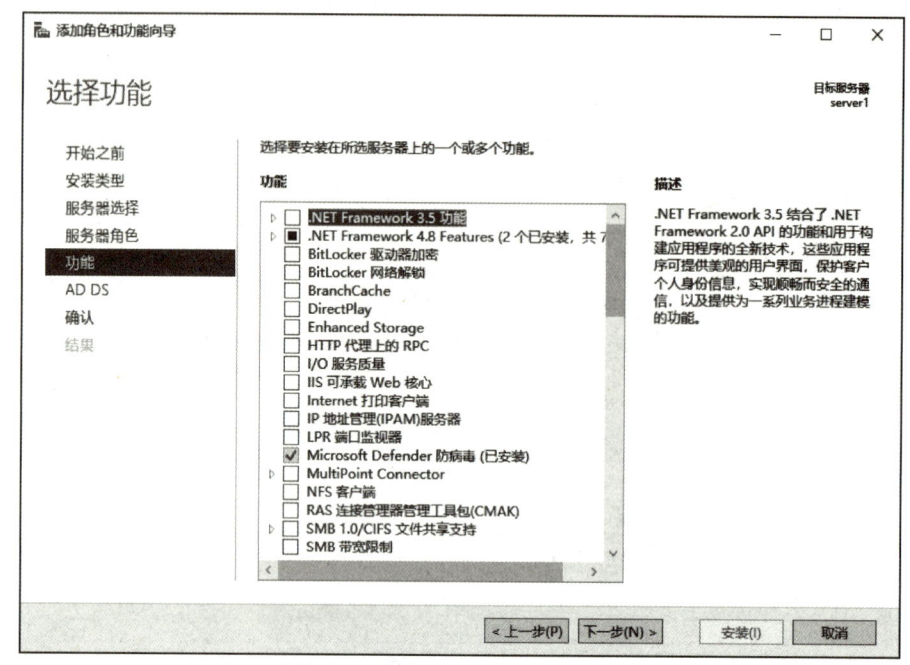

图 2-8　选择要添加的一个或多个功能

（3）在"Active Directory 域服务"界面中直接单击"下一步"按钮，如图 2-9 所示。

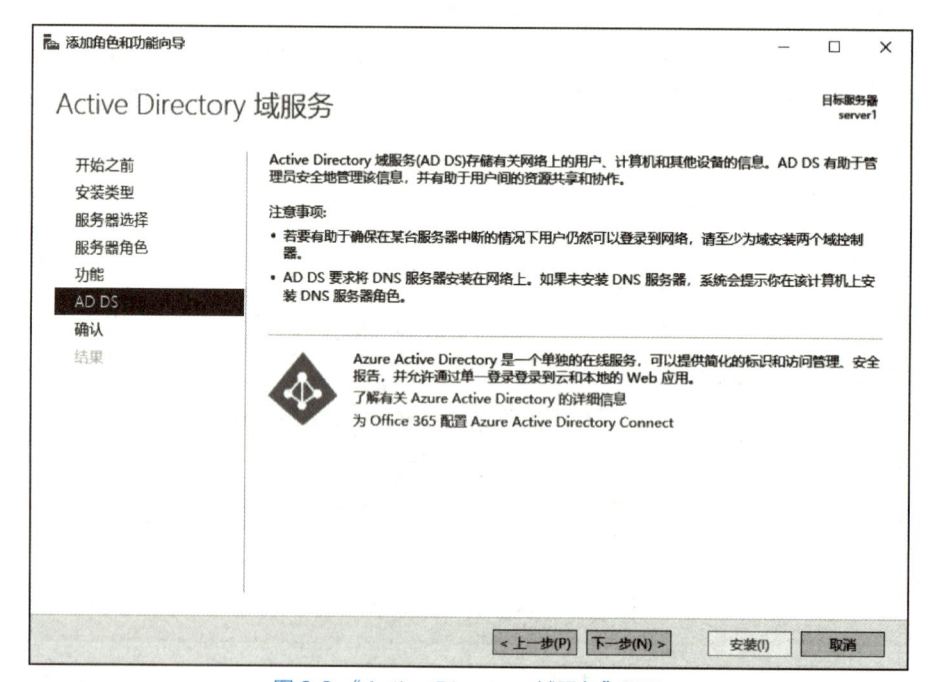

图 2-9　"Active Directory 域服务"界面

（4）在"确认安装所选内容"界面中直接单击"安装"按钮，如图 2-10 所示。

单元 2　域服务的配置与管理

图 2-10　"确认安装所选内容"界面

（5）等待安装结果，如图 2-11 所示。

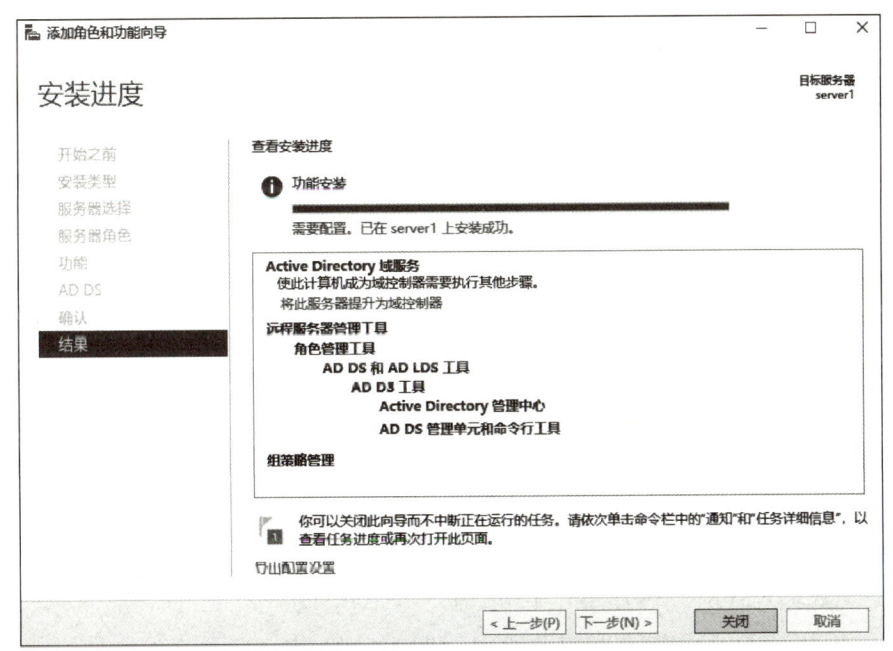

图 2-11　等待安装结果

（6）安装完成域服务角色后，需要将该服务器提升为域控制器。在"服务器管理器"界面的导航菜单中选择"AD DS"选项，单击域服务器配置中的"更多"按钮，打开"所有服务器 任务详细信息"界面，单击"将此服务器提升为域控制器"选项将此服务器提升为域控制器，如图 2-12 所示。

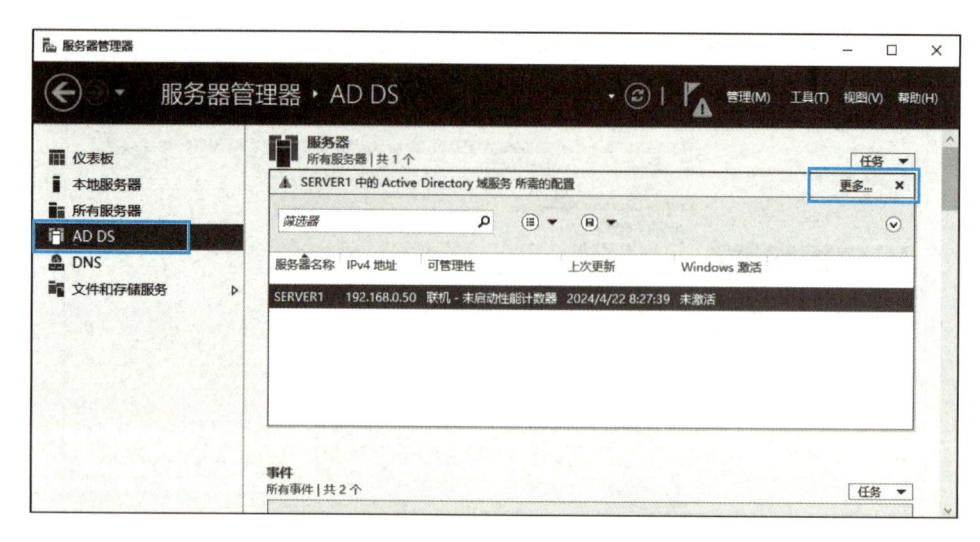

图 2-12　提升该服务器为域控制器

（7）在打开的"部署配置"界面中选中"添加新林"单选按钮，在"根域名"文本框中输入根域名"siso.com"，如图 2-13 所示，单击"下一步"按钮。

（8）在打开的"域控制器选项"界面中设置林和根域的功能级别，并键入目录服务还原模式密码，如图 2-14 所示，单击"下一步"按钮。

（9）在打开的"DNS 选项"界面中按照默认配置，单击"下一步"按钮，如图 2-15 所示。在打开的"其他选项"界面中按照默认配置，单击"下一步"按钮，如图 2-16 所示。

（10）在打开的"路径"界面中设置数据库文件夹和日志文件夹的保存路径，如图 2-17 所示，单击"下一步"按钮。

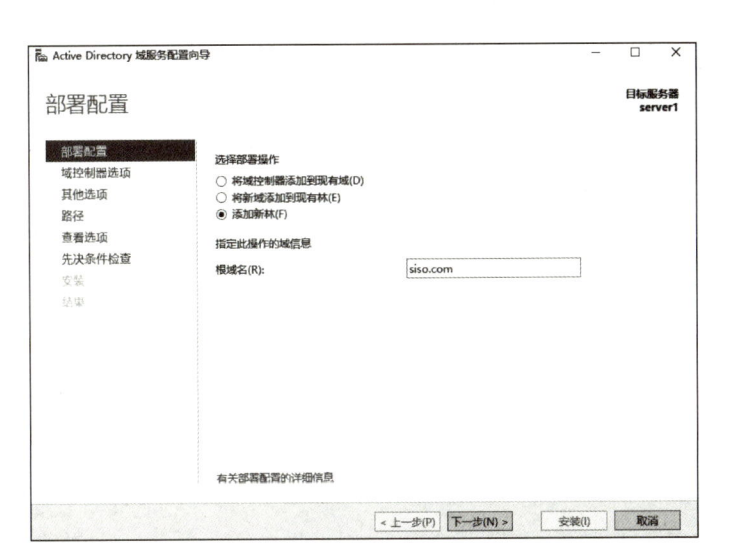

图 2-13 设置根域名

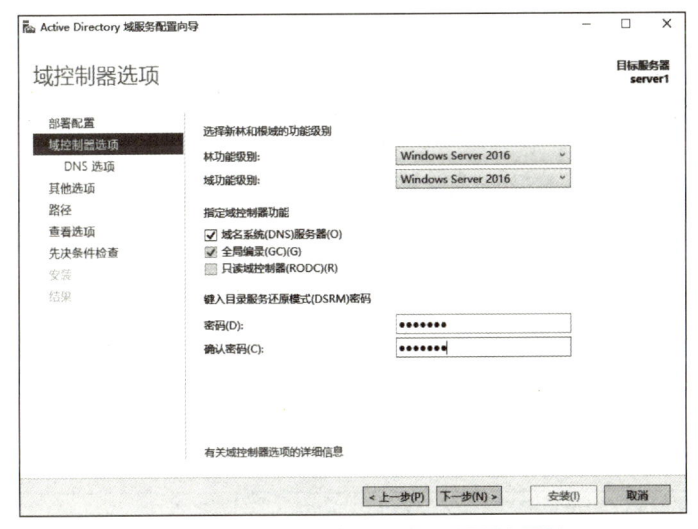

图 2-14 设置林和根域的功能级别并键入密码

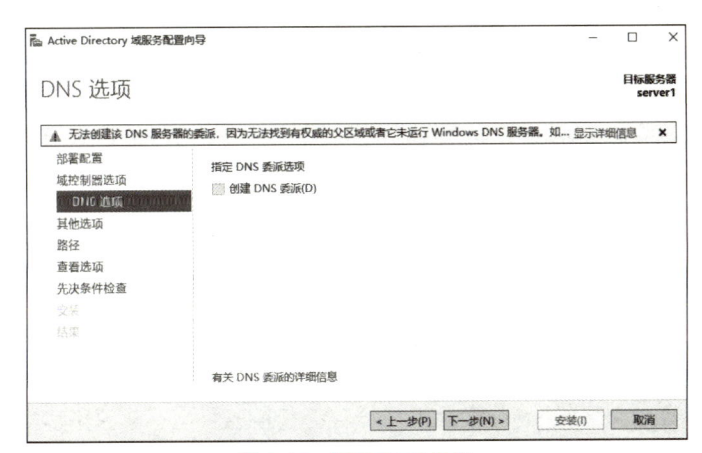

图 2-15 设置 DNS 选项

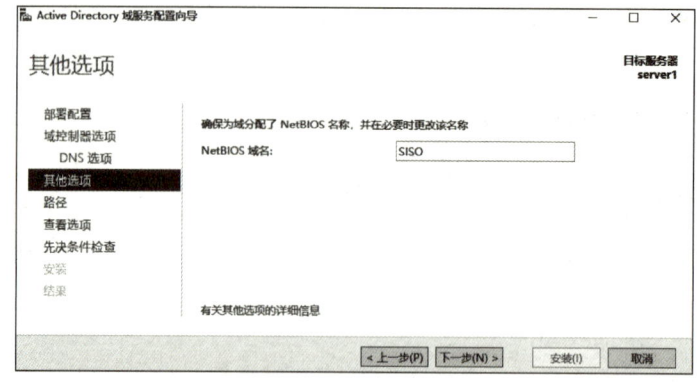

图 2-16 设置其他选项

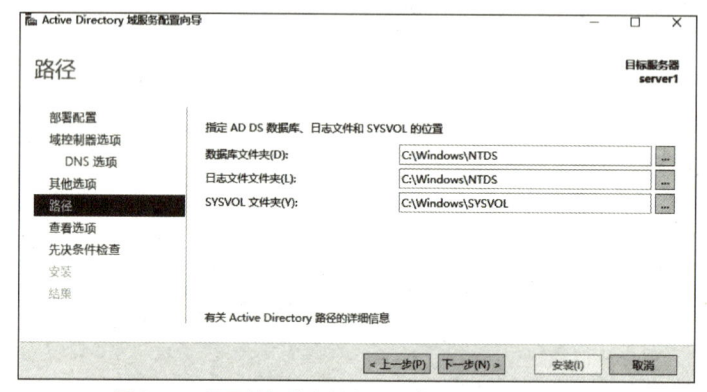

图 2-17 设置数据库文件夹和日志文件夹的保存路径

（11）在打开的"查看选项"界面中检查你的选择，如图 2-18 所示，确认无误后单击"下一步"按钮，打开"先决条件检查"界面，如果所有先决条件检查都通过，则单击"安装"按钮，如图 2-19 所示。

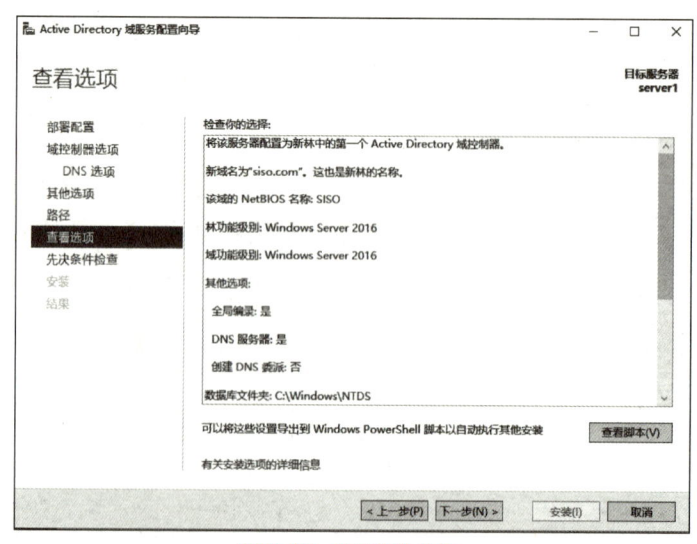

图 2-18 检查你的选择

单元 2　域服务的配置与管理

图 2-19　检查先决条件

（12）等待 DNS 和域服务安装完成，如图 2-20 所示，安装成功界面如图 2-21 所示，需要重启计算机才可以正常使用。

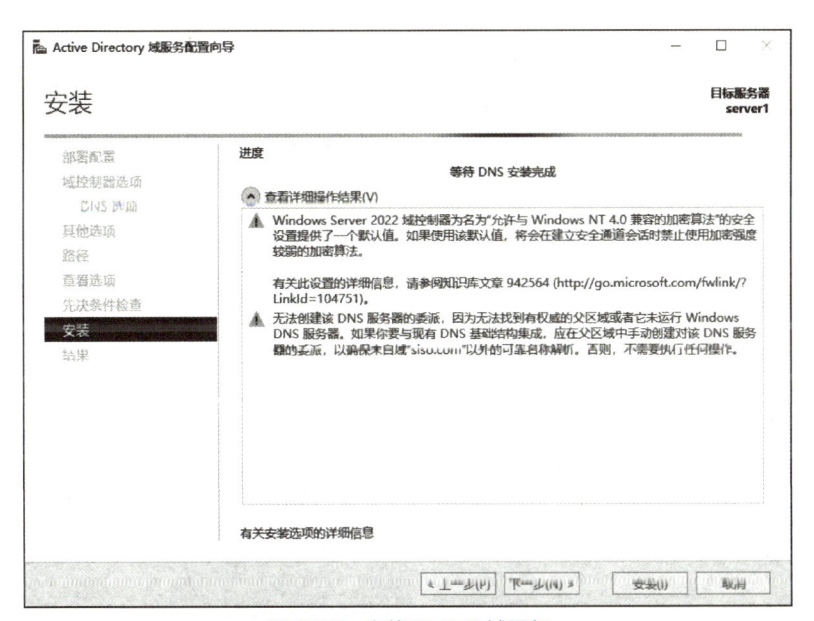

图 2-20　安装 DNS 和域服务

2. 将客户机加入域服务

（1）设置客户机 IP 地址为 192.168.0.150，如图 2-22 所示；设置服务器 IP 地址为 192.168.0.100，如图 2-23 所示。检查客户机与域服务器的连通性，二者能相互 Ping 通（提前关闭两台计算机的防火墙），如图 2-24 和图 2-25 所示。

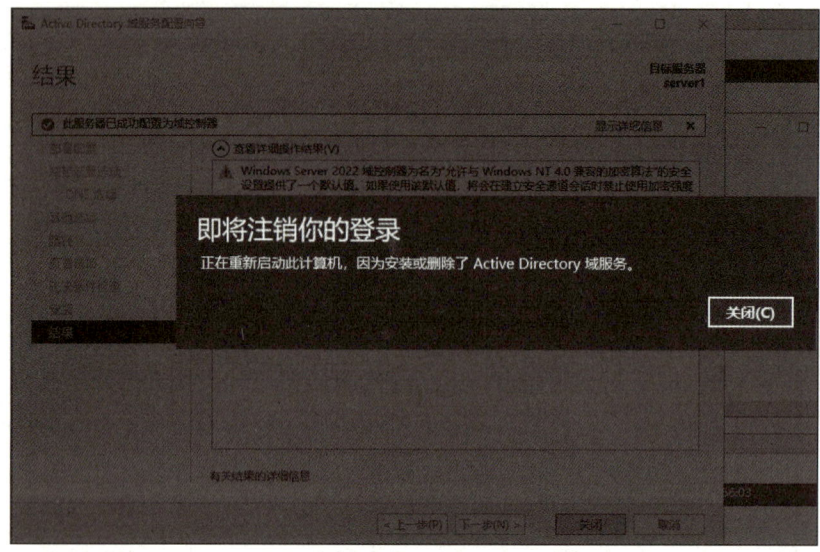

图 2-21 安装成功

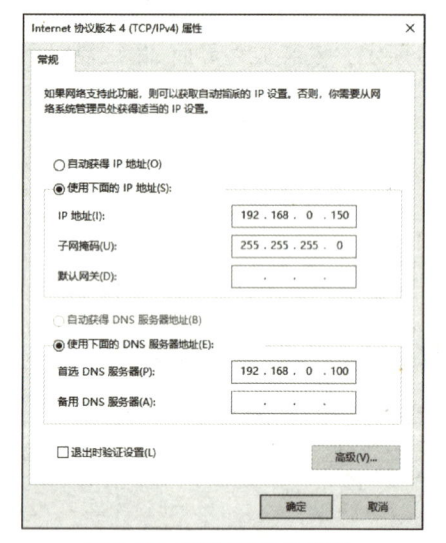

图 2-22 设置客户机 IP 地址

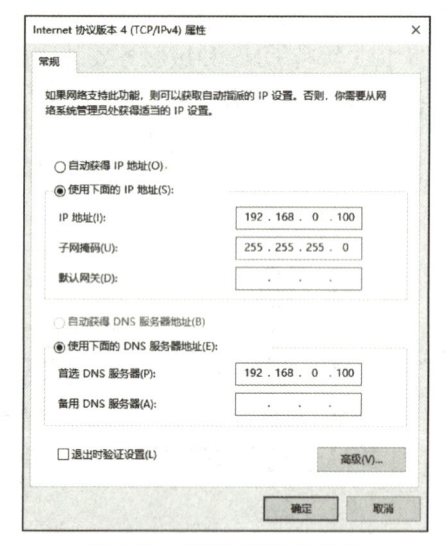

图 2-23 设置服务器 IP 地址

图 2-24 使用客户机 Ping 服务器

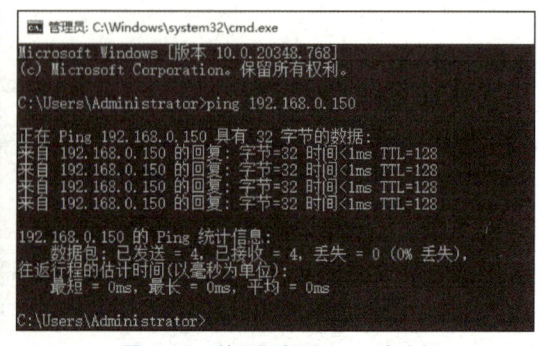

图 2-25 使用服务器 Ping 客户机

（2）首先将客户机加入域，在桌面上右击"此电脑"，在弹出的快捷菜单中选择"属性"命令，然后按照如图 2-26 所示的顺序，对客户机进行计算机名和隶属域名（该处设置的域名为 siso.com）的修改。

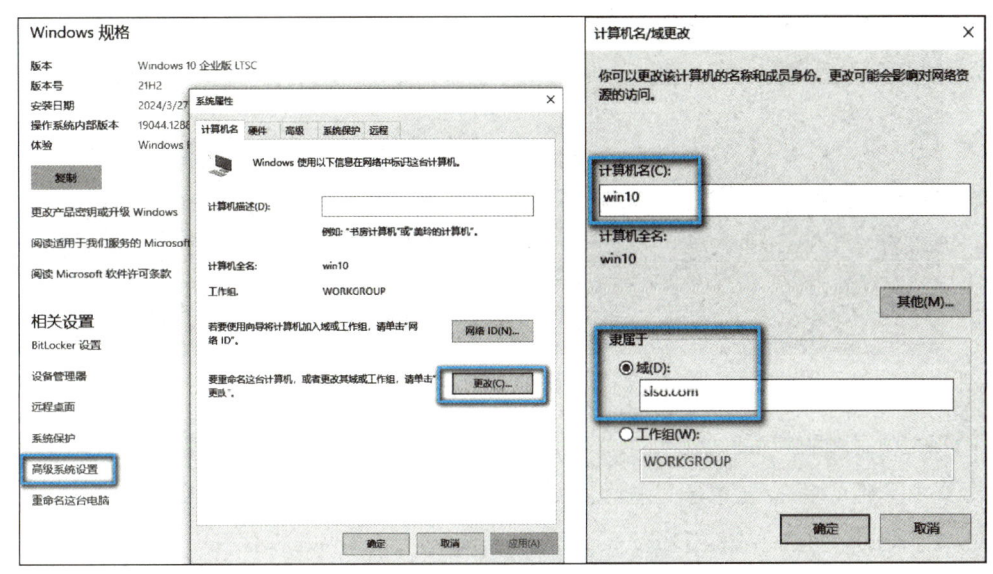

图 2-26　修改计算机名和隶属域名

（3）在打开的"Windows 安全中心"界面中输入有权限加入该域的账户的名称和密码，单击"确定"按钮，如图 2-27 所示。随后显示客户机成功加入域，如图 2-28 所示。

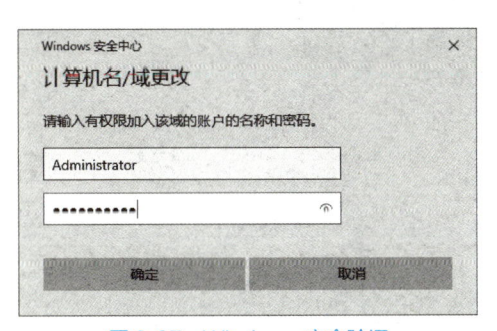

图 2-27　Windows 安全验证

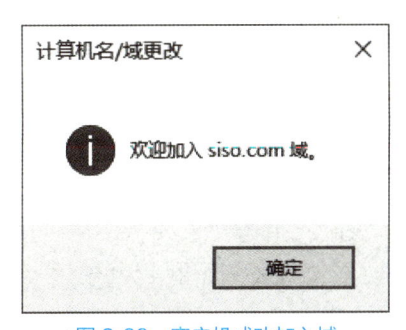

图 2-28　客户机成功加入域

（4）已经加入域的客户机可以使用本地账户或域账户登录。如果需要使用域账户登录，则在登录界面中选择"其他用户"选项进行用户切换，如图 2-29 所示。

图 2-29　用户切换

此时输入域账户 manager（域账户在域服务器的活动目录用户和计算机中心设置，单元 3 会详细介绍），注意账户后面需要加上域名，如图 2-30 所示，账户、密码会被传送给域控制器，并且利用 AD DS 的数据库检查账户与密码是否存在，客户机加入域之后就可以使用域中的资源了。登录成功后客户机的信息如图 2-31 所示。

图 2-30　客户机使用 manager 账户登录

3. 创建子域

（1）在 server2 中启动 AD 域服务配置向导，当打开"部署配置"界面时，选中"将新域添加到现有林"单选按钮，如图 2-32 所示，选择域类型为"子域"，设置父域名为"siso.com"，新域名为"sie"，单击"更改"按钮。在打开的"部署操作的凭据"界面中输入域账户凭证，如图 2-33 所示，并单击"确定"按钮。

图 2-31　登录成功后客户机的信息

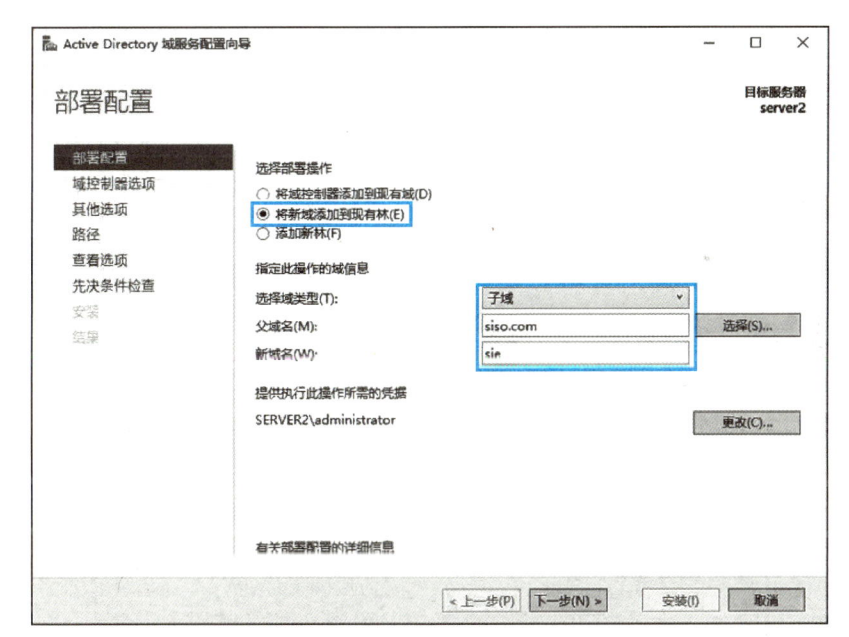

图 2-32　创建子域

图 2-33　输入域账户凭证

（2）在"部署配置"界面中单击"下一步"按钮，打开"域控制器选项"界面，如图 2-34 所示，勾选"域名系统 (DNS) 服务器"复选框，安装 DNS 服务器，单击"下一步"按钮。

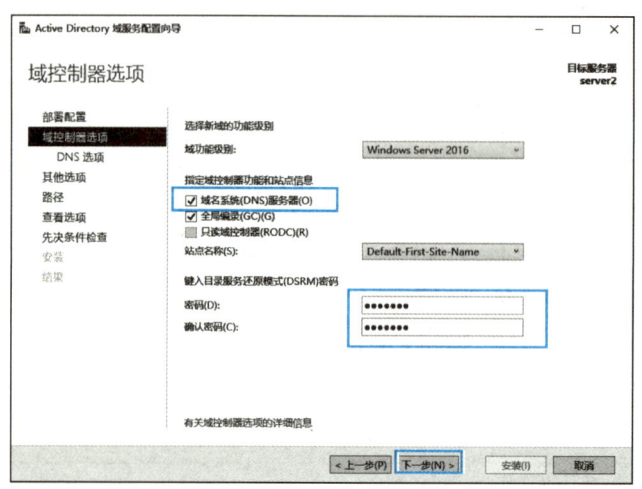

图 2-34 "域控制器选项"界面

（3）在打开的"DNS 选项"界面中默认勾选"创建 DNS 委派"复选框，单击"下一步"按钮，在打开的界面中设置"NetBIOS"的名称。连续单击"下一步"按钮，打开"先决条件检查"界面。如果所有先决条件检查都通过，则直接单击"安装"按钮，否则要按照提示排除问题。安装完成后，计算机会自动重新启动。

4. 验证子域

（1）重新启动 server2 后，以管理员的身份登录子域。选择"服务器管理器"→"工具"→"Active Directory 用户和计算机"命令，打开"Active Directory 用户和计算机"界面，可以查看 sie.siso.com 子域站点，如图 2-35 所示。

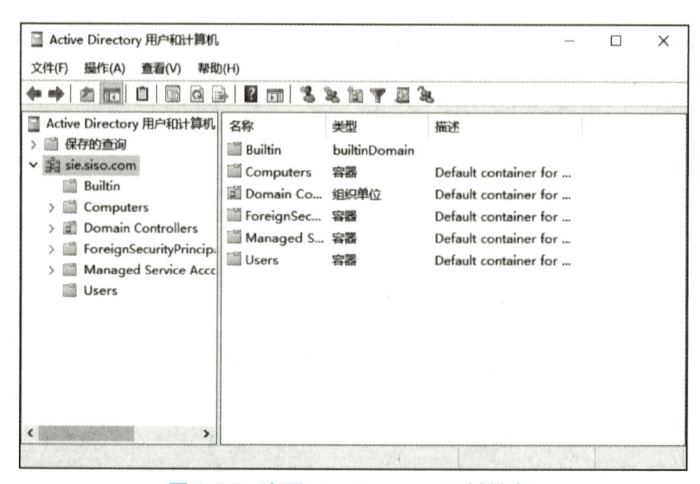

图 2-35 查看 sie.siso.com 子域站点

单元 2　域服务的配置与管理

（2）在 server2 上，选择"开始"→"windows 管理工具"→"DNS"命令，打开"DNS 管理器"界面，依次展开各选项，可以看到子域 sie.siso.com 的信息，如图 2-36 所示。

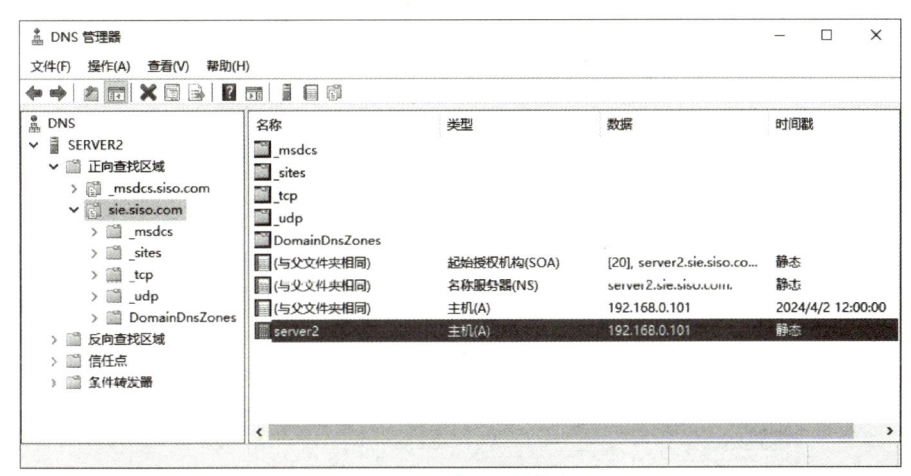

图 2-36　查看子域信息

（3）在 server2 上，选择"服务器管理器"→"工具"→"Active Directory 域和信任关系"命令，打开"Active Directory 域和信任关系"界面，可以看到主域 siso.com 和子域 sie.siso.com 的信任关系，如图 2-37 所示。

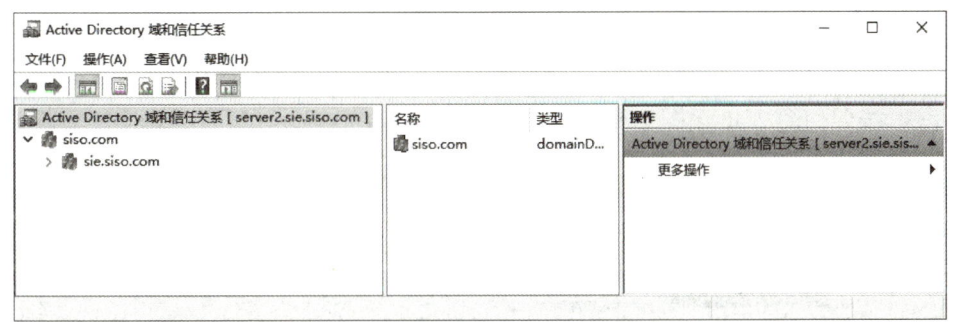

图 2-37　查看主域和子域的信任关系

任务拓展

在域服务安装的过程中，可能会遇到安装出现问题的情况，需要将域控制器降级为普通服务器，并重新安装。将域控制器降级为普通服务器有两种方式，下面介绍其中一种方式。

（1）在服务器管理界面中选择"管理"→"删除角色和功能"命令，如图 3-38 所示，打开"删除服务器角色"界面。取消勾选"Active Directory 域服务"复选框，在打开的"删除需要 Active Directory 域服务的功能？"界面中单击"删除功能"按钮，

41

在打开的"验证结果"界面中单击"将此域控制器降级"按钮,如图 2-39 所示。

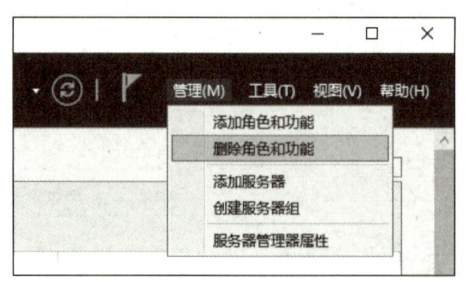

图 2-38 "删除角色和功能"命令

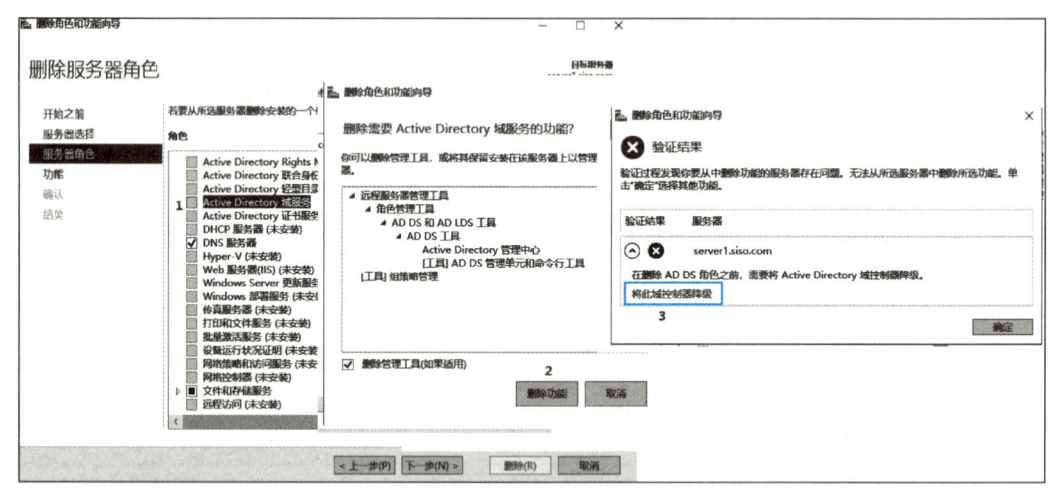

图 2-39 删除角色和功能向导

(2)按照如图 2-40 至图 2-44 所示进行降级操作。

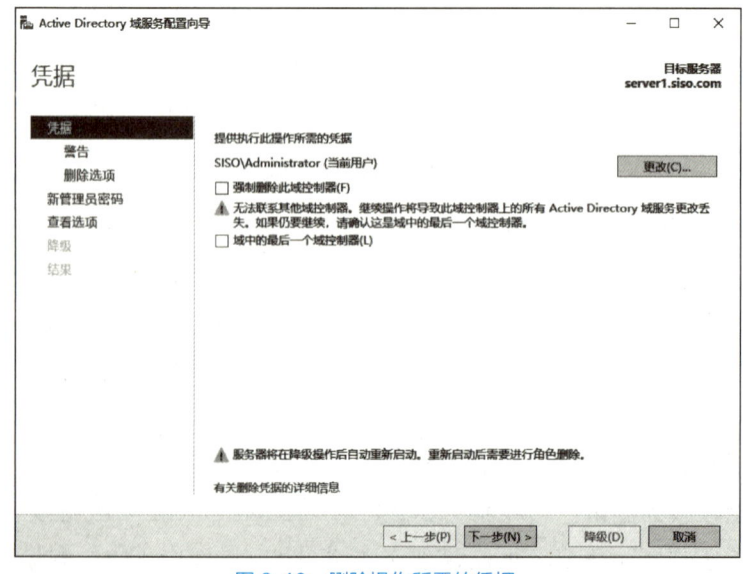

图 2-40 删除操作所需的凭据

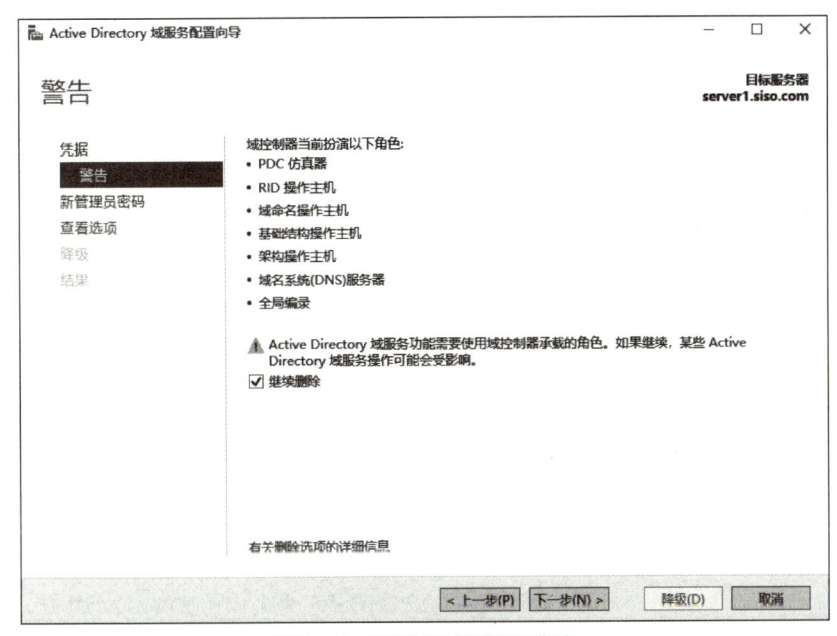

图 2-41　删除域控制器前的警告

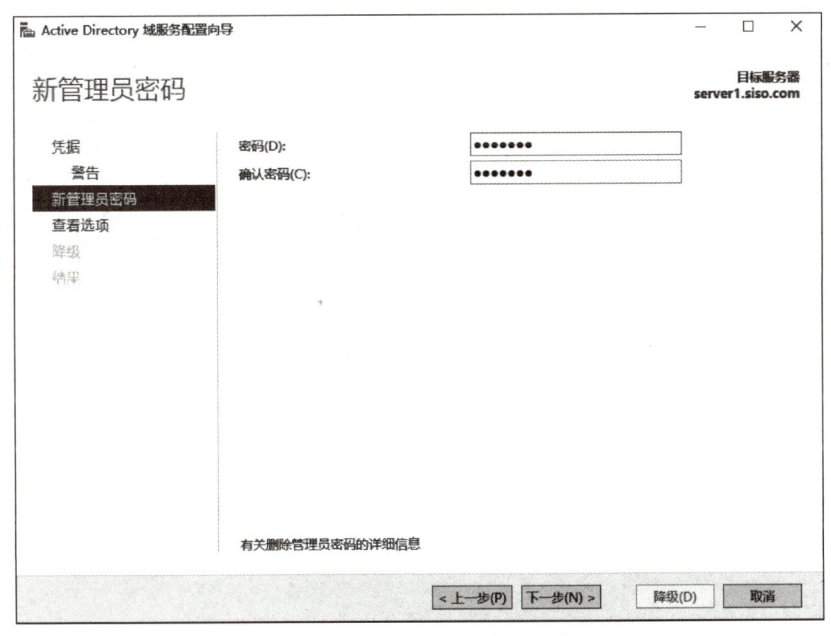

图 2-42　降级需要设置新管理员密码

（3）如果域控制器可以联系其他域控制器，则不要勾选"凭据"界面中的"强制删除此域控制器"复选框。强制降级会将活动目录中已经丢弃的元数据保留在林中的其他域控制器上。此外，该域控制器上所有未被复制的更改（如密码或新用户账户）都将永久丢失。如果强制降级域控制器，则必须立即手动执行元数据清理。

图 2-43 查看选项

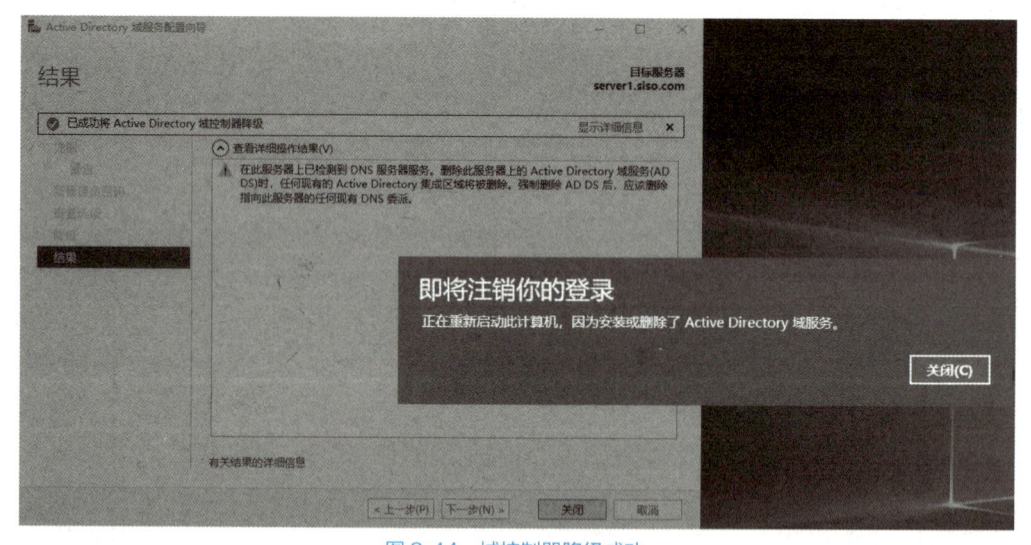

图 2-44 域控制器降级成功

任务 2-2　主域控制器与辅助域控制器的配置

只读域控制器（理论）
主辅域服务器的安装

任务陈述

著创公司已经配置了主域控制器 server1，为了保证网络管理的可靠性能，公司准备安装一台辅助域控制器。设置辅助域控制器服务器 IP 地址为 192.168.0.110，主机名为 server3，域环境架构如图 2-2 所示。

知识准备

2.2.1 主域控制器与辅助域控制器概述

主域控制器（Primary Domain Controller，PDC）和辅助域控制器（Backup Domain Controller，BDC）是在 Windows Server 环境中进行域控制的重要组件。主域控制器是域中的关键组件，负责管理域中的用户账户、计算机账户、组及其他安全对象，还负责域的安全策略实施，如密码策略和账户锁定策略。主域控制器存储着活动目录数据库，活动目录数据库包含了域中所有对象的信息。

辅助域控制器作为主域控制器的备份存在，它可以提供冗余和故障恢复能力。如果主域控制器出现故障或无法访问，辅助域控制器就可以接管其工作，继续提供服务。辅助域控制器存储着活动目录数据库的副本，可以确保数据的可用性和一致性。

在配置主域控制器和辅助域控制器时，需要首先设置域控制器类型、创建新域，然后输入新域的 DNS 全名和 NetBIOS 名，最后指定目录数据库和日志文件的存储位置等。完成设置后，还需要进行 DNS 注册诊断等步骤，并设置相应的权限和密码。主域控制器和辅助域控制器是 Windows Server 环境中实现域控制的重要组成部分，它们共同协作，可以确保域的稳定运行和数据安全。

任务实施

1. 辅助域控制器的部署

部署辅助域控制器需要准备一台独立的服务器（server3），服务器安装域服务器角色成功后，选择部署配置，将辅助服务器提升为域控制器。在部署配置中需要设置服务器部署操作为"将域控制器添加到现有域"，设置域名为主域控制器的域名"siso.com"，如图 2-45 所示。

如果域内有多台域控制器，则服务器的配置信息将会存储在主域控制器中，在本任务中，选择 server3 的"服务器管理器"→"工具"→"Active Directory 用户和计算机"命令，打开"Active Directory 用户和计算机"界面，选择 siso.com 站点并右击，在弹出的快捷菜单中选择"操作主机"命令，打开"操作主机"界面，选择"PDC"选项卡，如图 2-46 所示，可以看到当前的操作主机为 server1，即主域控制器，辅助域控制器为 server3。

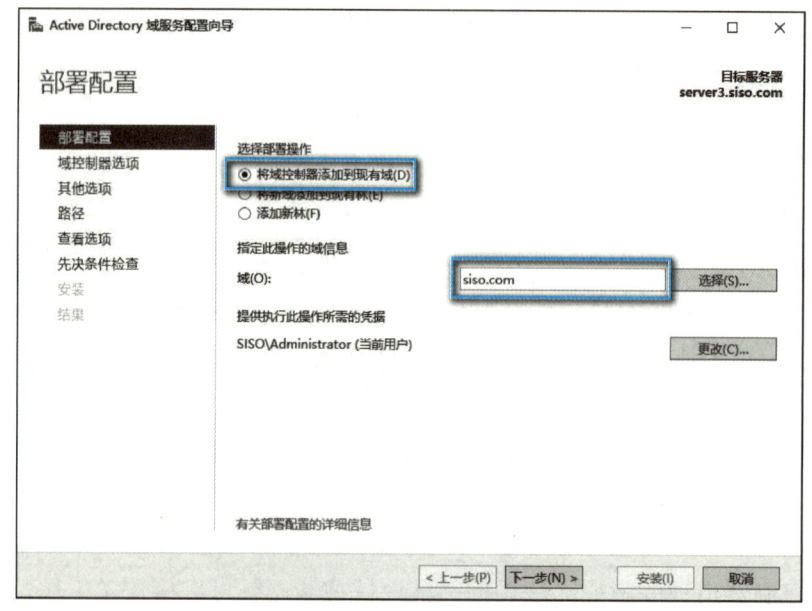

图 2-45　部署辅助域控制器

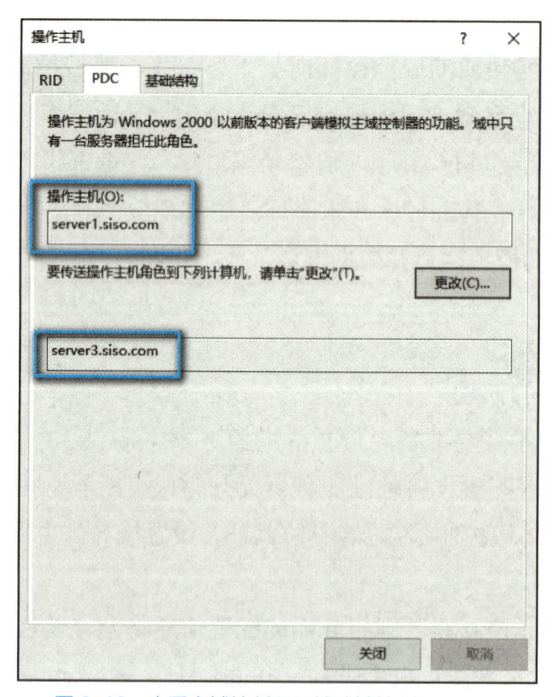

图 2-46　查看主域控制器和辅助域控制器的信息

2. 主 / 辅助域控制器的更换

选择 server3 的 siso.com 站点并右击，在弹出的快捷菜单中选择"操作主机"命令，打开"操作主机"界面，可以单击"更改"按钮，在打开的"你确定要传送操作主机角色？"提示框中单击"是"按钮进行操作主机的更改，如图 2-47 所示。

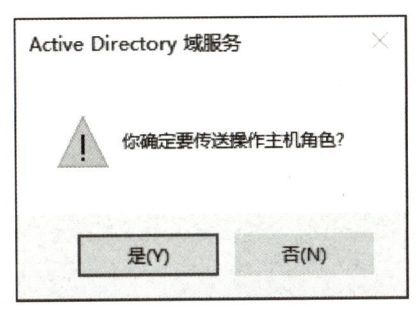

图 2-47 确定更改操作主机

更改完成之后，再次登录 server1 的 siso.com 站点，查看"操作主机"界面中主域控制器和辅助域控制器的信息，如图 2-48 所示，此时可以看到，主/辅域控制器的角色已经更改，server3 成为新的操作主机。

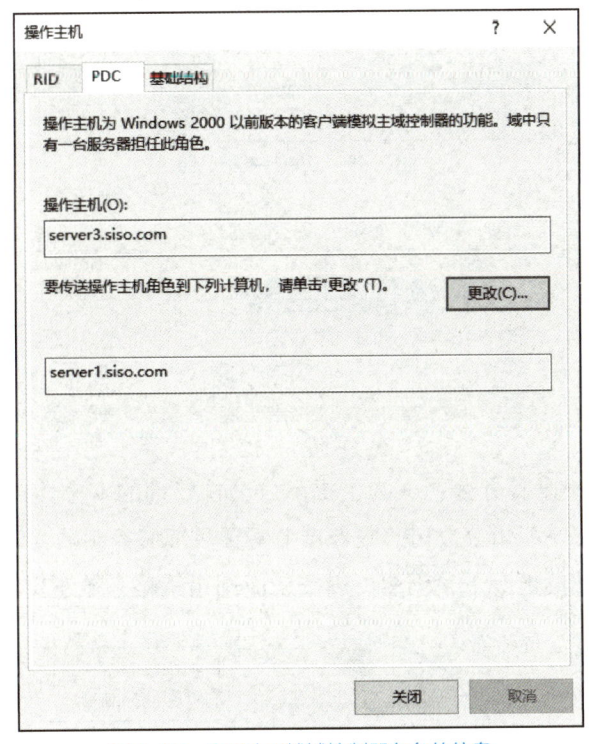

图 2-48 查看主 / 辅域控制器角色的信息

任务拓展

辅助域控制器是主域控制器的备份服务器，用于在主域控制器出现故障时接管工作。当主域控制器出现故障时，使用辅助域控制器查看主域控制器的信息，会在"操作主机"文本框中显示"错误"，如图 2-49 所示。

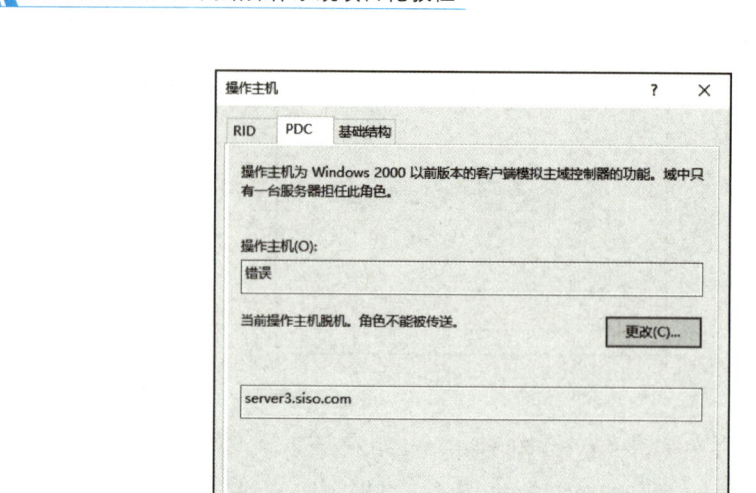

图 2-49　主域控制器故障

任务 2-3　安装只读域控制器

只读域控制
器的安装

任务陈述

著创公司在苏州设有分公司，为了提高分公司管理的安全性，苏州分公司的主管要求网络管理员小宋在苏州分公司的服务器上配置只读域控制器，确保即使在连接总部的广域网链路不可用的情况下，仍然可以登录应用组策略，域逻辑结构如图 2-50 所示。

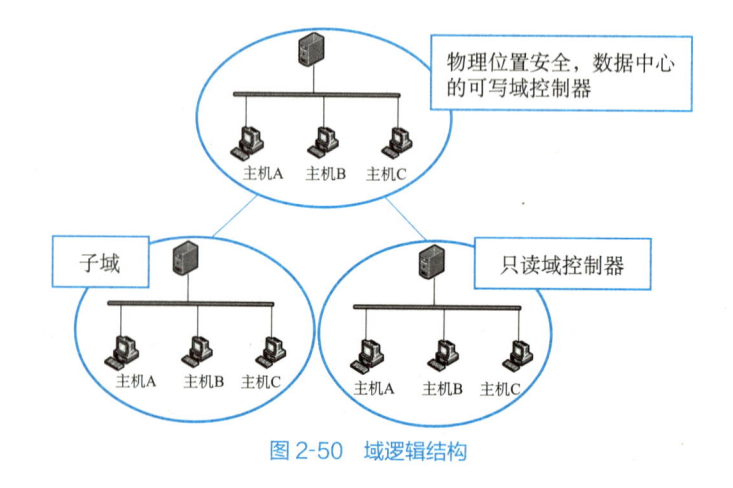

图 2-50　域逻辑结构

知识准备

2.3.1 只读域控制器

只读域控制器（Read-Only Domain Controller，RODC）是 Windows Server 2008 网络操作系统版本开始支持的功能。借助 RODC，能够在无法保证物理安全性的位置中轻松地部署域控制器，因为 RODC 承载了 AD DS 数据库的只读分区。

RODC 解决了分支机构中的一些常见安全问题，攻击者无法利用 RODC 进行写入操作，从而保护了 AD DS 的完整性和安全性。RODC 具有密码缓存功能，可以存储用户的密码哈希值，这使得即使在没有可写域控制器（Writable Domain Controller，WDC）可用的情况下，用户仍然可以在 RODC 上进行身份验证并访问网络资源。

RODC 功能包括以下几点。

- 只读 AD DS 数据库。
- 单向复制。
- 凭据缓存。
- 管理员角色分隔。
- 只读域名系统。

在为 RODC 的安装创建账户时，可以指定随后负责将服务器连接到 RODC 账户的用户或组。如果未指定用户或组，则只有 Domain Admins 组或 Enterprise Admins 组的成员可以将服务器连接到 RODC 账户。如果指定了可将服务器连接到 RODC 账户的用户或组，则安装完成后，该用户或组还将负责管理 RODC。

在"Active Directory 域服务安装向导"界面中指定的用户或组对 RODC 具有本地管理权限。在实际操作中，这意味着用户或组具有服务器的完全控制权限，包括本地登录、安装其他软件、安装设备驱动程序等。委派的用户或组还可以从 RODC 中删除 AD DS 域服务。

因此，应将 RODC 安装与管理权限仅委派给要求具备这类访问权限的用户和组，使其可以执行所需操作。此外，应将权限委派给除个人用户外的安全组，从而简化更改这些权限的过程。

Domain Admins 组的成员在创建 RODC 账户时会将此权限委派给特定的用户或组。只有以下用户可以将计算机加入选定的 RODC AD 中。

- 委派的用户。
- 委派组的成员。
- Domain Admins 组的成员。
- Enterprise Admins 组的成员。

1. 只读 AD DS 数据库

只读 AD DS 数据库是指在 RODC 上运行的 AD DS 数据库实例。只读 AD DS 数据库不接受写入操作，大大减少了因物理盗窃或网络攻击而泄露敏感信息的风险，攻击者也只能读取数据库中的数据，不能对数据进行修改。

只读 AD DS 数据库是通过复制 WDC 上的 AD DS 数据库而创建的。这个复制过程只涉及读取操作，需要确保数据库始终保持为只读状态。在 RODC 上进行的任何查询或读取操作的数据都是从这个只读 AD DS 数据库中获取的。除了账户密码，RODC 存储了 WDC 保留的所有活动目录对象和属性。但是，用户不能对存储在 RODC 上的数据库进行更改。域内数据的更改必须先在 WDC 上进行，再由主域控制器复制并存储在 RODC 中。

尽管只读 AD DS 数据库是只读的，但它仍然需要定期与 WDC 进行同步，从而确保其中的数据是最新的，这种同步过程也是只读的，即 RODC 从 WDC 接收更新的数据，但不会进行任何写入操作。

2. 单向复制

RODC 的单向复制是指 RODC 从 WDC 复制 AD DS 数据库的内容，但不允许将更新的数据反向复制并存储在 WDC 中。这种复制过程确保了 RODC 的数据始终是最新的，同时避免了潜在的写入冲突和数据不一致问题。WDC 不会将更新的数据直接写入 RODC，也不会复制 RODC 上更新的数据。这意味着攻击者在分支位置损坏或恶意更新的任何数据不能从 RODC 复制到林的其他部分中。

在单向复制的过程中，RODC 会定期从 WDC 拉取更新的数据，以确保本地缓存的 AD DS 数据是最新的。这些更新的数据可能包括新创建的对象、更改的属性、更新的密码等。然而，一旦 RODC 接收了这些更新的数据，就不会将这些更新的数据推送回 WDC，这就是所谓的"单向复制"。

RODC 的单向复制同时适用于 AD DS 和 SYSVOL（存储域公共文件服务器副本的共享文件夹）的分布式文件系统（Distributed File System，DFS）。

注意：RODC 上的配置为 DFS 复制的其他任何共享都将采用双向复制方式。

3. 凭据缓存

RODC 的凭据缓存功能可存储用户和计算机的凭据，以便在必要时进行身份验证。这些凭据通常是以密码哈希值的形式存储的，而不是以明文形式存储的。凭据缓存的主要目的是提高身份验证的可靠性。当网络中断或可写域控制器不可用时，RODC 可以使用缓存的凭据验证用户的身份，从而保持服务的连续性。

RODC 可以缓存两种类型的凭据，分别为用户凭据和计算机凭据。用户凭据是指用户的密码哈希值，而计算机凭据是指计算机所对应的 Kerberos 票据的授权票据（KRBTGT）账户的密码哈希值。在默认情况下，RODC 不会存储任何用户或计算机的凭据，只会存储自己的计算机账户的凭据和一个特殊的 KRBTGT 账户的凭据。这些特殊的凭据用于 RODC 与 WDC 之间的通信和身份验证。

要在 RODC 上缓存其他用户或计算机的凭据，必须由管理员授权，需要在 RODC 上配置密码复制策略（Password Replication Policy），以指定哪些用户或计算机的凭据可以被缓存。

4. 管理员角色分隔

RODC 在活动目录环境中具有特定的管理员角色分隔功能，主要涉及 RODC 的管理员权限和 WDC 的管理员权限。

RODC 有自己的本地管理员账户，这些账户通常用于管理 RODC 本身，如安装软件、配置网络等。这些本地管理员账户对 RODC 具有完全的控制权，但通常没有修改 AD DS 数据库的权限。WDC 的本地管理员账户具有对 AD DS 数据库的完全访问权限。这些本地管理员账户可以在 AD DS 数据库中创建、修改和删除用户账户、组、策略等对象，以及管理整个域的结构和配置。

将 RODC 的管理员权限与 WDC 的管理员权限分开，可以降低 RODC 被恶意利用的风险，即使 RODC 的管理员账户被盗取，攻击者也无法修改 AD DS 数据库。

任务实施

在苏州分公司的服务器上安装 RODC，该服务器 IP 地址为 192.168.0.200，主机名为 server4，域名为 siso.com。

1. 安装只读域服务器

（1）设置苏州分公司的服务器 IP 地址为 192.168.0.200，DNS 地址信息为 192.168.0.100，主机名为 server4。检查 server4 与域服务器 server1 的连通性，二者能相互 Ping 通（提前关闭两台计算机的防火墙）。

（2）在 server4 上安装域服务角色，并按照任务 2-1 中的步骤，将服务器升级为域控制器，在打开的"部署配置"界面中按照如图 2-51 所示的步骤选择部署的操作，打开"从林中选择域"界面，选择林中已有的域"siso.com"，如图 2-52 所示，并单击"确定"按钮。

（3）在"域控制器选项"界面中勾选"只读域控制器(RODC)"复选框，键入目录服务还原模式密码，单击"下一步"按钮。在打开的"RODC 选项"界面中保持默认设置，如图 2-53 和图 2-54 所示。

（4）安装完成如图 2-55 所示，重启 server4，可以使用 siso.com 域的管理员 administrator 账户登录 RODC。

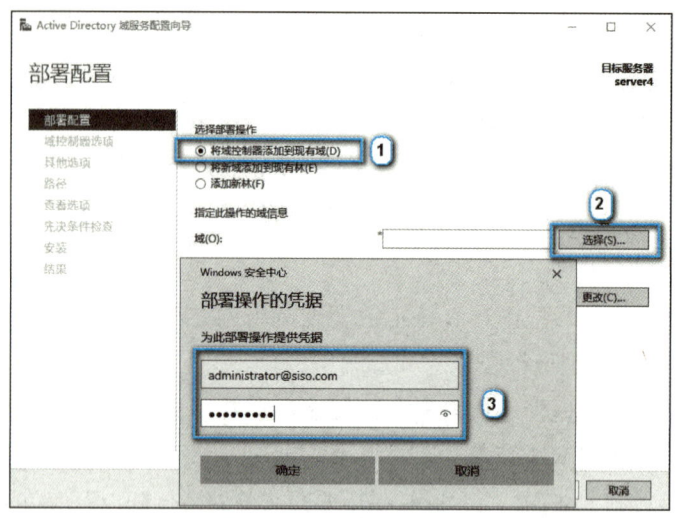

图 2-51 选择部署的操作

图 2-52 选择已有的域"siso.com"

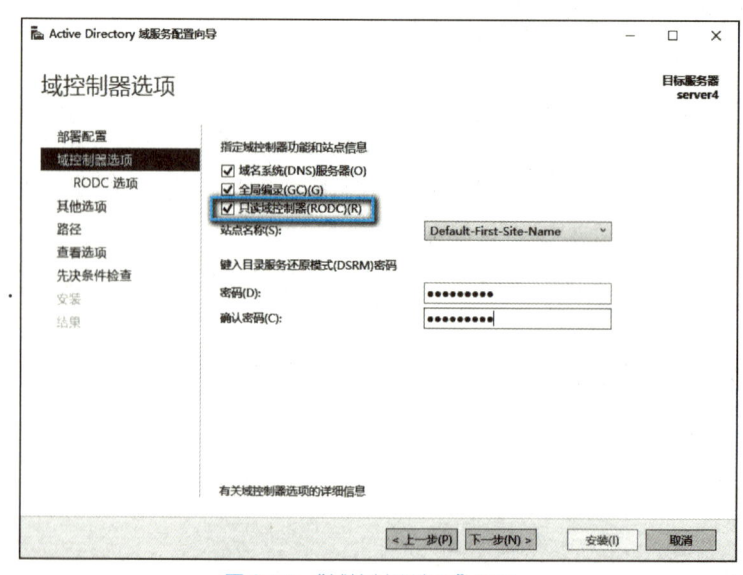

图 2-53 "域控制器选项"界面

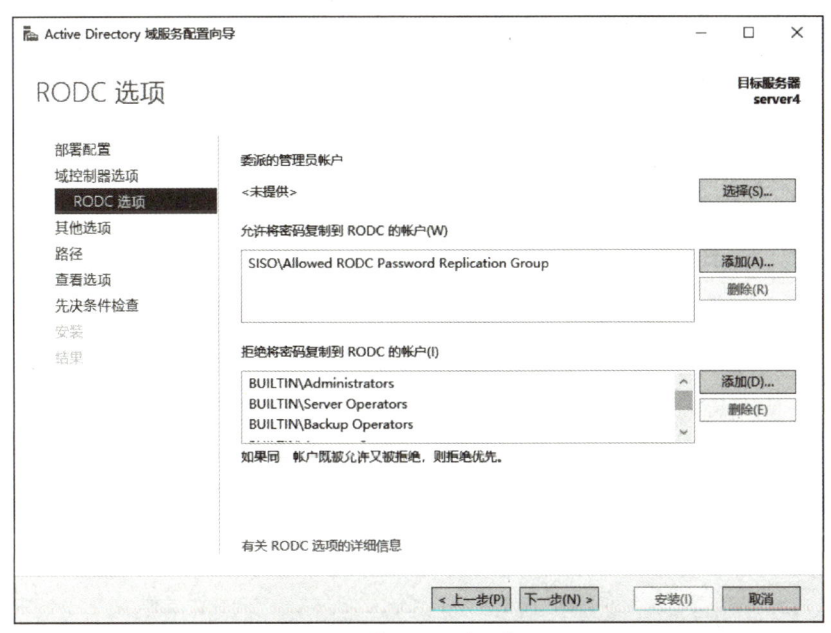

图 2-54 "RODC 选项"界面

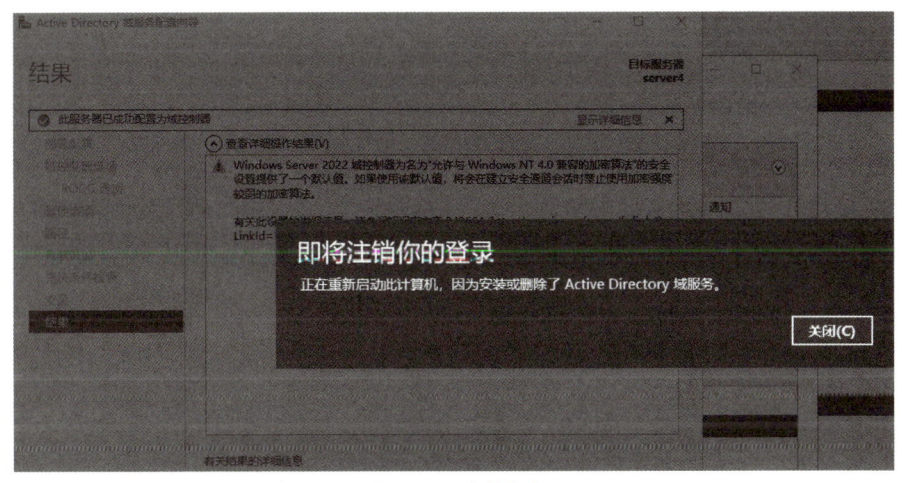

图 2-55 安装完成

2. 验证只读域服务器

（1）在 server4 上打开"Active Directory 用户和计算机"界面并右击，在弹出的快捷菜单中选择"更改域控制器"命令，尝试更改域控制器为 server4，如图 2-56 所示。在打开的"更改目录服务器"界面中可以看到当前目录服务器为 server1，将域控制器更改为 server4，如图 2-57 所示，单击"确定"按钮后会弹出提示 server4 为只读域控制器，不能进行写入操作，如图 2-58 所示，并单击"确定"按钮。

（2）在"Active Directory 用户和计算机"界面中右击 Users，在弹出的快捷菜单中没有"新建"命令，即没有新建用户、组、组织单位等资源的权限，如图 2-59 所示。

图 2-56　更改域控制器

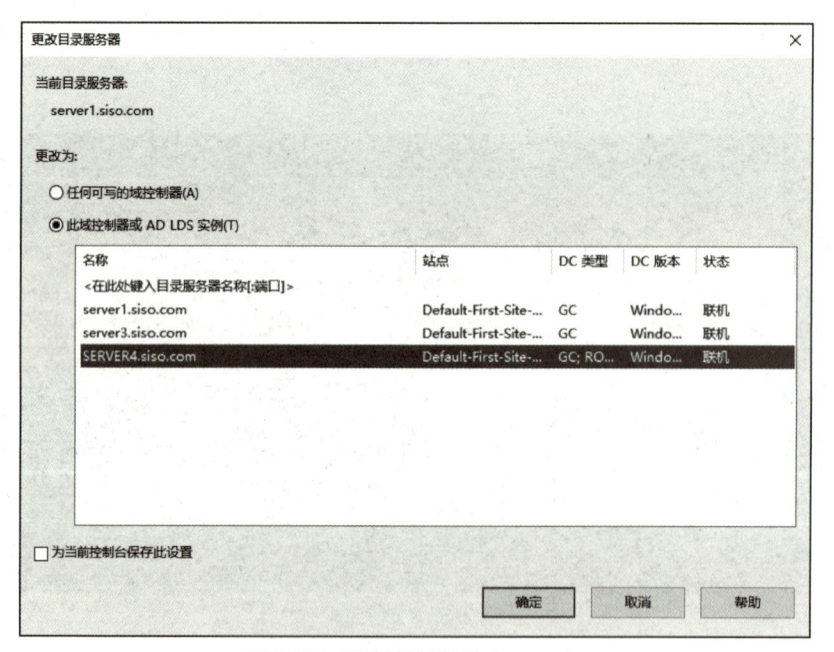

图 2-57　更改域控制器为 server4

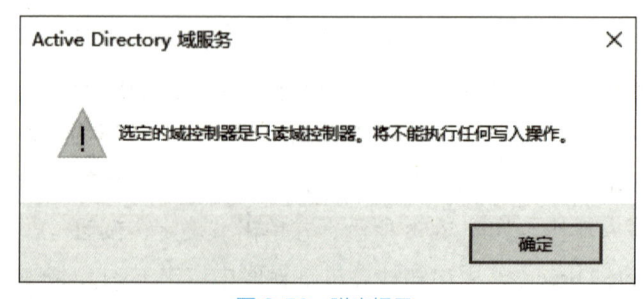

图 2-58　弹出提示

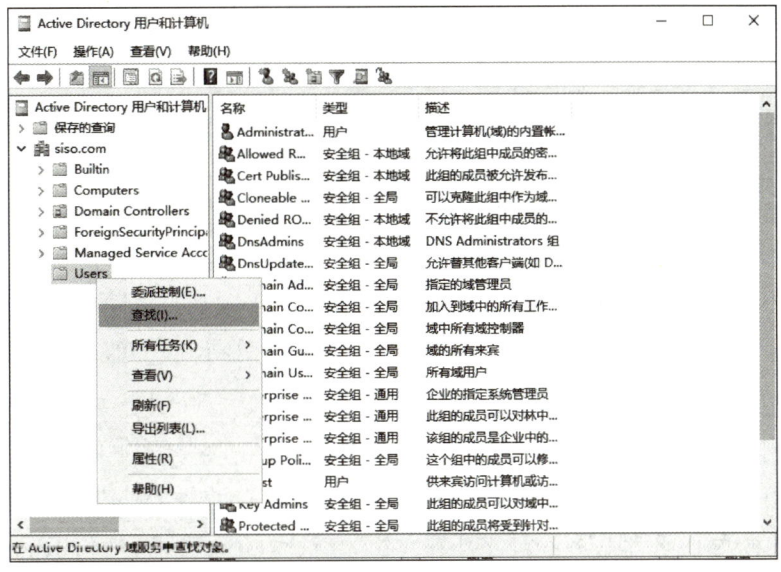

图 2-59　快捷菜单中没有"新建"命令

（3）在"DNS 管理器"界面的导航菜单中选择"DNS"→"siso.com"选项，在界面右侧区域中右击，在弹出的快捷菜单中可以看到正向区域没有新建资源的权限，如图 2-60 所示。

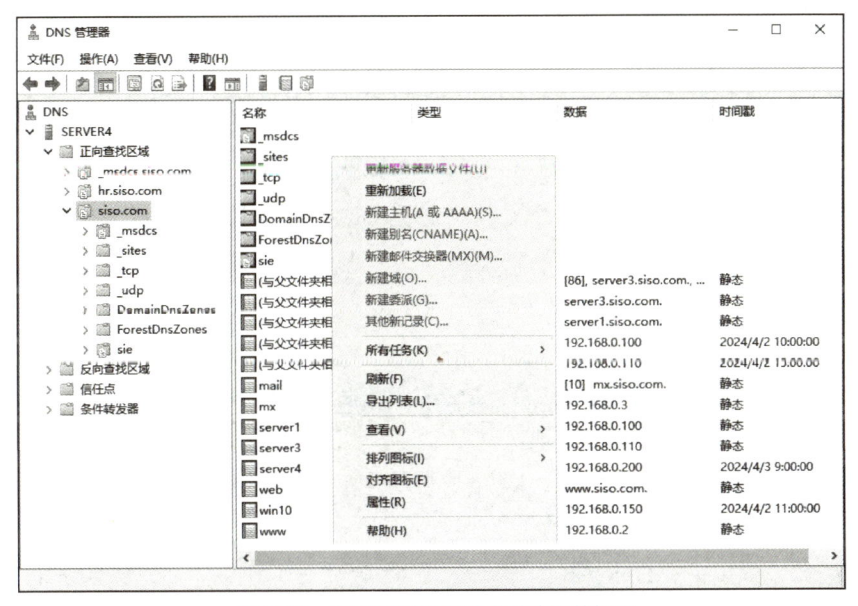

图 2-60　DNS 服务器没有新建资源的权限

任务拓展

1. 域和域名

域和域名都是互联网上的概念，但它们在定义范围、功能和使用场景上有所不同。

（1）定义范围：域是一个更大的概念，一个域可能包含一个或多个子域，并且在网络环境中，域还可以根据不同的组织结构进行划分。同时，一个域也可以包含一个或多个域名。域名是用于标识和定位互联网资源的名称，是企业在互联网上注册的名称，是互联网上企业或机构相互联络的网络地址。

（2）功能：域的主要功能是通过定义不同的属性和权限实现对资源与用户的管理及控制。域名的主要功能是为用户提供一种方便的访问和定位互联网资源的方式。

（3）使用场景：域主要应用在大型网络环境中，用于划分不同的部门、地理位置或安全等级。域名则主要应用于互联网上的网站、电子邮件服务器等网络服务的标识和访问。

2. 只读域名系统

在 RODC 上可以安装 DNS 服务器服务，RODC 上的只读 DNS 服务器服务的主要目的是提高 DNS 服务器服务的可用性和容错能力。RODC 能够复制 DNS 服务器服务使用的所有应用程序目录分区（包括 ForestDNSZones 和 DomainDNSZones）。如果已经在 RODC 上安装了 DNS 服务器服务，则客户端可以像查询任何其他 DNS 服务器一样来查询该 DNS 服务器，从而进行名称解析。但是，RODC 上的 DNS 服务器服务是只读的，并不直接支持客户端更新数据。

单元小结

随着公司规模的扩大，网络规模也在不断扩大，复杂程度也逐渐增加。本单元详细讲解了在总公司安装主域控制器和辅助域控制器，以及在分公司安装 RODC 的相关操作，这样可以规避在不安全的分支机构配置 DC 的潜在风险。借助 RODC，公司可以在无法保证物理安全性的位置中轻松部署域控制器，RODC 作为本地域控制器，从而确保域服务的安全性。

单元练习题

一、单项选择题

1. 活动目录的逻辑结构不包括（　　）。

A. 域　　　　　　B. 域树　　　　　　C. 域林　　　　　　D. 域名系统

2.（　　）不是域的三大边界之一。

A. 安全边界　　　B. 管理边界　　　　C. 业务边界　　　　D. 控制边界

3. 如果准备使用一台服务器作为公司域中附加的域控制器，则该服务器上不可以选择安装的 Windows Server 2022 版本为（　　）。

A. Windows Server 2022 数据中心版　　　B. Windows Server 2022 标准版

C. Windows Server 2022 企业版　　　D. Windows Server Web 版

4. 提升活动目录时，属于系统自建用户的是（　　）。

A. Guest　　　　B. Anonymous　　　C. Power User　　　D. EveryOne

5. henyang.svist.com 和 beijing.svist.com 的共同父域是（　　）。

A. www.dcgie.com　　　　　　　　B. beijing.com

C. home.dcgie.com　　　　　　　　D. svist.com

6. 活动目录的域之间的信任关系是（　　）。

A. 双向可传递　　B. 双向不可传递　　C. 单向不可传递　　D. 单向可传递

7. 关于 Windows Server 2022 的活动目录服务，说法正确的是（　　）。

A. 过分强调了安全性，可用性不够

B. 从 Windows Server 中继承而来

C. 是一个目录服务，存储有关网络对象的信息

D. 具有单一网络登录能力

8. 下面关于 RODC 的说法正确的是（　　）。

A. 在 RODC 上不能进行身份验证

B. 在 RODC 上可以创建用户

C. 在 RODC 上可以双向复制信息

D. RODC 需要定期与可写域控制器进行同步信息

二、填空题

1. 目录服务是一种基于 ＿＿＿＿＿＿＿＿＿＿＿＿ 模型的信息查询服务。可以将目录看作一个具有特殊用途的数据库。它以树状的 ＿＿＿＿＿＿＿＿＿＿ 结构来描述数据信息。

2. AD DS 提供了一个 ＿＿＿＿＿＿＿＿ 数据库，用于存储和管理有关网络资源的信息及来自启用目录的应用程序的特定于应用程序的数据。

3. 域服务的分层结构包括 ＿＿＿＿＿＿＿＿＿＿＿＿、该林中的域及每个域中的 ＿＿＿＿＿＿＿＿＿＿。

4. 运行 AD DS 的服务器被称为 ＿＿＿＿＿＿＿＿＿＿＿＿＿＿。

5. Windows Server 2008 之后的版本支持的一种新的域控制器类型是 ＿＿＿＿＿＿＿＿＿＿＿＿＿。

三、解答题

1. 简述活动目录管理的对象。

2. 简述 AD DS 的功能。

3. 简述 RODC 的功能。

4. 简述活动目录的逻辑结构。

单元 3

用户和组的创建与管理

学习目标

【知识目标】

- 了解用户账户、域用户、组和组织单位的概念与功能。
- 了解各类用户名的命名规范。
- 了解组的作用域。
- 熟悉活动目录上的默认组。
- 熟悉各类账户的属性。

【技能目标】

- 掌握创建用户账户、域用户、组和组织单位的方法。
- 掌握启用及禁用各类用户的方法。
- 掌握域用户的重置密码、移动的方法。

【素养目标】

- 培养正确的学习态度,养成刻苦钻研的精神。
- 树立正确的价值观,培养企业安全管理意识。

引例描述

公司内部的资源和文件属于公司财产,部门经理考虑到当前公司各部门的员工都能够访问公司内部的资源和文件,一旦公司的资源和文件泄露会造成安全隐患。著创公司有上海总公司和苏州分公司,小宋是上海总公司的网络管理员。为了更加安全地管理网络,部门经理要求小宋在上海总公司的域服务器上设置组织单位,从而管理公司架构；在不同的组织单位内部设置对应部门员工的域账户，方便网络管理员对用户账户和公司计算机的统一管理。

小宋，部署组织单位，统一管理账户。

组织单位是什么，该怎么设置呢？怎么设置才合理呢？

任务 3-1　新建本地用户和组

本地用户和组的管理　　用户和组（理论）

任务陈述

著创公司的网络管理员小宋，需要在 Windows 服务器上的本地安全目录数据库中添加本地用户和组，公司的组织架构如图 3-1 所示。该操作要求在 Windows 服务器上未安装域服务，如果安装了域服务，则不能进行本地用户和组的创建。

著创公司
├── 研发部
├── IT 服务部
└── 售后部

图 3-1　公司的组织架构

本地用户 Zhang、Sun 属于研发部，本地用户 Chen、Song 属于售后部，本地用户 Zhu 属于 IT 服务部。

59

知识准备

3.1.1 本地用户和组

Windows Server 2022 网络操作系统要求所有用户只有登录才能访问本地和网络资源，只有通过交互式登录方式（提供用户身份验证）才能保护这些资源。Windows 本地用户和组是计算机管理中的一组重要工具，允许用户管理单台本地计算机或远程计算机上的用户账户和组。这些用户和组在特定计算机上（只能是这台计算机）分配有特定的权限和权利。

本地用户账户是指在工作组环境中的成员或域中的成员登录本地计算机所用的用户名。每个用户账户都包含一个名称和密码，并且每个用户账户具有唯一的安全标识符（Security Identifiers，SID）。可以为本地用户分配权限，从而限制用户执行某些操作的能力。例如，可以分配给用户在计算机上执行特定操作的权限，如备份文件和文件夹，或者关闭计算机。

在 Windows Server 2022 网络操作系统中，可以通过"计算机管理"界面查看与管理本地用户和组，还可以创建新的本地用户账户，并为这些用户账户分配不同的权限，修改账户密码，重命名用户账户，启用或禁用用户账户，甚至删除不再需要的用户账户。

本地用户组则是一种集合，其中包含了多个用户。通过本地用户组，可以更方便地管理具有相似权限和需求的用户，如图 3-2 所示。首先，创建一个名为"管理员"的组，并将所有需要执行管理任务的用户添加到该组中。然后，只需要为"管理员"组分配适当的权限，就可以使该组中的所有用户都具有相同的权限。

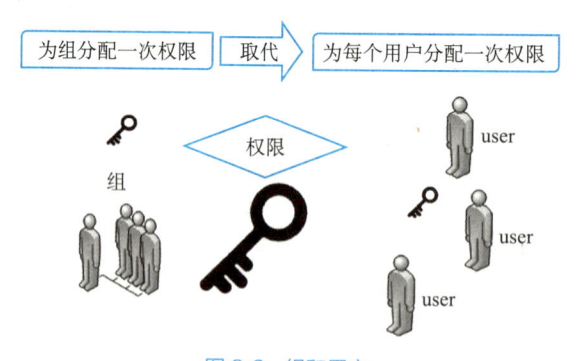

图 3-2 组和用户

一、默认本地用户和组

Windows Server 2022 网络操作系统安装完成后，其中有四个默认的本地用户账户。默认的本地用户账户和创建的本地用户账户在微软管理控制台（Microsoft Management Console，MMC）管理单元中的"计算机管理"界面的"本地用户和组"选项下显示，

单元 3　用户和组的创建与管理

如图 3-3 所示。

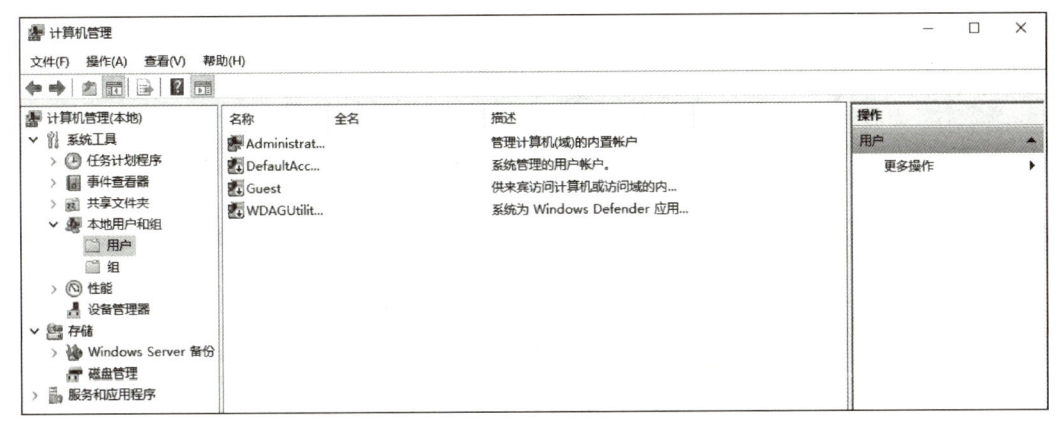

图 3-3　"计算机管理"界面

默认本地用户账户 Adminstrator 和 Guest 的特点如表 3-1 所示。

表 3-1　默认用户账户的特点

用户账户	特点描述
Administrator	在默认情况下，Administrator 账户处于禁用状态，但也可以根据需要启用它。当 Administrator 账户处于启用状态时，它具有对计算机完全控制的权限，并可以根据需要向用户分配访问、控制权限。该账户必须仅用于需要管理凭据的任务。强烈建议将此账户密码设置为强密码。 Administrator 账户是计算机上管理员组的成员。永远不可以从管理员组中删除 Administrator 账户，但可以重命名或禁用该账户。 即使已经禁用了 Administrator 账户，仍然可以在安全模式下使用该账户访问计算机
Guest	Guest 账户由在这台计算机上没有实际账户的用户使用。如果某个用户的账户已被禁用，但还未被删除，那么该用户也可以使用 Guest 账户。Guest 账户不需要密码。在默认情况下，Guest 账户处于禁用状态，但是如果有需要也可以启用它。 可以像设置任何用户账户一样设置 Guest 账户的权限。在默认情况下，Guest 账户是 Guest 组的成员，该组中的账户可以登录计算机，其他权限必须由管理员组的成员授予。在默认情况下，建议将 Guest 账户保持为禁用状态

默认的本地组是在安装操作系统时自动创建的，如图 3-4 所示。如果一个用户属于某个本地组，则该用户具有在本地计算机上执行各种任务的权限和能力。可以向本地组添加本地用户账户、域用户账户、计算机账户及组账户。

部分默认组的描述及默认用户权限如表 3-2 所示。在表 3-2 中列出了每组的默认用户权限。这些用户权限是在本地安全策略中分配的。

61

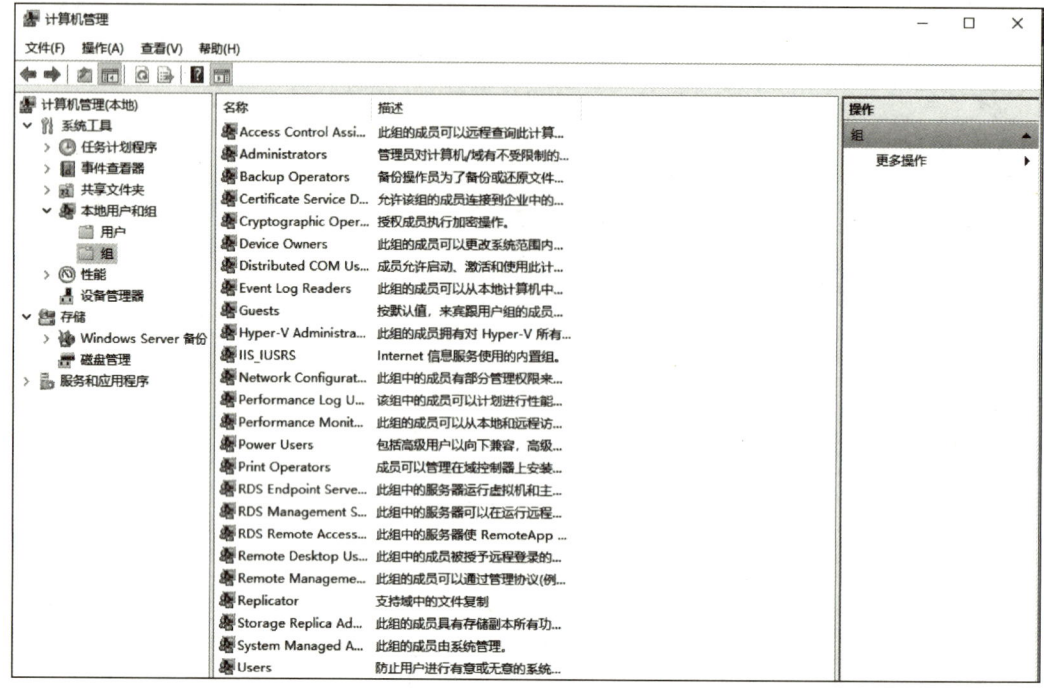

图 3-4 默认的本地组

表 3-2 部分默认组的描述及默认用户权限

组名	描述	默认用户权限
Administrators	此组的成员具有对计算机的完全控制权限，并且他们可以根据需要向用户分配用户权限和访问控制权限。Administrator 账户是此组的默认成员。当计算机加入域时，Domain Admins 组会被自动添加到此组中。因为此组中的成员可以完全控制计算机，所以向其中添加用户时要特别谨慎	● 通过网络访问此计算机 ● 调整进程的内存配额 ● 允许本地登录 ● 允许通过远程桌面服务登录 ● 备份文件和目录 ● 跳过遍历检查 ● 更改系统时间 ● 更改时区 ● 创建页面文件 ● 创建全局对象 ● 创建符号链接 ● 调试程序 ● 从远程系统强制关机 ● 身份验证后模拟客户端 ● 提高日程安排的优先级 ● 装载和卸载设备驱动程序 ● 作为批处理作业登录 ● 管理审核和安全日志 ● 修改固件环境变量

续表

组名	描述	默认用户权限
Administrators		● 执行卷维护任务 ● 配置单一进程 ● 配置系统性能 ● 从扩展坞中取出计算机 ● 还原文件和目录 ● 关闭系统 ● 获得文件或其他对象的所有权
Guests	此组的成员拥有一个在登录时创建的临时配置文件,并且在注销时,此配置文件将被删除。来宾账户(默认情况下被禁用)也是此组的默认成员	没有默认的用户权限
Backup Operators	此组的成员可以备份和还原计算机中的文件,而不用考虑这些文件的权限。这是因为执行备份操作的权限要高于其他所有文件操作的权限。此组的成员无法更改安全设置	● 从网络访问此计算机 ● 允许本地登录 ● 备份文件和目录 ● 跳过遍历检查 ● 作为批处理作业登录 ● 还原文件和目录 ● 关闭系统
Cryptographic Operators	已授权此组的成员执行加密操作	没有默认的用户权限
Distributed COM Users	允许此组的成员在计算机上启动、激活和使用 DCOM 对象	没有默认的用户权限
IIS_IUSRS	这是 Internet 信息服务(Internet Information Server, IIS)使用的内置组	没有默认的用户权限
Network Configuration Operators	此组的成员可以更改 TCP/IP 设置,并且可以更新和发布 TCP/IP 地址。此组中没有默认的成员	没有默认的用户权限
Power Users	在默认情况下,此组的成员拥有不高于标准用户账户的权限。在早期版本的 Windows 操作系统中,Power Users 组专门为用户提供特定的管理员权限以执行常见的系统任务。在此版本 Windows 操作系统中,标准的用户账户具有执行最常见配置任务的能力,如更改时区。如果需要与早期版本的 Windows 操作系统的 Power Users 账户权限相同的旧应用程序,管理员则可以应用一个安全模板,此模板可以启用 Power Users 组,使此组中的成员具有与早期版本的 Windows 操作系统相同的权限	没有默认的用户权限

续表

组名	描述	默认用户权限
Remote Desktop Users	此组的成员可以远程登录计算机。允许通过终端服务登录计算机	允许通过远程桌面服务登录
Performance Log Users	此组的成员可以通过本地计算机和远程客户端管理性能计数器、日志和警报，而不用成为 Administrators 组的成员	没有默认的用户权限
Performance Monitor Users	此组的成员可以从本地计算机和远程客户端监视性能计数器，而不用成为 Administrators 组或 Performance Log Users 组的成员	没有默认的用户权限
Replicator	此组的成员支持复制功能。Replicator 组的唯一成员应该是域用户账户，用于登录域控制器的复制器服务。不能将实际用户的账户添加到该组中	没有默认的用户权限
Users	此组的成员可以执行一些常见任务，如运行应用程序、使用本地和网络打印机，以及锁定计算机。此组的成员无法共享目录或创建本地打印机。在默认情况下，Domain Users、Authenticated Users 及 Interactive 组是该组的成员。因此，在域中创建的任何用户都将成为此组的成员	● 通过网络访问此计算机 ● 允许本地登录 ● 跳过遍历检查 ● 更改时区 ● 增加进程工作集 ● 从扩展坞中取出计算机 ● 关闭系统

二、创建的本地用户和组

本地用户和组位于计算机管理中，用户可以使用这一组管理工具管理单台本地计算机或远程计算机，也可以保护、管理在本地计算机上的用户账户和组，还可以在特定计算机上（只能是这台计算机）分配本地用户账户或组账户的权利与权限。

通过本地用户和组，可以为用户和组分配权利与权限，从而限制用户和组执行某些操作的能力。权利是用户在计算机上执行特定操作的许可，如备份文件和文件夹，或者关闭计算机。权限是与对象（通常是文件、文件夹或打印机）关联的一种规则，它规定可以访问该对象的用户及访问方式。

其他注意事项（也适用于域用户的创建）如下。

（1）如果要为本地用户和组分配权限，则必须提供本地计算机上 Administrator 账户的凭据，或者该用户必须是本地计算机上管理员组的成员。

（2）用户名不能与被管理的计算机上的任何其他用户名或组名相同。用户名最多可以包含除下列字符外的 20 个大写字符或小写字符。

- " / \ [ ] : ; | = , + * ? < > @
- 用户名不能只由句点（.）或空格组成。

（3）在"密码"和"确认密码"文本框中可以输入包含不超过 127 个字符的密码。

（4）使用强密码和合适的密码策略有利于保护计算机免受攻击。

任务实施

创建研发部本地用户 Zhang、Sun，创建本地组 Research，并将刚创建的两个用户加入 Research 组；创建售后部本地用户 Chen、Song，创建本地组 PostSale，并将刚创建的两个用户加入 PostSale 组；创建 IT 服务部本地用户 Zhu，创建本地组 ITService，将该用户加入 ITService 组。

（1）选择"服务器管理器"→"工具"→"计算机管理"命令，打开"计算机管理"界面。

（2）在导航菜单中，选择"用户"选项并右击，在弹出的快捷菜单中选择"新用户"命令，如图 3-5 所示。打开"新用户"界面，如图 3-6 所示，输入用户名和密码。

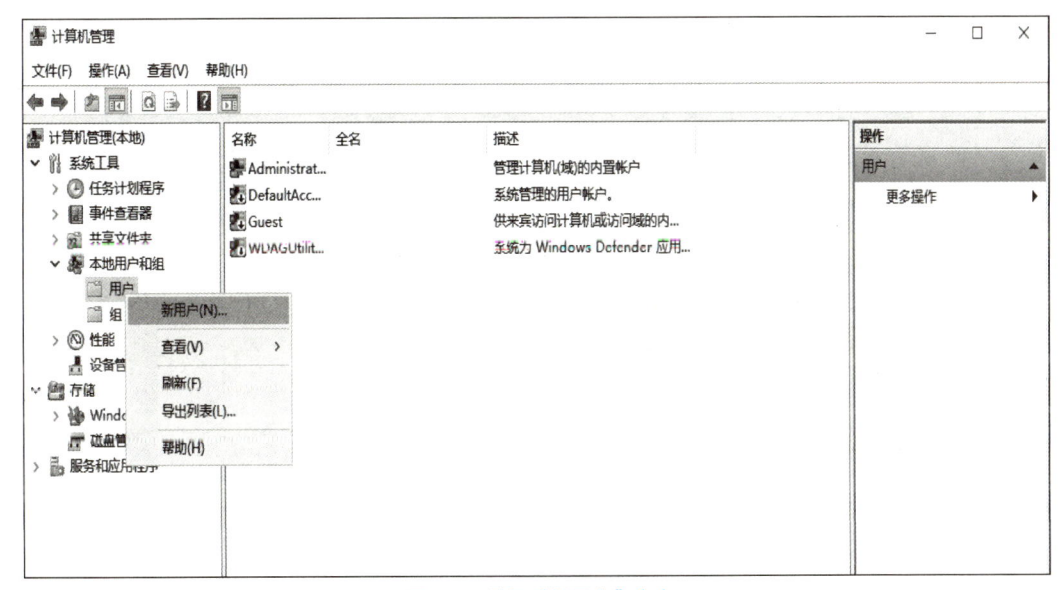

图 3-5 选择"新用户"命令

（3）按照（2）中的操作步骤创建其他本地用户。

（4）在导航菜单中，选择"组"选项并右击，在弹出的快捷菜单中选择"新建组"命令，如图 3-7 所示。打开"新建组"界面，按照如图 3-8 和图 3-9 所示的步骤操作，新建组的同时将所有属于该组的用户添加进去。

图 3-6 "新用户"界面

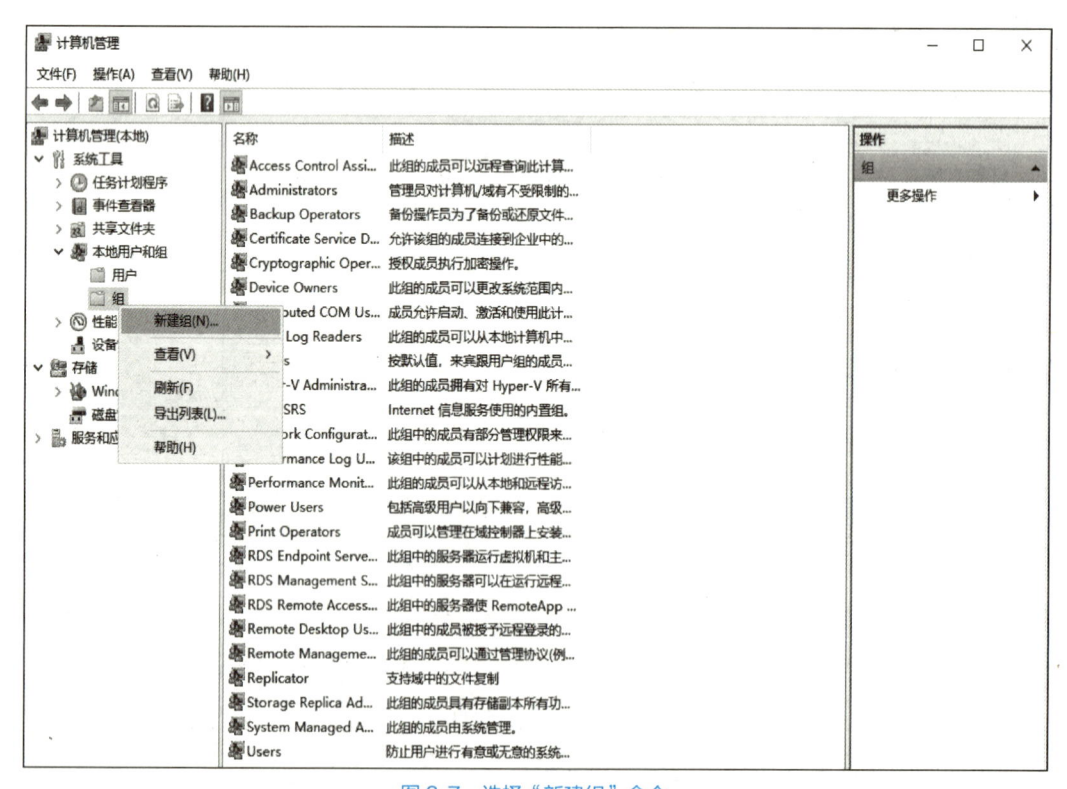

图 3-7 选择"新建组"命令

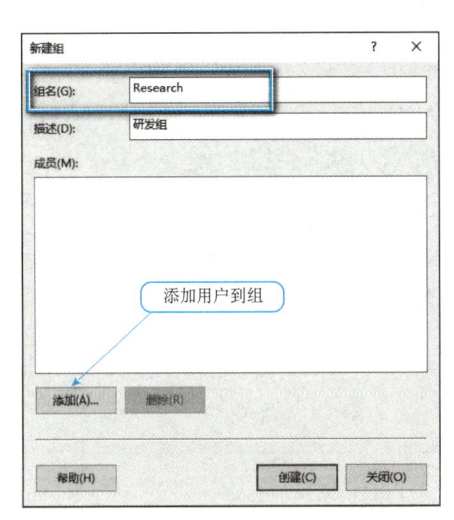

图 3-8 "新建组"界面　　　　　　　　　图 3-9 添加用户

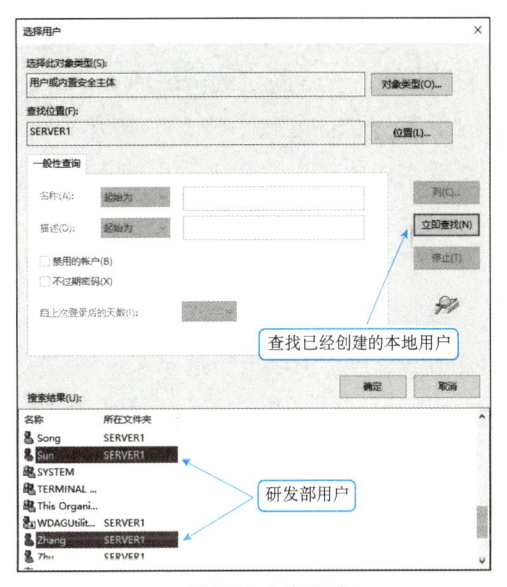

操作完成后，重启 Windows 服务器，在 Windows 登录界面可以看到登录账户选项中已经包含刚才新建的账户，如图 3-10 所示。

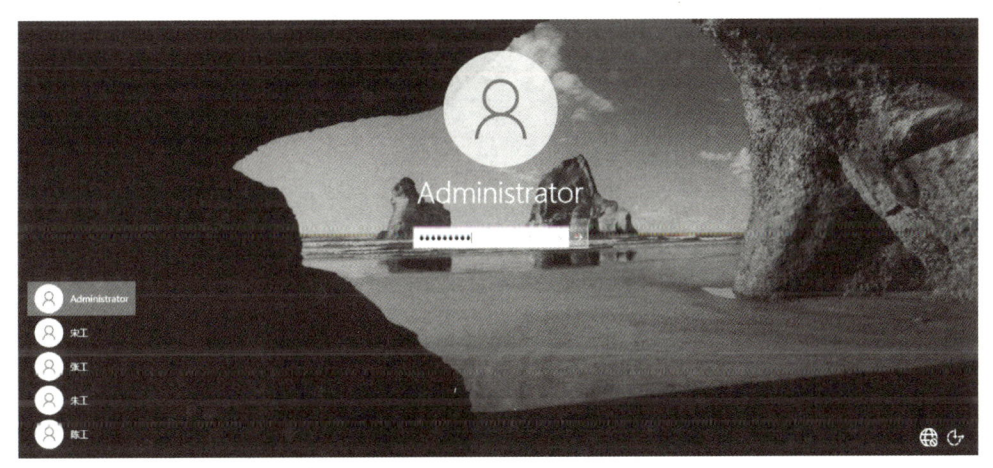

图 3-10　Windows 登录界面

任务拓展

随着信息技术的快速发展，网络安全问题日益凸显，账户、密码作为保护个人信息和系统安全的第一道防线，其重要性不言而喻。增强用户对密码安全的重视和认识是密码安全工作中不可或缺的一环。定期组织密码安全培训，让用户了解密码安全的重要性，并掌握正确的密码管理方法。密码是用户的个人隐私，也是保护个人信息安全的关键。用户应该妥善保管自己的密码，避免将密码告诉他人，或者在不安全的网络环境中输入密码。同时，应该定期检查账户的安全设置，及时发现并处理异常的登录行为。每个公民都有责任和义务共同努力，保护个人信息和系统不受非法访问与侵害，营造一个安全、稳定的网络环境。

（1）重置 Zhang 账户密码。当用户忘记密码时，登录 Administrator 账户，选择需要重置密码的账户并右击，在弹出的快捷菜单中选择"设置密码"命令，在打开的"为 Zhang 设置密码"界面中重置新的密码，如图 3-11 和图 3-12 所示。

（2）设置禁用 Sun 账户。选择 Sun 账户并右击，在弹出的快捷菜单中选择"属性"命令，打开"Sun 属性"界面，勾选"账户已禁用"复选框，如图 3-13 所示。如果要取消禁用该账户，则取消勾选该账户的"账户已禁用"复选框。

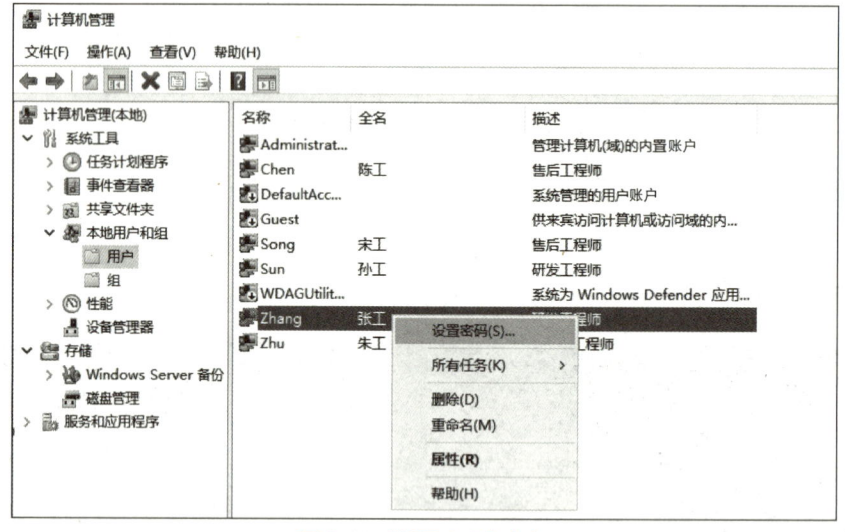

图 3-11 "设置密码"命令

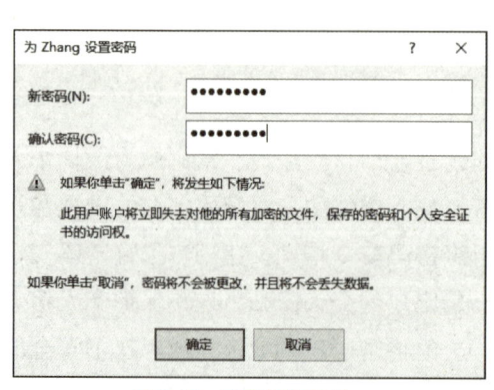

图 3-12 重置新的密码

图 3-13 禁用 Sun 账户

任务 3-2　新建域用户、组和组织单位

域用户和组
的管理

组织单位
（理论）

任务陈述

本任务的目的是熟悉域环境中的用户和组，在域服务中新建域用户和组，将域用户加入不同的组中。通过组织单位灵活地组织和管理域中的对象，新建组织单位，在组织单位内新建下一级的组织单位，并在某一个组织单位内新建域用户和组。

知识准备

3.2.1　域用户和组

Active Directory 域用户账户代表物理实体，如个人，还可以将用户账户用作某些应用程序的专用服务账户。用户账户又称安全主体。安全主体即自动为其分配安全标识符的目录对象，这些对象可用于访问域资源。用户账户主要用于以下两方面。

- 验证用户的身份。用户可以使用用户账户通过域身份验证并登录到计算机或域。每个登录到计算机或域的用户都应该有自己唯一的用户账户和密码。为了最大限度地保证安全，请避免多个用户共享一个账户。
- 授权或拒绝对域资源的访问。在验证用户身份之后，基于为该用户分配的针对资源的显式权限，授权或拒绝用户对域资源的访问。

一、默认域用户和组

1. 域用户

域用户是指在 Windows 网络操作系统环境下，由域控制器统一管理的用户账户。这些用户账户存储在活动目录中，可以在整个域内进行身份验证和访问控制。与本地用户不同，域用户具有更高的灵活性和可管理性。域用户可以在多台计算机上登录，而无须在每台计算机上单独设置用户账户和密码。此外，域用户还可以跨域进行访问和管理，这对于跨多个组织或地理位置的网络环境非常有用。

在域中，管理员可以为用户分配特定的访问权限和角色，以便限制用户访问特定的资源，这有助于保护敏感数据和资源，避免未经授权的访问和滥用。要使用域用户，需要首先设置一个或多个域控制器，并在其中创建和管理用户账户。然后，将计算机加入域中，以便识别和管理域用户账户。当用户尝试登录时，其凭据将被验证，如果验证通过，用户则被授予相应的访问权限和角色。

Active Directory 域用户和计算机管理单元中的"用户"容器显示了两种内置用户账户：Administrator 和 Guest。这些内置用户账户是在创建域时自动创建的。每个内置

账户都有不同的权限组合。Administrator 账户在域内具有最全面的权限，而 Guest 账户则具有有限的权限。表 3-3 所示为运行 Windows Server 2022 网络操作系统的域控制器上的默认用户账户的特点。

表 3-3 域控制器上的默认用户账户的特点

默认用户账户	特点描述
Administrator	Administrator 账户具有域的完全控制权限。它可以根据需要将用户权利和访问控制权限分配给域用户。此账户仅用于需要管理凭据的任务。建议使用强密码设置此账户。 Administrator 账户是下列 Active Directory 组的默认成员：Administrators、Domain Admins、Enterprise Admins、组策略创建者所有者组和 Schema Admins。永远不可以从管理员组中删除 Administrator 账户，但可以重命名或禁用该账户。因为大家都知道 Administrator 账户存在于许多版本的 Windows 操作系统，所以重命名或禁用此账户可以使恶意用户更难访问该账户。 Administrator 账户是在"Active Directory 域服务安装向导"界面中设置新域时创建的第一个账户。即使已经禁用了 Administrator 账户，仍然可以在安全模式下使用该账户访问域控制器
Guest	在域中没有实际账户的用户可以使用 Guest 账户。如果已禁用某个用户的账户（尚未删除），则该用户还可以使用 Guest 账户。Guest 账户不需要密码。 可以像设置任何用户账户一样设置 Guest 账户的权限。在默认情况下，Guest 账户是内置"来宾"组和"域来宾"全局组的成员，拥有该账户的用户允许登录到域上。在默认情况下，建议将 Guest 账户保持为禁用状态

如果网络管理员没有修改或禁用内置账户的权限，恶意用户（或恶意服务）就会使用这些权限通过 Administrator 账户或 Guest 账户非法登录到域上。保护这些账户的一种较好的安全操作是重命名或禁用它们。由于重命名的用户账户会保留其 SID，因此也会保留用户账户的其他属性，如说明、密码、组成员身份、用户配置文件、账户信息及已分配的权限和权利。

如果需要用户进行身份验证和授权，则可以首先使用 Active Directory 域用户和计算机为所有想要访问网络的用户创建单独的用户账户，然后将各个用户账户（包括 Administrator 账户和 Guest 账户）添加到组，以控制分配给该账户的权限。如果有适合网络的账户和组，则请确保可以识别登录到网络上的账户，以及只能访问指定资源的账户的权限。

网络管理员通过要求强密码和实施账户锁定策略，可以帮助域抵御攻击。强密码可以减少对密码的智能密码猜测和字典攻击的危险。账户锁定策略会减少攻击者企图通过重复登录危害所在域的安全的可能性。通过设置账户锁定策略可以限制用户账户尝试登录的失败次数。

每个 Active Directory 域用户账户都有许多账户选项，通过设置这些选项可以确定如何对使用该特定用户账户登录网络的人员进行身份验证。表 3-4 所示为用户账户密码和安全的选项（同样适用于新建域用户账户）。

表 3-4 用户账户密码和安全的选项

账户选项	描述
用户下次登录时须更改密码	强制用户在下次登录网络时更改自己的密码。确定该用户是知道密码的唯一人选时，启用此选项
用户不能更改密码	防止用户更改自己的密码。要对用户账户（如 Guest 账户或临时账户）保持控制时，启用此选项
密码永不过期	防止用户的密码过期。建议服务账户启用此选项并使用强密码
使用可还原的加密储存密码	允许用户从 Apple 计算机登录到 Windows 网络。如果用户没有从 Apple 计算机登录，则不要启用此选项
账户已禁用	防止用户使用选定的账户进行登录。很多管理员使用已禁用的账户作为公用用户账户的模板
交互式登录必须使用智能卡	要求用户拥有智能卡才能以交互方式登录到网络。用户必须具有连接到计算机的智能卡读卡器及智能卡的有效个人标识号（Personal Identification Number，PIN）。在启用此选项时，会自动将用户账户的密码设置为随机而复杂的值，并设置"密码永不过期"账户选项

2. 域中组

在 Windows 域中，组（Group）是一个重要的概念，它允许管理员将多个用户账户组合在一起，以便更方便地管理和分配权限。通过组，管理员可以为一组用户设置相同的访问权限和策略，而不用单独为每个用户设置。这大大提高了管理效率，并降低了权限管理的复杂性。

在 Windows 域中，有两种类型的组，分别为全局组（Global Group）和域本地组（Domain Local Group）。全局组是一个可以包含域中任何用户的组。一旦用户被添加到全局组中，该用户就可以具有该组被授予的所有权限，可以访问该组被允许访问的所有资源。全局组可以在整个域中使用，并可以在域树和域森林中的不同域之间进行嵌套。域本地组只能在创建它们的域中使用。它们通常用于管理本地资源（如文件、打印机和共享文件夹），以及执行与特定域相关的任务。域本地组只能在单个域中使用，不能跨域嵌套。AD DS 中的组都是驻留在域和组织单位容器对象中的目录对象。AD DS 在安装时会提供一组默认的组，使用 AD DS 中默认的组可以执行以下操作。

- 通过将共享资源的权限分配给组而不是分配给单个用户，从而简化管理。如果将对资源的访问权限分配给组，则该组中的所有成员都将具有对资源的访问权限。
- 通过组策略将用户权限一次性地分配给组进行委派管理。可以向组添加那些希望具有与组相同权限的成员。
- 创建电子邮件分发列表。

组的特征体现在它的作用域和类型上，组的作用域用于确定组在域或林中的应用程度。组的类型用于确定是使用组分配共享资源的权限（对于安全组），还是仅将组用于电子邮件分发列表（对于分发组）。

此外，还存在无法修改或查看其成员身份的组，这些组被称为特殊身份组。根据不同环境，它们代表了不同时间内的不同用户。例如，Everyone 组是表示所有当前网络用户的特殊身份组，包括来自其他域的用户，图 3-14 所示为系统安装后默认的域用户和组。

图 3-14 默认的域用户和组

通常情况下有三个组作用域，分别为本地域组、全局组和通用组。

（1）本地域组。

本地域组的成员可以包括域中的其他组和账户，仅能在域内为这些组的成员分配权限。本地域组可以用来定义和管理单一域内的资源访问权限，这些组的成员可以包括以下组。

- 具有全局作用域的组。
- 具有通用作用域的组。
- 账户。
- 具有本地域作用域的其他组。
- 上面任意组的组合。

（2）全局组。

全局组的成员只包括组定义所在域的其他组和账户，可以在林中的任何域为这些组成员分配权限。由于全局组在自己的域外不会被复制，因此可以经常更改全局组中的账户，且不会对全局编录产生重复流量。当为复制到全局编录的域目录对象指定权限时，建议使用全局组或通用组，而不要使用本地域组。

（3）通用组。

通用组的成员包括域树或林中的任何域的其他组和账户，可以在域树或林中的任何域为这些组成员分配权限。因此，可以向全局组添加账户，并在通用组中嵌套这些组。在使用此策略时，对全局组成员权限的任何更改都不会影响通用组成员的权限。不要经常更改通用组成员的权限，对通用组成员权限的任何更改都会导致该组的全部成员权限被复制到林中的各全局编录中。

AD DS 中有两种组类型，分别为分发组和安全组。可以使用分发组创建电子邮件分发列表，使用安全组分配共享资源的权限。

二、创建域用户和组

如果要管理域用户，则需要在 AD DS 中创建用户账户。如果要执行此过程，则用户必须是 AD DS 中 Account Operators 组、Domain Admins 组或 Enterprise Admins 组的成员，或者用户必须被委派了适当的权限。

如果没有设置密码，则在用户首次尝试登录时（使用空白密码）会出现一条登录消息，提示"您必须在第一次登录时更改密码"。在用户更改密码后，登录过程将继续，如果服务的用户账户的密码已经更改，则必须重置使用该用户账户的验证服务。

这里需要注意，如果要执行此过程，则用户必须是 AD DS 中 Account Operators 组、Domain Admins 组或 Enterprise Admins 组的成员，或者用户必须被委派了适当的权限。

如果要添加组，则可以首先选中要添加组的文件夹，然后单击工具栏上的"新建组"按钮。完成此操作需要用户具有 Account Operators 组、Domain Admins 组、Enterprise Admins 组或类似组中的成员权限。

3.2.2 组织单位

一、组织单位概述

在 Windows 域环境中，组织单位（OU）是一个非常重要的概念，它是活动目录中的一个容器，用于将用户、组、计算机和其他 OU 逻辑分组。OU 提供了一种灵活的方式来组织和管理域中的对象，以便更好地满足 OU 的业务需求，它不能包含来自其他域中的对象。

OU 是可以向其分配组策略设置或委派管理权限的最小作用域或单位。使用 OU 可以在域中创建具有层次结构和逻辑结构的容器。根据 OU 模型可以管理用户账户和资源的配置与使用，OU 具有以下特点。

（1）容器对象：OU 是一个容器，可以包含用户、组、计算机和其他 OU，管理员可以将相关的对象组合在一起，方便管理和查找。

（2）分层结构：OU 具有分层结构，可以建立嵌套的 OU 来进一步细分和组织域中的对象。这种分层结构可以帮助管理员创建一个清晰的、易于管理的目录结构，从而更好地管理网络资源和目录对象。

（3）管理作用域：OU 是一种管理作用域，用于指定组策略、委派管理权限等。通过将特定的管理策略和权限应用于 OU，管理员可以控制对象的行为和访问权限，以满足 OU 的安全和管理需求。

OU 可以包含其他 OU，可以根据需要将 OU 的层次结构扩展为模拟域 OU 的层次结构。使用 OU 有助于最大限度地减少网络所需的域数量。用户可以对域中的所有 OU 或单个 OU 具有管理权限，一个 OU 的管理员不一定对域中的所有 OU 具有管理权限。

二、操作组织单位所需的权限

如果需要新建、移动或删除 OU，则需要用户具有 Account Operators 组、Domain Admins 组、Enterprise Admins 组或类似组中的成员权限。

如果在移动或删除 OU 时 OU 包含其他对象，则活动目录用户的计算机会提示"是继续还是取消移动或删除"。如果选择继续，OU 中的所有对象也将被移动或删除。

任务实施

本任务需要创建公司的组织架构，在组织架构中创建相关的用户和组，公司的组织架构如表 3-5 所示。

表 3-5　公司的组织架构

一级 OU	二级 OU	三级 OU	域用户	组
著创公司	上海总公司	销售部 1	wangli	sd1

续表

一级 OU	二级 OU	三级 OU	域用户	组
	上海总公司	销售部 1	zhangqi	sd1
			xuhua	
		技术部 1	wuxin	td1
		人力资源部 1	xuli	hrd1
	苏州分公司	销售部 2	zhouli	sd2
		技术部 2	zhanglan	td2
		人力资源部 2	chenqing	hrd2

（1）在"服务器管理器"界面中选择"服务器管理器"→"工具"→"Active Directory 管理中心"命令，打开"Active Directory 管理中心"界面。

（2）在导航菜单中，选择"siso(本地)"选项并右击，在弹出的快捷菜单中选择"新建"→"组织单位"命令，如图 3-15 所示，打开"创建 组织单位"界面，如图 3-16 所示，在其中新建"著创公司"，并填写公司相关信息。

（3）新建"著创公司"后，选择著创公司名称并右击，在弹出的快捷菜单中选择"新建"→"组织单位"命令，如图 3-17 所示，打开"创建 组织单位"界面，新建"上海总公司"和"苏州分公司"的 OU。

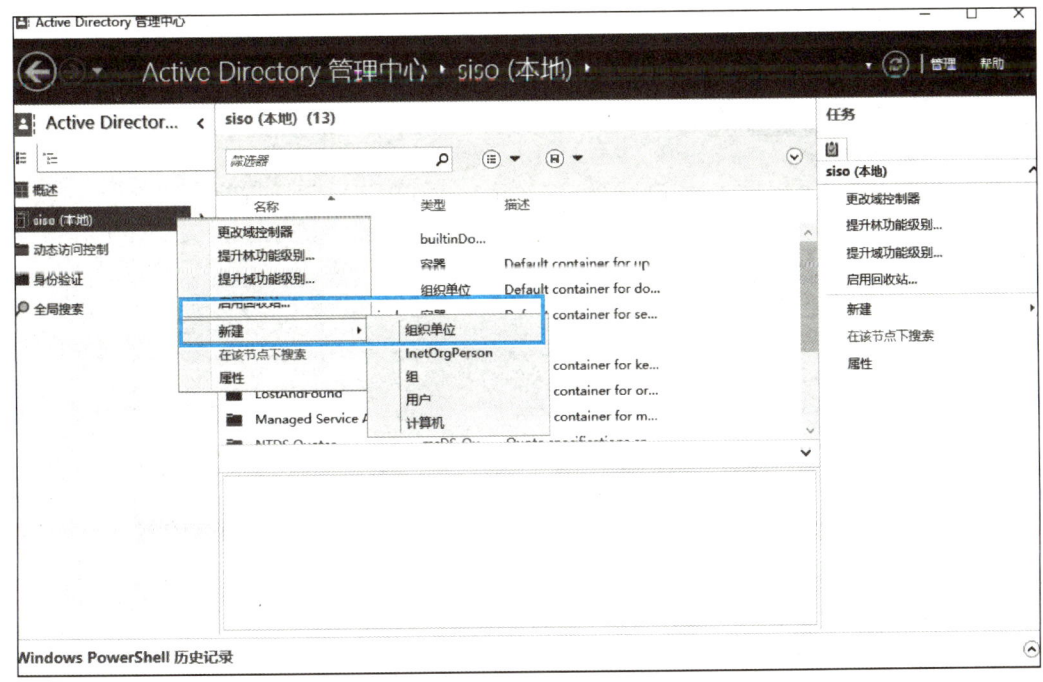

图 3-15 选择"新建"→"组织单位"命令

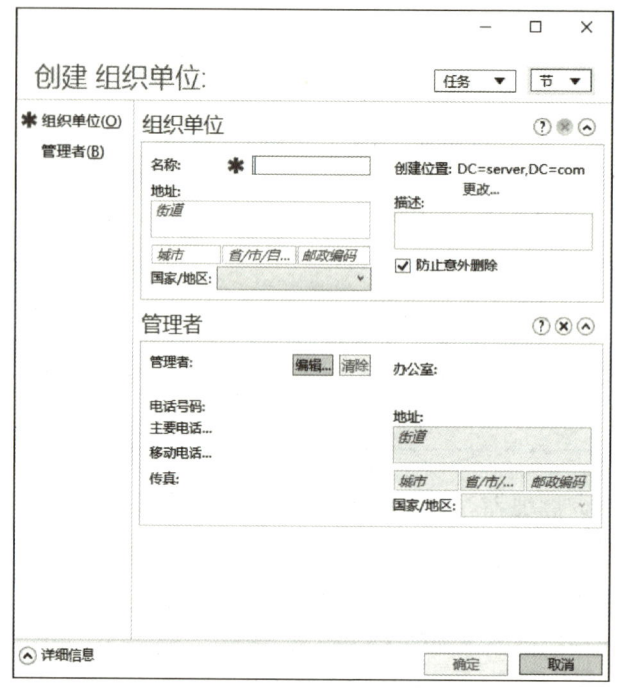

图 3-16 "创建 组织单位"界面

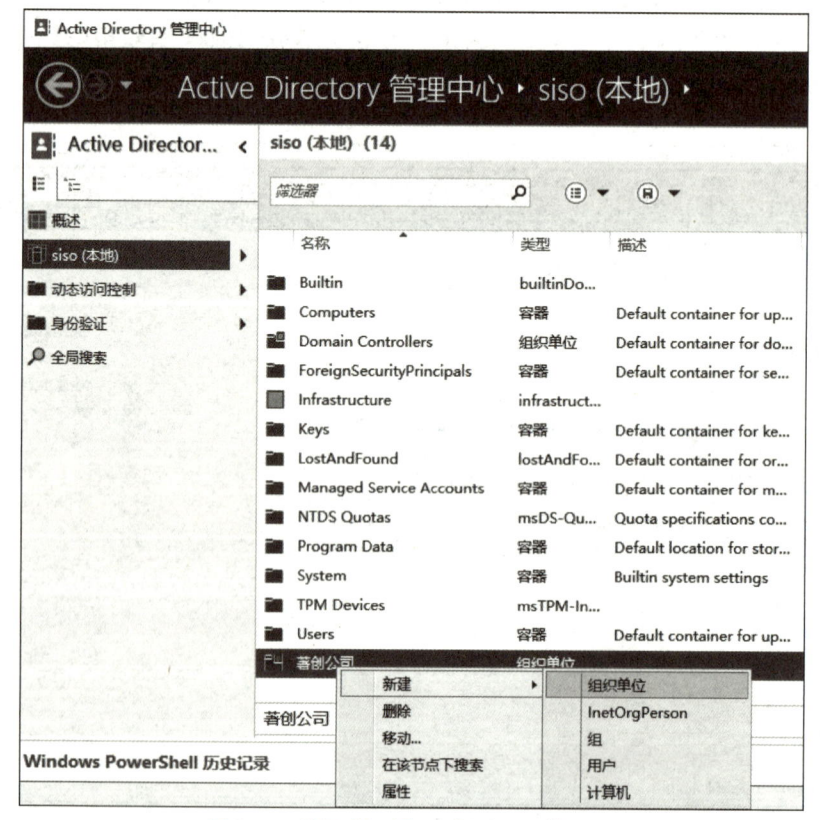

图 3-17 选择"新建"→"组织单位"命令

（4）在"上海总公司"的 OU 内部创建销售部 1、技术部 1、人力资源部 1 的 OU，在"苏州分公司"的 OU 内部创建销售部 2、技术部 2、人力资源部 2 的 OU，如图 3-18 所示。公司的组织单位架构如 3-19 所示。

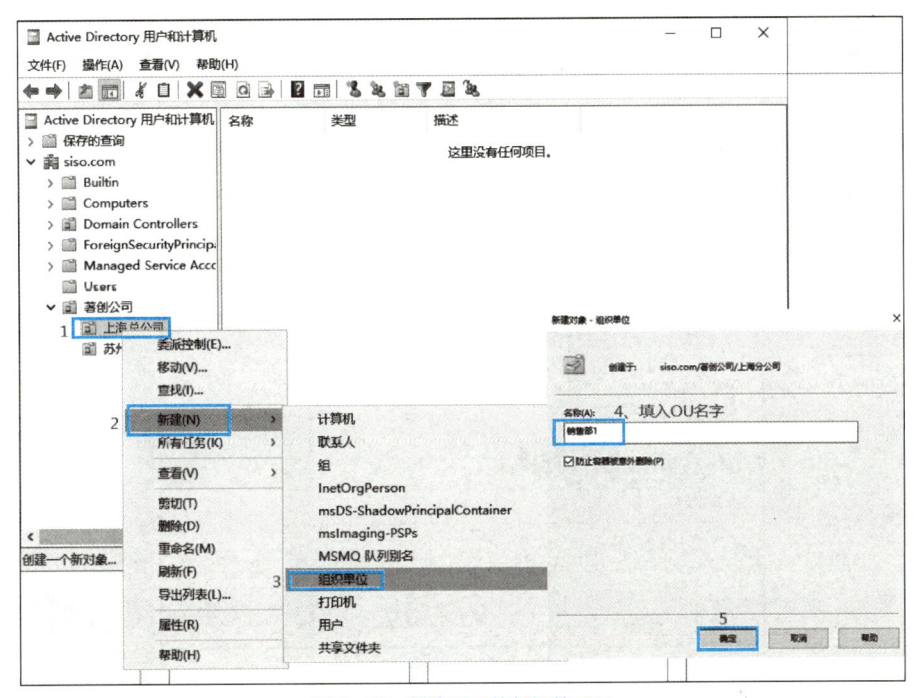

图 3-18　创建不同的部门的 OU

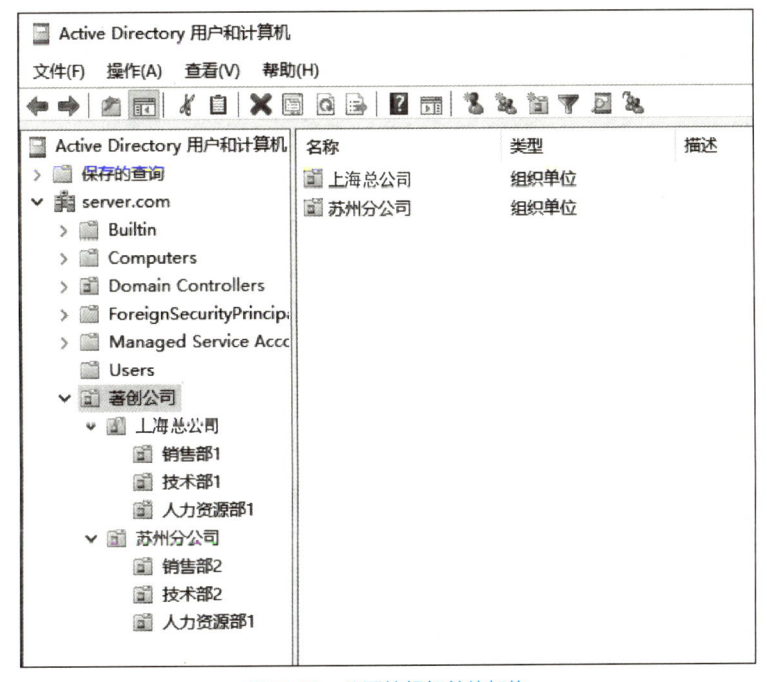

图 3-19　公司的组织单位架构

（5）在导航菜单中，选择"上海总公司"→"销售部1"选项并右击，在弹出的快捷菜单中选择"新建"→"用户"命令，打开"新建对象-用户"界面，创建域用户 wangli，并单击"下一步"按钮，设置用户密码，勾选"密码永不过期"复选框，如图 3-20 和图 3-21 所示。

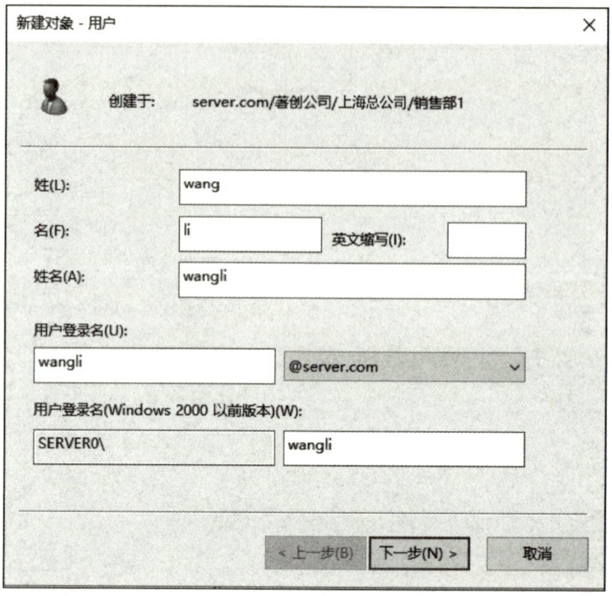

图 3-20　创建域用户

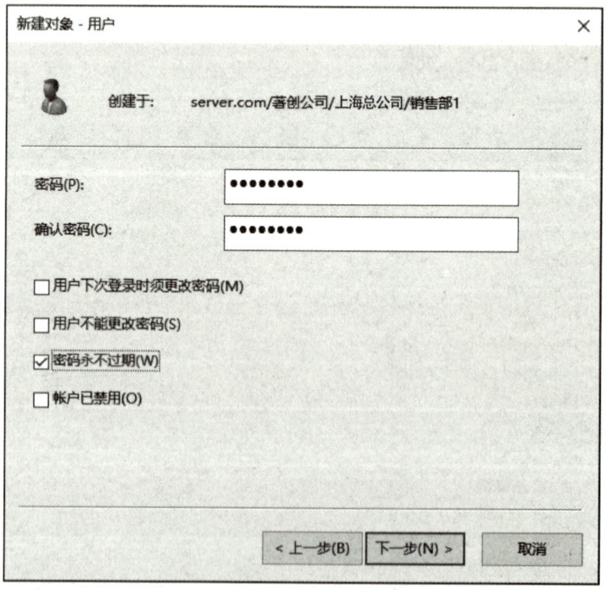

图 3-21　设置用户密码与密码永不过期

注意：在"用户登录名"文本框中输入英文字符的用户名，最好不要输入中文字符。在设置公司管理员的密码时，一般需要勾选"用户下次登录时须更改密码"复选

单元 3　用户和组的创建与管理

框，本任务为了实验方便，勾选"密码永不过期"复选框。

（6）重复（5）中的操作，设置其他域的用户。

（7）在导航菜单中，选择"上海总公司"→"销售部 1"选项并右击，在弹出的快捷菜单中选择"新建"→"组"命令，如图 3-22 所示，打开"新建对象－组"界面并输入组名"sd1"，新建组时要设置组作用域和组类型，如图 3-23 所示。

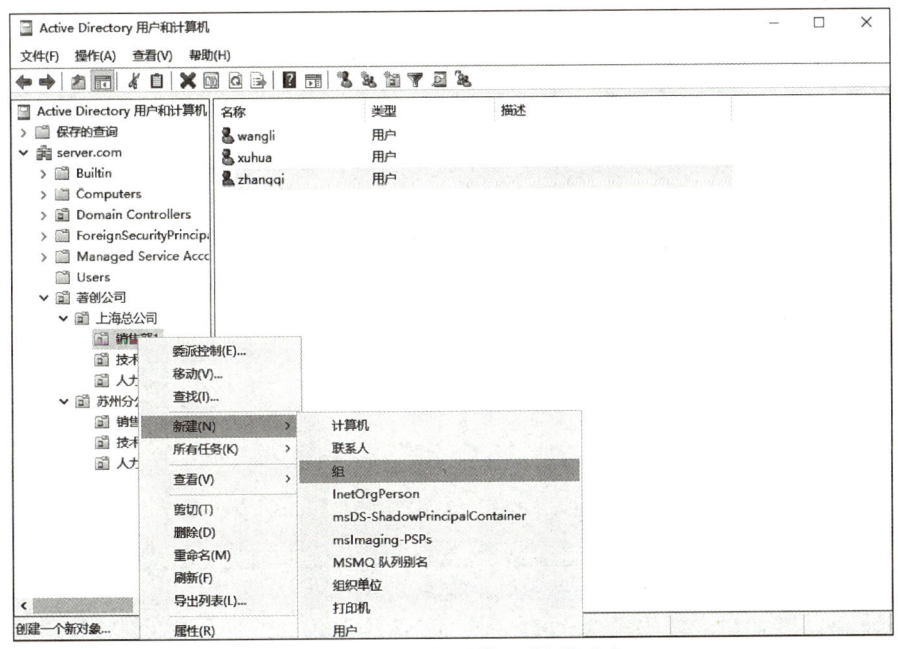

图 3-22　选择"新建"→"组"命令

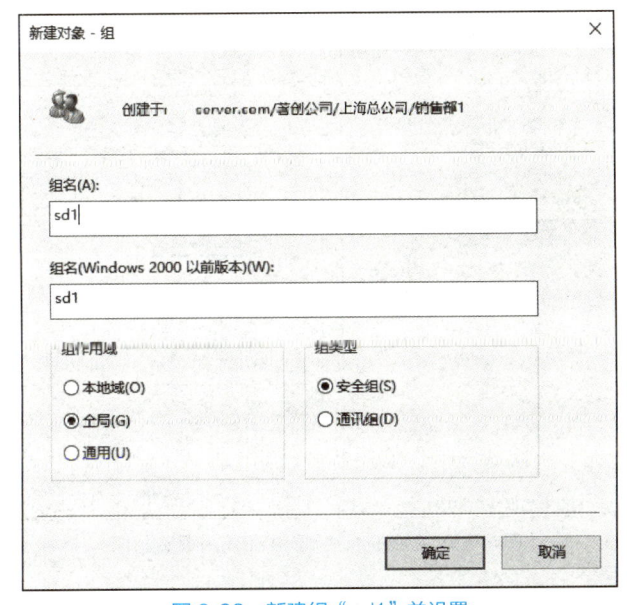

图 3-23　新建组"sd1"并设置

79

（8）将域用户加入组有两种方式，选择用户并右击，在弹出的快捷菜单中选择"添加到组"命令，直接将用户添加到组，如图 3-24 所示；或者选择组并右击，在弹出的快捷菜单中选择"属性"命令，在打开的属性界面中将用户添加到组，如图 3-25 所示。

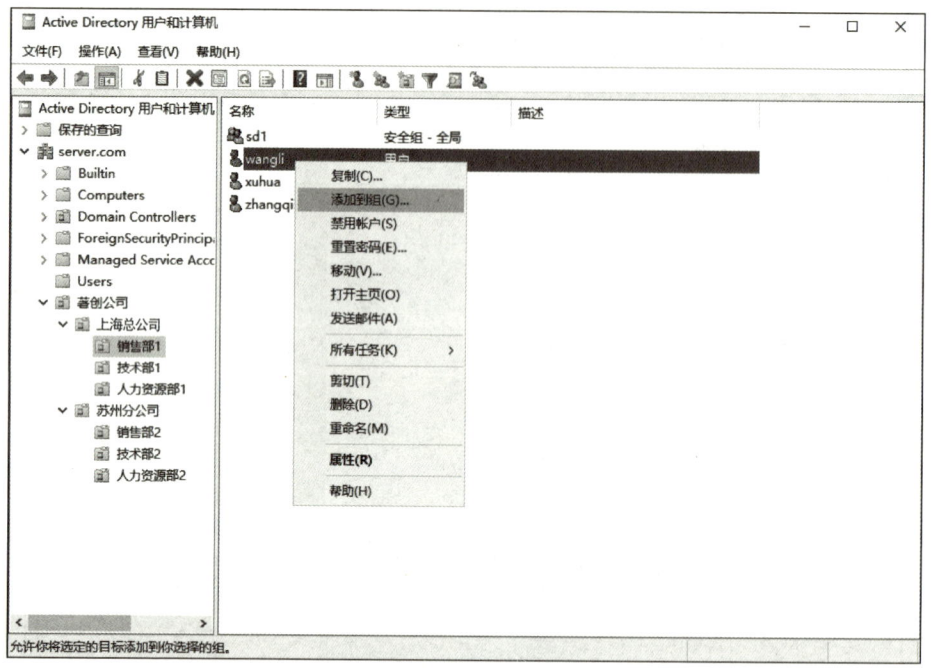

图 3-24　把用户添加到组

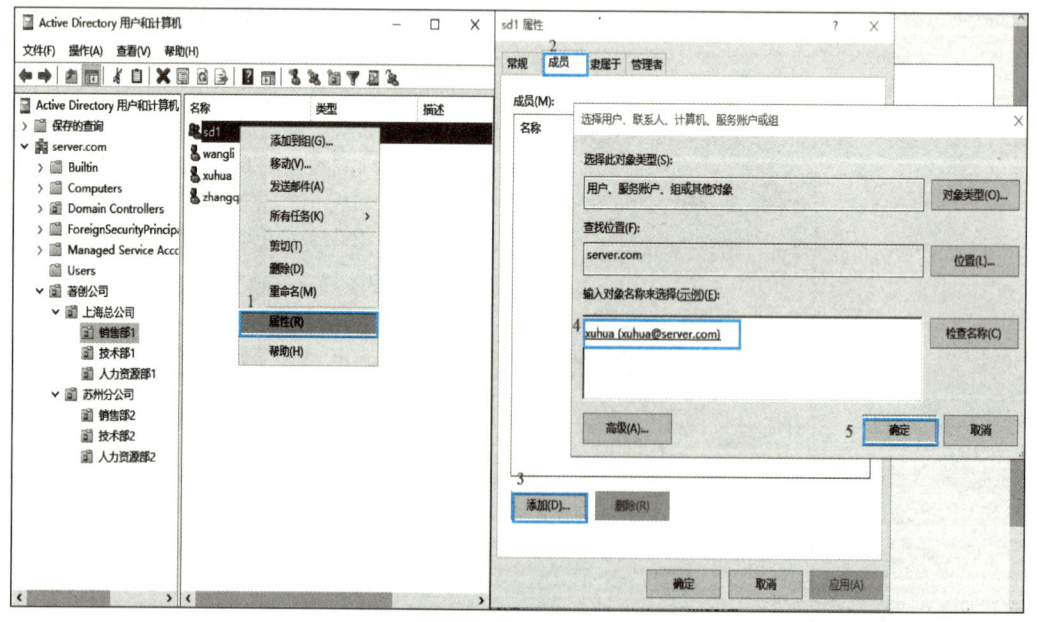

图 3-25　在组的属性界面中将用户添加到组

（9）重复上述操作，新建所有的域用户和组，将相应的用户都添加到对应的组。

任务拓展

（1）在删除新建的 OU 时可能会报错，提示删除 OU 权限不足，如图 3-26 所示，下面我们来解决该问题。

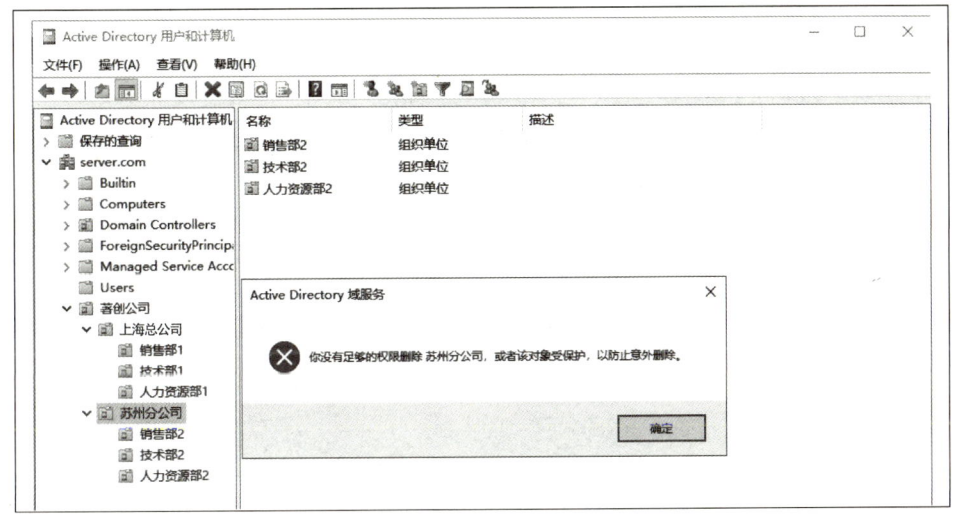

图 3-26　提示删除 OU 权限不足

选择工具栏的"查看"→"高级功能"命令，在打开的界面中选择要删除的 OU 并右击，在弹出的快捷菜单中选择"属性"命令，在打开的属性界面中选择"对象"选项卡，取消勾选"防止对象被意外删除"复选框，如图 3-27 所示，单击"确定"按钮后，重新删除 OU。

图 3-27　取消 OU 的防意外删除的属性

（2）选择所需用户并右击，在弹出的快捷菜单中选择"重置密码"命令，在打开的"重置密码"界面中重置域用户密码，完成此操作需要用户具有 Account Operators 组、Domain Admins 组、Enterprise Admins 组或类似组中的成员权限，如图 3-28 所示。

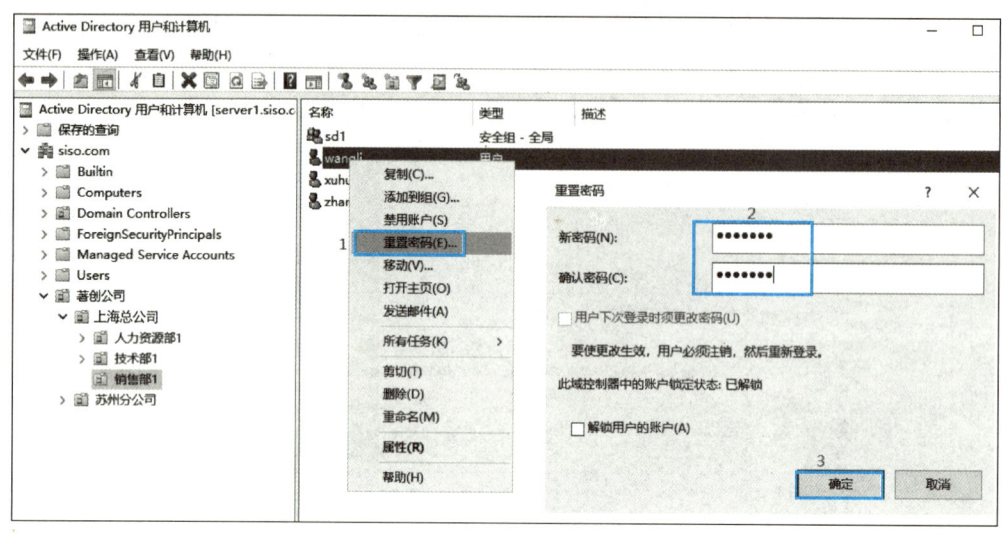

图 3-28　重置用户密码

（3）出于安全原因，如果需要防止特定用户登录，可以禁用该用户账户而不是删除，按照如图 3-29 所示的步骤禁用用户账户。完成此操作需要用户具有 Account Operators 组、Domain Admins 组、Enterprise Admins 组或类似组中的成员权限。

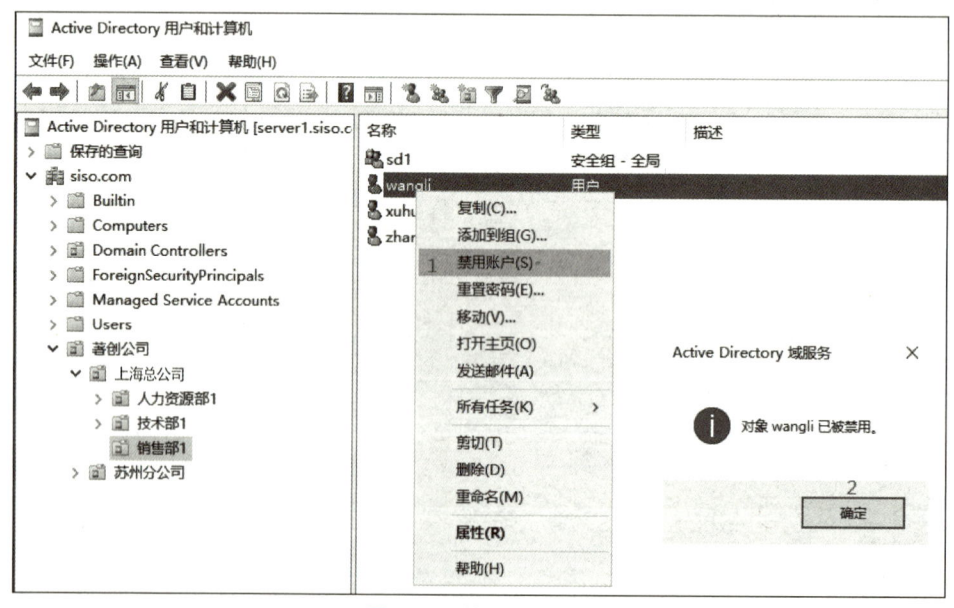

图 3-29　禁用用户账户

（4）移动用户账户，完成此操作需要用户具有 Account Operators 组、Domain

Admins 组、Enterprise Admins 组或类似组中的成员权限。例如，将 wangli 用户账户从上海销售部调职到苏州人力资源部，移动 wangli 用户账户，如图 3-30 所示。

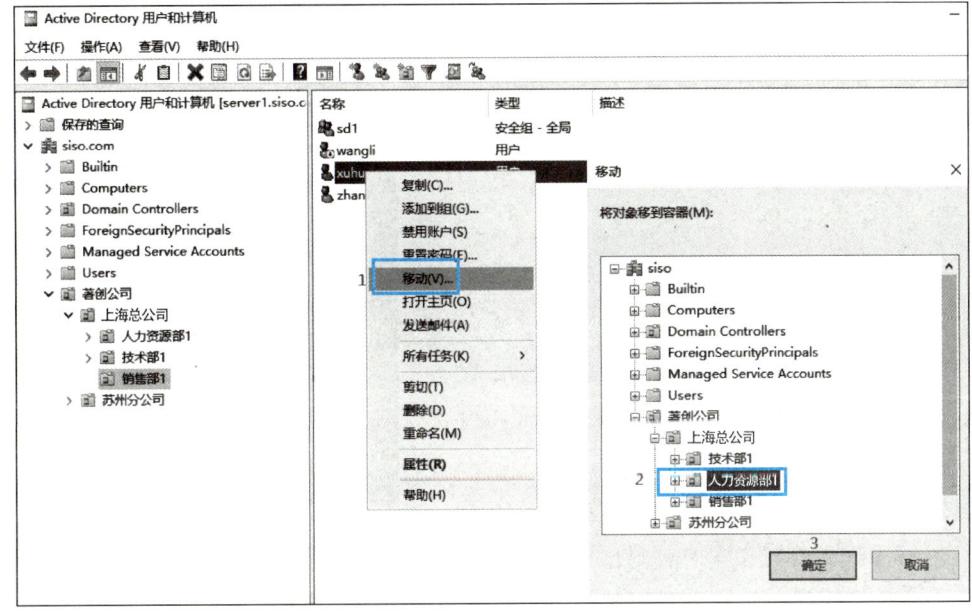

图 3-30 移动用户账户

单元小结

在公司的域服务器上通过设置不同级别的 OU，可以使公司的组织架构一目了然。在不同的 OU 中，根据实际需求新建相应的用户账户和组，将相关的用户加入适当的组中。本单元新建的组用户，后期将用于进行文件权限的设置和管理，OU 将在后期被用于实施组策略管理，域用户可以在公司内部任何一台客户机上进行登录，使用域中的资源。

单元练习题

一、单项选择题

1. 公司处在单域的环境中，你是域的管理员，公司有两个部门，分别为销售部和市场部，每个部门在活动目录中有一个相应的 OU，分别是 SALES 和 MARKET。有一个用户 TOM 要从市场部调动到销售部工作。TOM 用户账户原来存放在 MARKET 中，你想将 TOM 的账户存放到 SALES 中，应该通过（　　）来实现此功能。

A. 首先在 MARKET 中将 TOM 用户账户删除，然后在 SALES 中新建

B. 将 TOM 用户使用的计算机重新加入域

C. 首先复制 TOM 用户账户到 OU 中，然后将 MARKET 中的 TOM 用户账户删除

D. 直接将 TOM 用户账户移动到 SALES 中

2. Windows Server 2022 网络操作系统计算机的管理员有禁用账户的权限。当一个用户有一段时间不用某个账户（可能是休假等原因），管理员可以禁用该账户。下列关于禁用账户叙述正确的是（　　）。

A. Administrator 账户不可以被禁用

B. Administrator 账户可以禁用自己，在禁用自己之前应该先创建至少一个管理员组的账户

C. 禁用的账户过一段时间会自动启用

D. 以上都不对

3. 关于域组的概念，下列描述正确的是（　　）。

A. 全局组只能将同一域内用户加入全局组

B. 通用组可以包含域本地组

C. 域本地组的用户可以访问所有域的资源

D. 域本地组可以包含其他域的域本地组

4. 在系统缺省情况下，下列哪个组的成员可以创建本地用户账户（　　）。

A. Users
B. Backup Operators
C. Guests
D. Power Users

5. 某公司的计算机处在单域环境下，域的模式为混合模式，管理员在创建用户组的时候，（　　）是不能创建的。

A. 通用组　　　　B. 本地组　　　　C. 安全组　　　　D. 全局组

6. 公司最近安装了 Exchange Server 2022，网络管理员小张为每个用户账户创建了电子邮箱，为了方便管理，他希望创建组来专门发送电子邮件，那么他应该创建（　　）

A. 全局组　　　　B. 通信组　　　　C. 安全组　　　　D. 通用组

二、填空题

1. 在 Windows Server 2022 网络操作系统中默认的管理员的用户名为 _____。

2. 在 Windows Server 2022 网络操作系统中，按照作用范围，用户账户可分为 _____、_____。

3. 在 Windows Server 2022 网络操作系统安装完成后，有两个默认的本地用户账户 _____ 和 _____。

4. AD DS 中有两种组类型，分别为分发组和安全组。可以使用 _____ 创建电子邮件分发列表，使用 _____ 分配共享资源的权限。

5. 域中包含的一种特别有用的目录对象类型是 _____。

三、解答题

1. 组和组织单位有何区别？

2. 组的特征体现于标识组在域树或林中的应用程度的作用域。三个组的作用域分别是什么？简述它们各自的作用。

3. 如果需要新建、移动或删除 OU，则需要什么用户权限？简述 OU 的作用。

单元 4
配置与管理组策略

学习目标

【知识目标】
- 了解组策略的概念和作用。
- 了解组策略与注册表的关系。
- 熟悉组策略的组成和功能。
- 理解组策略的应用方式。
- 理解组策略的执行顺序。

【技能目标】
- 掌握配置本地组策略和域环境下的组策略。
- 掌握创建并链接组策略的方法。
- 掌握组策略的配置方法。
- 掌握修改组策略处理的选项。

【素养目标】
- 培养严格遵守公司规章制度的规则意识。
- 培养安全意识,树立正确的网络安全观念。

引例描述

著创公司决定实施组策略来管理账户策略、用户桌面及计算机安全配置,前面已经进行了 OU 设置。企业管理员需要创建组策略对象(Group Policy Object,GPO)部署计划,使一些策略可以应用于所有域对象,一些策略用于上海总公司,一些策略用于苏州分公司，并且为不同的用户配置不同的策略，必须将 GPO 管理权限委派给上海总公司和苏州分公司的管理员。

网络管理员小宋通过查询资料，获知在域环境下建立组策略的基本步骤如下。

第一步，创建相应的组织单位。

第二步，创建 OU 的组策略对象。

第三步，编辑 OU 的组策略对象。

任务 4-1　本地安全策略

本地安全策略　组策略和本地安全策略（理论）

任务陈述

著创公司的网络管理员小宋准备实施组策略来管理账户策略，在 Windows Server 2022 操作系统的服务器中配置本地安全组策略，完成对用户账户和计算机账户的集中化管理与配置。

知识准备

4.1.1　组策略

组策略（Group Policy）是 Windows 操作系统的一个特性，顾名思义，组策略用来控制和管理一组用户的功能与权限，即控制和管理用户账户与计算机账户的功能及权限。具体来说，组策略提供了操作系统、应用程序和活动目录中用户的集中化管理与配置功能。通过组策略,管理员可以定义并控制各种配置,包括桌面配置、网络连接配置、软件安装配置、安全策略配置等。

1. 组策略概述

组策略在部分意义上是控制用户在计算机上能够执行或禁止执行的操作。例如,设置密码复杂性策略可以避免用户选择过于简单的密码,允许或阻止身份不明的用户从远程计算机连接到网络共享,允许或阻止用户访问 Windows 任务管理器和特定文件夹,为特定用户或用户组定制可用的程序、桌面上的内容,以及定制"开始"菜单选项等,并在整个计算机范围内创建特殊的桌面配置等。简而言之,组策略是 Windows 操作系统中系统更改和配置管理工具的集合。

(1)策略应用范围。

GPO 是组策略的核心组件,包含各种配置信息。GPO 可以链接到活动目录中的 OU 或整个域,从而控制特定范围内的用户或计算机。通过将 GPO 链接到 OU,管理员可以针对特定的用户或计算机应用不同的策略,这种灵活性使得管理员能够根据不同的需求和工作角色来定制策略。

(2)策略类型和配置。

组策略有多种类型,如用户配置策略、计算机配置策略、首选项策略等。用户配置策略影响用户的工作环境,如桌面配置、"开始"菜单选项等;计算机配置策略影响计算机安全级别,如系统安全策略、软件安装策略等。管理员可以根据需求配置各种策略,包括桌面配置、网络连接配置、软件限制配置、安全配置等。这些配置可以确保用户只能访问和操作被授权的资源,从而提高系统的安全性。

(3)组策略的实施和监控。

管理员可以使用组策略编辑器创建和编辑 GPO。通过该工具,管理员可以选择要应用的策略类型,并进行相应的配置。完成配置后,GPO 将被应用到指定的 OU 或域中。此外,管理员还可以使用组策略管理控制台(Group Policy Management Console, GPMC)监控和管理组策略的实施情况。GPMC 提供了详细的报告和诊断功能,可以帮助管理员了解策略的执行情况,及时发现和解决问题。

(4)组策略的优势。

组策略可以通过集中管理和控制用户账户、计算机账户的工作环境,简化管理任务,降低维护成本。组策略还可以提高系统的安全性,通过实施各种安全策略限制用户的访问和操作权限。组策略还可以提高用户的工作效率,通过定制桌面配置、应用程序配置等来提供更好的用户体验。

2. 组策略的执行顺序

要完成一组计算机的中央管理目标,计算机应该接收和执行组策略对象,在某台计算机上的组策略对象仅适用于该台计算机。如果要将一个组策略对象应用到一个计算机组，则该组策略依赖于活动目录进行分发，活动目录可以将组策略对象分发到一个 Windows 域中的计算机。

在默认情况下，系统每 90 分钟刷新一次组策略，随机偏移 30 分钟。在域控制器上，系统每 5 分钟刷新一次组策略。在刷新时，系统可以发现、获取、应用所有适用于这台计算机和已登录用户的组策略对象。某些配置，如自动化软件安装、驱动器映射、启动脚本或登录脚本，只在启动或用户登录时才能生效。用户可以在命令行提示符窗口中使用"gpupdate"命令手动启动组策略刷新。

组策略对象会按照如图 4-1 所示顺序（从上向下）执行。

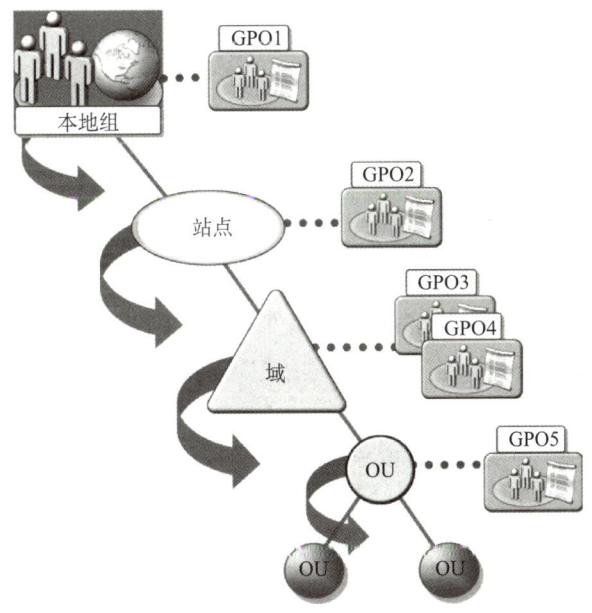

图 4-1 组策略对象执行顺序

（1）本地组：任何在本地计算机中的组策略。在 Windows Vista 之前，每台计算机只能有一个本地组策略。在 Windows Vista 和之后的 Windows 版本中，允许每个用户账户都有组策略。

（2）站点：任何与计算机所在的活动目录站点关联的组策略。如果多个策略已关联到一个站点，则按照管理员设置的顺序处理。

（3）域：任何与计算机所在 Windows 域关联的组策略。如果多个策略已经关联到一个域，则按照管理员设置的顺序处理。

（4）OU：任何与计算机或用户所在的活动目录 OU 关联的组策略。如果多个策略已关联到一个 OU，则按照管理员设置的顺序处理。

3. 组策略与注册表

注册表是 Windows 操作系统中非常重要的组成部分，几乎包含了所有系统配置信息。注册表的结构是一个庞大的树状结构，其中包含多个根键，每个根键下又有许多子键和值，这些子键和值进一步构成了注册表的数据库结构。随着 Windows 操作系统的功能越来越丰富，注册表中的配置项也越来越多，很多配置项都是可以自定义配置的。选择"开始"→"运行"命令，在打开的"运行"界面中输入"regedit"，按"Enter"键后打开"注册表编辑器"界面，如图 4-2 所示。在该界面中可以配置注册表。

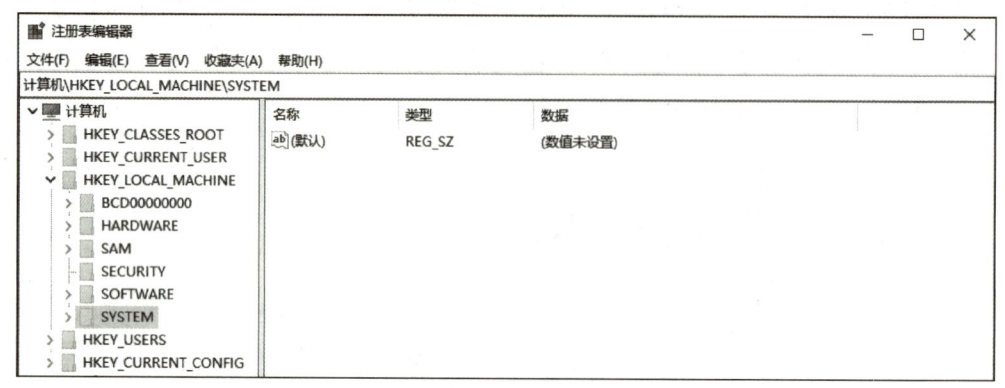

图 4-2 "注册表编辑器"界面

组策略将系统重要的配置功能汇集成各种配置模块，可供管理人员直接使用，从而达到方便管理计算机的目的。简单来说，组策略就是修改注册表中的配置。当然，组策略使用自己更完善的管理组织方法，可以对各种对象进行管理和配置，比手动修改注册表更方便、更灵活，功能也更强大。

4.1.2 本地组策略

1. 本地组策略概述

本地组策略（Local Group Policy，LGP）是组策略的基础版本，面向独立且非域的计算机，影响本地计算机的安全配置，也可以应用到域计算机。"本地组策略编辑器"界面如图 4-3 所示，该界面的打开方法是首先在"运行"界面中输入"gpedit.msc"，然后按"Enter"键。

本地组策略除了包括安全配置，还包括系统、软件和硬件的多种配置选项，其主要功能包括以下几点。

（1）软件配置：安装、卸载或限制软件的执行。

（2）Windows 组件配置：配置 Windows 组件的行为，如 Internet Explorer、Windows 更新等。

（3）用户和系统环境：定制桌面、"开始"菜单、任务栏和其他用户界面中的选项。

（4）安全选项：包括本地安全策略中的所有安全配置，以及更多与安全相关的配置。

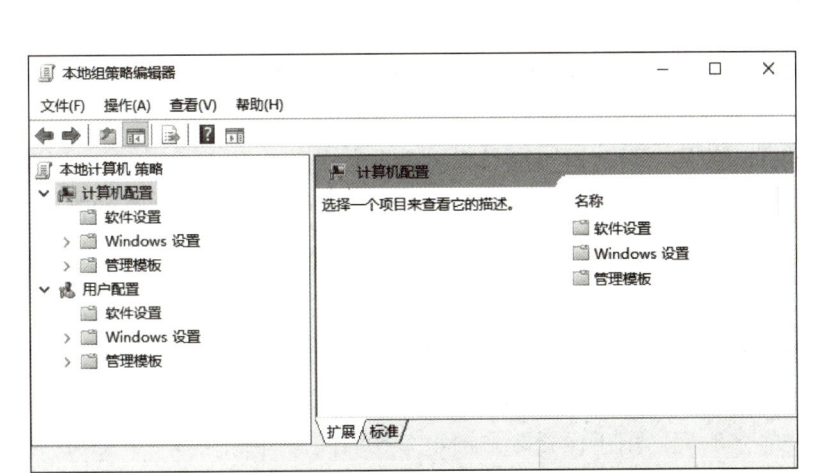

图 4-3 "本地组策略编辑器"界面

本地组策略和本地安全策略是 Windows 操作系统中用于管理计算机安全与配置的重要工具。通过这些策略，管理员可以通过选择"服务器管理器"→"工具"→"本地安全策略"命令，打开"本地安全策略"界面，如图 4-4 所示，从而精细地控制用户账户、密码、权限、审核等，以提高系统的安全性和稳定性。

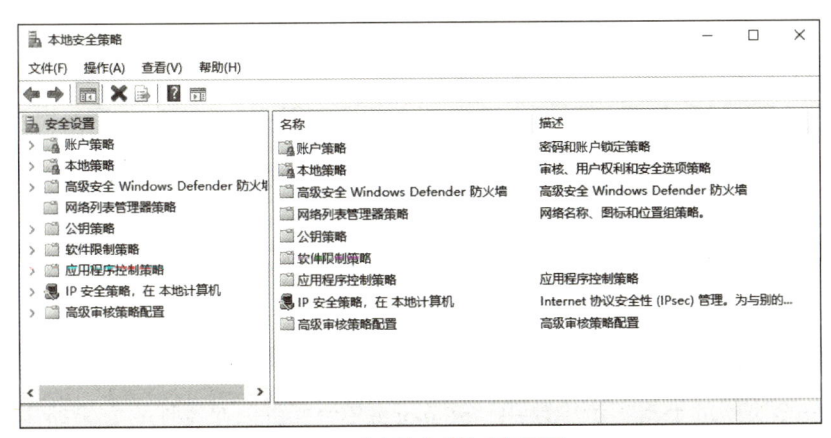

图 4-4 "本地安全策略"界面

2. 本地安全策略的分类

本地安全策略主要可以分为两类，分别为账户策略和本地策略。

1）账户策略

账户策略包括密码策略和账户锁定策略。

（1）密码策略有以下几点。

- 密码必须符合复杂性需求：密码中有英文字母大/小写、数字、特殊符号中的三项。
- 密码长度最小值：设置密码长度为 0～14 个字符，设置密码长度为 0 则表示不需要密码。

- 密码最长使用期限：默认密码最长使用期限为 42 天，设置密码使用期限为 0 则表示密码永不过期，设置密码使用期限的范围为 0～999 天。
- 密码最短使用期限：设置密码使用期限为 0 则表示用户可以随时更改密码。
- 强制密码历史：最近使用过的密码不允许再使用，设置记住的密码的数量范围为 0～24，默认为 0，0 表示可以随意使用过去使用过的密码。

（2）账户锁定策略有以下几点。
- 账户锁定阈值：在输入几次错误密码后，将用户账户锁定，设置无效登录次数的范围为 0～999，默认为 0，0 表示不锁定账户。
- 账户锁定时间：用于设置账户锁定多长时间后自动解锁，单位为分钟，设置范围为 0～99999，0 表示必须由管理员手动解锁。
- 重置账户锁定计数器：在用户输入错误密码时，计数器开始计时。只有在超过设置的锁定时间后，计数器才会被重置为 0。该重置时间必须小于或等于账户锁定时间。注意：此账户锁定策略对本地管理员无效。

2）本地策略

本地策略包括审核策略、用户权限分配策略、安全选项。

（1）用户权限分配的常用策略有以下几点。
- 关闭系统。
- 更改系统时间。
- 拒绝本地登录、允许本地登录（作为服务器的计算机不能让普通用户交互式登录）。

（2）安全选项常用策略有以下几点。
- 用户试图登录时的消息标题、消息文本。
- 网络访问本地账户的共享和安全模式（经典模式和仅来宾模式）。
- 使用空白密码的本地账户只允许进行控制台登录。

本地安全策略的编辑过程中使用"gpupdate"命令可以使本地安全策略生效或者重启计算机，使用"gpupdate /force"命令可以强制刷新策略。

任务实施

在将服务器设置为域控制器前，需要配置本地安全策略。

（1）配置密码策略如下。
- 密码必须符合复杂性要求。
- 密码长度最小值：7 个字符。
- 密码最短使用期限：3 天。
- 密码最长使用期限：60 天。
- 强制密码历史：3 个过往密码。

单元 4　配置与管理组策略

- 账户锁定时间：在登录尝试失败后，30 分钟后重置计数器。
- 账户锁定阈值：3 次无效登录。
- 重置账户锁定计数器：30 分钟。

（2）只允许管理员（Administrators）组的用户通过网络远程连接到服务器上。

（3）配置用户权限分配策略，赋予用户 Zhu 修改系统时间的权限。

操作步骤如下。

（1）在"本地安全策略"界面中，按照如图 4-5 所示的操作步骤设置启用"密码必须符合复杂性要求"。

图 4-5　设置启用"密码必须符合复杂性要求"

（2）在"本地安全策略"界面中，按照如图 4-6 所示的操作步骤设置"密码长度最小值：7 个字符"。

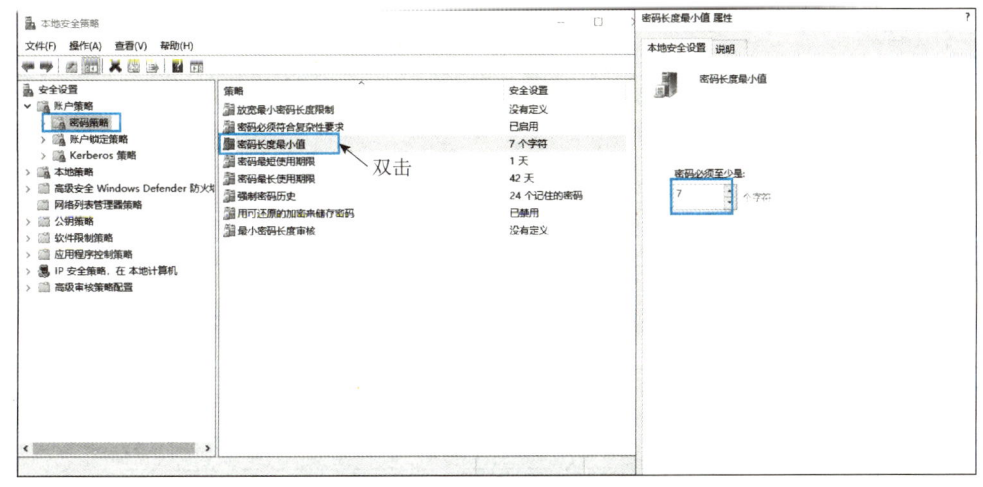

图 4-6　设置"密码长度最小值：7 个字符"

（3）在"本地安全策略"界面中，按照如图 4-7 所示的操作步骤设置"密码最短使用期限：3 天"。

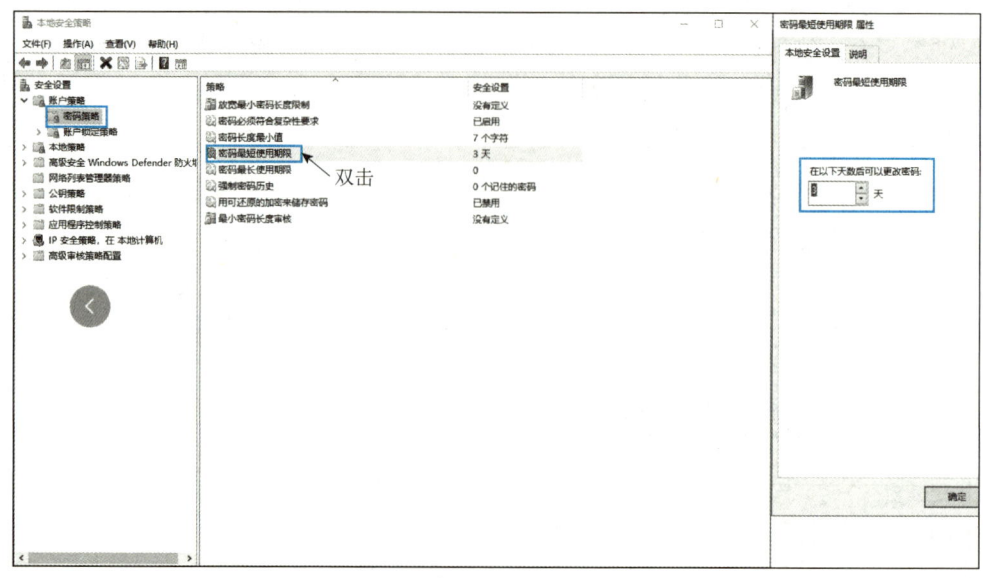

图 4-7　设置"密码最短使用期限：3 天"

（4）在"本地安全策略"界面中，按照如图 4-8 所示的操作步骤设置"密码最长使用期限：60 天"。

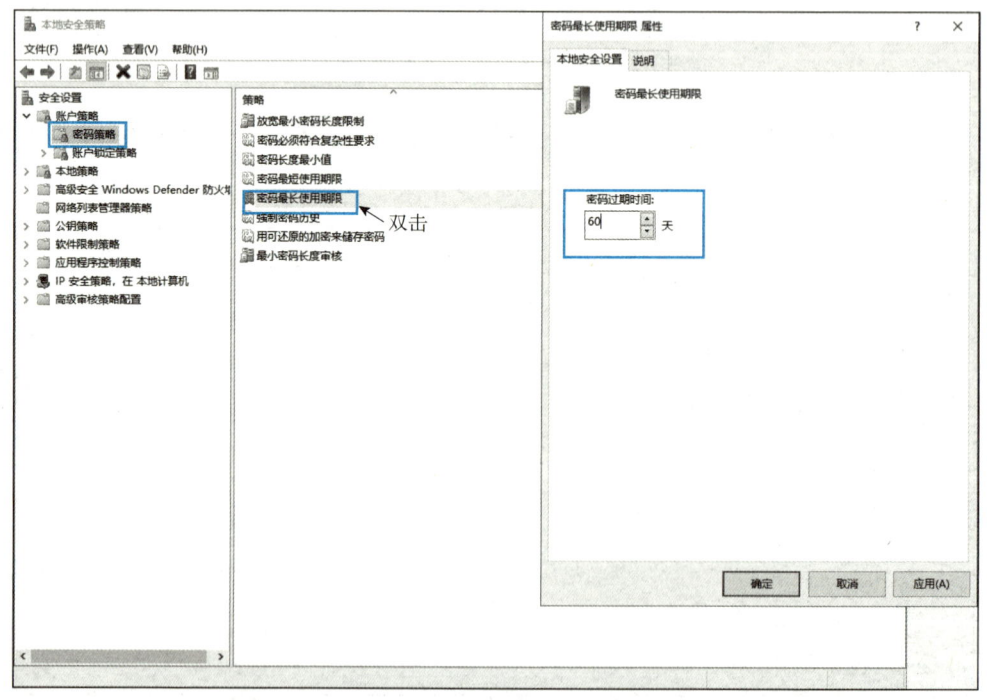

图 4-8　设置"密码最长使用期限：60 天"

（5）在"本地安全策略"界面中，按照如图 4-9 所示的操作步骤设置"强制密码历史：3 个记住的密码"。

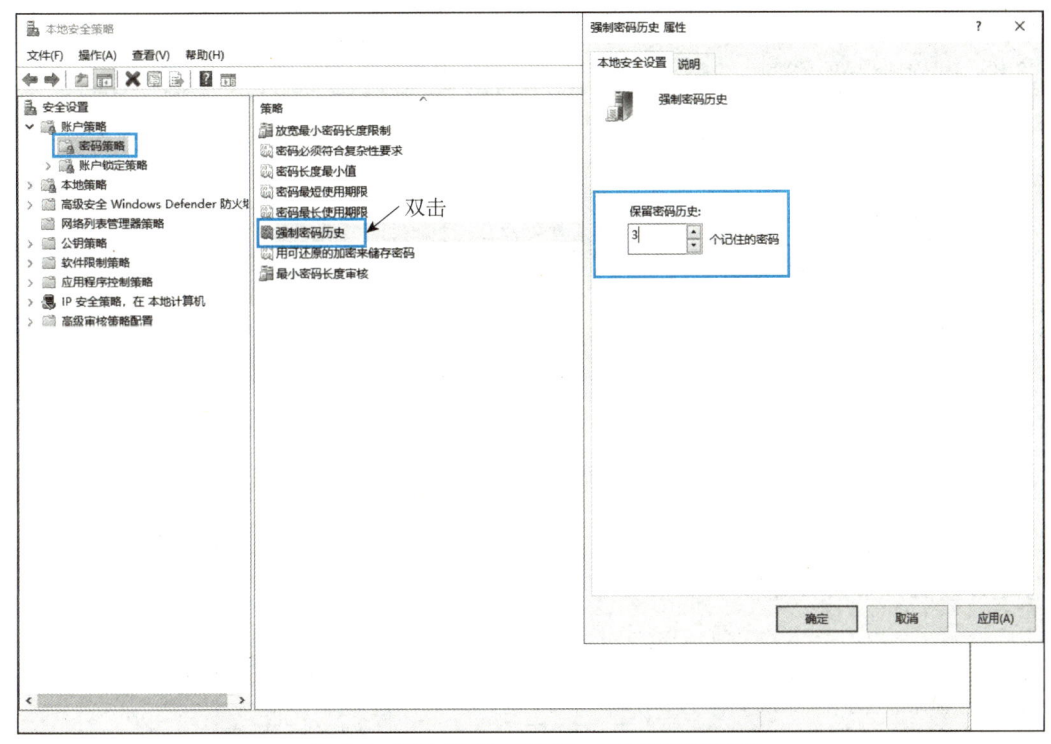

图 4-9　设置"强制密码历史：3 个记住的密码"

（6）在"本地安全策略"界面中，按照如图 4-10 所示的操作步骤设置"账户锁定时间：30 分钟"。

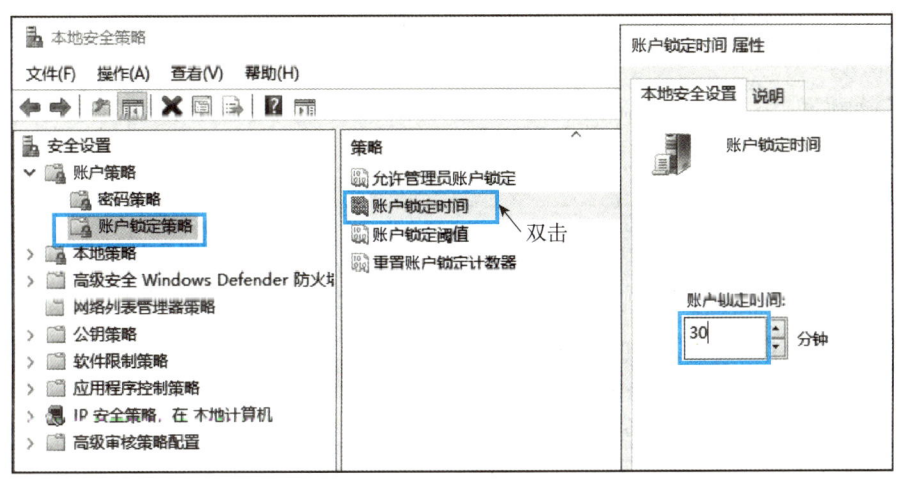

图 4-10　设置"账户锁定时间：30 分钟"

95

（7）在"本地安全策略"界面中，按照如图 4-11 所示的操作步骤设置"账户锁定阈值：3 次无效登录"。

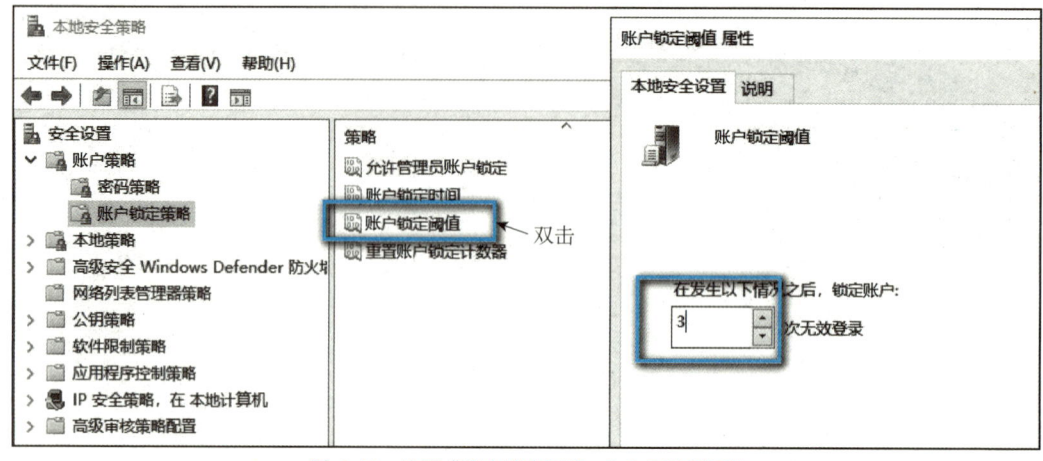

图 4-11　设置"账户锁定阈值：3 次无效登录"

（8）在"本地安全策略"界面中，按照如图 4-12 所示的操作步骤设置"重置账户锁定计数器：30 分钟之后"。

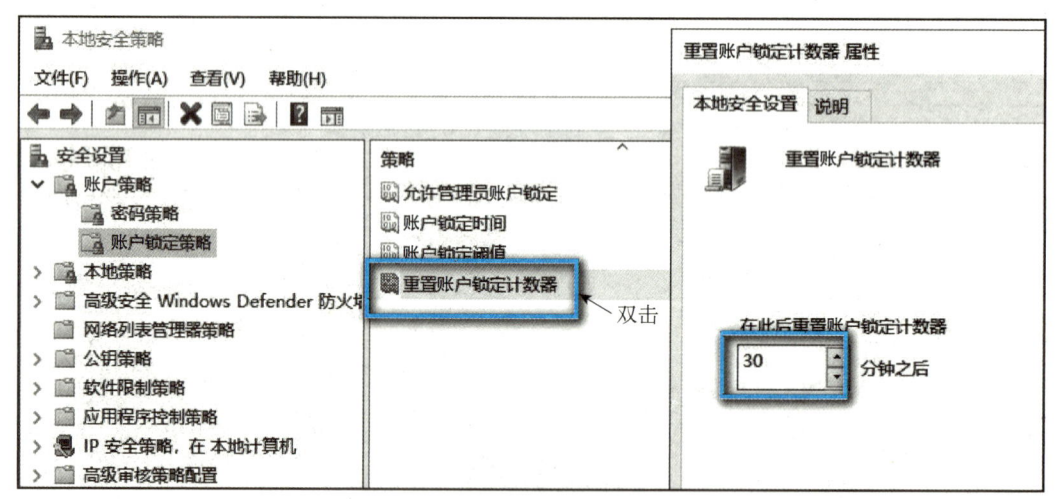

图 4-12　设置"重置账户锁定计数器：30 分钟之后"

（9）在"本地安全策略"界面中，按照如图 4-13 的操作步骤，将默认的"Backup Operators""Everyone""Users"删除，仅保留 Administrators 组，设置"只允许 Administrators 组的用户从网络访问此计算机"。

（10）在"本地安全策略"界面中，按照如图 4-14 所示的操作步骤，将默认的可更改系统时间的用户删除，添加 Zhu 用户，为 Zhu 用户分配更改系统时间的权限。

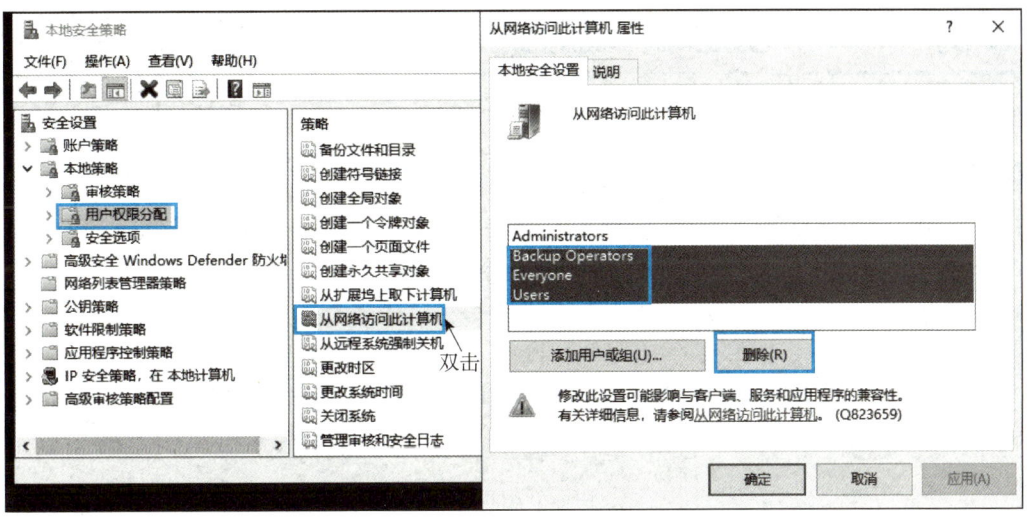

图 4-13 设置"只允许 Administrators 组的用户从网络访问此计算机"

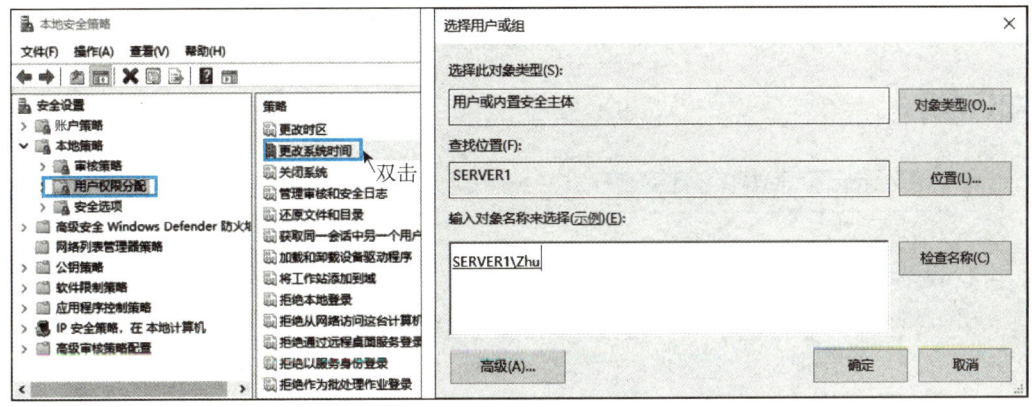

图 4-14 为 Zhu 用户分配更改系统时间的权限

任务拓展

可以使用命令行提示符窗口或 Microsoft 管理控制台打开本地组策略编辑器。如果要完成本地组策略的编辑,则必须具有 GPO 的编辑权限。在默认情况下,Domain Administrators 安全组、Enterprise Administrators 安全组或 Group Policy Creator Owners 安全组成员具有 GPO 的编辑权限。

(1)本地组策略对象(LGPO)在域控制器上不可用。

(2)LGPO 按以下顺序进行处理,最后一个 LGPO 优先于所有其他的 LGPO。

- 本地组策略(又称本地计算机策略)。
- 管理员或非管理员本地组策略。
- 特定用户本地组策略。

任务 4-2　创建域环境的安全策略

任务陈述

著创公司的网络管理员小宋已经在公司的服务器上安装好了域控制器 siso.com，现在需要按照公司的信息安全规定对域或 OU 用户账户和计算机账户进行集中化管理与配置，域策略架构如图 4-15 所示。

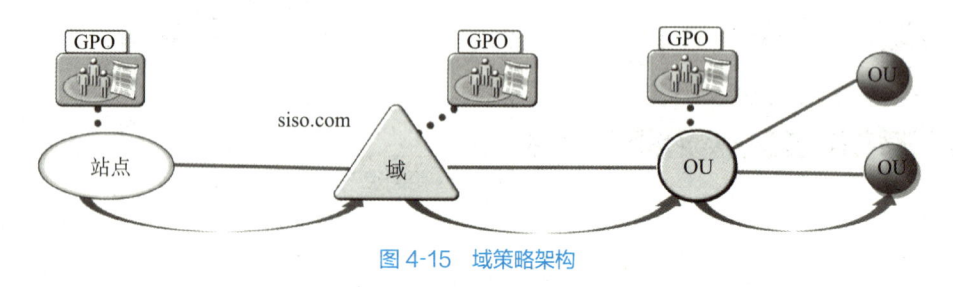

图 4-15　域策略架构

知识准备

4.2.1　域环境中的组策略

1. 组策略概述

组策略是 Active Directory 服务中一个非常有价值的管理工具，通过使用组策略，管理员可以按照管理要求定义相应的策略，有选择地应用到 Active Directory 中的用户和计算机上。组策略的配置存储在域控制器的 GPO 中，可以在站点、域或 OU 层次中为整个公司配置组策略，从而集中管理策略；也可以在 OU 层次中为每个部门配置组策略，从而实现组策略配置的分散管理。

组策略的结构包括针对用户的组策略和针对计算机的组策略，使管理员能实现用户和计算机的"一对多"管理自动化。使用组策略可以进行以下几项配置。

- 应用标准配置。
- 部署软件。
- 强制实施安全配置。
- 强制实施一致的桌面环境。

需要注意的是，当不同的策略出现冲突时，后来应用的策略会覆盖先前的策略，即子容器的组策略优先级更高。多个组策略对象可以链接到同一容器，它们的优先级可以在控制台中定义。

2. 默认的组策略

在域环境中有默认的组策略，如表 4-1 所示。

表 4-1　默认的组策略

策略	描述
默认域策略	此策略链接到域容器，并影响该域中的所有对象
默认域控制器策略	此策略链接到域控制器的容器，并影响该容器中的对象

默认域策略的 GPO 和默认域控制器策略的 GPO 对域的健康运行来说非常关键。作为最佳操作，不应该编辑默认域控制器策略的 GPO 或默认域策略的 GPO，不过在以下情况下除外。

（1）需要在默认域的 GPO 中配置账户策略。

（2）如果在域控制器上安装的应用程序需要修改用户权限或审核策略，则必须在默认域控制器策略的 GPO 中进行编辑。

3. 创建和编辑组策略对象

在使用组策略管理控制台创建和编辑 GPO 时，需要注意以下事项。

（1）在创建 GPO 时，直到将其链接到站点、域或组织单位时才会生效。

（2）在默认情况下，只有域管理员、企业管理员和组策略创建者才能创建、编辑 GPO。

（3）如果要在 GPO 中编辑 IPSec 策略，则用户必须是域管理员组的成员。

（4）还可以通过以下方法编辑 GPO：在链接该 GPO 的容器中右击该 GPO 的名称，在弹出的快捷菜单中选择"编辑"命令。

4. 控制组策略对象的作用域

1）链接组策略对象

如果要将现有 GPO 链接到站点、域或组织单位，则该站点、域或组织单位必须有链接 GPO 的权限。在默认情况下，只有域管理员和企业管理员对域及 OU 有此权限，林根域的企业管理员和域管理员对站点有此权限。

如果要创建和链接 GPO，则必须对所需域或 OU 有链接 GPO 的权限，并且必须有权限在域中创建 GPO。在默认情况下，只有域管理员、企业管理员和组策略创建者才有创建 GPO 的权限。

对于站点，"在这个域中创建 GPO 并在此处链接"选项不可用。管理员可以先在林中的任何域内创建 GPO，再使用"链接现有 GPO"选项将其链接到站点。链接组策略对象如图 4-16 所示。

2）阻止继承组策略

可以阻止对域或 OU 组策略的继承。如果阻止继承，则会阻止子层自动继承链接

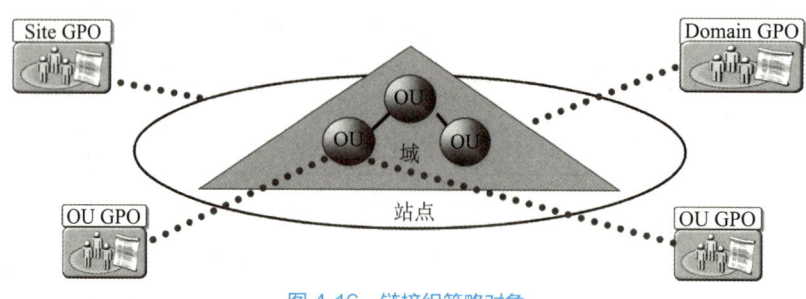

图 4-16 链接组策略对象

到更高层站点、域或组织单位的组策略对象。阻止继承的步骤如下。

（1）在组策略管理控制台中，双击包含要阻止继承 GPO 链接的域或组织所在的林，执行以下操作之一。

- 如果要阻止继承整个域的 GPO 链接，则右击域名，在弹出的快捷菜单中选择"阻止继承"命令。
- 如果要阻止对某个 OU 的继承，则在"组策略管理"界面中右击域名，在弹出的快捷菜单中选择"阻止继承"命令。

（2）设置"阻止继承"。

如果要完成该过程，则必须对域或 OU 拥有链接 GPO 的权限。如果将某个域或 OU 设置为阻止继承，则在控制台树中会显示一个蓝色感叹号。不能阻止在父容器中强制的 GPO 链接。

任务实施

著创公司决定实施不同的组策略来管理账户策略、用户桌面及配置计算机安全性。组策略的配置如下。

（1）修改默认的域策略，完成以下密码策略配置。

- 密码必须符合复杂性要求。
- 密码长度最小值：8 个字符。

（2）在"上海总公司"的 OU 中配置以下组策略。

- 给所有用户设置统一的桌面。
- 禁用所有可移动设备。

（3）在"上海总公司"的"销售部 1"的 OU 中配置以下组策略。

- 禁止使用远程桌面连接保存密码。
- 用户每次登录时不显示上次登录的用户名。

1. 设置默认的域策略

（1）首先在"运行"界面中输入"MMC"，如图 4-17 所示，并按"Enter"键，打开"控制台 1-[控制台根节点]"界面，如图 4-18 所示。

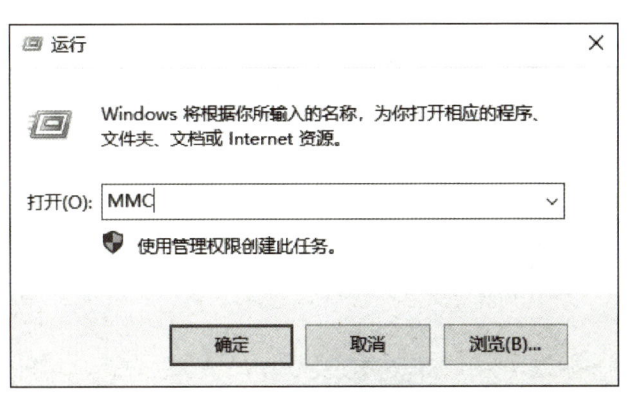

图 4-17 输入 "MMC"

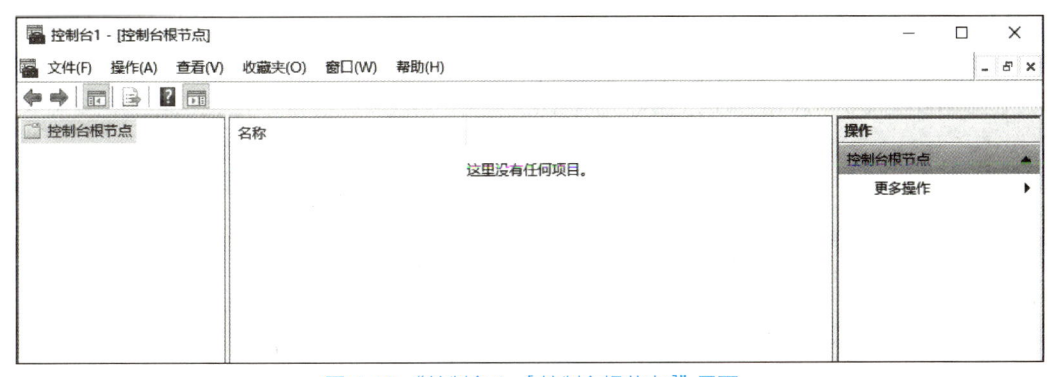

图 4-18 "控制台 1-[控制台根节点]"界面

（2）在工具栏选择"文件"→"添加/删除管理单元"命令，如图 4-19 所示，打开"添加或删除管理单元"界面，如图 4-20 所示，在该界面中添加"组策略管理"。

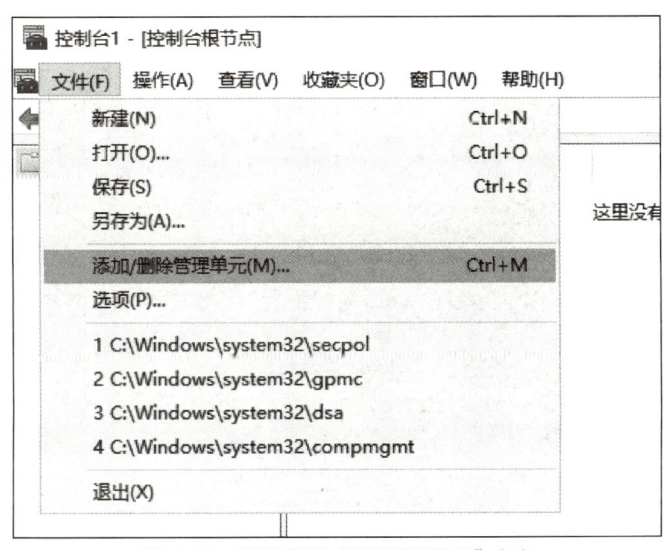

图 4-19 选择"添加/删除管理单元"命令

101

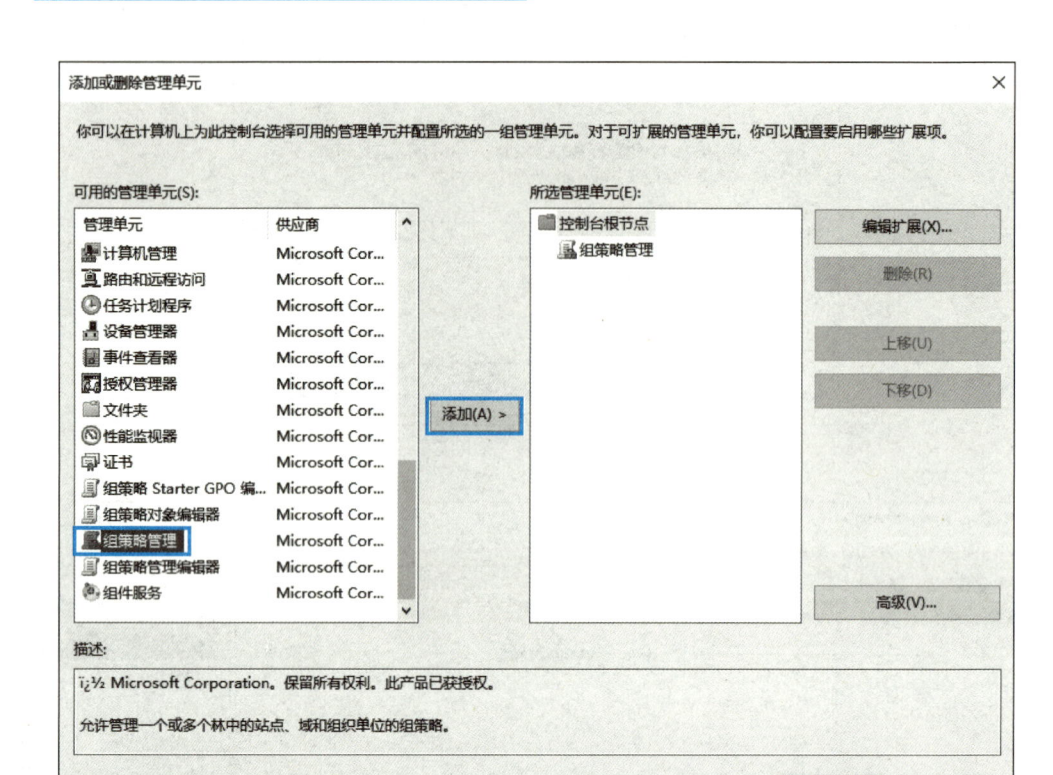

图 4-20　添加"组策略管理"

（3）在打开的"控制台 1-[控制台根节点]"界面中进行域的组策略设置，有两个入口，如图 4-21 和图 4-22 所示。

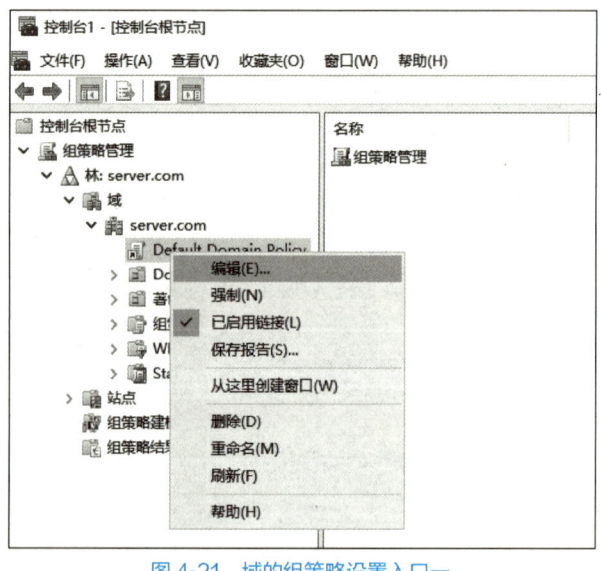

图 4-21　域的组策略设置入口一

选择"编辑"命令后打开"组策略管理编辑器"界面，如图 4-23 所示。

单元 4　配置与管理组策略

图 4-22　域的组策略设置入口二

图 4-23　"组策略管理编辑器"界面

也可以直接在"运行"界面中输入"gpmc.msc"，按"Enter"键后打开"组策略管理编辑器"界面，然后开始组策略配置。

103

（4）配置默认的域策略。按照如图 4-24 所示的操作步骤完成密码策略的配置，启用"密码必须符合复杂性要求"；按照如图 4-25 所示的操作步骤设置"密码长度最小值：8 个字符"。

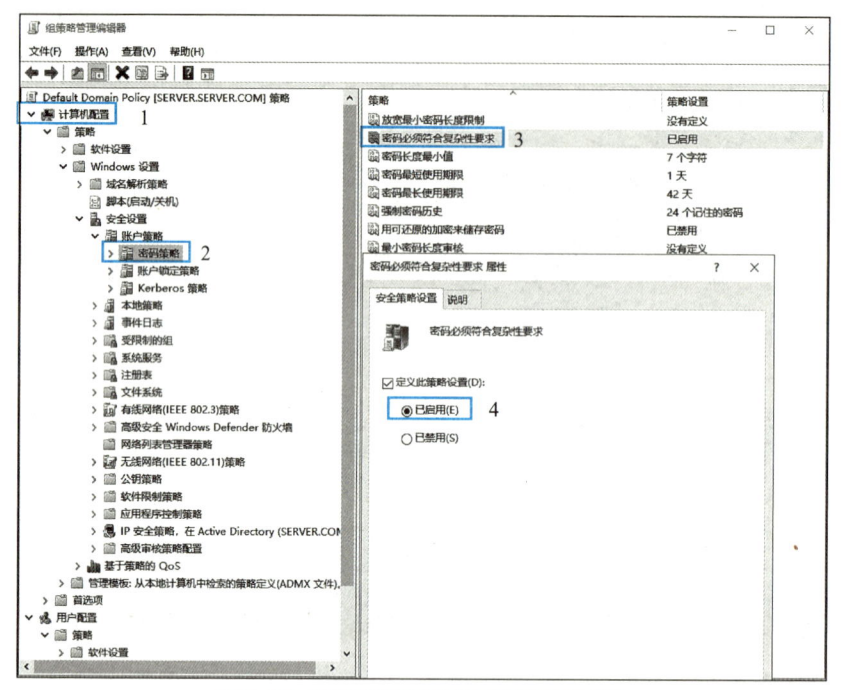

图 4-24 启用"密码必须符合复杂性要求"

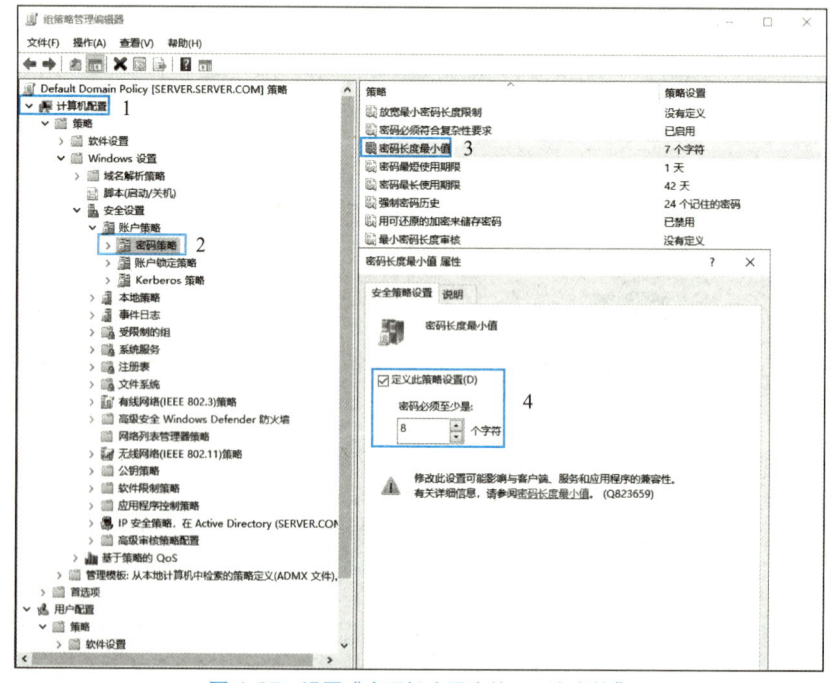

图 4-25 设置"密码长度最小值：8 个字符"

2. 设置"上海总公司"OU 的组策略

（1）在"控制台 1-［控制台根节点］"界面中，找到"上海总公司"并右击，在弹出的快捷菜单中选择"在这个域中创建 GPO 并在此处链接"命令，如图 4-26 所示。在打开的"新建 GPO"窗口中输入要创建的 GPO 的名称"上海总公司"，如图 4-27 所示，单击"确定"按钮。按照如图 4-28 所示的操作步骤编辑"上海总公司"的组策略。

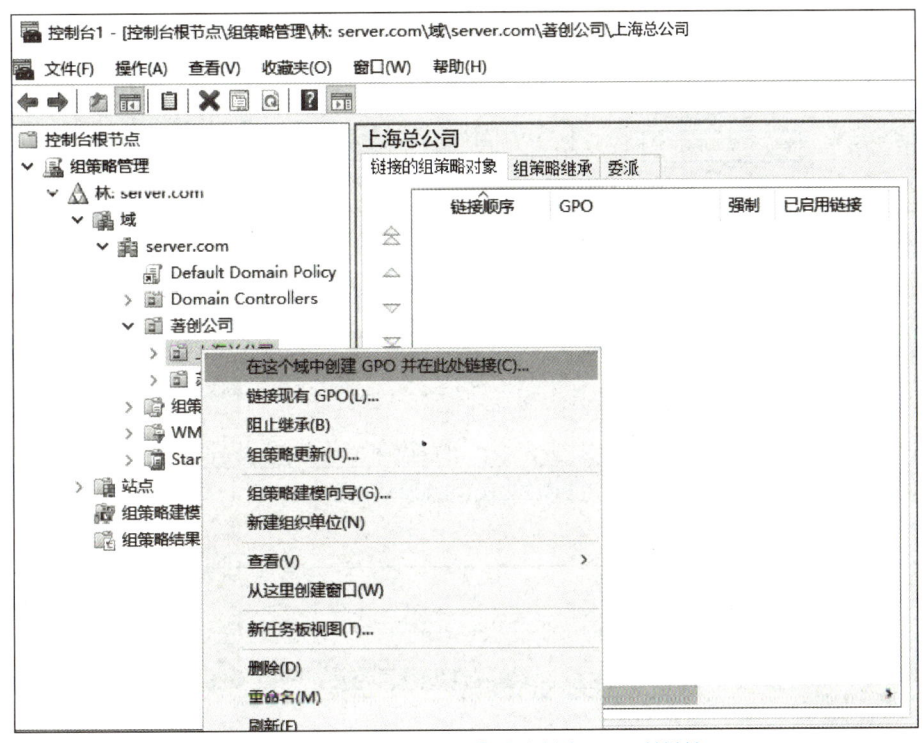

图 4-26 在"上海总公司"域中创建 GPO 并链接

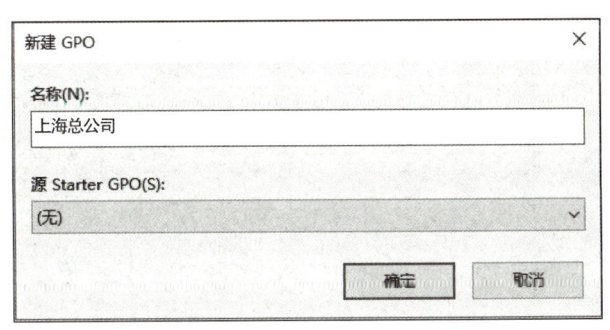

图 4-27 新建组策略对象

（2）选择"组策略对象"→"上海总公司"选项并右击，在弹出的快捷菜单中选择"编辑"命令，打开"上海总公司"的"组策略管理编辑器"界面，如图 4-29 所示。

（3）按照如图 4-30 所示的操作步骤编辑"上海总公司"的组策略，为所有用户设置统一的桌面；按照如图 4-31 所示的操作步骤，设置"禁用所有可移动存储"。

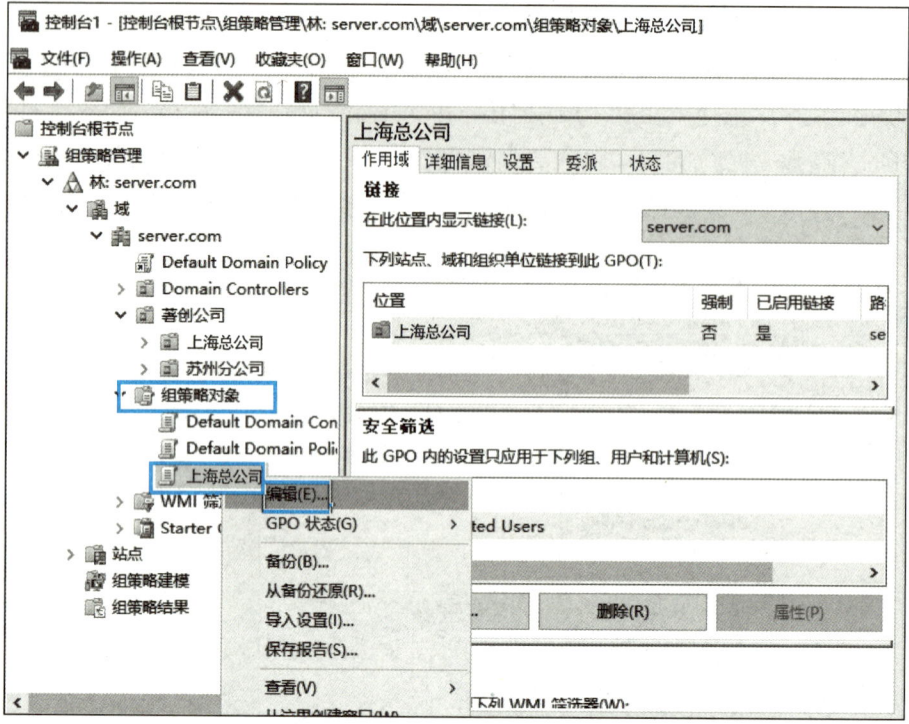

图 4-28 "上海总公司"的组策略管理编辑入口

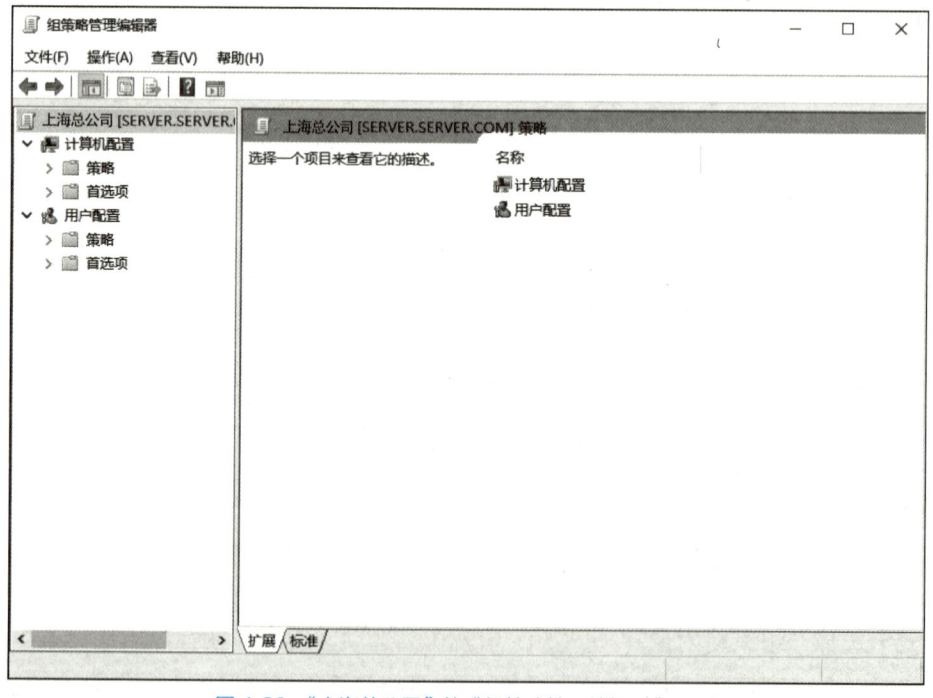

图 4-29 "上海总公司"的"组策略管理编辑器"界面

单元 4 配置与管理组策略

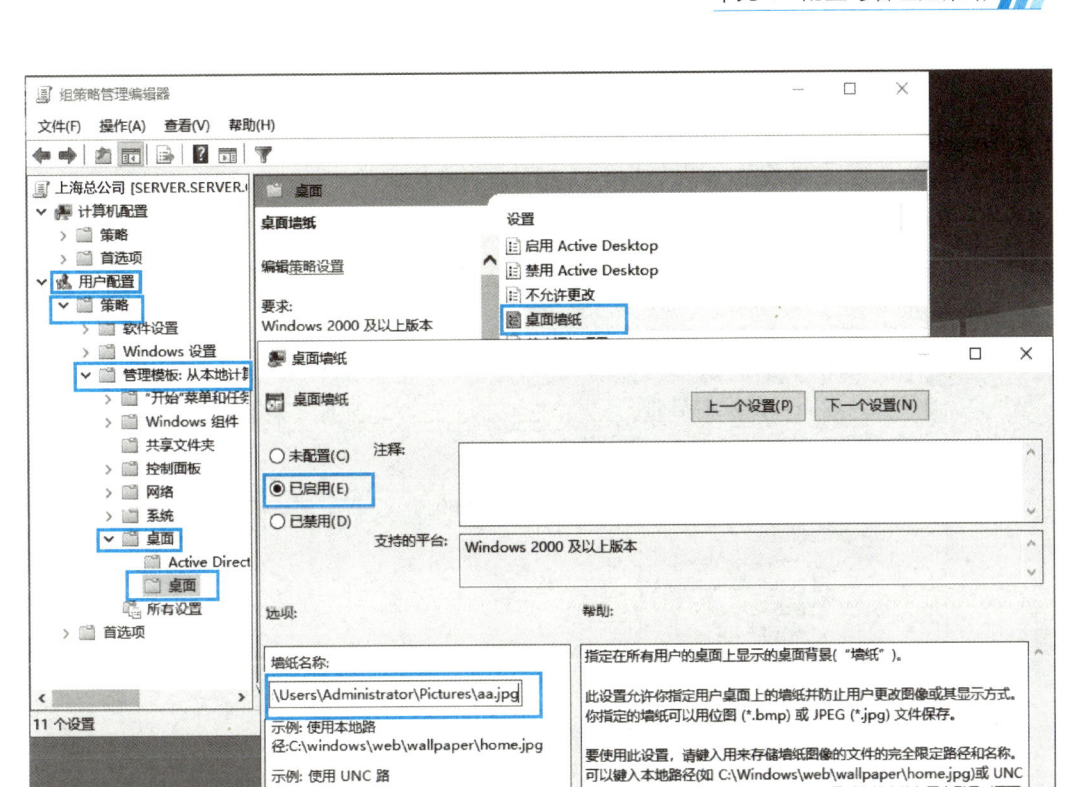

图 4-30 为所有的用户设置统一的桌面

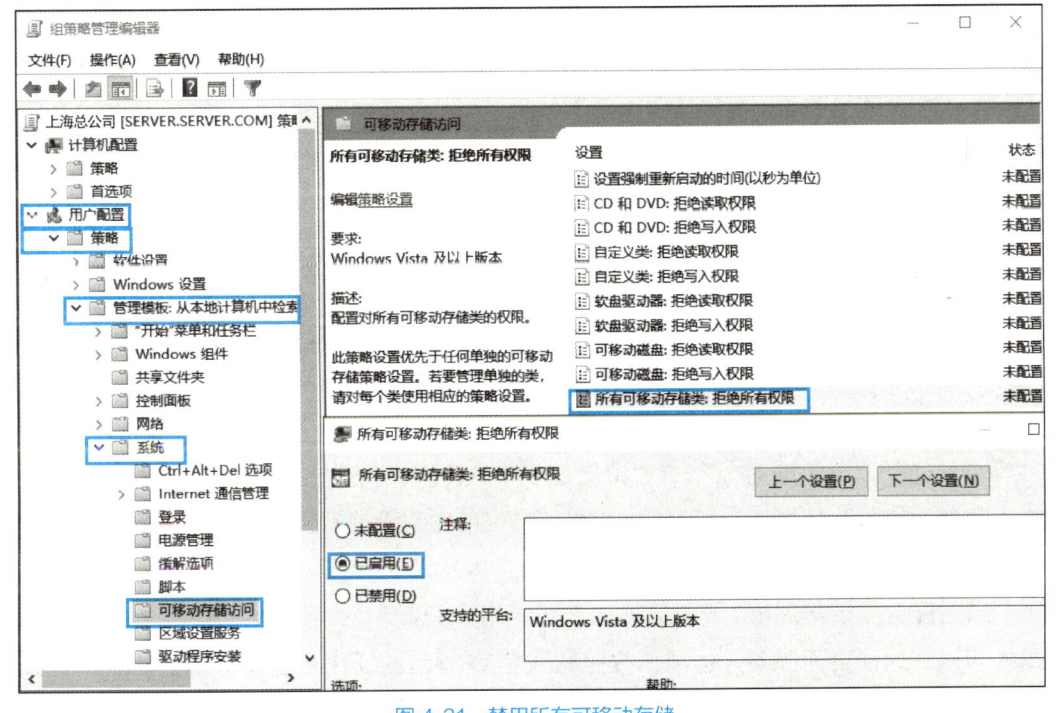

图 4-31 禁用所有可移动存储

107

3. 在"上海总公司"的"销售部1"的 OU 中设置组策略

（1）在打开的"控制台1-[控制台根节点]"界面中，找到"上海总公司"的"销售部1"并右击，在弹出的快捷菜单中选择"在这个域中创建 GPO 并在此处链接"命令，如图 4-32 所示。在打开的"新建 GPO"界面中输入要创建的 GPO 名称"销售部1"，如图 4-33 所示，单击"确定"按钮。

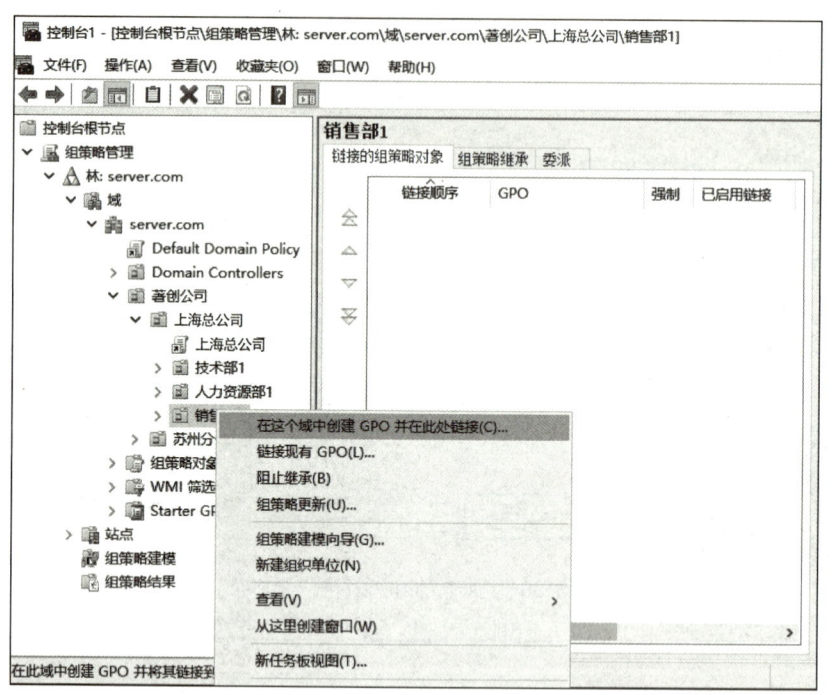

图 4-32　"销售部1"组策略编辑入口

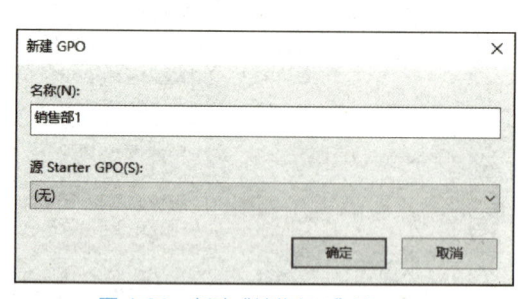

图 4-33　新建"销售部1"的 GPO

（2）选择"组策略对象"→"销售部1"并右击，在弹出的快捷菜单中选择"编辑"命令，如图 4-34 所示。打开的"销售部1"的"组策略管理编辑器"界面如图 4-35 所示。

（3）配置"销售部1"的组策略。选择"用户配置"→"管理模板"→"Windows 组件"→"远程桌面服务"选项，按照如图 4-36 所示的操作步骤设置禁止使用远程桌面连接保存密码。

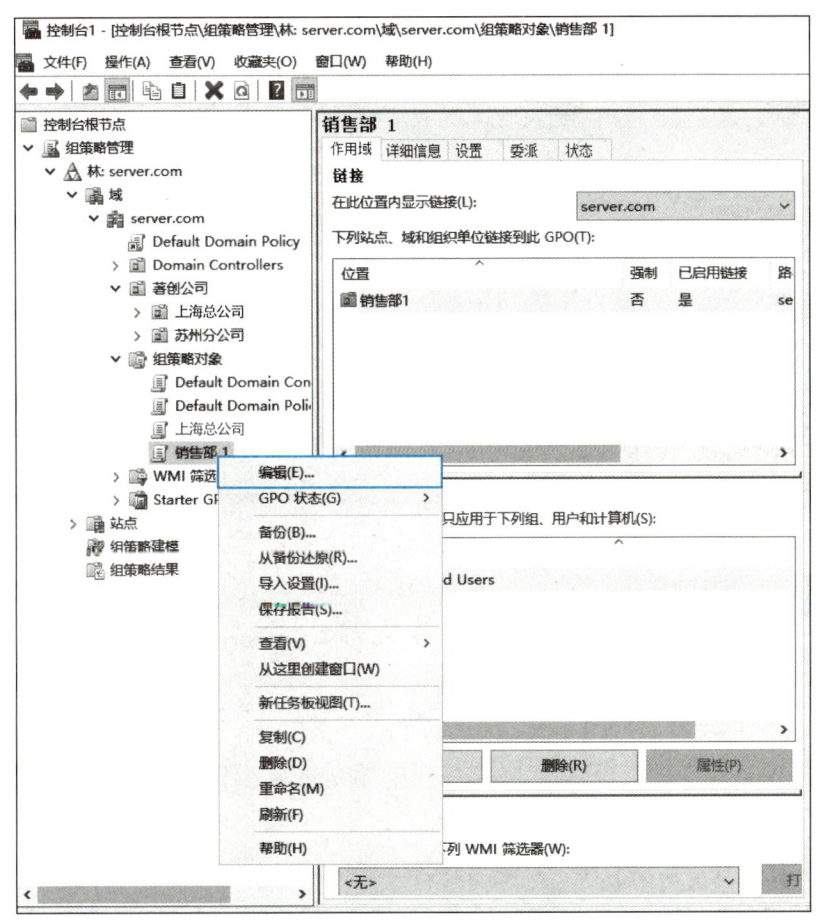

图 4-34 "销售部 1"组策略编辑入口

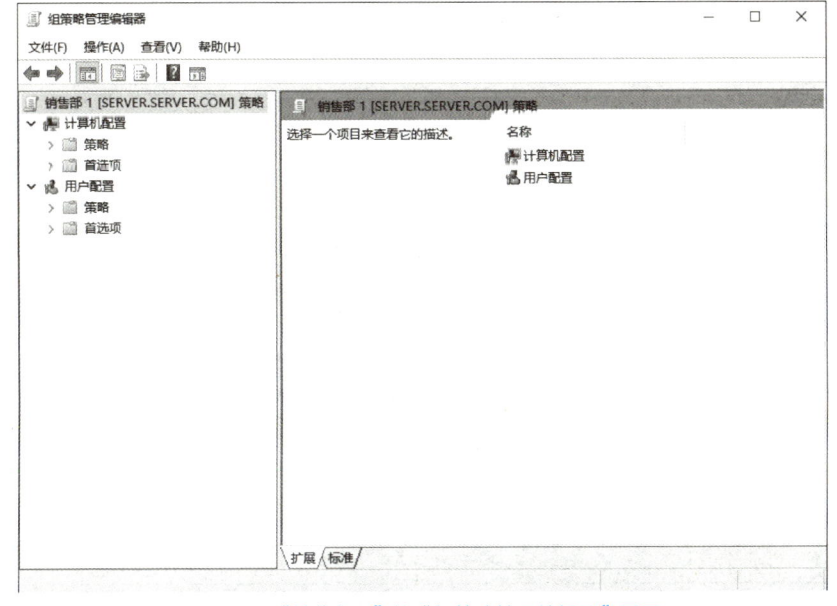

图 4-35 "销售部 1"的"组策略管理编辑器"界面

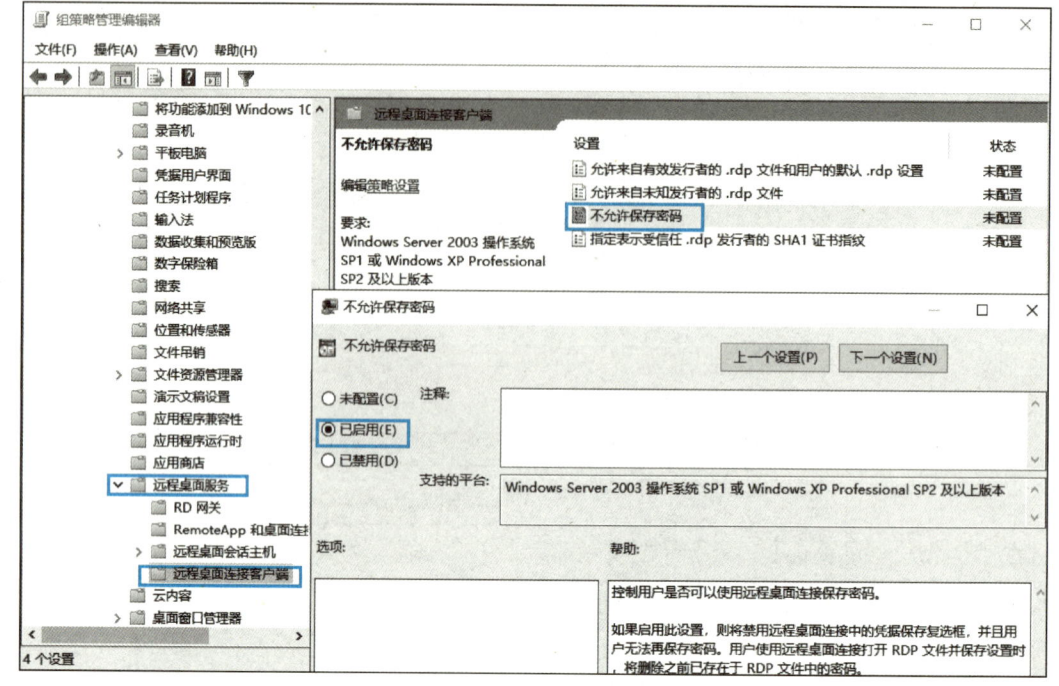

图 4-36　禁止使用远程桌面连接保存密码

（4）选择"计算机配置"→"策略"→"Windows 设置"→"安全设置"→"本地策略"→"安全选项"选项，设置启用"交互式登录：不显示上次登录"属性，设置用户每次登录时不显示上次登录的用户名，如图 4-37 所示。

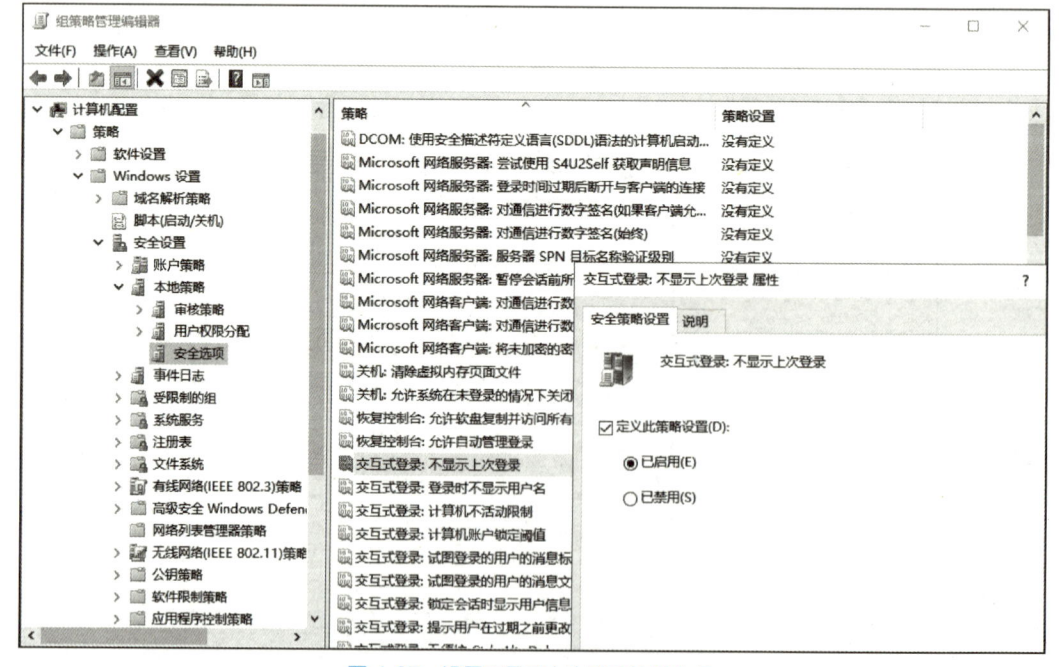

图 4-37　设置不显示上次登录的用户名

任务拓展

1. 配置组策略

组策略配置的选项如表 4-2 所示。

表 4-2　组策略配置的选项

配置	描述
已启用	如果启用组策略，则启用了策略设置的操作。例如，为了阻止访问控制面板，启用"禁止访问'控制面板'"的策略
已禁用	如果禁用组策略，则表示取消其操作。例如，如果在子级容器上禁用"禁止访问'控制面板'"，则表示明确允许访问控制面板
未配置	组策略的配置状态为"未配置"，则意味着将强制执行默认的操作，并且该特定组策略对于此设置无影响

2. 组策略脚本

可以使用组策略脚本执行很多操作。例如，在每次计算机启动/关机或用户登录/注销时执行某些操作，如清除页面文件、映射驱动器或对用户的临时文件夹进行相关操作等。计算机启动的组策略脚本在计算机启动时执行，计算机关机的组策略脚本在计算机关闭时执行；用户登录的组策略脚本在用户登录时执行，用户注销的组策略脚本在用户注销时执行。

组策略脚本可以放置在网络的任何位置，但需确保用户或计算机能访问该网络，且对该网络中的组策略脚本有"读取和执行"权限。但组策略脚本首选的放置位置是系统卷文件夹（C:\Windows\SYSVOL）。这样，组策略脚本就能通过 SYSVOL 文件夹的复制过程复制到所有域控制器。

3. 组策略首选项

组策略首选项扩展了 GPO 配置的范围，并不是强制实施的。组策略首选项使 IT 专业人员能够配置、部署与管理无法使用组策略进行管理的操作系统和应用程序，如映射驱动器、计划任务和"开始"菜单选项。表 4-3 所示为组策略配置与组策略首选项的对比。

表 4-3　组策略配置与组策略首选项的对比

组策略配置	组策略首选项
严格强制实施策略配置，其做法是将组策略配置写入普通用户无法修改的注册表区域	将组策略首选项写入应用程序或操作系统，存储配置的注册表的常规位置
通常禁用组策略配置的对应用户界面	不会使应用程序或操作系统禁用它们所配置的用户界面
以固定的时间间隔刷新组策略配置	默认使用与组策略配置相同的时间间隔刷新组策略首选项

单元小结

本单元主要介绍了本地组策略和域环境下的组策略，重点介绍了域环境下的组策略。公司可以利用域环境中的组策略，统一管理域中或各 OU 中的用户和计算机，使网络管理员能实现对用户和计算机"一对多"的自动化管理。由于不同的 OU 可以设置不同的组策略，网络管理员可以方便、灵活地对各 OU 中的用户和计算机进行管理。

单元练习题

一、单项选择题

1. 你是一台安装了 Windows Server 2022 网络操作系统的计算机的系统管理员，出于安全性的考虑，你希望使用这台计算机的用户在设置密码时，新密码不能与前 5 次的密码相同，应该采取的措施是（　　）。

   A. 配置计算机本地安全策略中的密码策略，设置"强制密码历史"的值为 5
   B. 配置计算机本地安全策略中的安全选项，设置"账户锁定时间"的值为 5
   C. 配置计算机本地安全策略中的密码策略，设置"密码最长使用期限"的值为 5
   D. 制定一个行政规定，要求用户不得使用前 5 次的密码

2. 你是公司的网络管理员，工作职责之一就是负责维护文件服务器。你想审核 Windows Server 2022 网络操作系统的服务器上的共享 Word 文件被删除情况，需要启用审核策略的（　　）。

   A. 审核过程跟踪　　　　　　　　　　B. 审核对象访问
   C. 审核策略更改　　　　　　　　　　D. 审核登录事件

3. 对于 Windows Server 2022 网络操作系统，下面有关安全策略的描述中正确的是（　　）。

   ① 用户账户一旦被锁定，用户只能等网络管理员解锁后，才可以再次使用该账户
   ② 域中的一台服务器上既配置了本地安全策略，又配置了域安全策略，如果两种策略有冲突，则本地安全策略中的设置优先起作用
   ③ 在默认状态下，管理员可以为所有新建立的域用户账户设置统一的密码"8888"

   A. ①③　　　　　B. 全部不正确　　　　C. ①②③　　　　D. ①②

4. 下列策略中（　　）只属于计算机安全策略。

   A. 密码策略　　　　　　　　　　　　B. 软件设置策略
   C. 软件限制　　　　　　　　　　　　D. 文件夹重定向

5. 在 Windows Server 2022 网络操作系统的活动目录中，组策略应用的顺序为（　　）。

   A. 域→站点→ OU →子 OU　　　　　B. 站点→域→ OU →子 OU
   C. 子 OU → OU →域→站点　　　　　D. 子 OU → OU →站点→域

6. 为了加强公司域的安全性，你需要设置域安全策略。以下选项中与密码策略不相关的是（　　）。

A. 密码必须符合复杂性要求　　　　B. 密码长度最小值

C. 密码最长使用期限　　　　　　　D. 账户锁定时间

二、填空题

1. 在默认情况下，Windows 操作系统每 _____ 分钟刷新一次组策略。

2. 排列本地、站点、OU、域组策略的执行先后顺序：_____、_____、_____、_____。

3. 本地安全策略主要包含 _____ 策略和 _____ 策略。

4. 组策略的结构包括针对 _____ 的组策略和针对 _____ 的组策略，使管理员能实现对用户和计算机"一对多"的自动化管理。

5. 如果需要将现有 GPO 链接到站点、域或组织单位，则必须在该站点、域或组织单位上有链接 _____ 的权限。

三、解答题

1. 简述本地安全策略中的密码策略。

2. 分析本地组策略和域环境组策略的区别。

3. 如何对某一 OU 进行组策略的配置？

单元 5

磁盘的配置与管理

学习目标

【知识目标】

- 了解文件系统的基本概念。
- 理解 NTFS 的权限设置。
- 了解磁盘的分类。
- 理解动态磁盘技术。

【技能目标】

- 掌握文件系统权限的配置。
- 掌握 NTFS 压缩和加密文件方法。
- 掌握常用的磁盘管理命令。
- 掌握磁盘配额的配置方法。

【素养目标】

- 提高沟通能力,实现个人成长。
- 熟悉国产品牌和技术,培养爱国主义情操。

引例描述

著创公司最近两年业务量增加明显,公司各部门员工人数也增加了不少。公司研发部的张工发现,公司内部文件服务器的文件系统有些混乱,主要问题是用户权限的设置不合理。

单元 5　磁盘的配置与管理

另外，目前公司文件服务器的存储空间已经告急，按照目前的文件存储速度，剩余的存储空间在两个月后将会耗尽。于是他向公司 IT 服务部说明了情况，申请购买新的磁盘以扩充存储空间。

IT 服务部主管告诉网络管理员小宋，目前需要进行用户权限的设置，使用 NTFS（New Technology File System）控制用户对资源的访问权限。另外，由于公司的预算紧张，在过渡期需要小宋规划磁盘的管理制度，使用磁盘配额等方式提高磁盘存储效率，待公司预算充足后，可考虑购买国产磁盘以扩充磁盘容量。

国产磁盘是我国研发、生产的磁盘产品，涵盖了硬盘、固态硬盘（Solid State Disk，SSD）、移动硬盘等各种存储介质。国产磁盘在生产成本、供应链等方面具有优势，因此价格相对较低，更适合大规模的应用和推广。联想（Lenovo）、紫光（Unis）、七彩虹（Colorful）、威刚（Adata）、星火（Spark）等国内知名品牌的磁盘在数据存储、产品品质等方面获得了很高的用户认可度，注重性能和稳定性，并提供贴心的售后服务。

任务 5-1　配置 NTFS 权限

文件系统（理论）　　NTFS 权限的设置

任务陈述

著创公司的网络管理员小宋，需要在 server1 服务器上对文件服务器进行重新梳理，为保证数据的规范和可靠，他准备为用户配置 NTFS 权限。例如，当研发部门的设计文档提交到服务器后，其他部门的用户只能查看而不允许修改该设计文档，只有研发部门的用户可以修改该设计文档；为了保证数据的机密性，需要对设计文档文件夹进行加密。

115

公司的公用文件夹用于存放设计标准、经典案例等文件，相关用户可以查看或新增文件，但不能删除文件。同时，为了提高磁盘存储空间的使用效率，需要将这个文件夹进行压缩。

知识准备

5.1.1 文件系统

文件和文件系统是计算机系统组织数据的集合单位。文件系统是计算机系统在存储设备上按照一定的原则组织、管理数据所用的总体结构，文件系统规定了文件和文件夹的操作标准及管理机制。

Windows Server 2022 网络操作系统提供了强大的文件管理功能，其 NTFS 具有高安全性能，用户可以十分方便地在计算机或网络上处理、使用、组织、共享和保护文件及文件夹。Windows Server 2022 网络操作系统的磁盘分区可以使用两种主要的文件系统，分别为 FAT 文件系统和 NTFS。

1. FAT 文件系统

FAT（File Allocation Table，文件分配表）是一种由微软公司发明并拥有部分专利的文件系统，供微软磁盘操作系统（MS-DOS）使用，也是所有非 NT 核心的 Windows 操作系统使用的文件系统。FAT 包括 FAT16 和 FAT32 两种。为了解决 FAT16 文件系统对于卷大小的限制，同时让磁盘操作系统在非必要情况下不减少可用的常规内存，微软公司决定实施新一代的 FAT 文件系统，即 FAT32，带有 32 位的簇数，目前使用了其中的 28 位。现在提到的 FAT 文件系统一般专指 FAT32 文件系统。

FAT 文件系统有一个严重的缺点：当文件删除后写入新数据时，FAT 文件系统不会将文件中的数据整理成完整片段再写入，长期这样会导致文件中的数据逐渐分散，从而减慢了读写速度。碎片整理是解决此问题的一种方法，但必须经常进行碎片整理才能保持 FAT 文件系统的效率。

使用 FAT32 文件系统的每个逻辑盘内部空间又可以划分为三部分，分别为引导区（BOOT 区）、文件分配表区（FAT 区）、数据区（DATA 区）。引导区和文件分配表区合称为系统区，占据整个逻辑盘前端很小的空间，用于存储相关的管理信息。数据区是逻辑盘用于存储文件内容的区域，该区域以簇为分配单位供用户使用。

2. NTFS

NTFS 是 Windows NT 内核的系列操作系统所支持的、特别为网络和磁盘配额、文件加密等管理安全特性设计的文件系统，提供长文件名、数据保护和恢复功能，通过目录和文件许可来保证安全性，并支持跨越分区。

NTFS 功能强大，以卷为基础，卷建立在磁盘分区之上。分区是磁盘的基本组成部分，是一个能够被格式化的逻辑单元。一个磁盘可以分成多个卷，一个卷也可以由多个磁盘组成。磁盘卷中的一切都是文件，文件中的一切都是属性，从数据属性到安全属性，再到文件名属性。NTFS 磁盘卷中的每个扇区都被分配给了某个文件，甚至系统的超数据也是文件的一部分。

NTFS 是 Windows Server 2022 网络操作系统推荐使用的高性能文件系统，它支持许多新的文件安全、存储和容错的功能，而这些功能也是 FAT 文件系统缺乏的。NTFS 具有如下特点。

（1）安全性。

NTFS 能够轻松指定用户访问某一文件或目录、操作的权限大小。NTFS 可以使用一个随机产生的密钥为一个文件或文件夹加密，还可以为不同用户指定不同的对同一个文件或文件夹的权限。只有文件的所有者和管理员掌握解密的密钥，其他用户即使能够登录到系统中，也没有办法读取它。NTFS 还支持加密文件系统（Encrypting File System，EFS），可以阻止未授权的用户访问文件。

（2）容错性。

NTFS 使用了一种被称为"事务登录"的技术跟踪对磁盘的修改。NTFS 具备恢复能力，用户无须在 NTFS 卷中运行磁盘修复程序。一旦操作系统崩溃，NTFS 可以使用日志文件和复查点信息自动恢复文件系统。

（3）稳定性。

NTFS 的文件不易受到病毒的侵袭和系统崩溃的影响。此外，当 FAT 文件系统和 NTFS 在一个磁盘中并存时，NTFS 采用与 FAT 文件系统不同的方法来定位文件映像，可以克服 FAT 文件系统存在许多闲置扇区空间的缺点。

（4）压缩文件。

用户可以在 NTFS 磁盘卷中压缩单个文件和文件夹。NTFS 的压缩机制可以让用户直接读写压缩文件，而不需要使用解压缩软件展开文件。

（5）可靠性。

NTFS 把重要操作作为一个完整事务来处理，只有整个事务完成之后才算完成，这样可以避免数据丢失。例如，向 NTFS 分区中写入文件时，首先会在内存中保留一份文件的复制版本，然后检查向磁盘中写入的文件是否与内存中的一致。如果两者不一致，操作系统就会首先把相应的扇区标记为坏扇区而不再使用它（簇重映射），然后根据内存中保留的文件复制版本重新在磁盘上写入文件。如果在读取文件时出现错误，NTFS 则返回一个读取错误信息，提示相应的应用程序数据已经丢失。

（6）大容量。

NTFS 彻底解决了磁盘存储容量限制的问题，最大分区为 2TB，最大文件为 2TB，并且随着磁盘容量的增大，NTFS 的性能没有改变。

（7）支持磁盘配额功能。

磁盘配额功能可以管理和控制每个用户能使用的最大磁盘空间，这样就可以更有效地提高磁盘的使用效率。

5.1.2 NTFS 权限

Windows Server 2022 网络操作系统在 NTFS 磁盘卷上提供了 NTFS 权限指定功能，允许为每个用户或组指定 NTFS 权限，以保护文件和文件夹资源的安全。NTFS 权限只适用于 NTFS 磁盘分区，不适用于 FAT 文件系统的磁盘分区。

1. NTFS 权限的类型

不管是本地用户的访问还是网络用户的访问，最终都要通过 NTFS 权限的"检查"才能访问 NTFS 磁盘分区上的文件或文件夹。不同于读取、更改和安全控制三种共享权限，NTFS 权限要稍微复杂和精细一些。NTFS 权限包括完全控制、修改、显示文件夹内容，读取和运行、写入等特别的类型，这几种 NTFS 权限的类型对文件和文件夹的含义有所不同，其说明如表 5-1 所示。

表 5-1 NTFS 权限的类型说明

权限类型	文件的权限说明	文件夹的权限说明
完全控制（Full Control）	改变权限，成为文件的所有者，读取、写入、修改和删除文件	改变权限，成为文件夹的所有者，读取、写入、修改和删除子文件及子文件夹
修改（Modify）	读取、写入和修改文件内容，删除文件	读取、写入文件和子文件夹，修改或删除子文件和子文件夹
显示文件夹内容（List Folder Contents）	—	列出文件夹的内容
读取和运行（Read & Execute）	读取文件内容，运行应用程序	遍历文件夹，读取子文件和子文件夹内容，执行应用程序
写入（Write）	覆盖写入文件，修改文件属性，但不能删除文件，查看文件所有者和权限	创建子文件或文件夹，修改文件夹属性，查看文件夹的所有者和权限
读取（Read）	读取文件内容，查看文件属性、所有者和权限	读取子文件或文件夹的内容，查看文件属性、所有者和权限
特别的权限（Special）	读取属性、写入属性、更改权限等不常用权限	读取属性、写入属性、更改权限等不常用权限

2. 文件夹的共享权限与 NTFS 权限组合

如果对一个文件夹同时设置了共享权限和 NTFS 权限，当用户通过网络访问共享文件夹时，就要同时受到这两种权限的约束，而且最终的有效访问权限是这两种权限中更严格的部分，即两种权限的交集。举例来说，如果文件夹的共享权限是读取，NTFS 权限是完全控制，则有效访问权限是读取。

这里需要说明的是，在 Windows Server 2022 网络操作系统中，只能将某个文件夹设置为共享文件夹进行共享，而不能只共享某个文件。想要共享某个文件，只有将其所在的文件夹设置为共享文件夹，通过网络先访问共享文件夹，再访问文件夹里的文件。

3. 多重 NTFS 权限

如果某个文件或文件夹的权限被授予了某个用户，又被授予了某个组，而该用户刚好是该组的一个成员，那么该用户也对该文件或文件夹有了相同权限。除此之外，复制或移动文件夹也会对权限产生影响。在组合多重 NTFS 权限时，存在一些规则和优先权，具体如下。

（1）权限累积。

如果某个用户 Jiang 对某个文件夹 Folder 有读取权限，而该用户所在的组 Network 对该文件夹 Folder 有读取和写入两种权限，则该用户 Jiang 就对文件夹 Folder 有写入和读取两种权限，如图 5-1 所示。

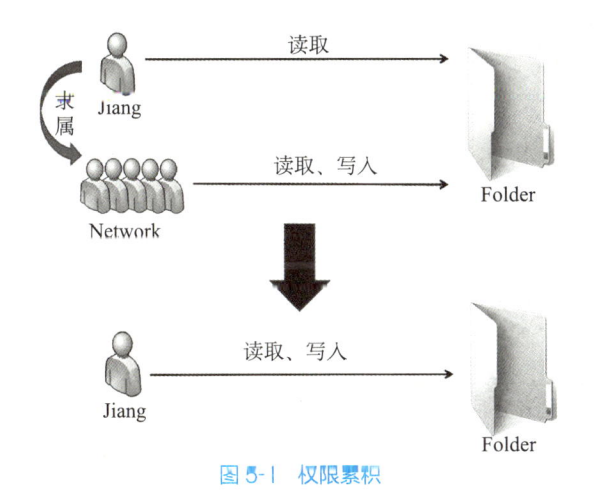

图 5-1 权限累积

（2）文件权限超越文件夹权限。

文件权限与文件夹权限相比，文件权限有更高的优先级。例如，某个用户对某个文件有修改权限，那么即使该用户对该文件所在的文件夹只有读取权限，该用户还是能够修改该文件的，如图 5-2 所示。

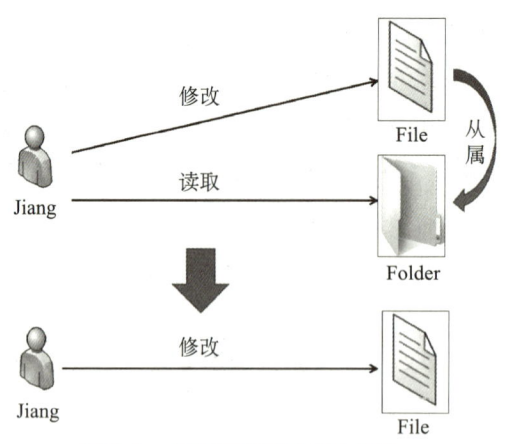

图 5-2　文件权限超越文件夹权限

（3）拒绝权限超越其他权限。

如果某个用户对某个文件或文件夹有拒绝权限，则不管该用户所在的组对于该文件或文件夹被分配了任何权限，该用户的其他任何权限也被阻止了。因此，对于权限累积的规则，拒绝权限是个特殊的例外。

例如，Sun 用户被分配了对 Folder 文件夹的拒绝写入权限，那么即使 Sun 用户所在的 Network 组对文件夹 Folder 有完全控制的权限，Folder 文件夹仍拒绝 Sun 用户写入，如图 5-3 所示。

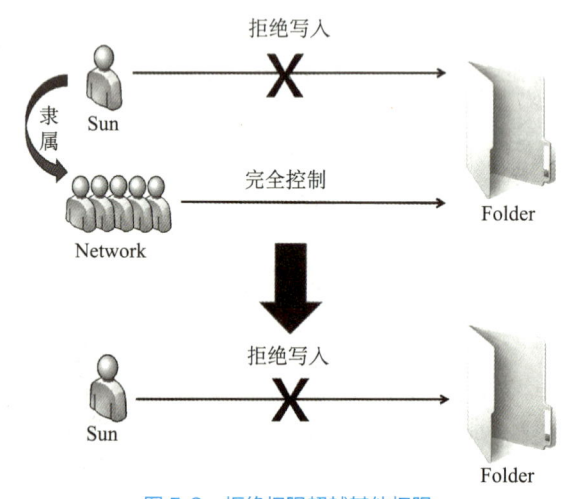

图 5-3　拒绝权限超越其他权限

（4）文件权限的继承。

当分配用户对文件夹的权限后，该文件夹中创建的子文件夹或文件将默认自动继承这些权限。从上一级别继承过来的权限是不能直接修改的，只能在此基础上添加其他的权限。

（5）文件或文件夹复制或移动时权限的变化。

当文件或文件夹被复制、移动时，会对权限的继承产生一定影响，主要体现在以下几方面。

- 在同一个卷内移动时，文件或文件夹将保留原来的所有 NTFS 权限。在不同的卷内移动时，文件或文件夹将继承目的卷中文件夹的权限。
- 当复制文件或文件夹时，无论复制是否在同一卷中发生，都将继承目的卷中文件夹的权限。
- 当文件或文件夹从 NTFS 移动到 FAT 文件系统中时，NTFS 权限就会丢失。

5.1.3　NTFS 压缩和加密

1. NTFS 压缩

优化磁盘的一种方法是对文件、文件夹和程序进行压缩，以此释放存储空间。Windows Server 2022 网络操作系统的数据压缩是 NTFS 内置的功能，该功能可以对单个文件、整个目录或卷进行压缩。

NTFS 压缩只能在数据文件上执行，不能在文件系统元数据上执行。NTFS 的压缩过程和解压缩过程对用户而言是完全透明的，用户只需对数据文件执行压缩操作即可。在操作系统中，数据文件的压缩是在后台完成的，这样可以节省一定的磁盘存储空间。

2. 加密文件系统

加密文件系统（Encrypting File System，EFS）提供了一种核心文件加密技术。EFS 仅用于对 NTFS 磁盘卷上的文件和文件夹加密。

EFS 为 NTFS 文件提供文件级的加密。EFS 加密技术是基于公共密钥的系统，它作为一种集成式系统服务来运行，并且由指定的 EFS 代理启用文件恢复功能。利用 EFS，用户可以按照加密格式将他们的数据存储在硬盘上，当用户加密某个文件后，该文件会一直以这种加密格式存储在磁盘上。用户可以利用 EFS 加密文件，以保证文件的安全性。

任务实施

公司内部经常使用文件服务器的主要有两个部门：研发部门和信息中心。研发部门主要使用文件服务器中的"设计文档"文件夹存放所有设计文档，使用"公共文档"文件夹存放公司所有公共文档等。

1. 添加 / 删除用户或组

要控制某个用户或组对一个文件或文件夹的访问权限，首先要把用户或组加入文件或文件夹的访问控制列表（Access Control List，ACL）中，或者将其从 ACL 中删除。

（1）打开"资源管理器"界面，找到 NTFS 的"设计文档"文件夹并右击，在弹出的快捷菜单中选择"属性"命令。

（2）打开"设计文档 属性"界面，切换到"安全"选项卡，如图 5-4 所示。在该选项卡中显示用户和组对该文件夹的 NTFS 权限，单击"编辑"按钮可以修改 NTFS 权限。

（3）在"设计文档 的权限"界面中，可以选择组或用户进行相应权限的分配，如图 5-5 所示。

（4）单击"添加"按钮，打开"选择用户或组"界面，在"输入对象名称来选择"文本框中可以直接输入账户名称或组名称，如图 5-6 所示，再单击"检查名称"按钮进行核实。

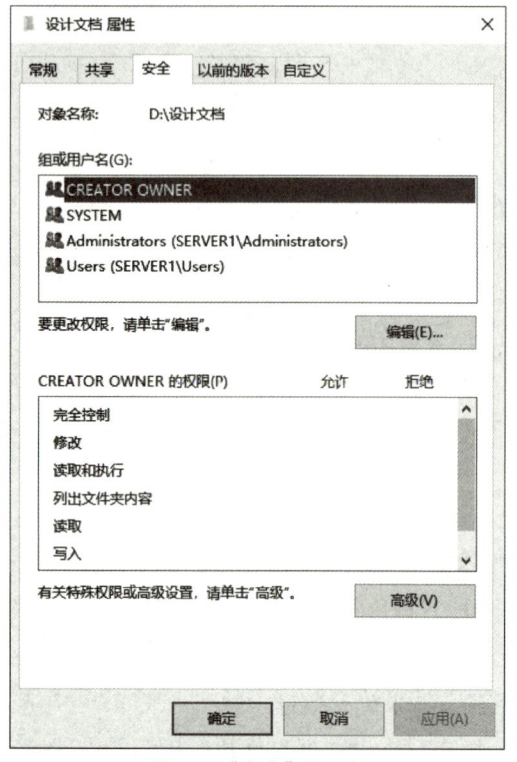

图 5-4 "安全"选项卡

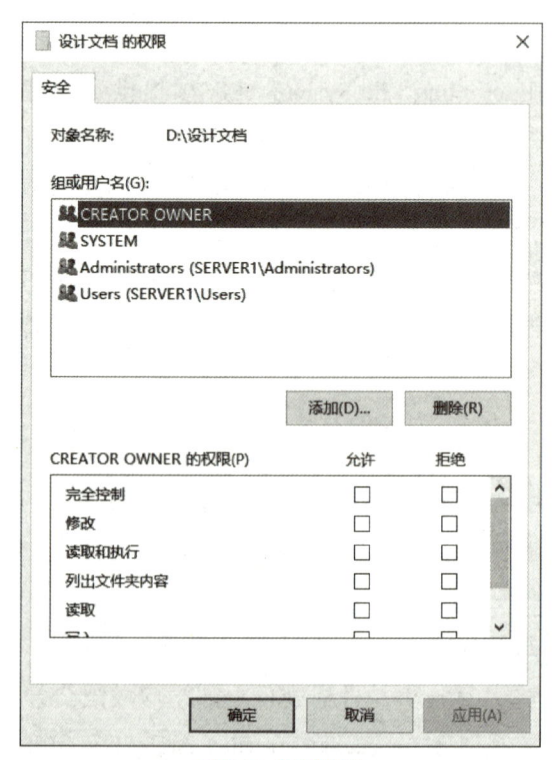

图 5-5 权限分配

单元 5　磁盘的配置与管理

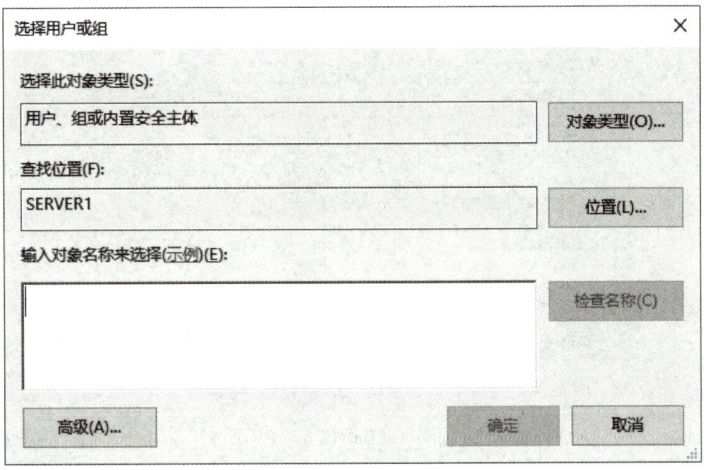

图 5-6　选择用户或组

（5）或者，先单击"高级"按钮，再单击"立即查找"按钮，则会在"搜索结果"区域中显示所有的用户和组账户。在这里选择"研发部门"组，如图 5-7 所示，单击"确定"按钮。

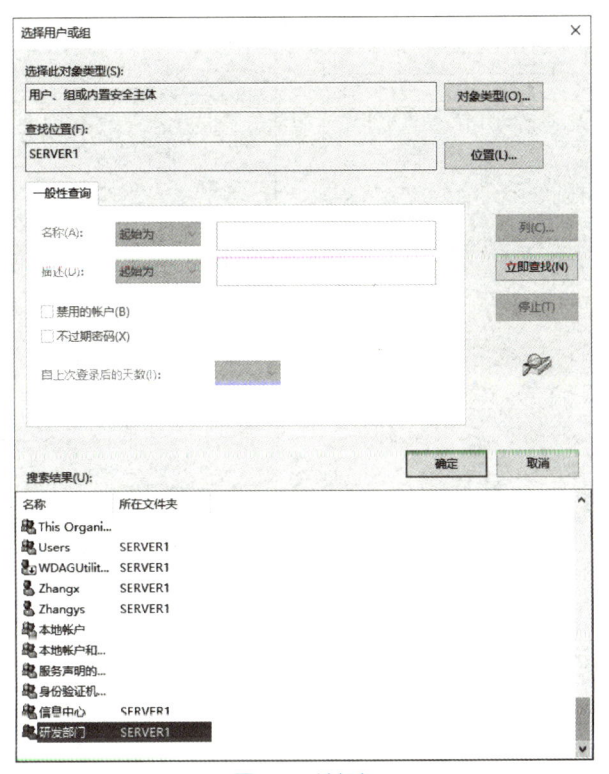

图 5-7　选择组

（6）可以在"输入对象名称来选择(示例)"文本框中看到已经选择了"研发部门"组，如图 5-8 所示，单击"确定"按钮。

123

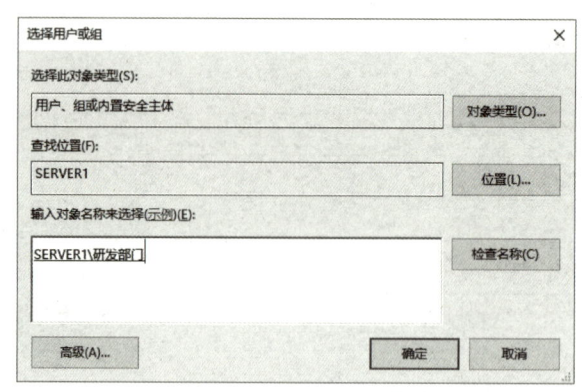

图 5-8 选择"研发部门"组

2. NTFS 权限设置

（1）此时在"设计文档 的权限"界面中，我们可以看到"组或用户名"区域中有刚添加的新用户组，在"研发部门 的权限"区域中可以设置"研发部门"组对文件夹的控制权限，如图 5-9 所示。

（2）按照同样的操作步骤，完成"公共文档"文件夹的权限设置，让所有用户（Everyone）都可以存放文档，但不可以删除（修改权限中包含删除权限），如图 5-10 所示。

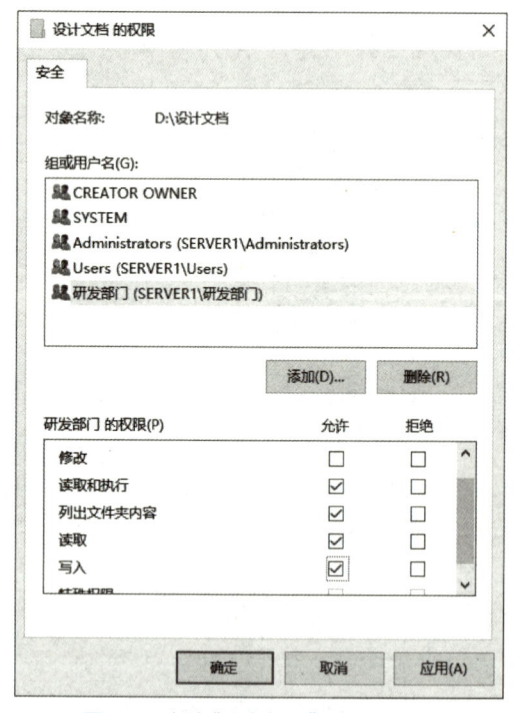

图 5-9 查看"研发部门"组的权限 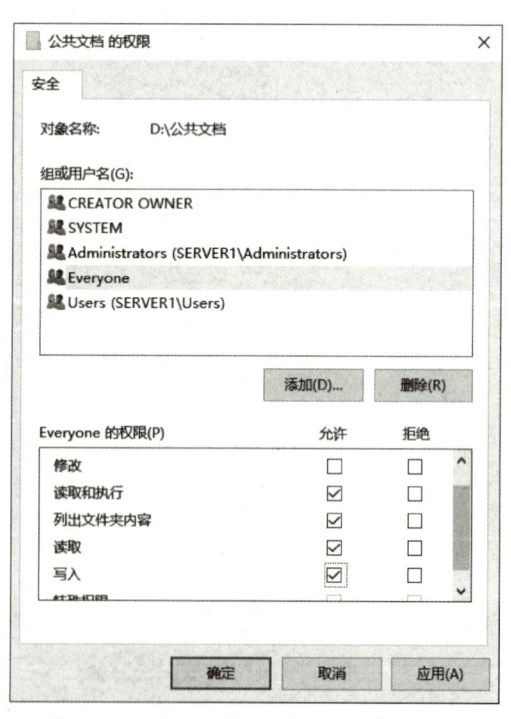　　　图 5-10 设置 Everyone 用户对"公共文档"文件夹的权限

3. 压缩 / 加密文件夹

（1）打开"文件资源管理器"界面，找到要压缩的"公共文档"文件夹并右击，

单元 5　磁盘的配置与管理

在弹出的快捷菜单中选择"属性"命令。

（2）在打开的"公共文档 属性"界面中选择"常规"选项卡，单击"高级"按钮。

（3）在打开的"高级属性"界面中可以设置压缩或加密属性，如图 5-11 所示，勾选"压缩内容以便节省磁盘空间"复选框后单击"确定"按钮。

（4）返回"公共文档 属性"界面，单击"应用"按钮，打开"确认属性更改"界面，如图 5-12 所示。选中"将更改应用于此文件夹、子文件夹和文件"单选按钮后单击"确定"按钮，文件夹内所有文件将被压缩。

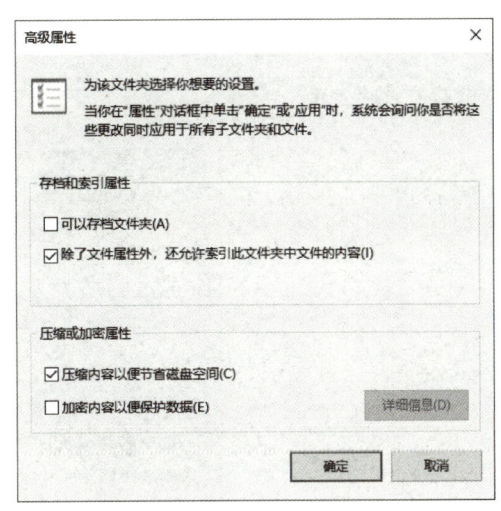

图 5-11　压缩文件夹

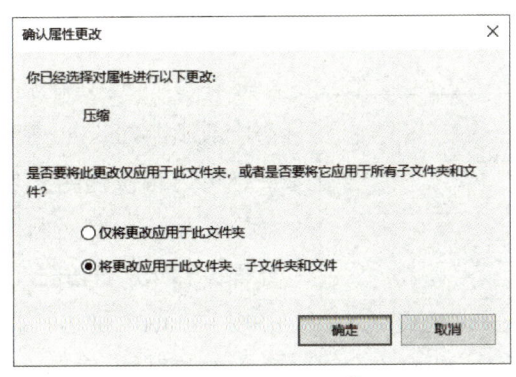

图 5-12　"确认属性更改"界面

（5）在默认情况下，被压缩过的文件夹图标上会有两个蓝色点标识，如图 5-13 所示。（本书为单色印刷，请读者根据实际界面中的颜色进行对应，特此说明。）

图 5-13　压缩后的文件夹图标

125

（6）可以按照相同的操作步骤，将"设计文档"文件夹加密处理，如图 5-14 所示。

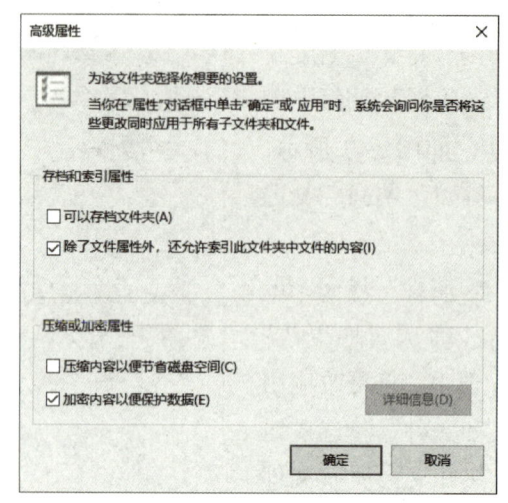

图 5-14　加密"设计文档"文件夹

任务拓展

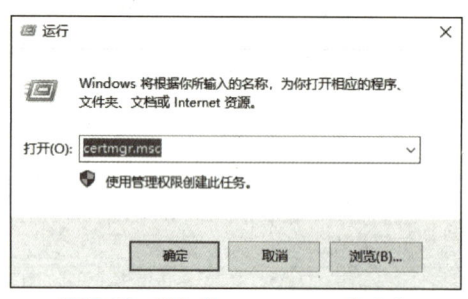

图 5-15　输入"certmgr.msc"命令

在文件或文件夹的加密与解密过程中都会使用 Windows 密钥，为了防止密钥丢失，可以备份密钥。当需要备份密钥时，选择"开始"→"运行"命令，打开"运行"界面，输入"certmgr.msc"，如图 5-15 所示，并按"Enter"键运行。

在打开的"certmgr"界面证书控制台的目录树中选择一个以当前用户名命名的证书，这里说明一下，只有经过 EFS 加密的文件或文件夹才会出现该证书，如图 5-16 所示。

图 5-16　证书控制台

单击该证书，在弹出的快捷菜单中选择"所有任务"→"导出"命令，如图 5-17 所示。

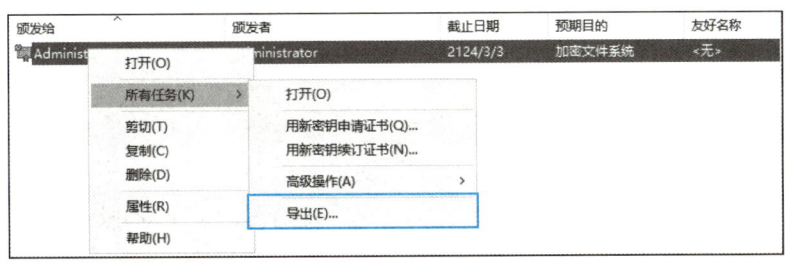

图 5-17　导出证书

在打开的"导出说明"界面中先选中"是，导出私钥"单选按钮，并单击"下一步"按钮。再在打开的"导出文件格式"界面中选择导出文件格式，并单击"下一步"按钮。最后在打开的"安装"界面中设置密码为"P@ssword"，并设置文件名和保存位置，如图 5-18 所示。

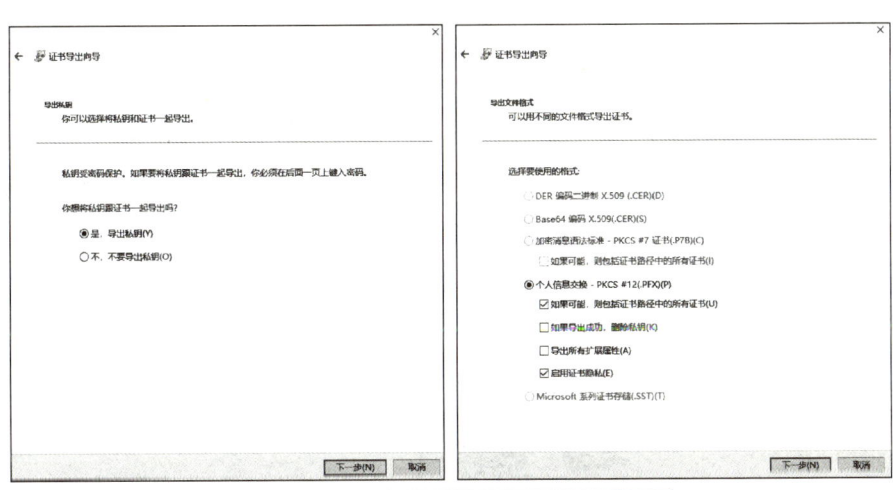

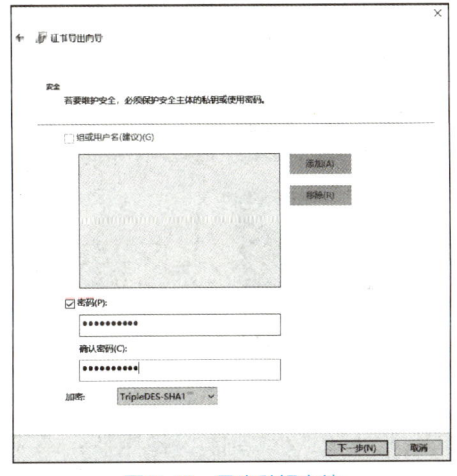

图 5-18　导出私钥文件

任务 5-2　配置基本磁盘和动态磁盘

配置动态磁盘　NTFS 权限（理论）

任务陈述

公司的服务器磁盘空间很快就要用完了，公司采购了 3 个大容量磁盘，并且准备将磁盘转换成动态磁盘，在动态磁盘上分别创建简单卷、扩展卷、跨区卷、镜像卷和 RAID-5 卷。并且为了更高效地使用磁盘，公司准备给每位员工安排磁盘配额。

知识准备

5.2.1　磁盘分类

磁盘管理是服务器管理中很重要的一项工作，服务器的所有文件都是存放在磁盘上的。Windows Server 2022 网络操作系统的磁盘分为基本磁盘和动态磁盘两种类型。

1. 基本磁盘

基本磁盘是 Windows 操作系统中最常见的默认磁盘类型，可以通过分区管理和应用磁盘空间。一个基本磁盘可以划分为主磁盘分区（Primary Partition）和扩展磁盘分区（Extended Partition），但最多只能建立 1 个扩展磁盘分区。最多可以将基本磁盘分为 4 个主磁盘分区，或者分为 3 个主磁盘分区和 1 个扩展磁盘分区。扩展磁盘分区又可以包含 1 个或多个逻辑驱动器，为每个分区设置不同的驱动器号（C、D、E、F 等）。基本磁盘的结构如图 5-19 所示。

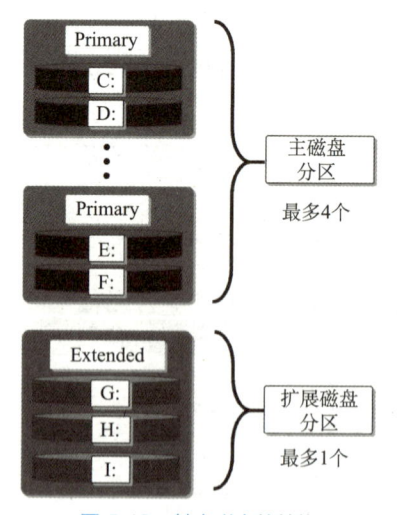

图 5-19　基本磁盘的结构

所有的磁盘分区在使用前必须先进行格式化操作，基本磁盘的主要任务有以下几个。

(1)初始化磁盘。

在计算机上添加新磁盘后，在创建分区之前必须先对磁盘进行初始化。安装新磁盘之后，首次启动磁盘管理会打开向导界面，界面中列出操作系统检测到的新磁盘。根据向导界面中的提示进行操作，完成后操作系统便会对磁盘进行初始化，写入磁盘签名、扇区末尾标记和主引导记录（Master Boot Record，MBR）。如果在写入磁盘签名前取消操作，磁盘则会保持"未初始化"状态。

(2)主磁盘分区。

在基本磁盘上创建的主磁盘分区，又称主分区，主分区中不能再划分其他类型的分区，因此每个主分区都相当于1个逻辑磁盘。在早期的MBR模式分区中，1个基本磁盘可以创建4个主磁盘分区，或者创建3个主磁盘分区和1个扩展磁盘分区。现在的全局唯一标识符分表（GUID Partition Table，GPT）至少可以创建128个主磁盘分区，未来很有可能不存在扩展分区和逻辑分区的概念。

(3)扩展磁盘分区。

所谓扩展磁盘分区，并不是一个实际意义的分区，它仅是一个指向下一个分区的指针，这种指针结构将形成一个单向链表。这样在主引导扇区中除主磁盘分区外，仅需要存储一个扩展磁盘分区中的数据，通过这个扩展磁盘分区的数据可以找到下一个分区（即下一个逻辑磁盘）的起始位置，以此起始位置类推可以找到所有的分区。

(4)逻辑驱动器。

逻辑驱动器与主分区类似，在每个磁盘上创建的逻辑驱动器的数量不受限制。逻辑驱动器可以被格式化，并且可以为其指派驱动器号。

(5)磁盘格式化。

磁盘格式化是指对磁盘或分区进行初始化的一种操作，这种操作通常会导致现有的磁盘或分区中所有的文件被清除。

2. 磁盘转换

计算机新安装的磁盘会被自动标识并配置为基本磁盘。而动态磁盘可以由基本磁盘转换而成，转换完成后可以创建更大范围的动态卷，也可以将动态卷扩展到多个磁盘。动态磁盘具有以下优点。

- 动态磁盘的分区数量不受限制，没有主分区和逻辑分区的区别。
- 无须真的合并分区，可以创建跨多个磁盘的卷。
- 动态磁盘可以创建容错磁盘，实现数据的冗余备份，在系统出现故障时确保数据的完整性。

计算机可以在任何时候将基本磁盘转换为动态磁盘，而不会丢失任何数据，基本磁盘现有的分区将转换为卷。反之，如果将动态磁盘转换为基本磁盘，磁盘中的数据会丢失。

3. 动态磁盘的卷类型

动态磁盘上所有的卷都是动态卷，主要有以下 5 种类型。

（1）简单卷（Simple Volume）。

简单卷与基本磁盘的分区类似，只是简单卷的空间可以扩展到非连续的空间上。简单卷也是采用 FAT 文件系统或 NTFS 格式的。当只有一个磁盘时，只能创建简单卷。

（2）跨区卷（Spanned Volume）。

可以将多个磁盘（至少 2 个磁盘，最多 32 个磁盘）上的未分配空间合并为一个逻辑卷。在使用时，先写满一部分空间再写入另一部分空间。跨区卷可以在不使用装入点的情况下获得更多的磁盘数据。将多个磁盘使用的空间合并为一个跨区卷，这样可以释放驱动器号用于其他用途，还能创建一个较大的卷用于文件系统。

（3）带区卷（Striped Volume）。

带区卷又称条带卷 RAID-0，最大支持 32 个磁盘，写入时将数据分为大小为 64KB 的数据块，同时写入卷的每个磁盘的空间上。带区卷是所有动态磁盘中读写性能最好的卷，但是带区卷不能被扩展或镜像，并且不提供容错功能。如果带区卷中的某个磁盘出现故障，整个卷将无法工作。

（4）镜像卷（Mirrored Volume）。

镜像卷又称 RAID-1 卷，它通过使用卷的两个副本或镜像复制存储在卷上的数据，提高数据的冗余性，但磁盘的空间利用率只有 50%，实现的成本较高。

在镜像卷中，写入的数据都会存储到两个独立的物理磁盘上的镜像中，如果其中一个磁盘出现故障，则该磁盘上的数据将变成不可用的，系统将使用另一个磁盘中的数据继续工作。当镜像卷中的一个镜像出现故障时，必须断开该镜像卷连接，使另一个镜像成为独立驱动器的卷。

（5）RAID-5 卷。

RAID-5 卷又称廉价磁盘冗余阵列或独立磁盘冗余阵列，是数据和奇偶校验间断分布在 3 个或更多物理磁盘的容错卷。RAID-5 卷适用于大规模序列化读/写操作。RAID-5 卷至少需要 3 块硬盘，最多支持 32 块硬盘，每块硬盘必须具有相同的磁盘空间，磁盘空间的利用率为 $(n-1)/n$，n 为磁盘的数量。

5.2.2 磁盘配额

在计算机网络中，网络管理员有一项很重要的任务，就是为访问服务器资源的用户设置磁盘配额，也就是限制用户一次性访问服务器资源的卷空间数量。磁盘配额是计算机中指定磁盘的存储限制，网络管理员可以限制用户所能使用的磁盘配额，每位用户只能使用最大磁盘配额范围内的磁盘空间。

在 Windows Server 2022 网络操作系统中，磁盘配额用于跟踪及控制磁盘空间的使用，网络管理员可以使用磁盘配额将 Windows 配置为两种情况。

- 当用户超过指定的磁盘空间限制时，阻止进一步使用磁盘空间并记录事件。
- 当用户超过指定的磁盘空间警告级别时，记录事件。

磁盘配额是以文件所有权为基础的，并且不受卷中文件的文件夹位置的限制，如果在同一个卷中的文件夹之间进行文件移动，则卷空间的用量不变。磁盘配额只适用于卷，且不受卷的文件夹结构及物理磁盘布局的限制。如果卷有多个文件夹，则将卷的配额应用于该卷中的所有文件夹。如果单个磁盘有多个卷，并且配额是针对每个卷的，则卷的配额只适用于特定的卷。

在 NTFS 中，卷的使用信息按用户安全标识存储，而不按账户名称存储。在第一次打开"磁盘配额"界面时，磁盘配额必须从网络域控制器或本地用户管理器上获取用户账户名称，将这些用户账户名称与当前卷的用户 SID 进行匹配。

任务实施

公司采购了 3 个大容量磁盘，并且将磁盘转换成动态磁盘，在动态磁盘上分别创建简单卷、扩展卷、跨区卷、镜像卷和 RAID-5 卷

1. 服务器添加磁盘

（1）在 VMware 中选择虚拟机服务器，在主窗口中单击"编辑虚拟机设置"按钮，如图 5-20 所示。

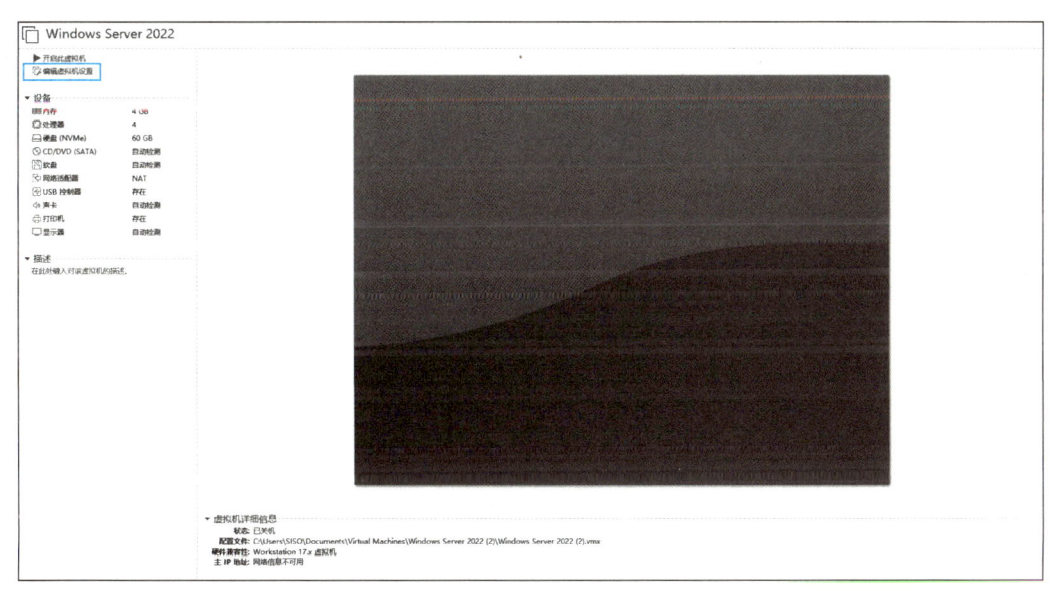

图 5-20　单击"编辑虚拟机设置"按钮

（2）在打开的"虚拟机设置"界面中单击"添加"按钮，在打开的"硬件类型"界面中设置安装的硬件类型为"硬盘"，如图 5-21 所示，单击"下一步"按钮。

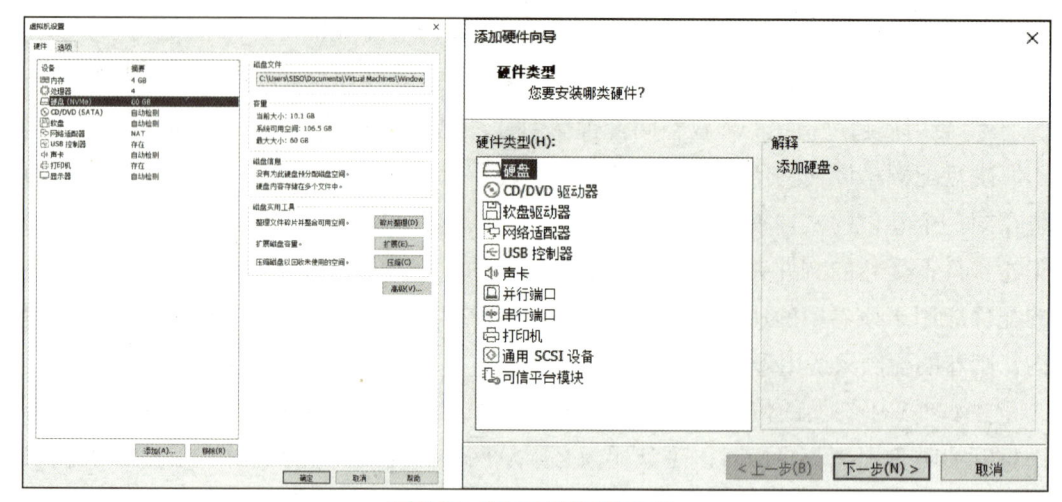

图 5-21　设置安装的硬件类型

（3）在打开的"选择磁盘类型"界面中设置磁盘类型为"NVMe"（或者为"SCSI"），单击"下一步"按钮，如图 5-22 所示。

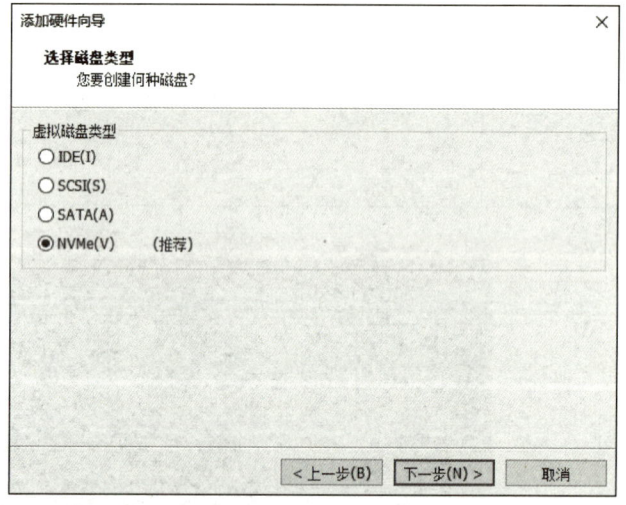

图 5-22　设置磁盘类型

小型计算机系统接口（Small Computer System Interface，SCSI）是一种智能的通用接口标准，可以将多个设备连接到一个母线上，允许多个设备同时工作。它支持磁盘、磁带、CD-ROM 等硬件，SCSI 的传输速率最高可达 320MB/s。

非易失性内存主机控制器接口规范（Non-Volatile Memory Express，NVMe）是一种新型的快速硬盘通信模式，基于 PCI Express 总线，主要应用于固态硬盘等设备的连接与数据传输。NVMe 类型的硬盘在性能上优于 SATA 和 SCSI 类型的硬盘，因为它利用了 PCIe 的高效物理层、链路层、网络层和传输层。

NVMe 和 SCSI 在设计目标上的主要区别在于：SCSI 有稳定的数据传输速率，但是速率不高；NVMe 有极高的数据传输速率和低延迟性，特别适用于高性能计算和存储密集型应用，如固态硬盘。

（4）在"新建虚拟磁盘"界面中保持默认设置，单击"下一步"按钮。在打开的"指定磁盘容量"界面中设置最大磁盘大小为 10GB，如图 5-23 所示，单击"下一步"按钮，在打开的界面中单击"完成"按钮。

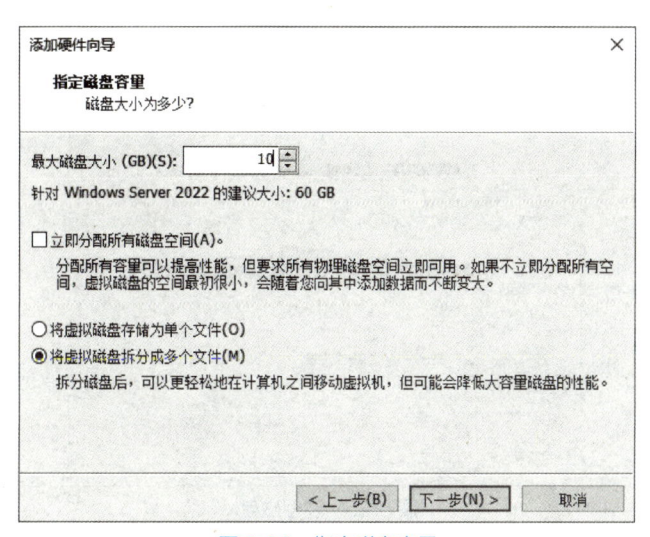

图 5-23　指定磁盘容量

（5）重复以上步骤，添加 2 个相同的磁盘，最后启动虚拟机。

（6）使用本地管理员账户登录系统。

2. 转换成动态磁盘

（1）打开"服务器管理器"界面，在导航菜单中选择"文件和存储服务"→"卷"→"磁盘"选项，可以看到添加的 3 个未分配磁盘，如图 5-24 所示。

图 5-24　未分配磁盘

也可以选择菜单栏中的"工具"→"计算机管理"命令，在打开的"计算机管理"界面管理磁盘，如图 5-25 所示。

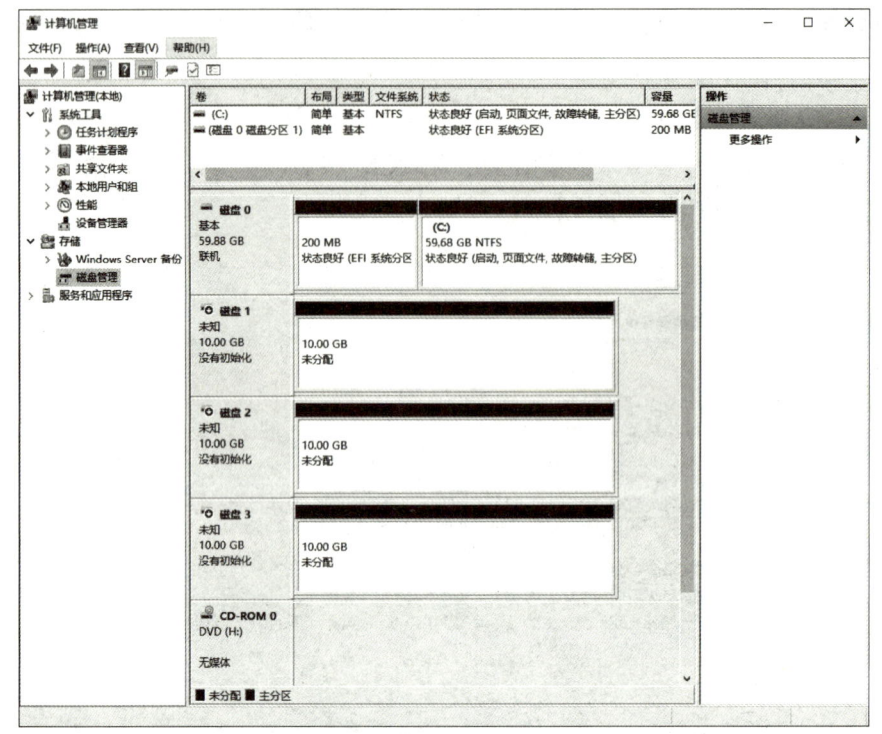

图 5-25 管理磁盘

（2）在 Windows Server 2022 网络操作系统中可以看到新添加的磁盘已经默认处于联机状态。如果磁盘处于未联机状态，则可以先对磁盘进行联机操作。我们可以将 3 个磁盘一起初始化。选择没有初始化的"磁盘 1"并右击，在弹出的快捷菜单中选择"初始化磁盘"命令，打开"初始化磁盘"界面，勾选"磁盘 1""磁盘 2""磁盘 3"复选框，并设置磁盘分区形式为"MBR(主启动记录)"，如图 5-26 所示，单击"确定"按钮。

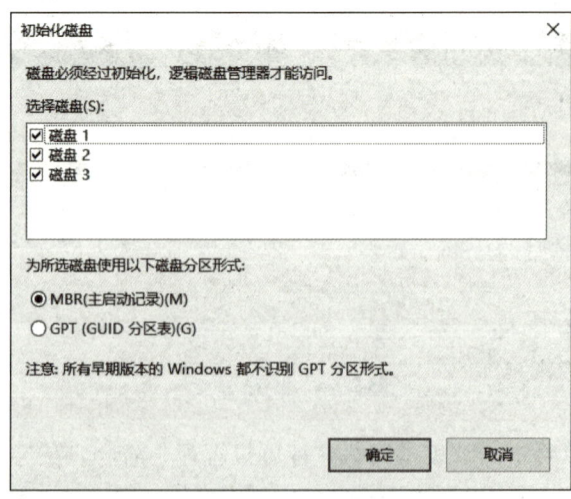

图 5-26 初始化磁盘

（3）在"转换为动态磁盘"界面中勾选"磁盘1""磁盘2""磁盘3"复选框，如图 5-27 所示，单击"确定"按钮，将磁盘1、磁盘2 和磁盘3 同时转换为动态磁盘。

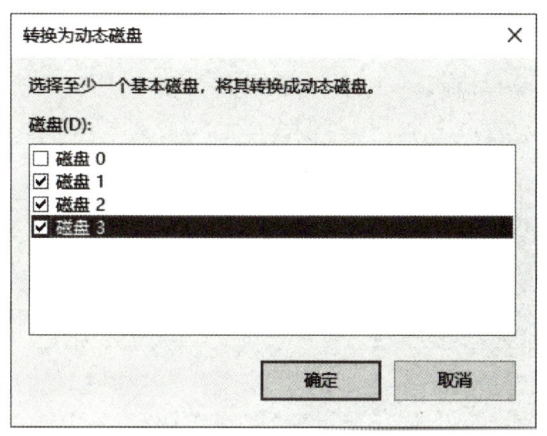

图 5-27　转换为动态磁盘

（4）完成之后，可以看到新添加的3个磁盘都变成了动态磁盘，如图 5-28 所示。

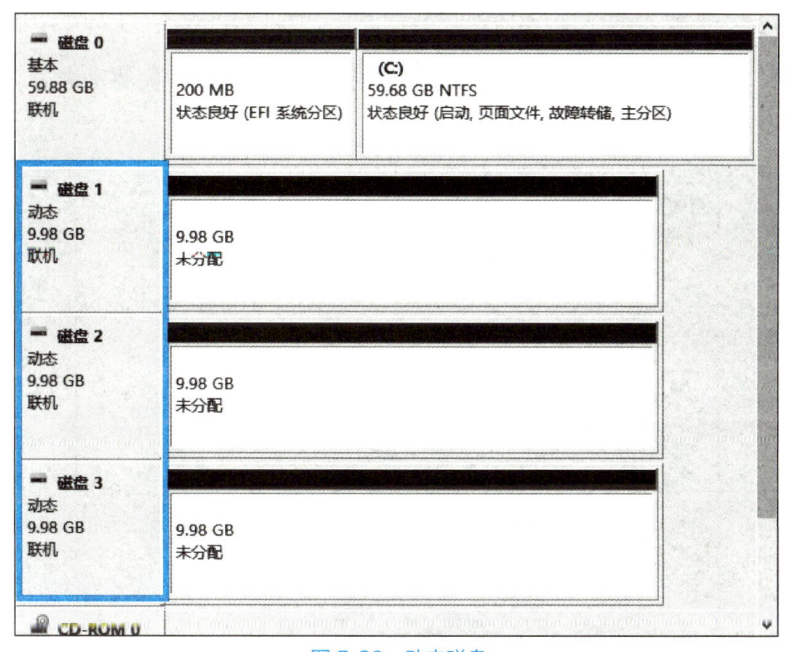

图 5-28　动态磁盘

3. 新建简单卷

（1）在"磁盘1"的未分配区域右击，在弹出的快捷菜单中选择"新建简单卷"命令。

（2）在打开的"新建简单卷向导"界面中单击"下一步"按钮，在打开的"指定卷大小"界面中设置简单卷大小为 2048MB（1GB=1024MB），如图 5-29 所示，单击"下一步"按钮。

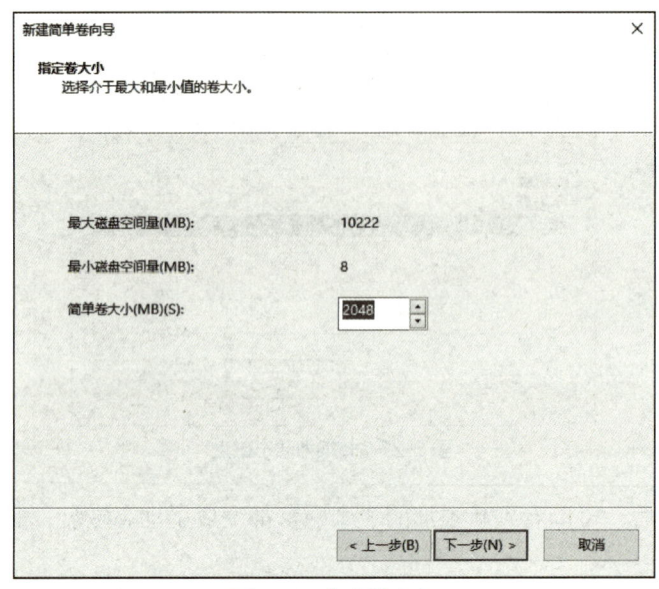

图 5-29　指定卷大小

（3）在"分配驱动器号和路径"界面中保持默认设置，分配驱动器号为"D"，如图 5-30 所示，单击"下一步"按钮。

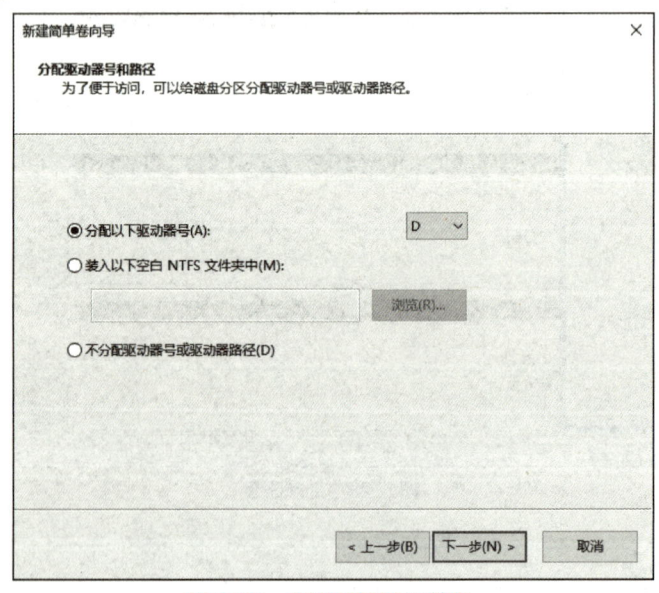

图 5-30　分配驱动器号和路径

（4）在"格式化分区"界面中保持默认设置，格式化新加卷 (D:)，设置文件系统为"NTFS"，如图 5-31 所示，单击"下一步"按钮。

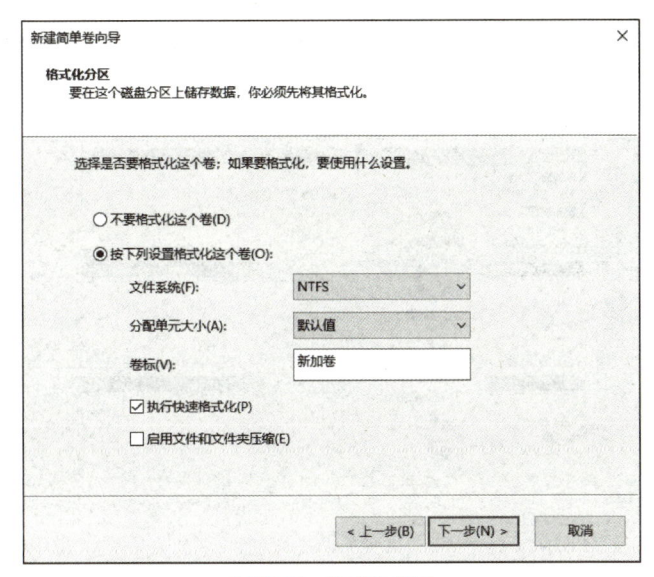

图 5-31　格式化分区

（5）在完成新建简单卷向导之后，可以看到新加卷 (D:) 的空间大小为 2GB，如图 5-32 所示。

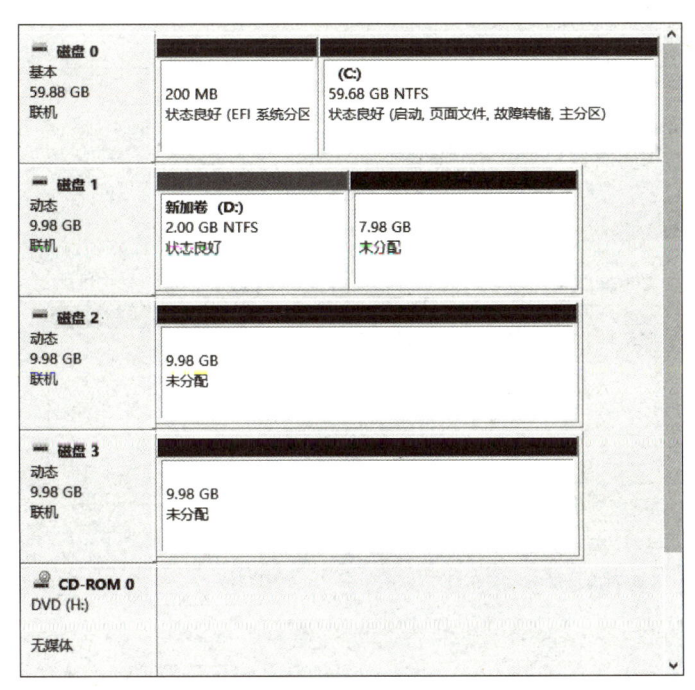

图 5-32　D 盘的空间大小

4. 新建扩展卷

（1）选择刚才新建的新加卷 (D:) 并右击，在弹出的快捷菜单中选择"扩展卷"命令，如图 5-33 所示。在打开的"扩展卷向导"界面中单击"下一步"按钮。

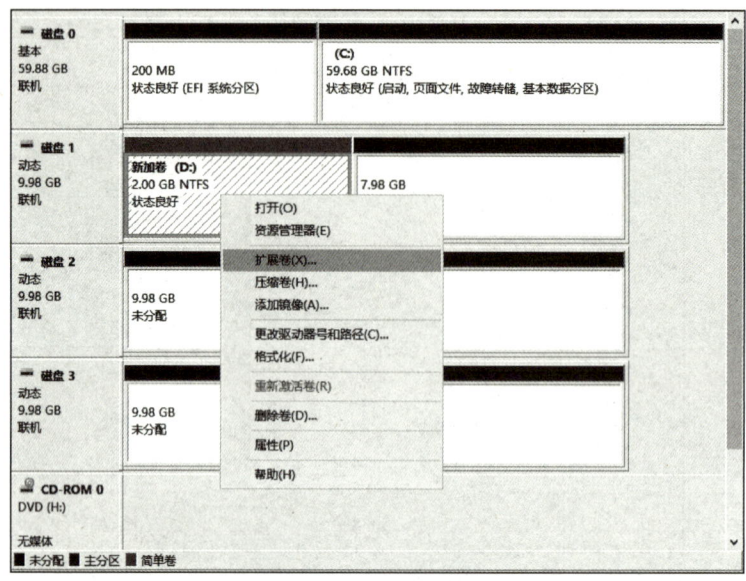

图 5-33 选择"扩展卷"命令

（2）在打开的"选择磁盘"界面中选择"磁盘 1"进行新建扩展卷操作，设置选择空间量为 2048MB，如图 5-34 所示，单击"下一步"按钮。

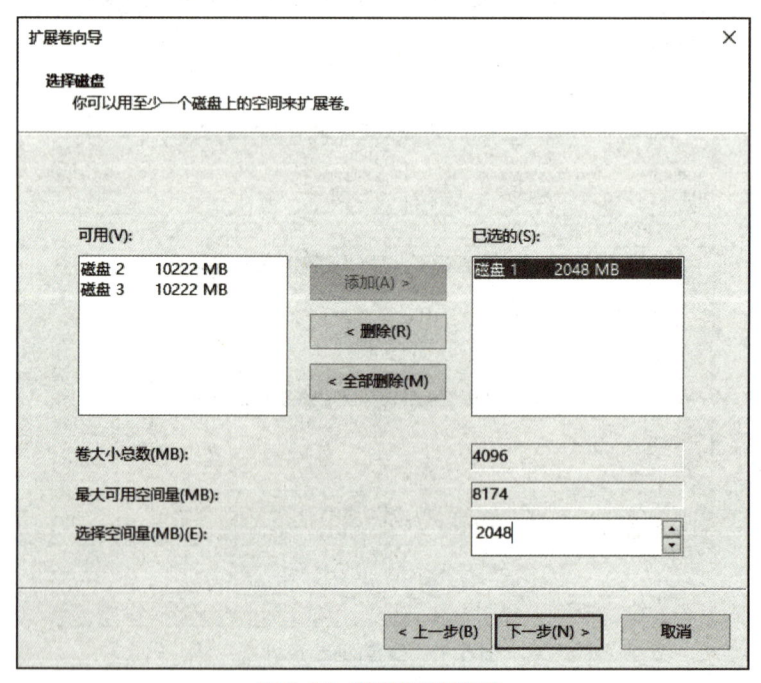

图 5-34 设置扩展卷容量

（3）完成之后可以看到，原来的新加卷 (D:) 的空间由 2GB 变成了 4GB，而未分配磁盘的空间由 7.98GB 降低到了 5.98GB，如图 5-35 所示。

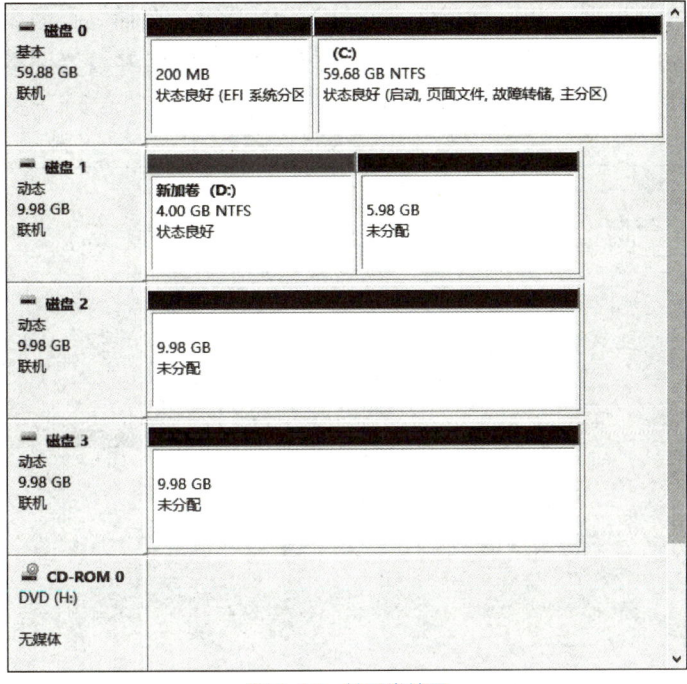

图 5-35 扩展卷结果

5. 新建跨区卷

（1）右击磁盘 1 的未分配磁盘空间，在弹出的快捷菜单中选择"新建跨区卷"命令，在打开的"新建跨区卷"界面中单击"下一步"按钮，打开如图 5-36 所示的"选择磁盘"界面。

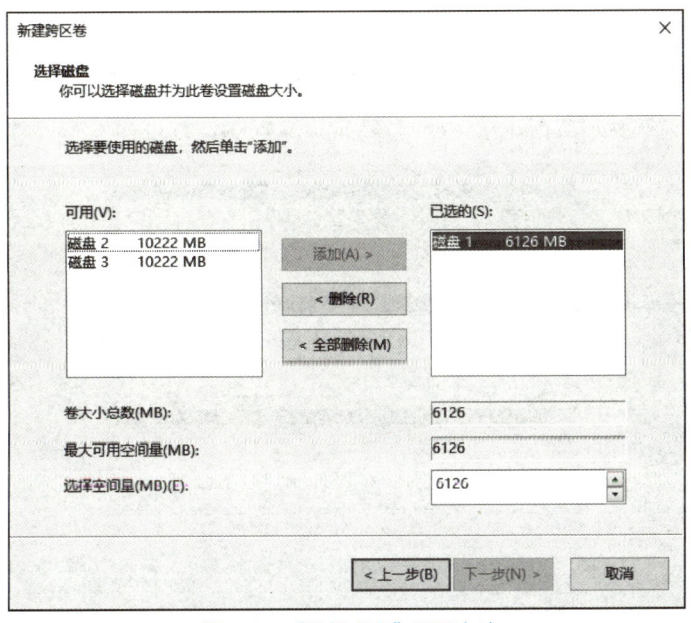

图 5-36 "选择磁盘"界面（1）

（2）选择"磁盘1"，并设置选择空间量为2048MB；选择"磁盘2"，并设置选择空间量为2048MB；再次选择"磁盘3"，单击"添加"按钮并设置选择空间量为2048MB，如图5-37所示，单击"下一步"按钮。

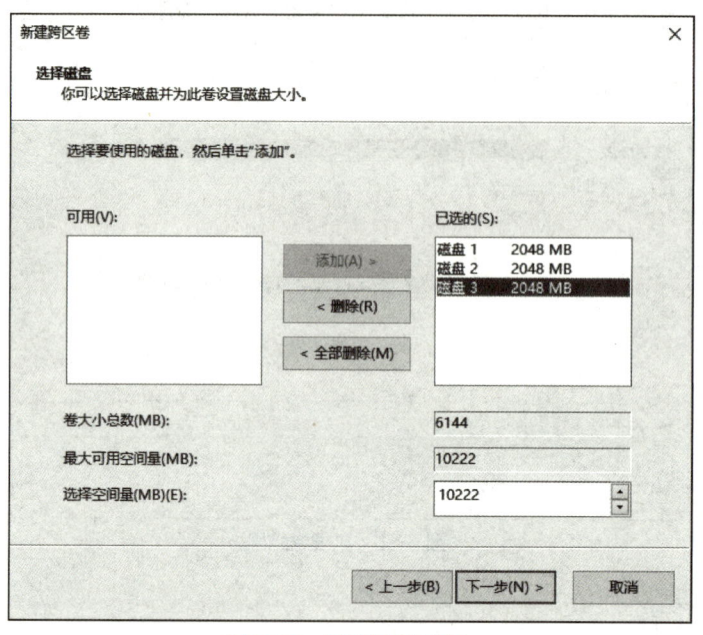

图 5-37　设置跨区卷容量

（3）在"分配驱动器号和路径"界面中保持默认设置，单击"下一步"按钮，格式化之后单击"完成"按钮。可以看到，跨区卷新加卷(E:)涉及3个磁盘，如图5-38所示。

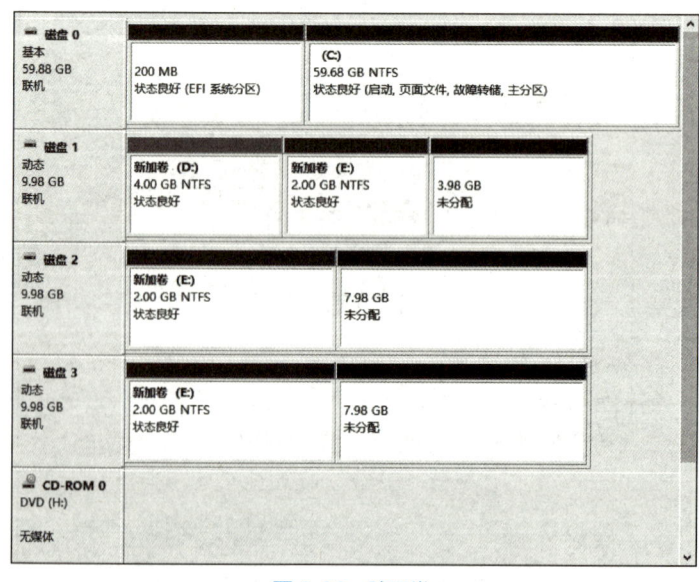

图 5-38　跨区卷

6. 新建带区卷

（1）右击磁盘 1 的未分配磁盘空间，在弹出的快捷菜单中选择"新建带区卷"命令，在打开的"新建带区卷"界面中单击"下一步"按钮，打开如图 5-39 所示的"选择磁盘"界面。

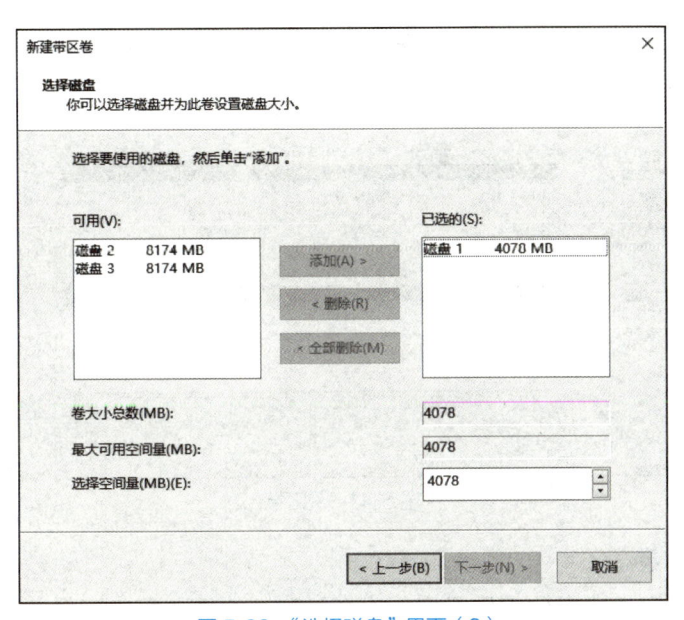

图 5-39 "选择磁盘"界面（2）

（2）选择"磁盘 1"，并设置选择空间量为 2048MB；选择"磁盘 2"，单击"添加"按钮，并设置选择空间量为 2048MB，如图 5-40 所示，单击"下一步"按钮。

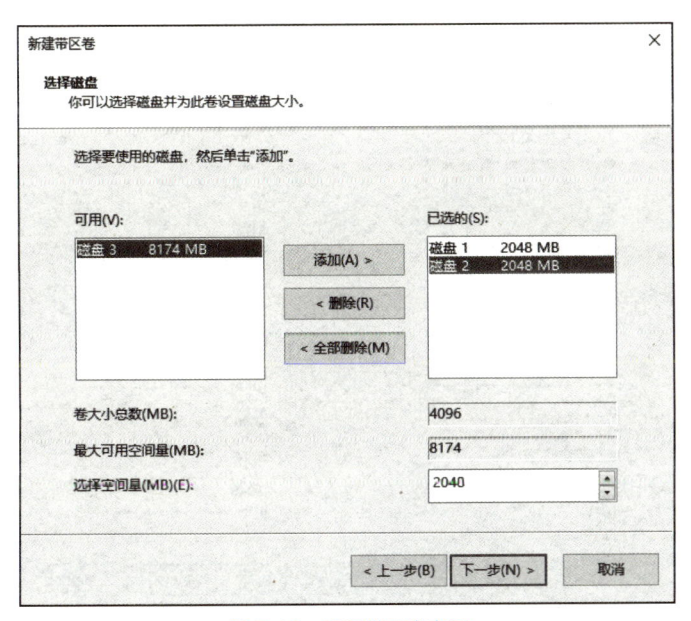

图 5-40 设置带区卷容量

（3）在"分配驱动器号和路径"界面中保持默认设置，单击"下一步"按钮，格式化后单击"完成"按钮。可以看到，带区卷新加卷(F:)涉及2个磁盘，如图5-41所示。

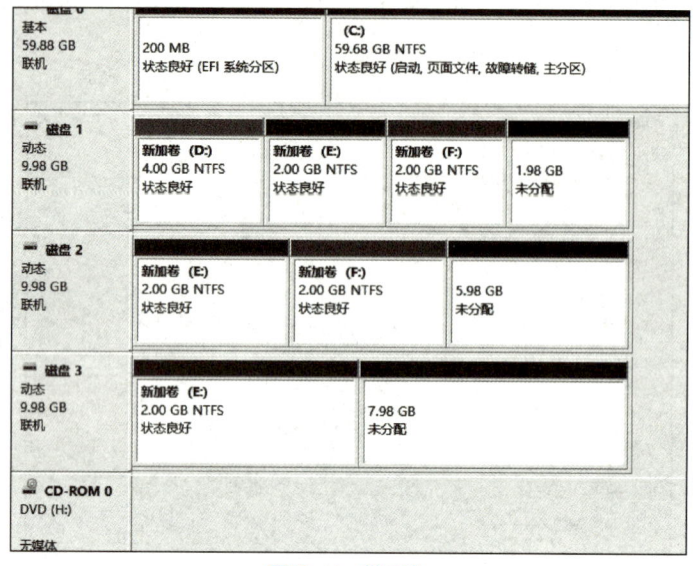

图 5-41　带区卷

7. 新建镜像卷

（1）右击磁盘2的未分配磁盘空间，在弹出的快捷菜单中选择"新建镜像卷"命令，在打开的"新建镜像卷"界面中单击"下一步"按钮，打开"选择磁盘"界面。选择"磁盘2"，并设置选择空间量为2048MB；选择"磁盘3"，单击"添加"按钮，并设置选择空间量为2048MB，如图5-42所示，单击"下一步"按钮。

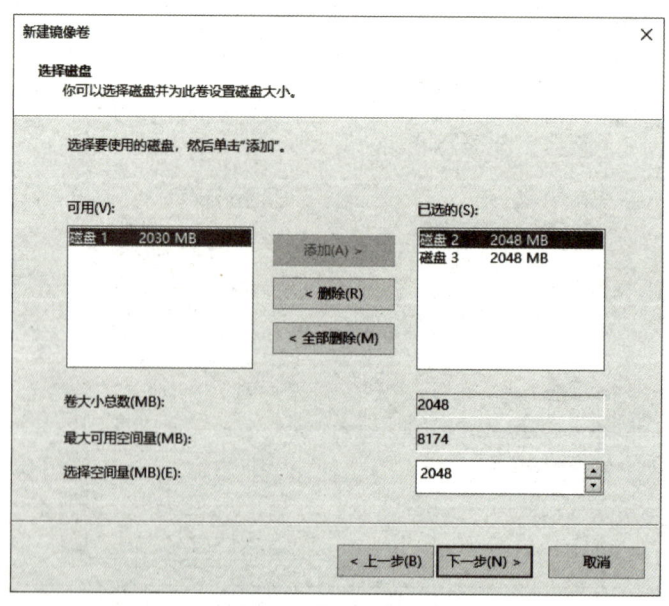

图 5-42　设置镜像卷容量

（2）在"分配驱动器号和路径"界面中保持默认设置，单击"下一步"按钮，格式化后单击"完成"按钮。可以看到，镜像卷新加卷(G:)涉及2个磁盘，如图5-43所示。

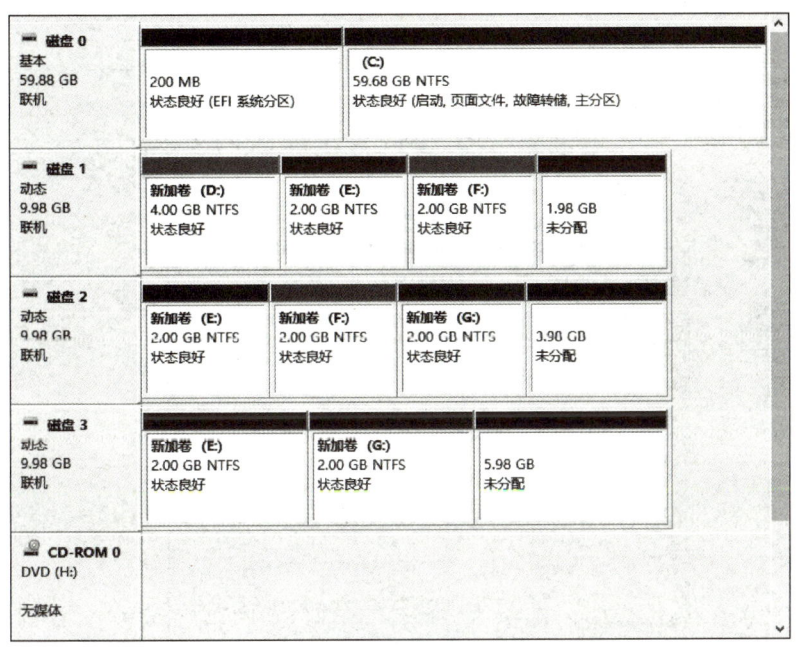

图5-43　镜像卷

8. 新建RAID-5卷

（1）因为RAID-5卷至少需要3个磁盘，且每个磁盘必须为RAID-5卷提供相同的磁盘空间，所以需要删除之前新建的卷，并且重新设置3个磁盘为动态磁盘。

（2）右击磁盘1的未分配磁盘空间，在弹出的快捷菜单中选择"新建RAID-5卷"命令，在打开的"新建RAID-5卷"界面中单击"下一步"按钮。在打开的"选择磁盘"界面中选择"磁盘1"，并设置选择空间量为10222MB；选择"磁盘2"，单击"添加"按钮，并设置选择空间量为10222MB；选择"磁盘3"，单击"添加"按钮，并设置选择空间量为10222MB，如图5-44所示。

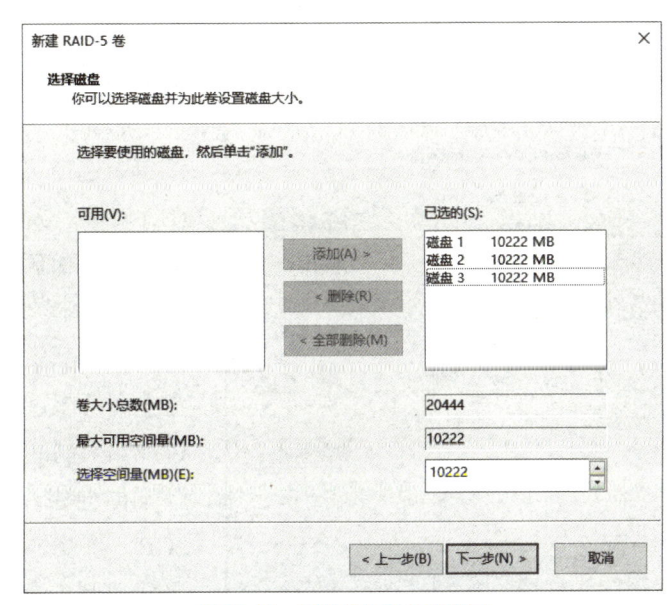

图5-44　设置RAID-5卷容量

（3）在"分配驱动器号和路径"界面中保持默认设置，单击"下一步"按钮，格式化后单击"完成"按钮。可以看到，RAID-5 卷新加卷 (D:) 涉及 3 个磁盘，如图 5-45 所示。

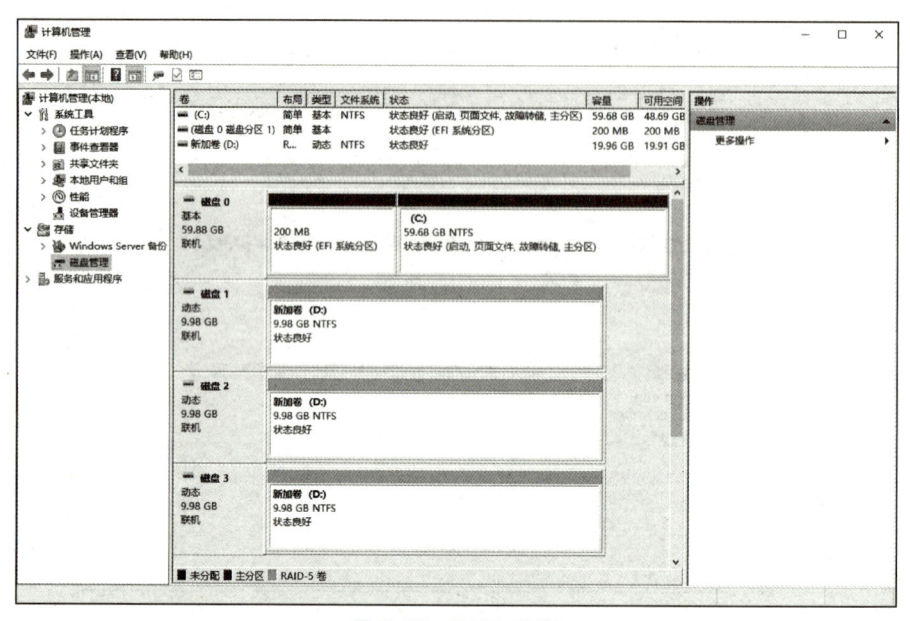

图 5-45　RAID-5 卷

任务拓展

1. 启用磁盘配额管理

可以根据用户拥有的文件和文件夹分配磁盘使用空间，首先需要启用磁盘配额管理。

右击要分配的磁盘空间，在弹出的快捷菜单中选择"属性"命令，在打开的"新加卷(D:) 属性"界面中切换到"配额"选项卡，勾选"启用配额管理"复选框，如图 5-46 所示，单击"确定"按钮。

在"配额"选项卡中，勾选了"拒绝将磁盘空间给超过配额限制的用户"复选框后，超过配额限制的用户会收到系统的错误信息，并且不能向磁盘写入数据。将磁盘空间限制为 2GB，将警告等级设为 1.8GB，当用户的磁盘空间达到 1.8GB 时，将提示用户磁盘将不足；当用户使用的磁盘空间达到 2GB 时，系统将

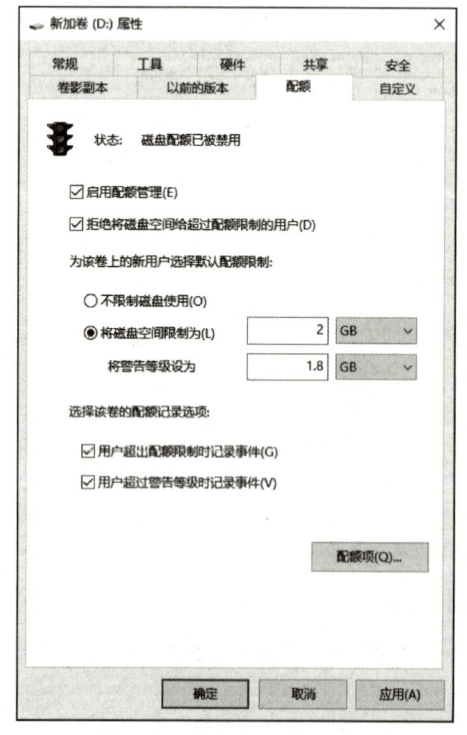

图 5-46　磁盘"配额"选项卡

2. 设置单个用户的配额

系统管理员可以为每个用户分别设置磁盘配额，这样更便于用户提高磁盘空间的利用率。在"配额"选项卡中，单击"配额项"按钮，在打开的"新加卷(D:)的配额项"界面中显示在该新加卷中所有用户的磁盘配额及使用情况等信息，可以看到，Administrators 组的用户不受磁盘配额的限制，如图 5-47 所示。

图 5-47 配额项信息

在菜单栏中选择"配额"→"新建配额项"命令，选择某个用户之后可以单独设置该用户的配额限制，使其不受默认配额的限制，如图 5-48 所示。

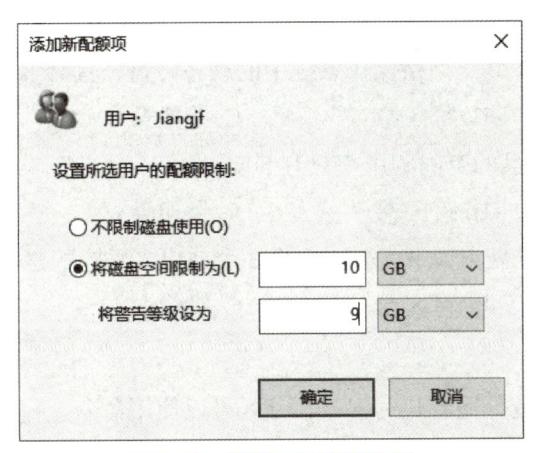

图 5-48 设置用户的配额限制

磁盘管理
（理论）

单元小结

网络中最重要的是安全，安全中最重要的是权限。文件和文件系统是计算机系统组织数据的集合单位，其中 NTFS 具有高安全性能，用户可以方便地使用 NTFS 组织和保护文件及文件夹。而存储文件的是磁盘，磁盘的管理是网络管理员应具备的最基本能力。

单元练习题

一、单项选择题

1. 下列选项中不属于 NTFS 的普通权限的是（　　）。
   A. 读取　　　　　　B. 写入　　　　　　C. 删除　　　　　　D. 完全控制

2. 在 Windows Server 2022 网络操作系统中，（　　）功能不是 NTFS 特有的。
   A. 文件加密　　　　B. 文件压缩　　　　C. 设置共享　　　　D. 磁盘配额

3. 下列关于 NTFS 权限的描述中错误的是（　　）。
   A. 文件夹权限超越文件的权限　　　　B. 文件权限是继承的
   C. 拒绝权限优先于其他权限　　　　　D. 不同文件夹的权限是累加的

4. 要启用磁盘配额管理，Windows Server 2022 驱动器必须使用（　　）。
   A. FAT　　　　　　　　　　　　　　B. NTFS
   C. FAT32　　　　　　　　　　　　　D. 所有文件系统都可以

5. 下列关于磁盘配额的说法中正确的是（　　）。
   A. 可以单独指定某个组的磁盘配额容量
   B. 不可以指定某个用户的磁盘配额容量
   C. 所有用户都会受到磁盘配额的限制
   D. Administrators 组不受限制

6. Windows Server 2022 网络操作系统中的动态磁盘，具有容错能力的是（　　）。
   A. 简单卷　　　　　B. 跨区卷　　　　　C. 镜像卷　　　　　D. RAID-5 卷

7. （　　）动态磁盘的空间利用率只有 50%。
   A. 简单卷　　　　　B. 跨区卷　　　　　C. 镜像卷　　　　　D. RAID-5 卷

8. 以下四种动态磁盘类型中，需要至少 3 个或更多磁盘的是（　　）。
   A. 简单卷　　　　　B. 跨区卷　　　　　C. 镜像卷　　　　　D. RAID-5 卷

二、填空题

1. 将 FAT 文件系统分区转化为 NTFS 分区可以使用命令_____。

2. NTFS 权限的 6 个基本权限分别是_____、_____、读取和运行、显示文件内容、_____及_____。

3. Windows Server 2022 网络操作系统中的磁盘分为_____和_____。

4. 镜像卷的磁盘空间利用率为_____，所以镜像卷的成本较高；而 RAID-5 卷的磁盘空间利用率为_____，所以磁盘数量越多，冗余数据带区的成本越低。因此，RAID-5 的性价比较高，被广泛地应用于数据存储。

5. 一个磁盘最多可以分为____个主磁盘分区，或者____个主磁盘分区和____个扩展磁盘分区。

三、解答题

1. 简述 FAT 文件系统和 NTFS 的区别。

2. 简述基本磁盘和动态磁盘的区别。

3. Windows Server 2022 网络操作系统中支持的动态卷类型有哪些？各有什么特点？

单元 6

文件服务器的配置与管理

学习目标

【知识目标】
- 掌握共享文件夹的基本概念。
- 掌握共享权限和 NTFS 的区别及联系。
- 掌握文件服务器的角色和功能。
- 了解分布式文件系统的基本概念。

【技能目标】
- 熟练掌握设置共享文件夹的方法。
- 熟练掌握通过客户端访问共享文件夹的方法。
- 熟练安装文件服务器并设置共享文件夹。
- 掌握分布式文件系统的安装及常用设置。

【素养目标】
- 培养学生的任务意识和责任意识。
- 培养学生的学习主观能动性和事业观。

引例描述

自从上次小宋安装好文件服务器后,他一直想在这台机器上做些什么。他知道文件服务器的主要作用是共享文件资源给网络中的其他计算机,但是他现在还不知道该怎样配置共享资源,也不清楚在其他计算机上怎么访问文件服务器上的共享资源。带着这些问题，他又去请教了孙老师。孙老师告诉小宋，在 Windows Server 2022 网络操作系统上创建共享资源有几种不同的方法，如通过共享文件夹、安装文件服务器或使用分布式文件系统（Distributed File System，DFS），最好每种方法都能熟练掌握。在实际工作中可以根据具体的场景选择不同的方法。

共享文件夹的基本概念（理论）

任务 6-1　配置共享文件夹和文件服务器

配置共享文件夹和文件服务器　　验证共享文件夹

任务陈述

小宋了解了创建共享文件资源的几种方法，他打算先创建共享文件夹，再通过 Windows Server 2022 网络操作系统的文件服务器创建共享文件资源。小宋的任务是将目录 C:\SIE\Public 设置为共享资源，并针对不同的用户分配不同的读写权限。

知识准备

6.1.1　共享文件夹

1. 共享文件夹概述

简单来说，共享文件夹就是在一台计算机上要共享给其他计算机访问的文件夹。在一台计算机上把某个文件夹设置为共享文件夹，用户就可以通过网络远程访问这个文件夹，从而实现文件资源的共享。

把文件夹作为共享资源供网络上的其他计算机访问，必须考虑访问权限，否则很可能给共享文件夹甚至整个操作系统带来严重的安全隐患。共享文件夹支持灵活的访问权限控制，可以允许、拒绝某个用户或组访问共享文件夹，或者允许、拒绝对共享文件夹进行读取、写入等操作。与共享文件夹相关的两个权限是共享权限和 NTFS 权限。

2. 共享权限

共享权限就是通过网络访问共享文件夹时的权限，而 NTFS 权限是指用户登录到本地计算机后访问文件或文件夹时的权限。当用户在本地计算机上访问文件或文件夹时，只对用户应用 NTFS 权限。当用户通过网络远程访问共享文件夹时，先应用共享权限，再应用 NTFS 权限。

共享权限分为读取、更改和完全控制三种，每种权限的含义简单说明如下。

1）读取

对共享文件夹具有读取权限，意味着用户可以查看该文件夹下的子文件名称和子文件夹名称，还可以查看这些子文件或子文件夹中的内容，或者运行子文件。读取权限是共享文件夹的默认权限，并被分配给 Everyone 组。

2）更改

更改权限包括读取权限，除此之外还增加了一些其他权限，包括在共享文件夹下创建子文件和子文件夹、更改子文件的内容、删除子文件和子文件夹。

3）完全控制

完全控制权限包括读取权限和更改权限。通过分配完全控制权限，用户可以更改子文件和子文件夹的权限，以及获得子文件和子文件夹的所有权。

为了让用户更容易理解共享权限的含义，从 Windows Vista 版本的操作系统开始，共享权限可以通过 4 种用户身份进行标识，即读者、参与者、所有者和共有者。前 3 种用户身份分别拥有读取权限、更改权限和完全控制权限。共有者拥有完全控制权限，在默认情况下该身份权限被分配给对文件夹具有所有权的用户或用户组。

对共享权限而言，如果一个用户属于某个组，则这个组的所有用户都自动拥有所在组的权限。如果一个用户属于多个组，则这个用户的权限将是这些组的共享权限的累加（即权限的并集）。

不管是本地用户的访问还是来自网络的访问，都要通过 NTFS 权限的检查才能访问 NTFS 分区上的文件或文件夹。如果对一个文件夹同时设置了共享权限和 NTFS 权限，当用户通过网络访问共享文件夹时，就要同时受到这两种权限的约束，而且最终的有效访问权限是这两种权限中更严格的一个，也就是它们的交集。举例来说，如果共享权限是读取，NTFS 权限是完全控制，则有效访问权限是读取。

这里需要说明的是，在 Windows Server 2022 网络操作系统中，只能把某个文件夹设置为共享文件夹进行共享，不能单独共享某个文件。如果想要共享某个文件，就必须把它所在的文件夹设置为共享文件夹，这样才可以通过网络先访问共享文件夹，再访问文件夹里的文件。

3. 特殊共享资源

大家后面会看到一些比较"奇怪"的共享资源，名称一般是"ADMIN$""IPC$"等。其实这是操作系统为了自身管理的需要而创建的一些特殊的共享资源。不同的操作系统创建的特殊共享资源有所不同。不过这些共享资源有一个共同的特点，即共享资源名称的最后一个字符是"$"。为了不影响操作系统的正常使用，建议网络管理员或用户不要修改或删除这些特殊的共享资源。表 6-1 所示为几个常用的特殊共享资源。

表 6-1 常用的特殊共享资源

共享资源名称	说明
ADMIN$	计算机远程管理的资源，共享文件夹为系统根目录，如 C:\Windows
驱动器号 $	驱动器根目录下的共享资源，如 C$、D$
IPC$	共享命名管道的资源，计算机使用它远程查看和管理共享资源
SYSVOL$	域控制器上使用的共享资源
PRINT$	远程管理打印机时使用的资源
FAX$	传真服务器为传真用户提供共享服务的共享文件夹，用于临时缓存文件

如果想要共享某个文件夹，但出于安全方面的考虑，又不希望让网络中的所有用户都看到，这时，通过在共享文件夹名称的结尾处添加"$"，就可以隐藏这些共享文件夹。

6.1.2 文件服务器概述

虽然共享文件夹是一种很好的资源共享方式，不过在 Windows Server 2022 网络操作系统中还有一种更专业的方法，那就是使用文件服务器，这是通过"文件和存储服务"角色实现的。在实际的生产应用场景中，如果一台服务器专门用于文件的存储、管理和共享，则可以将其设置为文件服务器。Windows Server 2022 网络操作系统通过文件和存储服务角色支持文件服务器的搭建与管理。

Windows Server 2022 网络操作系统提供的文件和存储服务角色可以支持共享资源的发布与管理。通过安装文件和存储服务角色，可以更有效地管理和控制共享文件夹，还可以将共享文件夹发布到基于域的分布式文件系统中。

任务实施

本任务使用一台安装 Windows Server 2022 网络操作系统的虚拟机，主机名称为 SIE-Net，IP 地址为 192.168.0.200。客户端是一台安装 Windows 10 操作系统的虚拟机，网络拓扑如图 6-1 所示。

Windows 10
192.168.0.10

Windows Server 2022
192.168.0.200

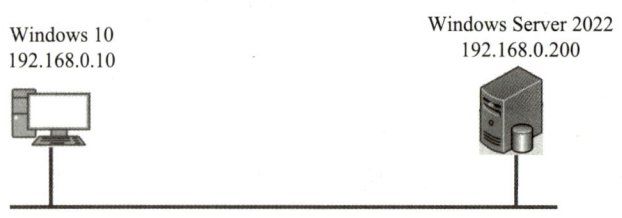

图 6-1 网络拓扑

1. 创建共享文件夹

（1）使用管理员账户登录到操作系统，在 C 盘下新建 SIE 文件夹，并在 SIE 文件夹下新建 Public 子文件夹。选择"开始"→"Windows 管理工具"→"计算机管理"命令，打开"计算机管理"界面。在"计算机管理"界面的导航菜单中选择"共享文件夹"→"共享"选项，如图 6-2 所示。

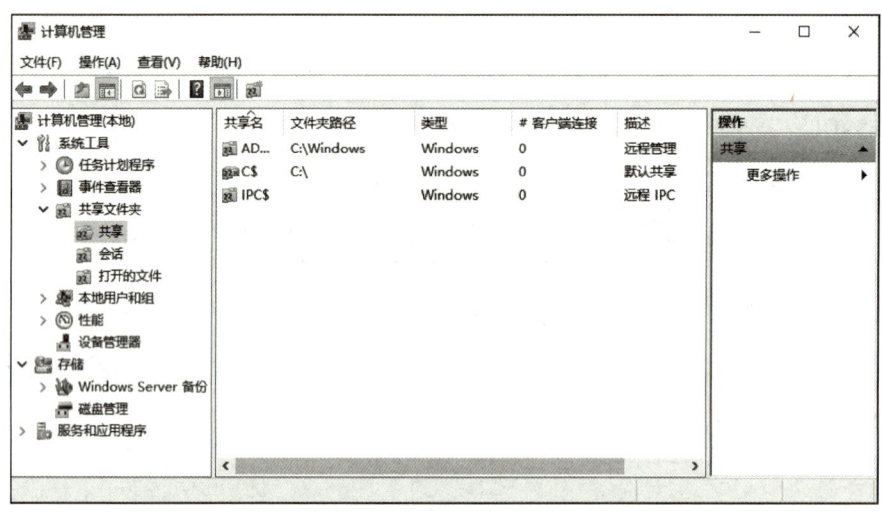

图 6-2 "计算机管理"界面

（2）右击"共享"选项，在弹出的快捷菜单中选择"新建共享"命令，或者从"计算机管理"界面的菜单栏中选择"操作"→"新建共享"命令，打开"创建共享文件夹向导"界面，单击"下一步"按钮，打开"文件夹路径"界面。在"文件夹路径"界面中手动设置共享文件夹路径，或者单击"浏览"按钮设置文件夹路径，如图 6-3 所示，单击"下一步"按钮。

（3）在打开的"名称、描述和设置"界面中设置共享文件夹的名称和描述信息，如图 6-4 所示，单击"下一步"按钮。

（4）在打开的"共享文件夹的权限"界面中设置共享文件夹的共享权限。可以使用三种预定义的权限类型，也可以在选中"自定义权限"单选按钮后单击"自定义"按钮，在打开的"自定义权限"界面中自定义共享文件夹的权限，如图 6-5 所示。设置完成后单击"确定"按钮，返回"共享文件夹的权限"界面。

图 6-3 设置共享文件夹的路径

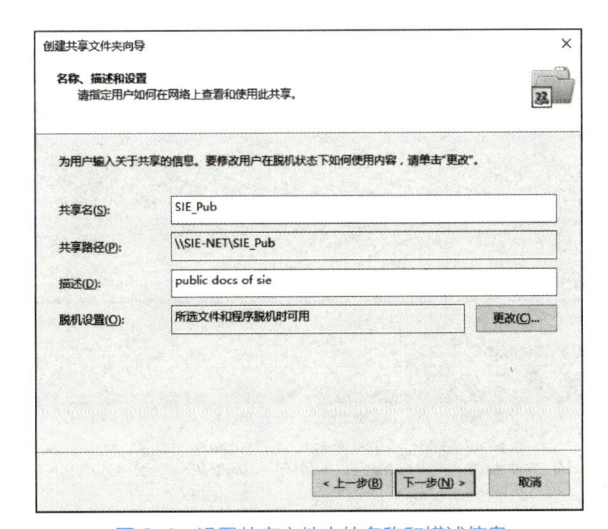

图 6-4 设置共享文件夹的名称和描述信息

图 6-5 设置共享文件夹的权限

153

（5）单击"完成"按钮，打开"共享成功"界面，这里显示了共享文件夹的摘要信息，如图 6-6 所示，并提示共享文件夹创建成功。单击"完成"按钮后返回"计算机管理"界面，可以看到刚才创建的共享文件夹已经出现在共享资源列表中，如图 6-7 所示。

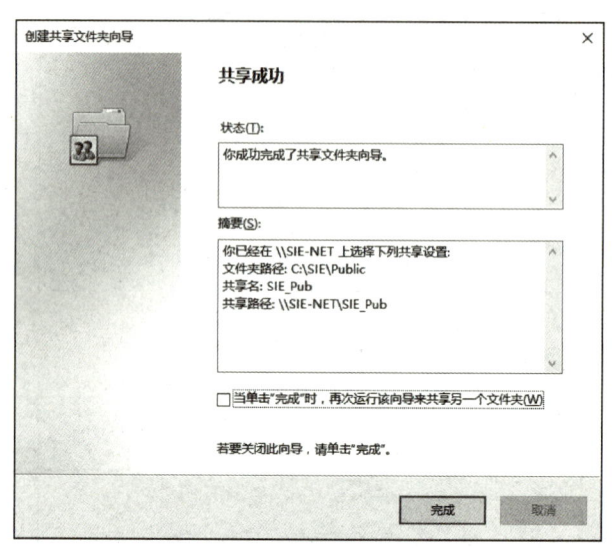

图 6-6　共享文件夹的摘要信息

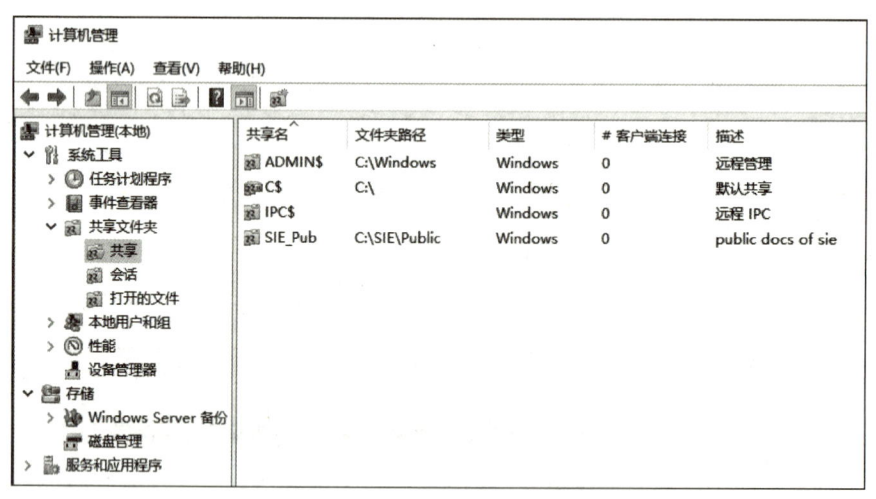

图 6-7　成功创建共享文件夹

2. 访问共享文件夹

1）查看网络中的计算机

（1）登录 Windows 10 虚拟机，打开"文件资源管理器"界面。在导航菜单中选择"网络"选项，这时会搜索并显示工作组中的所有计算机，其中就包括共享文件夹所在的虚拟主机 SIE-NET（这里不区分计算机名称的大小写），如图 6-8 所示。

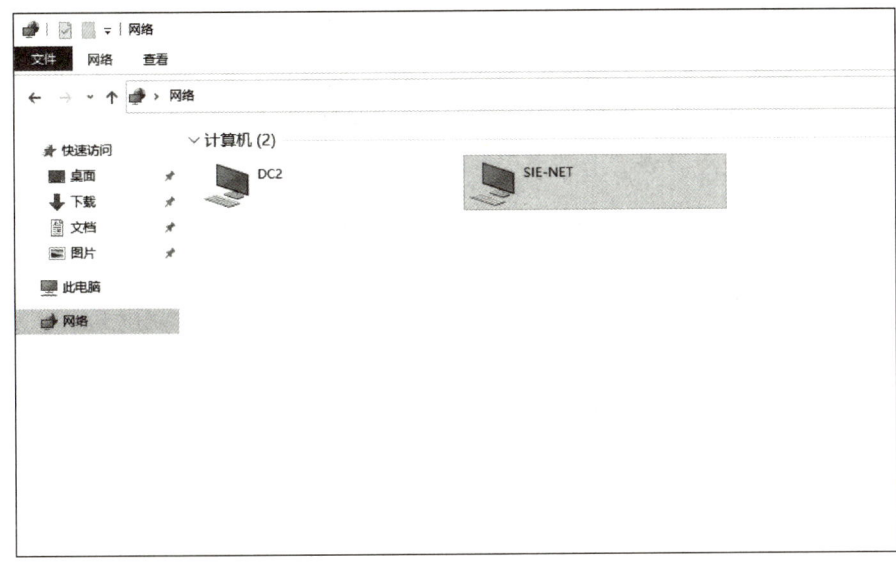

图 6-8　查看工作组计算机

（2）双击 SIE-NET 图标，系统提示需要输入用户名和密码以连接到这台计算机。输入正确的用户名和密码后即可看到之前创建的共享文件夹 SIE_Pub，如图 6-9 所示。双击 SIE_Pub 图标可以进入共享文件夹并访问其中的共享资源。需要说明的是，在通过网络访问的计算机中搜索，无法看到以"$"字符结尾的特殊共享文件夹，这是因为这些特殊共享资源默认是隐藏的。

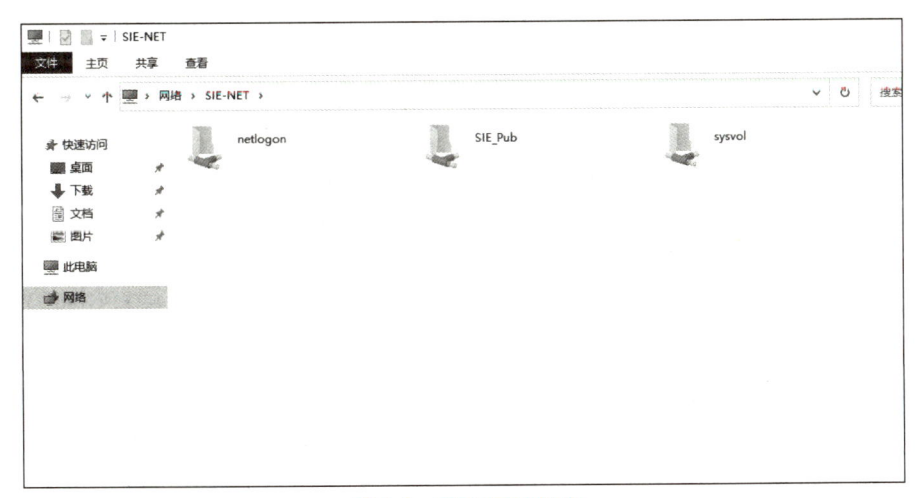

图 6-9　查看共享文件夹

2）使用文件资源管理器访问共享文件夹

（1）如果知道共享文件夹所在主机的计算机名称、IP 地址或共享资源名称，则可以在文件资源管理器中直接输入相应的地址访问共享文件夹。地址的格式为"\\ 主机名称（或 IP 地址）\ 共享资源名称"。在"文件资源管理器"界面的地址栏里输入"\\SIE-

NET\SIE_Pub",提供正确的用户名和密码,就可以进入共享文件夹,如图 6-10 所示。除了在"文件资源管理器"界面中输入共享文件夹的地址,还可以在"运行"界面中进行同样的操作。在这里要提醒一下:想查看隐藏的特殊文件夹,别忘了在共享文件夹名称的结尾输入"$"字符。

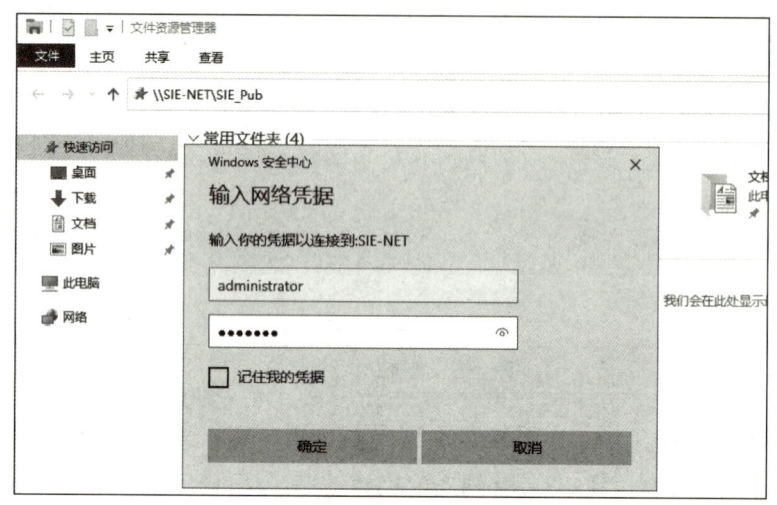

图 6-10 进入共享文件夹

3)映射网络驱动器

通过映射网络驱动器,可以为共享文件夹在本地的文件系统中分配一个驱动器,访问这个驱动器就相当于访问远程的共享文件夹。这样就不用每次手动输入共享文件夹的地址。

(1)在"文件资源管理器"界面的导航菜单中选择"此电脑"选项,或者直接双击桌面上的"计算机"图标。在"文件资源管理器"界面的菜单栏中选择"映射网络驱动器"命令,打开"映射网络驱动器"界面,在这里可以指定网络驱动器的盘符和网络文件夹的地址,如图 6-11 所示。

(2)在"驱动器"下拉列表中选择一个驱动器盘符,这里使用默认的盘符"Z",手动输入共享文件夹的地址"\\SIE-NET\SIE_Pub",或者单击"浏览"按钮后在打开的界面中选择相应的文件夹。如果想要每次登录时都重新连接,则勾选"登录时重新连接"复选框。单击"完成"按钮就可以在"文件资源管理器"界面中看到网络驱动器"Z",如图 6-12 所示。如果想要断开网络驱动器,则可以右击 Z 盘图标,在弹出的快捷菜单中选择"断开"命令即可。

(3)还可以直接使用"net use"命令映射网络驱动器。在命令行提示符窗口中输入"net use Y: \\SIE-NET\SIE_Pub"命令,可以将共享文件夹 \\SIE-NET\SIE_Pub 映射到网络驱动器 Y 中。输入"net use Y: /delete"命令则删除网络驱动器(断开映射),如图 6-13 所示。

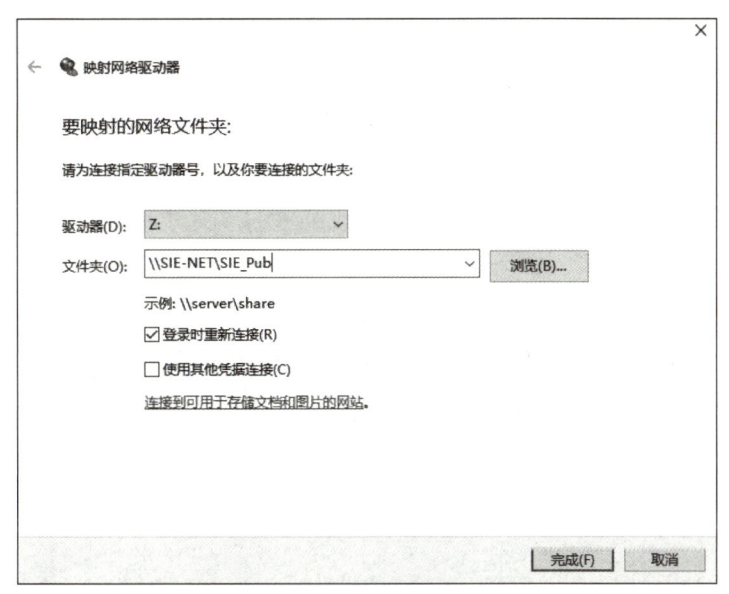

图 6-11 "映射网络驱动器"界面

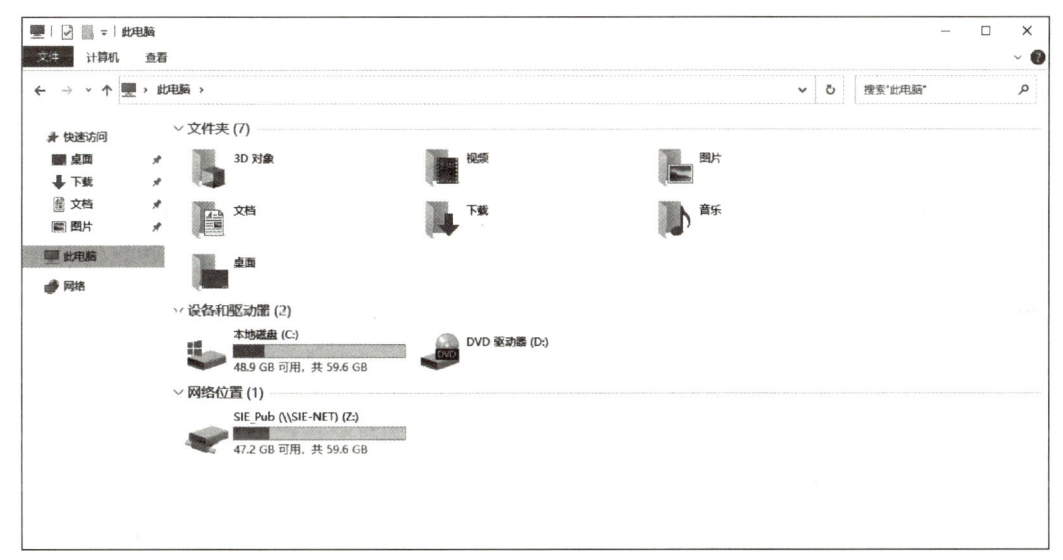

图 6-12 网络驱动器"Z"

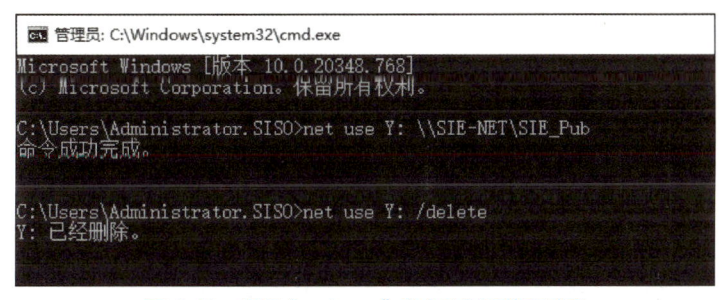

图 6-13 使用"net use"命令映射网络驱动器

3. 配置文件服务器

在 Windows Server 2022 网络操作系统中,"文件和存储服务"角色默认已经安装好。下面仍以任务 6-1 中的 C:\SIE\Public 文件夹为例,通过"文件和存储服务"发布共享资源。

(1)在"服务器管理器"界面中选择导航菜单的"文件和存储服务"选项,在打开的新窗格中选择"共享"选项,打开"共享"窗格,如图 6-14 所示。

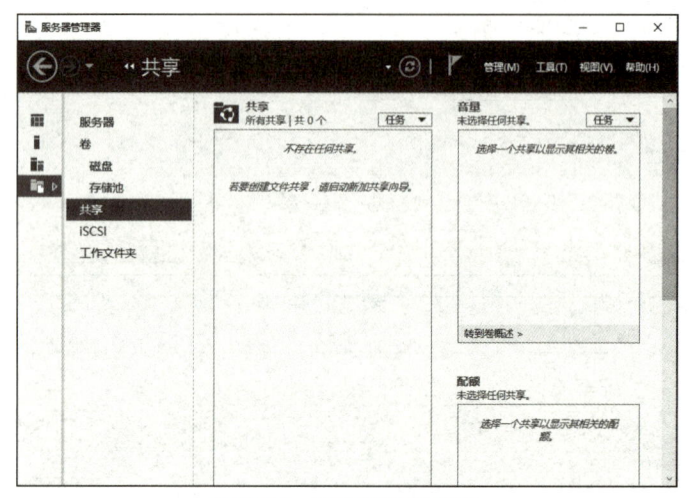

图 6-14 打开"共享"窗格

(2)在"共享"窗格中,选择"任务"下拉列表中的"新建共享"选项,或者直接单击窗口主区域的"若要创建文件共享,请启动新加共享向导"链接,打开"为此共享选择配置文件"界面,如图 6-15 所示。根据向导的提示,逐步设置共享文件夹的属性。

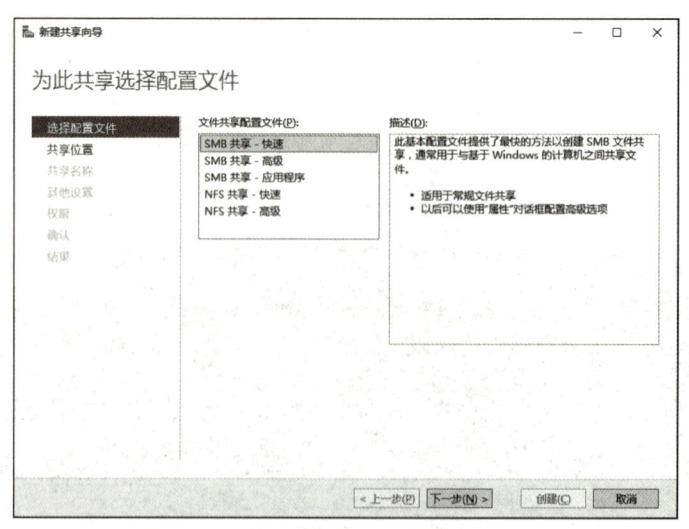

图 6-15 "为此共享选择配置文件"界面

（3）选择"SMB 共享 – 快速"共享配置文件，单击"下一步"按钮，打开"选择服务器和此共享的路径"界面。在"共享位置"处选中"键入自定义路径"单选按钮，并设置共享的路径，如图 6-16 所示。

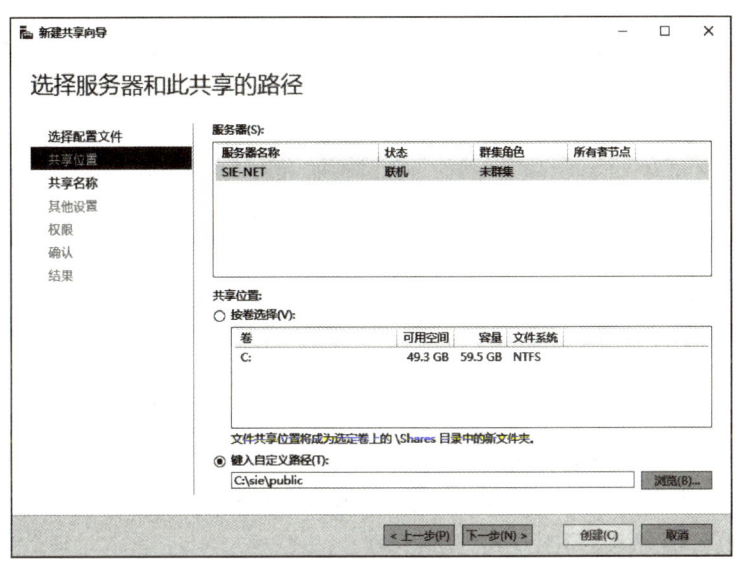

图 6-16　选择服务器和共享的路径

（4）单击"下一步"按钮，打开"指定共享名称"界面，设置共享文件夹的名称和描述信息，如图 6-17 所示。

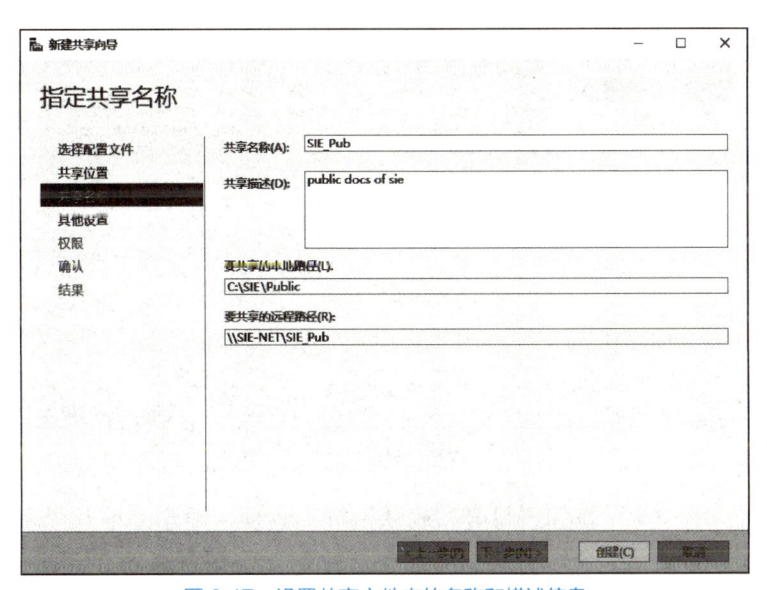

图 6-17　设置共享文件夹的名称和描述信息

（5）单击"下一步"按钮，打开"配置共享设置"界面。在这里可以设置是否允许共享缓存、是否对数据进行加密等共享行为，如图 6-18 所示。

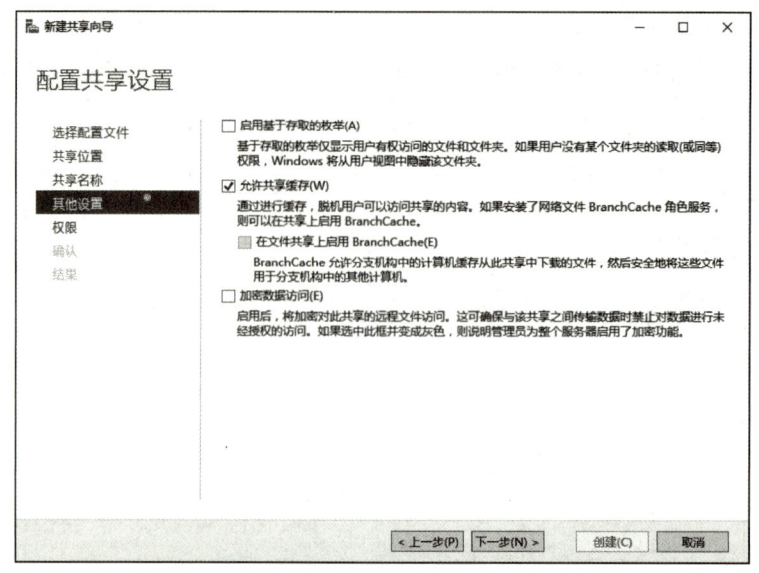

图 6-18　设置共享行为

（6）单击"下一步"按钮，打开"指定控制访问的权限"界面，在这里可以设置共享文件夹的访问权限，如图 6-19 所示。

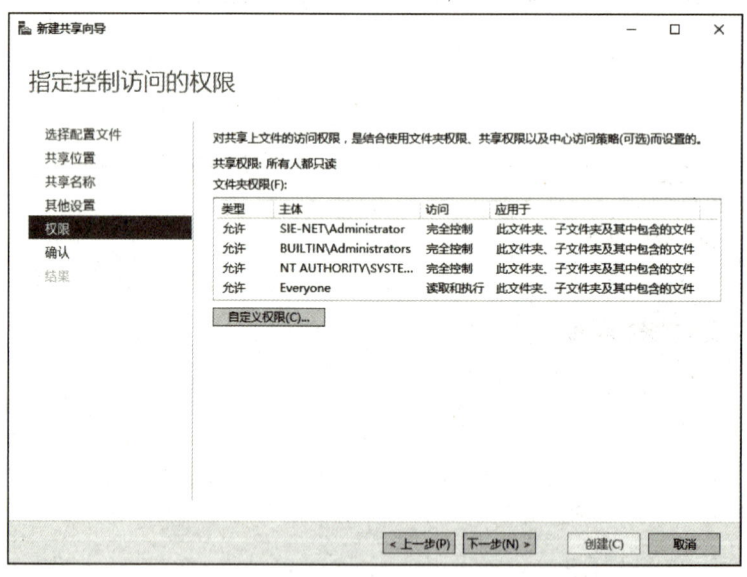

图 6-19　设置共享文件夹的访问权限

（7）单击"下一步"按钮，打开"确认选择"界面，显示之前几个步骤设置的共享文件夹属性。单击"创建"按钮创建共享文件夹。如果操作无误，则显示共享文件夹创建成功，并在"共享"窗格中显示共享文件夹，如图 6-20 所示。

（8）为验证结果，在客户机上通过文件资源管理器或映射网络驱动器的方式访问共享文件夹，验证共享文件夹的结果如图 6-21 所示。

图 6-20 共享文件夹创建成功

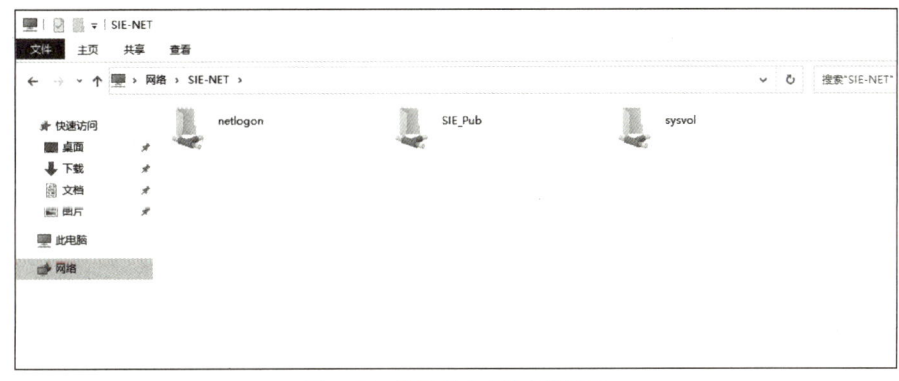

图 6-21 验证共享文件夹的结果

任务拓展

无论是网络管理员，还是普通的计算机用户，都应该熟悉掌握共享文件夹的使用方法。请大家按照下面的顺序完成共享文件夹的练习。

（1）新建要共享的文件夹和测试文件。

（2）修改测试文件夹的 NTFS 权限，为 Everyone 组分配完全控制权限。

（3）使用文件资源管理器创建共享文件夹。

（4）设置共享文件夹的共享权限，为 Everyone 组分配读取权限。

（5）在 Windows 客户端使用几种不同的方法访问共享文件夹。测试是否能够正常访问，以及共享文件夹的权限是否正确。

任务 6-2 安装与管理分布式文件系统

安装与管理
分布式文件
服务器

共享文件夹
的访问方式
（理论）

任务陈述

为了方便管理文件，小宋准备创建基于分布式文件系统的文件资源共享和访问服务，分布式文件系统网络架构如图 6-22 所示。具体的工作包括安装分布式文件系统角色服务、创建分布式文件系统命名空间、创建分布式文件系统文件夹及访问分布式文件系统命名空间。其中，分布式文件系统的命名空间为 Public，是一个独立的命名空间，分布式文件系统的文件服务器 SIE-Server 管理公司的两台分布式文件服务器 SIE-Server1 和 SIE-Server2。文件夹目标的 UNC 路径是 "\\SIE-Server\Public"。

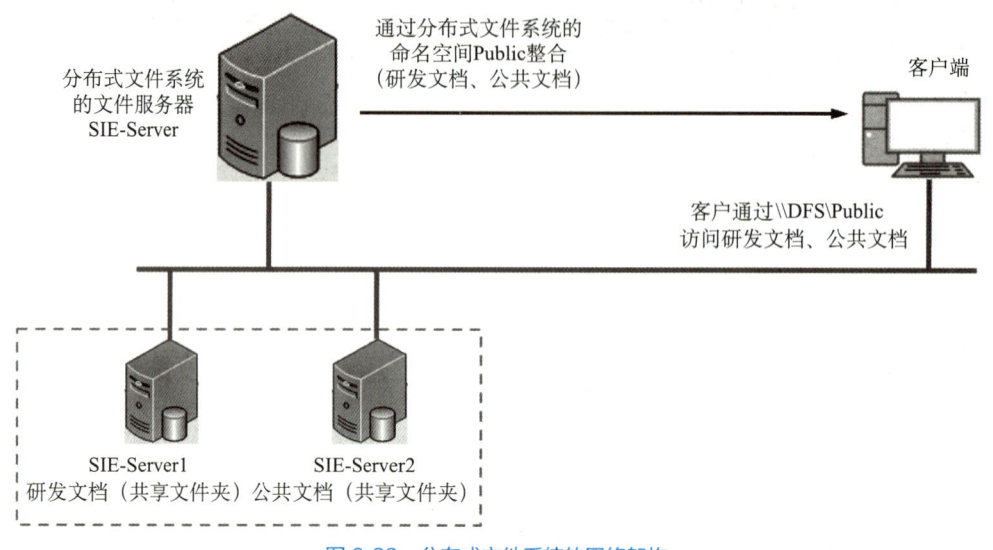

图 6-22 分布式文件系统的网络架构

知识准备

6.2.1 分布式文件系统概述

无论是共享文件夹还是文件服务器，当要访问的文件资源分布在多台计算机上时，用户必须记住每台计算机上的每个共享资源的文件路径，这在共享资源较多时，对用户来说是一个不小的挑战。分布式文件系统能够很好地解决这个问题。

分布式文件系统（Distributed File System，DFS）是一种特殊的文件系统，不同于传统的集中式文件系统，其物理存储资源不一定直接连接在本地节点上，而是通过计算机网络与节点（可以简单理解为一台计算机）相连，或者由若干不同的逻辑磁盘分区或卷标组合在一起形成完整且有层次的文件系统。用户不用考虑文件的物理位置，只需要借助 DFS 提供的统一的命名空间就可以访问共享资源。

DFS 的设计基于客户机/服务器模式，为分布在网络上任意位置的资源提供一个逻辑上的树形文件系统结构，从而使用户访问分布在网络上的共享文件更简便。分布式文件系统使得网络中的不同节点上的用户可以共享文件，并具有文件存储、访问和管理等权限。此外，DFS 还支持灵活的访问控制，可以对文件进行细粒度的访问控制，从而保障数据的安全。DFS 建立在松散耦合的多处理机体系结构上，通过网络互连，实现了本地或远程节点上的物理存储设备的统一管理和共享。这种文件系统的实现需要解决多个技术问题，包括数据的一致性维护、高效的数据传输、故障恢复和负载均衡等。

目前，主流的 DFS 实现包括网络文件系统、服务器消息块/通用 Internet 文件系统（Server Message Block/Common Internet File System，SMB/CIFS）和 Google 的文件系统（Google File System，GFS）等。这些系统都在不同的分布式计算环境中得到了广泛应用。

1. DFS 的主要功能特性

DFS 具有以下 3 个主要的功能特性。

1）统一的文件访问

这一点主要得益于 DFS 具有统一的命名空间，对外提供一致的文件逻辑视图。在用户访问共享资源时不用关心共享资源的物理存储位置，而且修改共享资源的物理存储位置也不影响共享资源在命名空间的访问路径。

2）高可用性

如果使用基于域的命名空间，则操作系统会自动将 DFS 的命名空间发布到活动目录中，这样可以保证所有域服务器上的用户都可以发现 DFS 的命名空间。另外，还可以把 DFS 的命名空间和 DFS 共享文件夹从一台服务器复制到其他服务器上。这样，当主服务器不能访问时，可以从其他服务器上访问共享文件夹。

3）服务器负载均衡

由于同一个共享文件夹可能分布在多台服务器上，因此可以根据服务器的负载情况进行合理分流，从而在多台服务器上实现负载均衡。

2. DFS 命名空间

DFS 为用户访问分散的文件资源提供了一种统一和透明的访问途径，这里所说的"统一"是指每种资源的访问路径是统一的，都是采用 UNC 格式的访问路径，如"\\SIE-Server\Public"。"透明"是指用户看不到文件实际的物理位置，也不用关心这个位置。DFS 实现统一和透明访问的关键就是命名空间。

命名空间把所有分散的文件资源集中起来，为每个文件指定唯一的访问路径，对外提供一个统一的逻辑视图。DFS 命名空间的结构如图 6-23 所示。

在 DFS 的命名空间结构中，有几个重要的概念要特别说明。

1）命名空间服务器

命名空间服务器就是保存 DFS 命名空间的服务器，可以是独立的服务器，也可以是基于域的域控制器或成员服务器。

2）命名空间根路径

命名空间根路径是命名空间中所有访问路径的起始点，对应命名空间服务器上的

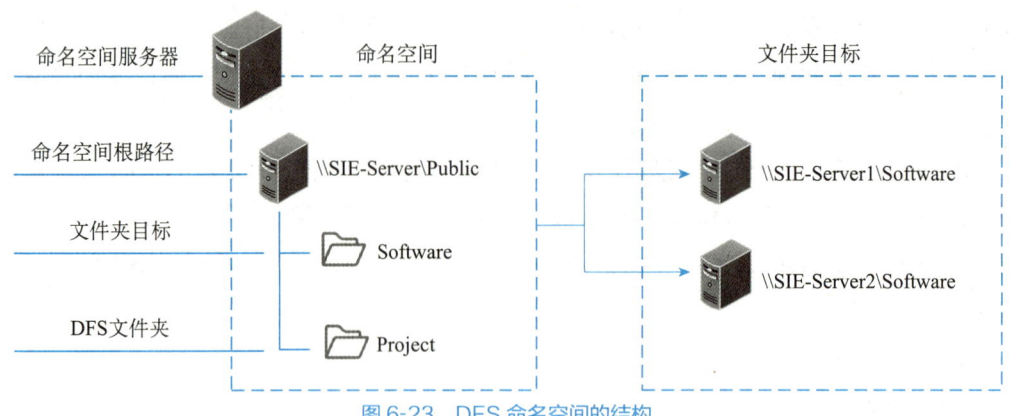

图 6-23 DFS 命名空间的结构

一个共享文件夹。\\SIE-Server\Public 就是命名空间根路径，如图 6-23 所示。为了提高命名空间的可用性，一般会将命名空间保存在多个命名空间服务器上。这样，当其中一台命名空间服务器失效时，可以从另一台服务器访问命名空间。

3）DFS 文件夹

DFS 文件夹相当于 DFS 命名空间的子目录。没有文件夹目标的文件夹构成了命名空间的层次结构，具有文件夹目标的文件夹为用户提供实际的文件内容。当用户访问包含文件夹目标的文件夹时，将得到一个指向目标文件夹的引用。

4）文件夹目标

文件夹目标是与命名空间的某个文件夹关联的另一个命名空间的 UNC 路径，也就是保存实际内容的文件的位置。目标文件夹可以是本机或网络中的共享文件夹，也可以是另一个 DFS 文件夹。例如，名称为"Software"的文件夹包含两个文件夹目标，一个指向 \\SIE-Server1\Software，另一个指向 \\SIE-Server2\Software。

DFS 命名空间有两种类型，即独立命名空间和基于域的 DFS 命名空间。

1）独立命名空间

独立命名空间是指在一台独立的计算机上以一个共享文件夹为基础，将分布于网络中的其他共享资源组织到一起，构成一个 DFS 命名空间。独立命名空间通常部署在未使用域服务的组织环境中。

2）基于域的 DFS 命名空间

基于域的 DFS 命名空间将命名空间数据存储在活动目录的域成员上。基于域的 DFS 命名空间是基于域名和根目录名称的命名空间，能够提高命名空间服务器的容错能力，还可以利用 DFS 在多个目标文件夹中复制数据。

6.2.2 DFS 复制

DFS 的文件资源分布在网络上的多台文件服务器上。为了提高系统的可用性，

DFS 使用 DFS 复制功能在服务器之间提供文件资源的冗余存储。当一台服务器不可用时，可以从其他服务器访问文件。有了 DFS 复制功能，就可以在多台服务器之间实现负载均衡。

DFS 复制使用一种被称为远程差分压缩（Remote Differential Compression，RDC）的压缩算法，能够在有限带宽网络连接的服务器之间进行文件同步。RDC 算法可以有效减少复制数据的规模，因为它会检测文件中数据的更改，并且只复制已更改的文件内容而不是复制整个文件。

使用 DFS 复制功能时，首先需要创建复制组，复制组包含一组成员服务器，DFS 复制在这组成员服务器之间进行。然后，将要复制的文件夹添加到复制组中，这样当文件夹发生变化时，成员服务器之间就能进行数据同步。参与 DFS 复制的服务器必须安装 DFS 复制角色服务，并且至少要有一个服务器安装 DFS 管理单元以进行 DFS 复制的管理。

在部署 DFS 复制时有以下限制。

（1）每个成员服务器最多可以加入 256 个复制组。

（2）每个复制组最多包含 256 个成员服务器

（3）每个复制组最多包含 256 个已复制文件夹。

（4）每个服务器最多可以具有 256 个连接（包括传入连接和传出连接）。

（5）每个服务器上，复制组数、已复制文件夹数和连接数的乘积的值要小于等于 2014。

（6）一个卷最多包含 800 万个已复制文件夹，一个服务器最多包含 1TB 的已复制文件。

任务实施

1. 安装 DFS 角色服务

DFS 在逻辑组成上包括命名空间服务器和 DFS 角色服务器两种服务器角色，因此 DFS 的安装也涉及这两种服务器。DFS 命名空间服务器需要文件服务器、DFS 命名空间和 DFS 复制等角色服务，而 DFS 角色服务器只需要安装文件服务器和 DFS 复制角色服务，DFS 命名空间角色服务可以不安装，这是因为 DFS 角色服务器并不存储 DFS 命名空间。

（1）在"选择服务器角色"界面中勾选"DFS 复制"和"DFS 命名空间"复选框，如图 6-24 所示。

（2）单击"下一步"按钮，打开"选择功能"界面，选择要安装在所选服务器上的功能，如图 6-25 所示。单击"下一步"按钮后确认安装内容。单击"安装"按钮开始安装过程。安装完成后单击"关闭"按钮结束安装过程。

2. 创建 DFS 命名空间

（1）在"服务器管理器"界面中依次选择"工具"→"DFS Management"命令，打开"DFS 管理"界面，如图 6-26 所示。

（2）单击"DFS 管理"界面右侧窗格的"新建命名空间"链接，打开"命名空间服务器"界面，指定命名空间服务器的名称，如图 6-27 所示。然后单击"下一步"按钮打开"命名空间名称和设置"界面。

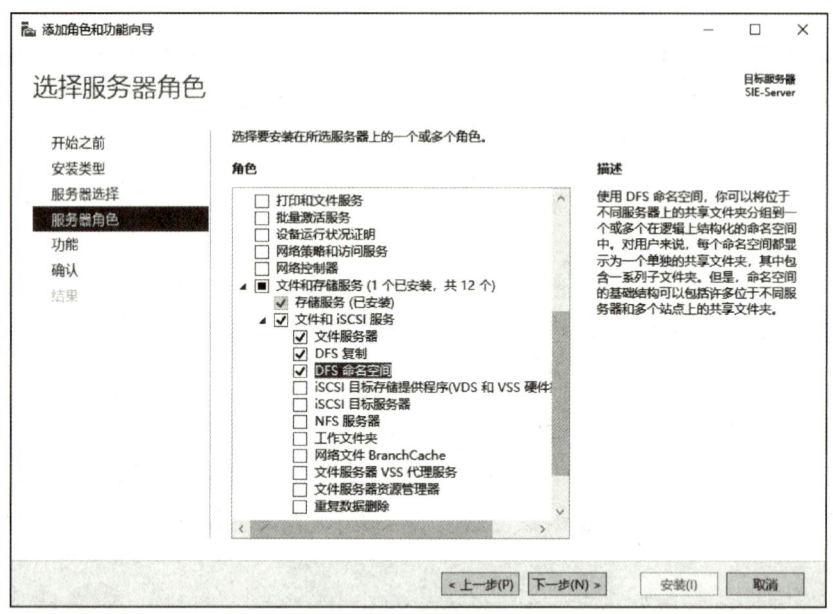

图 6-24 "选择角色服务"界面

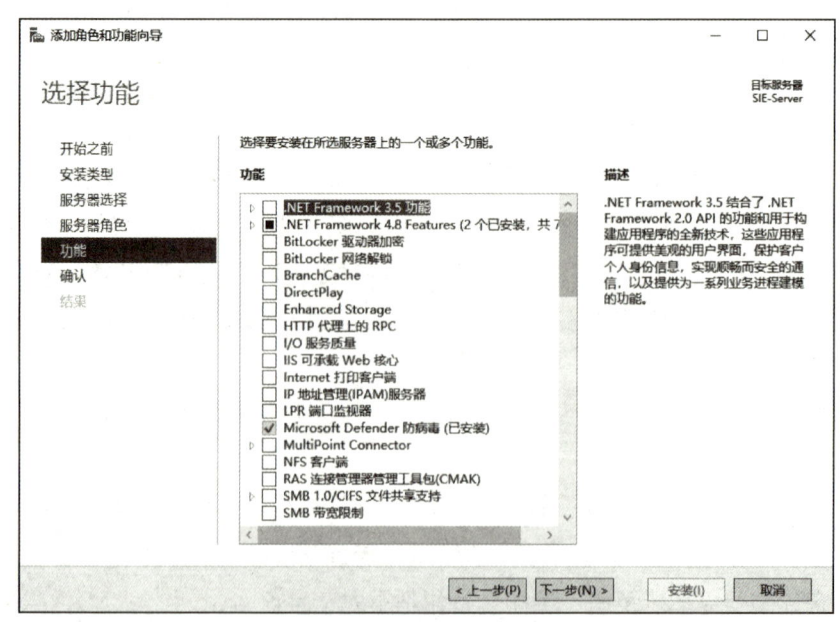

图 6-25 "选择功能"界面

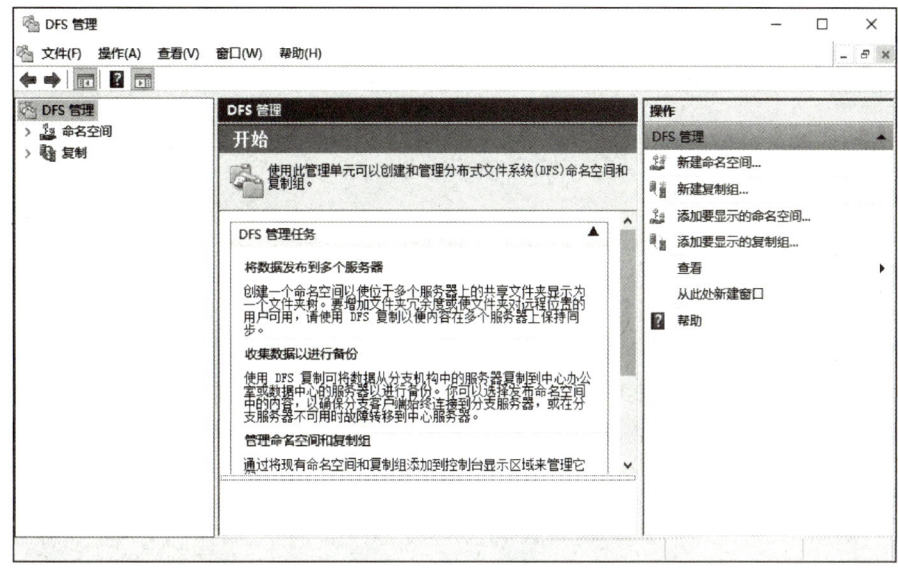

图 6-26 "DFS 管理"界面

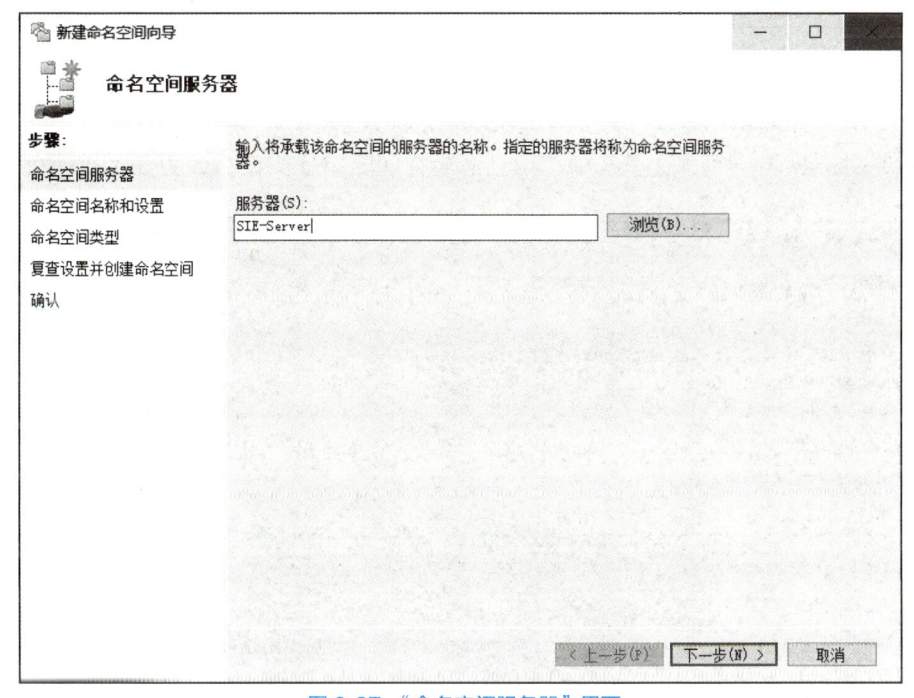

图 6-27 "命名空间服务器"界面

（3）在"命名空间名称和设置"界面中设置命名空间的名称，这里将命名空间的名称设置为"Public"，如图 6-28 所示。单击"下一步"按钮打开"命名空间类型"界面。

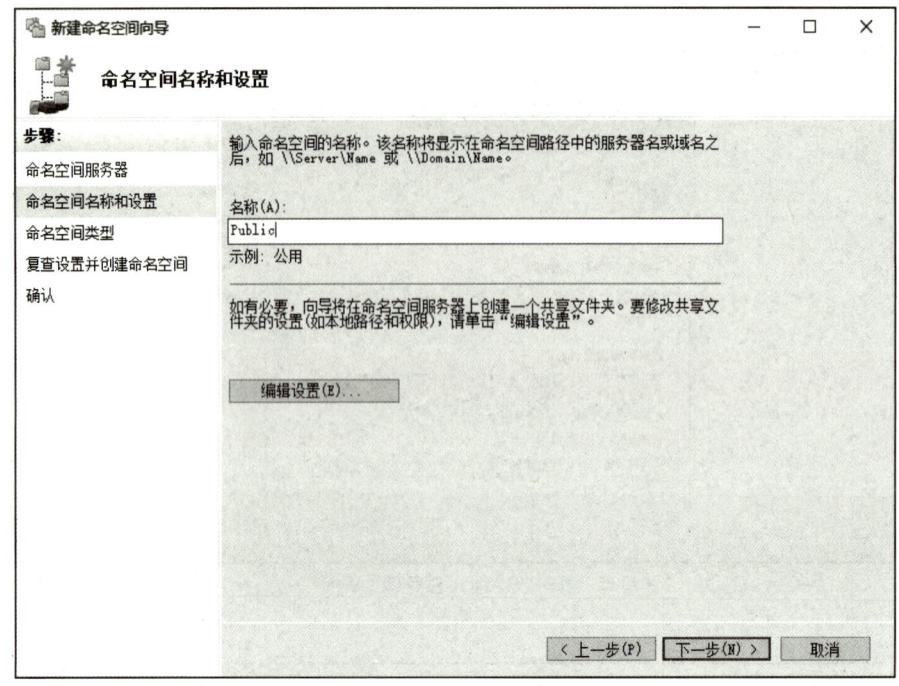

图 6-28 "命名空间名称和设置"界面

（4）在"命名空间类型"界面中选择命名空间的类型，可以是基于域的命名空间，也可以是独立命名空间，这里选中"独立命名空间"单选按钮，如图 6-29 所示。

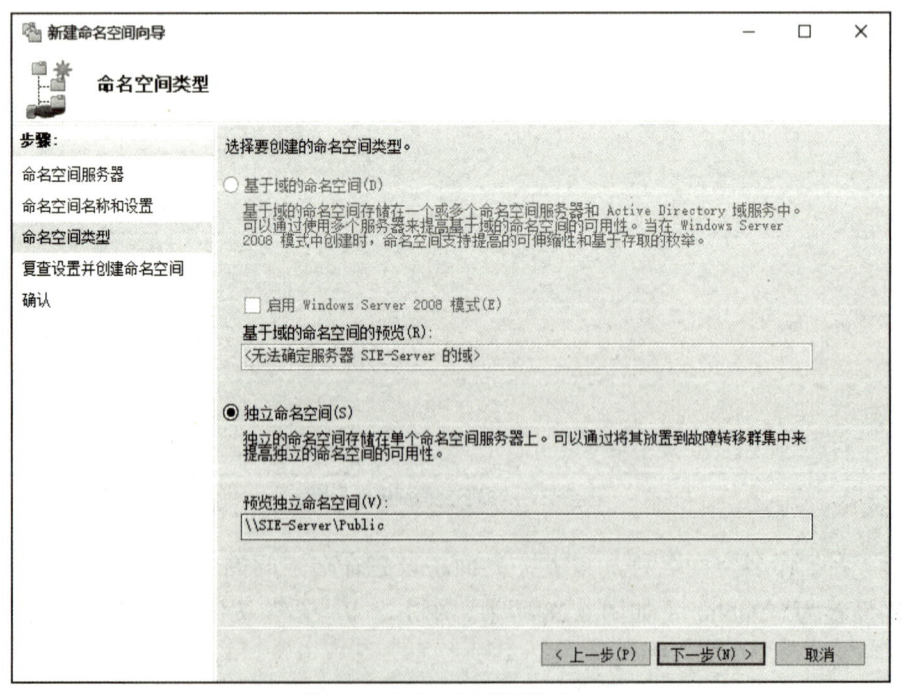

图 6-29 "命名空间类型"界面

（5）单击"下一步"按钮，打开"复查设置并创建命名空间"界面。在这个界面中显示了命名空间的设置。如果没有问题，则单击"创建"按钮开始创建命名空间。创建成功后弹出"确认"提示框，单击"关闭"按钮结束创建过程并返回"DFS 管理"界面。此时，新创建的 DFS 命名空间会显示在"DFS 管理"界面中，如图 6-30 所示。

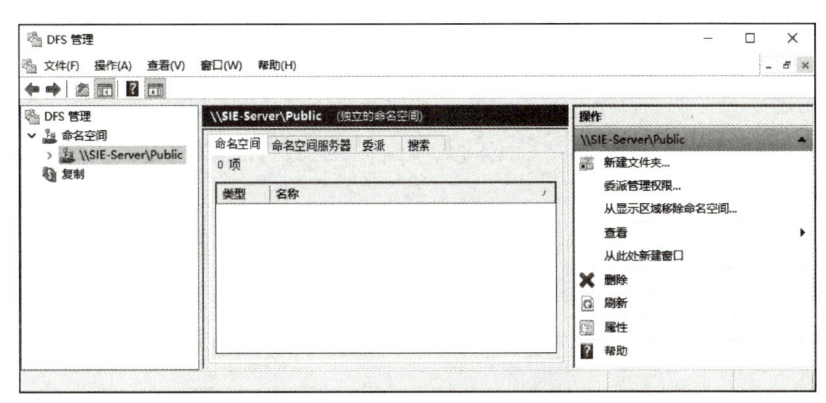

图 6-30　成功创建命名空间

3. 创建 DFS 文件夹

（1）首先在两台文件服务器上分别创建共享文件夹，网络路径分别为"\\SIE-Server1\研发文档"和"\\SIE-Server2\公共文档"，如图 6-31 所示。

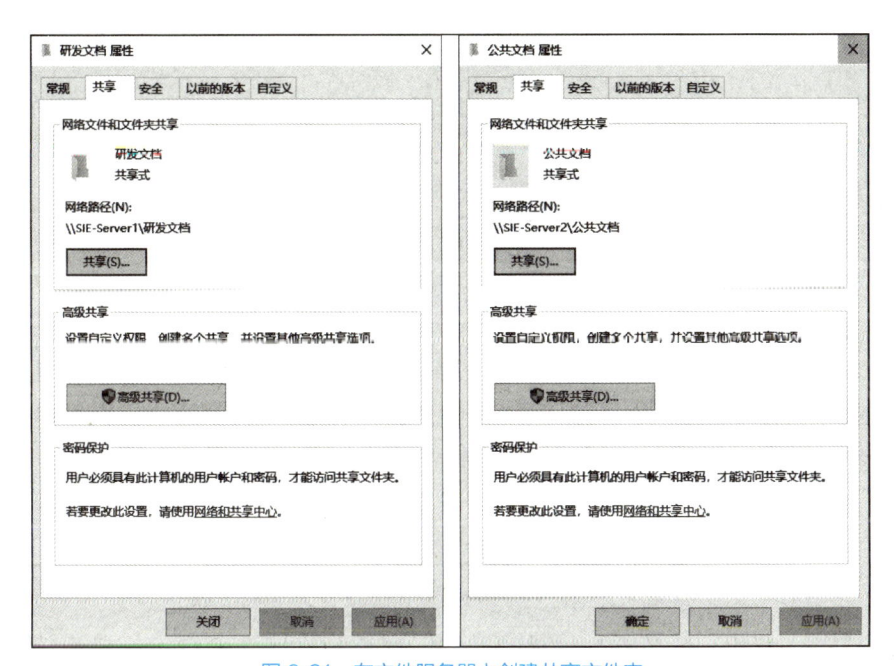

图 6-31　在文件服务器上创建共享文件夹

确保在客户机上可以访问共享文件夹，访问结果如图 6-32 所示。

图 6-32 客户机访问共享文件夹的结果

上面创建了一个独立 DFS 命名空间，接下来需要在这个 DFS 命名空间中创建 DFS 文件夹，并把 DFS 文件夹关联到指定的共享文件夹。这样，用户就可以通过 DFS 文件夹访问指定的共享文件夹。

（2）在"DFS 管理"界面中单击左侧窗格的命名空间，然后单击右侧"操作"窗格的"新建文件夹"链接，打开"新建文件夹"界面，如图 6-33 所示，在"名称"文本框中分别输入 DFS 文件夹的名称"研发文档"和"公共文档"，

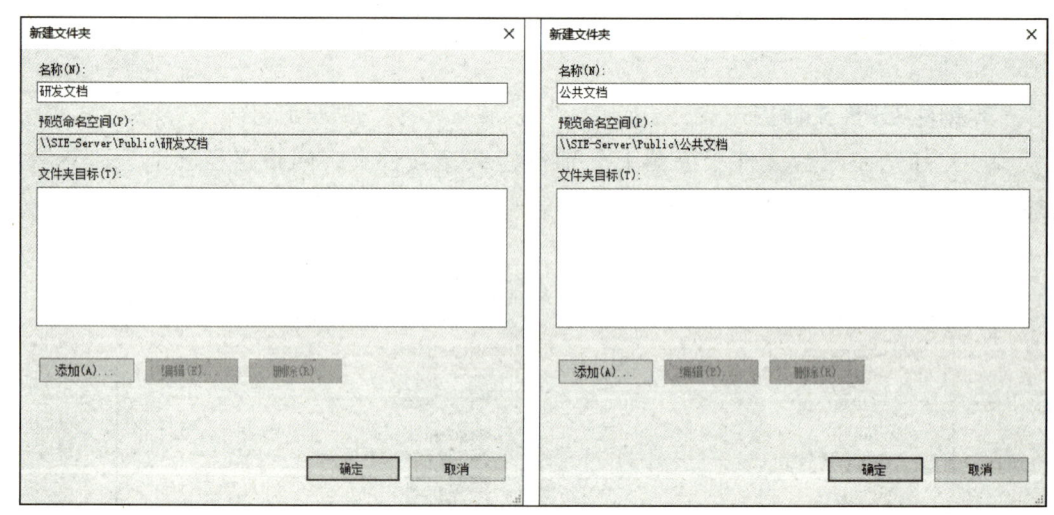

图 6-33 "新建文件夹"界面

（3）在"新建文件夹"界面中单击"添加"按钮打开"添加文件夹目标"界面，指定具体文件夹目标的路径，可以依次手动输入两台服务器的共享文件夹目标的路径，文件夹目标的路径分别为"\\SIE-Server1\研发文档"和"\\SIE-Server2\公共文档"，如图 6-34 所示。

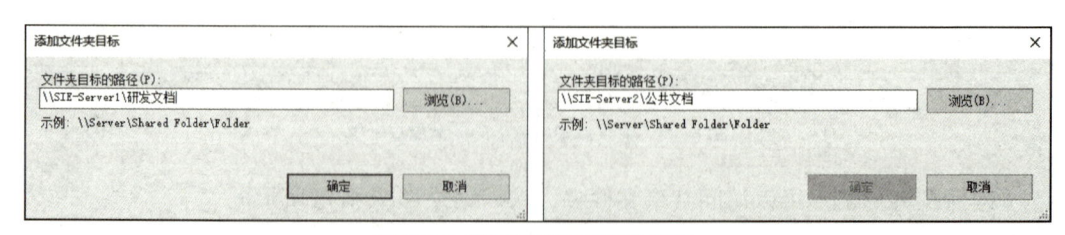

图 6-34 "添加文件夹目标"界面

（4）也可以在"添加文件夹目标"界面的"文件夹目标的路径"文本框中输入 DFS 文件服务器名称"\\SIE-Server"，并单击"浏览"按钮，在打开的"浏览共享文件夹"界面中选择共享文件夹，如图 6-35 所示。

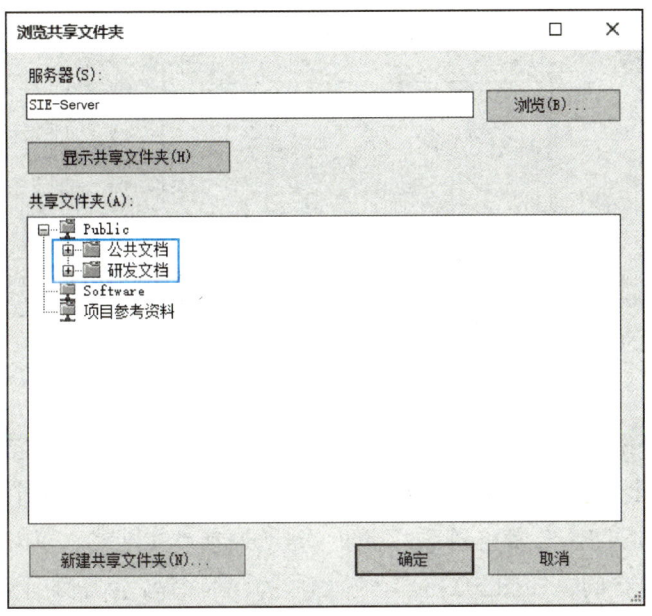

图 6-35　选择共享文件夹

（5）选择共享文件夹后可以在"新建文件夹"界面中看到 DFS 文件夹目标的 UNC 路径，如图 6-36 所示。如果 DFS 文件夹目标在其他服务器中还有副本，可以按照上面的步骤继续添加。

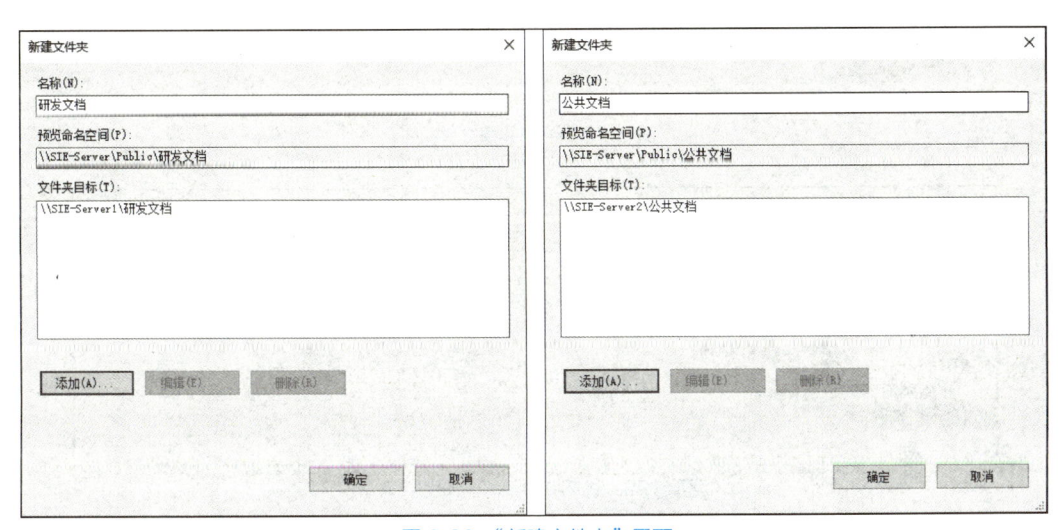

图 6-36　"新建文件夹"界面

（6）单击"确定"按钮即可创建文件夹目标。创建成功后在"DFS 管理"界面中会显示创建的文件夹，如图 6-37 所示。

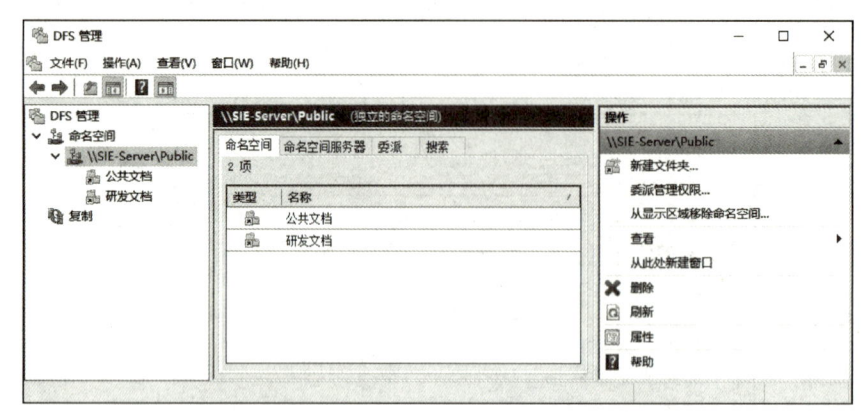

图 6-37　创建 DFS 文件夹成功

4. 访问独立 DFS 命令空间

访问独立 DFS 命名空间的方法与访问普通共享文件夹的方法相同，使用客户机通过文件资源管理器访问 DFS 命名空间，如图 6-38 所示，SIE-Server 中有三个共享文件夹，其中 Public 是 DFS 命名空间，另外两个是普通共享文件夹。双击 Public 文件夹访问独立 DFS 命名空间，如图 6-39 所示，在独立 DFS 命名空间访问到了"研发文档"和"公共文档"两个文件夹。

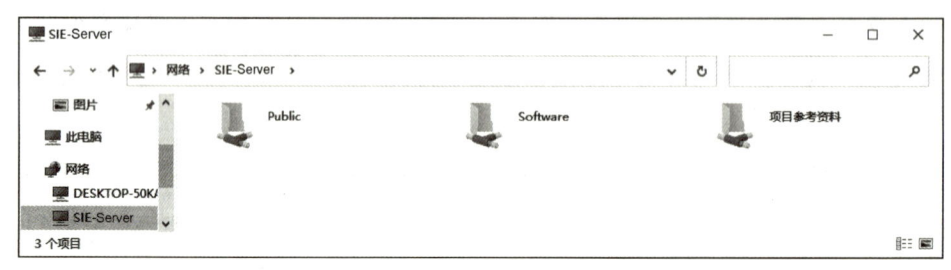

图 6-38　访问共享文件夹

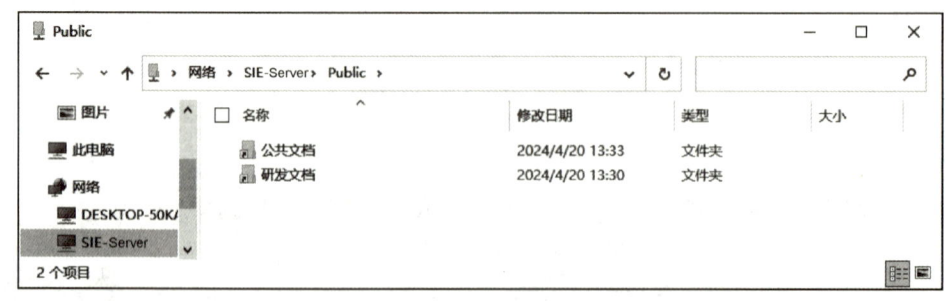

图 6-39　访问独立 DFS 命名空间

5. DFS 命令空间文件的操作

（1）在客户机上访问 DFS 命令空间，在"研发文档"文件夹中新建"技术资料 1"

和"技术资料 2"文本文档，在"公共文档"文件夹中新建"公共文档 1"和"公共文档 2"文本文档，如图 6-40 所示。

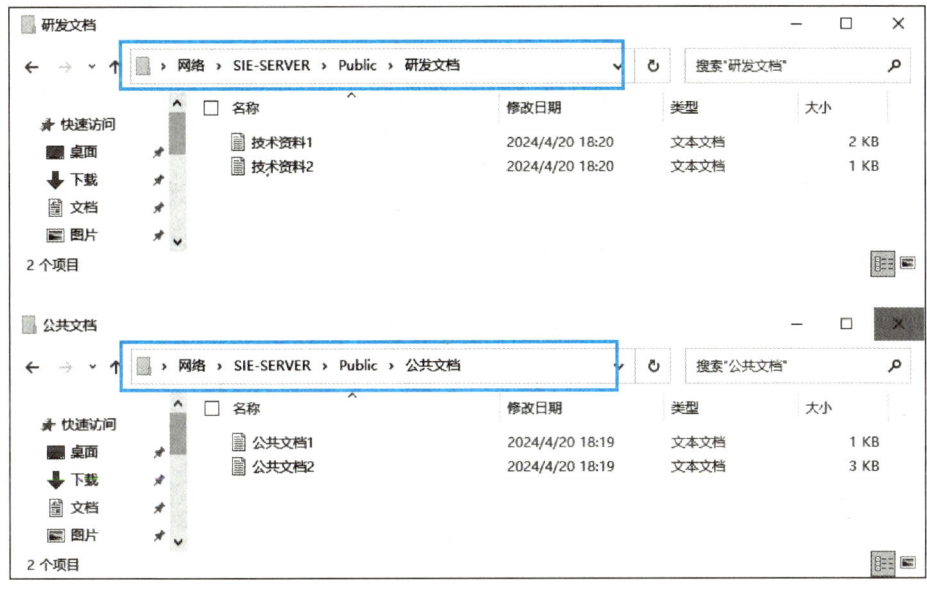

图 6-40 新建文本文档

（2）在 SIE-Server1 和 SIE-Server2 两台文件服务器上分别查看本地共享文件夹，可以看到，客户机通过 DFS 新建的文本文档分别存储在两台文件服务器上，文件查看如图 6-41 所示。

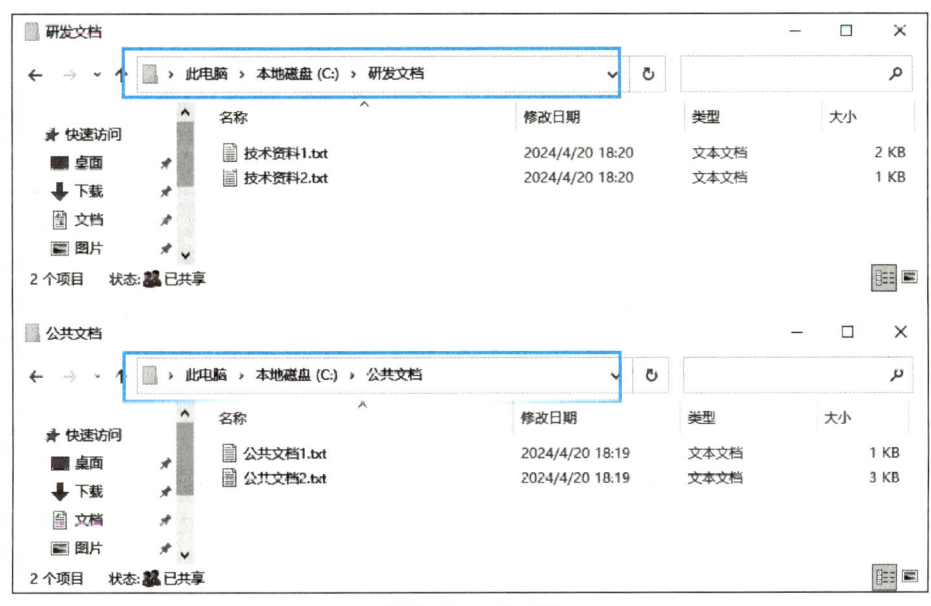

图 6-41 文件查看

任务拓展

在创建基于域的 DFS 命名空间时，要求命名空间服务器加入域 sie.com，而且是该域的域控制器。在访问基于域的 DFS 命名空间时，除了可以使用 UNC 路径，还可以使用域名进行访问。基于域的 DFS 命名空间的路径格式是"\\域名\命名空间"，如 \\sie.com\AD_Public\Software。基于域的命名空间还会被发布到活动目录中，因此也可以使用活动目录查找 DFS 文件夹。

创建基于域的 DFS 命名空间要求命名空间服务器必须是活动目录服务的域成员。本任务中使用的命名空间服务器主机名称为"SIE-Server"，是域 sie.com 的域控制器。

（1）打开"DFS 管理"界面，单击"DFS 管理"界面右侧窗格的"新建命名空间"链接，打开"命名空间服务器"界面，设置命名空间服务器的名称为"SIE-Server"，如图 6-42 所示。

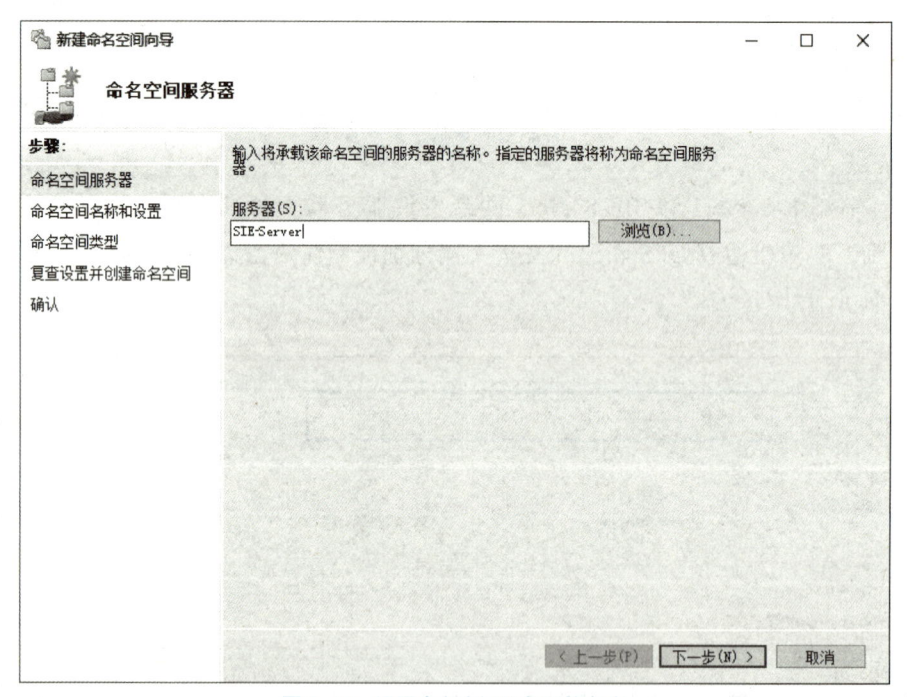

图 6-42 设置命名空间服务器的名称

（2）单击"下一步"按钮，打开"命名空间名称和设置"界面，设置命名空间的名称为"AD_Public"，如图 6-43 所示。

（3）单击"下一步"按钮，打开"命名空间类型"界面，选中"基于域的命名空间"单选按钮，并且勾选"启用 Windows Server 2008 模式"复选框，如图 6-44 所示。

（4）单击"下一步"按钮，打开"复查设置并创建命名空间"界面，显示命名空间的设置，单击"创建"按钮开始创建命名空间。命名空间创建成功后弹出"确认"

提示框，单击"关闭"按钮返回"DFS 管理"界面，可以看到新建的基于域的命名空间显示在"DFS 管理"界面中，如图 6-45 所示。

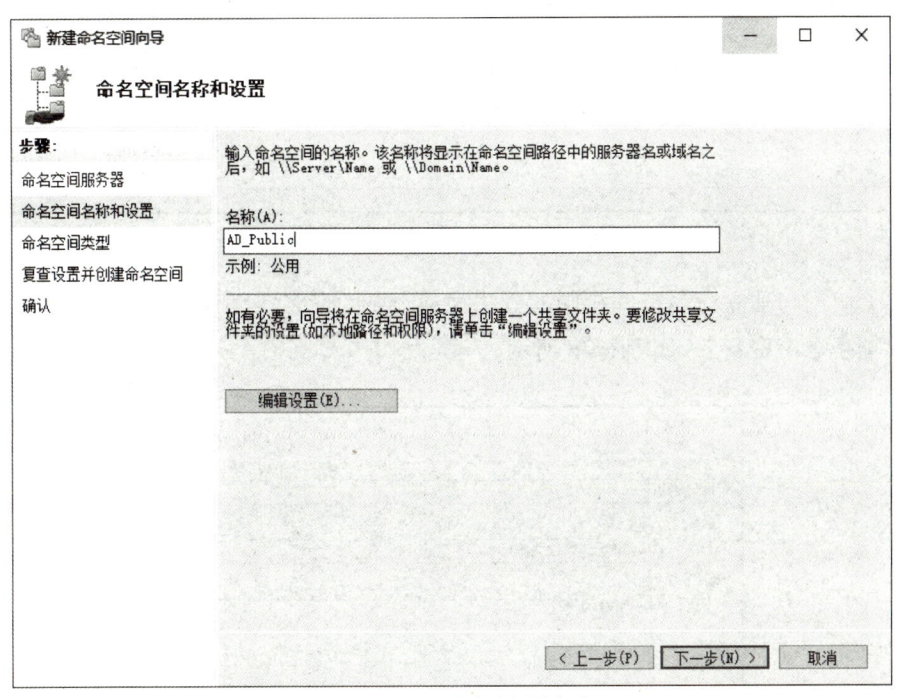

图 6-43 设置命名空间的名称

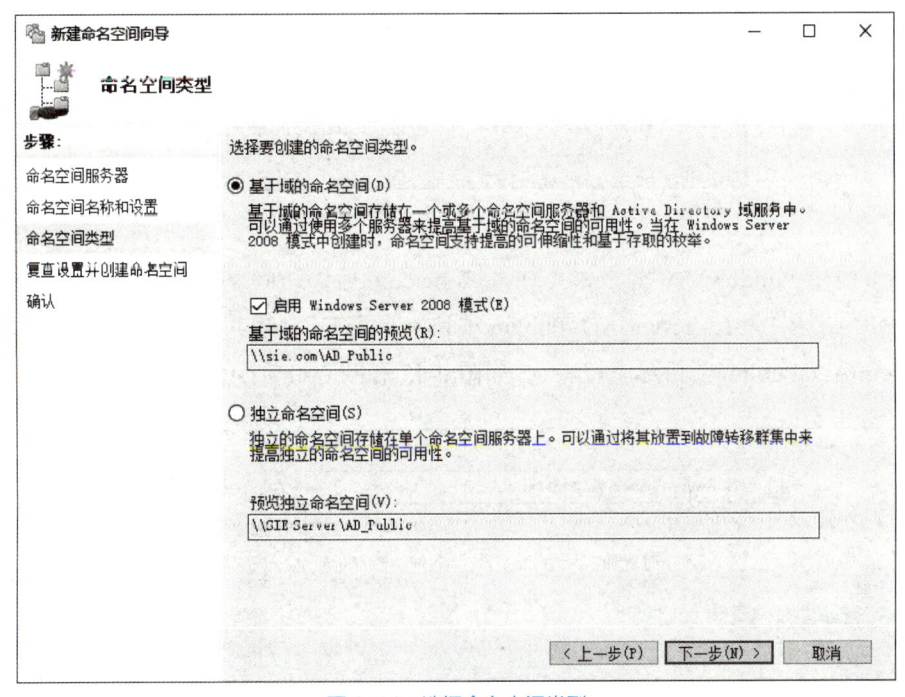

图 6-44 选择命名空间类型

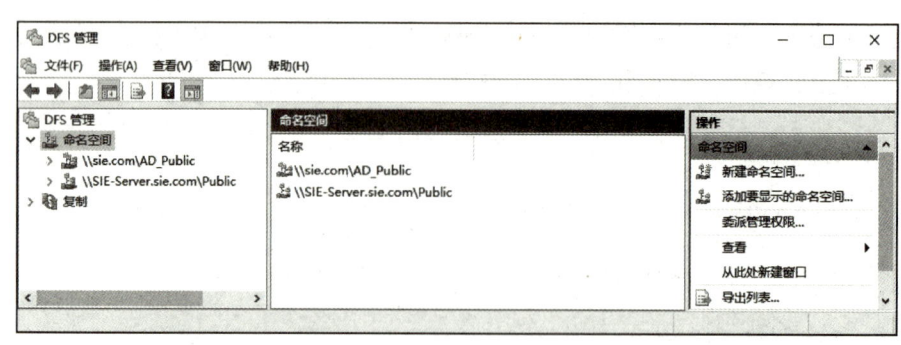

图 6-45　新建的基于域的命名空间

（5）使用与独立命名空间相同的方法为基于域的命名空间添加文件夹目标"\\SIE-Server\项目参考资料"，如图 6-46 所示。

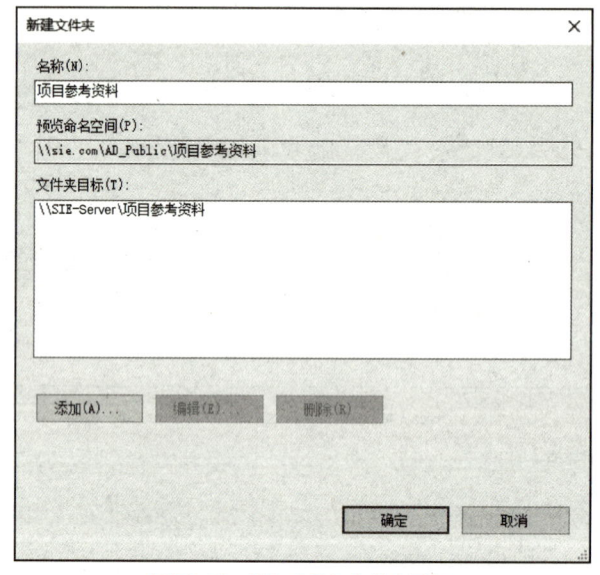

图 6-46　添加 DFS 文件夹目标

（6）使用 Windows 10 客户机（加入域 sie.com 后）访问基于域的命名空间，可以使用 UNC 路径"\\SIE-Server\AD_Public\项目参考资料"，也可以使用带有域名的路径"\\sie.com\AD_Public\项目参考资料"，如图 6-47 和图 6-48 所示。

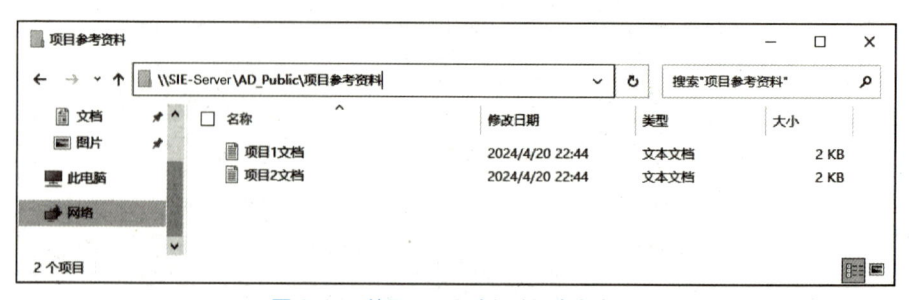

图 6-47　使用 UNC 路径访问命名空间

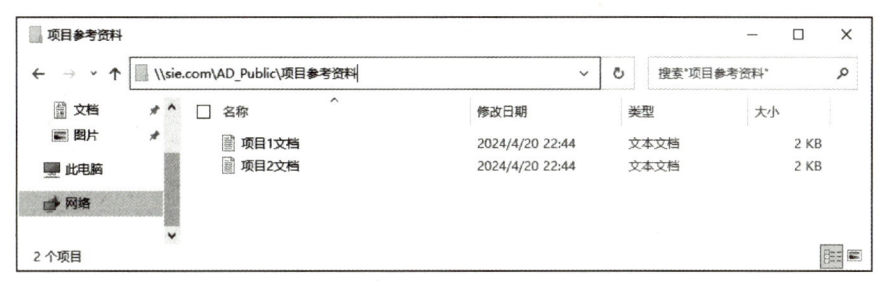

图 6-48 使用带有域名的路径访问命名空间

单元小结

网络操作系统的基本功能之一就是实现文件资源的共享和管理。作为一个出色的网络操作系统，Windows Server 2022 网络操作系统可以提供多种途径支持文件共享。共享文件夹是一种比较简单易用的文件共享方式，支持灵活的文件访问权限控制。如果一台计算机作为专门的文件服务器，可以安装 Windows Server 2022 网络操作系统提供的文件服务器角色实现共享资源的发布和管理。DFS 是一种分布式文件系统，将分布在网络中分散的文件资源集中在统一的命名空间中，以统一和透明的方式对用户提供稳定的文件访问。

分布式文件系统（DFS）（理论）

单元练习题

一、单项选择题

1. 以下选项中，不属于共享权限的是（　　）。
   A. 读取　　　　B. 更改　　　　C. 完全控制　　　　D. 列文件夹内容

2. 网络访问和本地访问都要使用的权限是（　　）。
   A. NTFS 权限　　　　　　　B. 共享权限
   C. NTFS 权限和共享权限　　D. 无

3. 要发布隐藏的共享文件夹，需要在共享文件夹名称的结尾处添加（　　）。
   A. #　　　　B. $　　　　C. &　　　　D. @

4. 以下选项中，不是分布式文件系统的功能特性的是（　　）。
   A. 统一的文件访问　　　　B. 高可用性
   C. 服务器负载均衡　　　　D. 必须部署在域服务器上

5. 以下选项中，说法错误的是（　　）。
   A. 命名空间服务器用于保存具体的文件共享资源
   B. 命名空间根路径是所有访问路径的起始点
   C. 文件夹目标是保存实际内容的文件的位置

D. 一个 DFS 文件夹可以包括多个文件夹目标

二、简答题

1. 简述共享权限的类型和含义。
2. 简述共享权限和 NTFS 权限的区别和联系。
3. DFS 命名空间有哪两种类型，有什么不同？

单元 7

打印服务器的配置与管理

学习目标

【知识目标】

- 了解打印服务的基本概念。
- 了解打印机的两种连接模式。
- 熟悉打印机的权限类别。
- 熟悉打印机优先级的基本概念。

【技能目标】

- 熟练掌握安装本地和网络打印机的方法。
- 熟练掌握安装打印服务器角色的方法。
- 掌握常用的打印机管理操作。

【素养目标】

- 培养克服困难和勇往直前的自我革新精神。
- 培养沟通能力和团队协作意识。

引例描述

著创公司最近购买了两台打印机以满足员工日益增长的打印需求。由于公司业务增加，对 IT 服务部的工作量和服务质量提出了更高要求，该部门又新招了一名实习生小陈，IT 服务部的主管让实习生小陈把这两台打印机部署到公司局域网中，帮助公司各个部门同事连接打印机并安装打印服务，要求所有员工都能连接到打印机。同时，还要对打印机进行适当的管理，提高打印服务的可靠性和稳定性。这个任务对小陈来说是个不小的挑战,因为她之前从来没有接触过打印机的配置和管理,她虚心地找到网络管理员小宋请教,并请求小宋指导她完成该项任务。

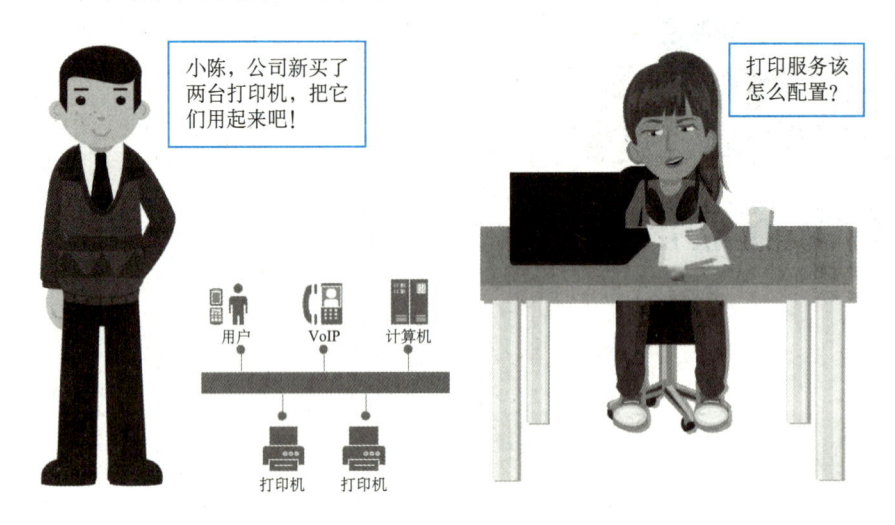

任务 7-1 安装与设置打印服务器

安装与设置打印服务器　　打印服务概述(理论)

任务陈述

虽然现在不少公司都在推行"无纸化"办公,打印似乎没有以前那么重要,但其实有很多工作都离不开打印机,因此打印机的安装与设置仍是不可或缺的。本任务主要实施打印服务器的安装和部署、用户连接打印机等操作。

知识准备

7.1.1 打印服务概述

打印服务可以说是任何单位和组织都必不可少的一项基本服务,我们经常借助打印机打印工作或学习资料。作为一名合格的网络管理员,必须熟悉掌握打印服务器的日常管理和维护。在深入学习如何安装与设置打印机之前,我们先了解与打印服务相关的几个基本概念。

一、打印服务的基本概念

1. 打印设备

打印设备是指实际执行打印任务的真实的物理设备,也就是我们通常所说的"打印机"。打印设备有本地打印设备和网络打印设备之分。打印设备可以使用不同的打印技术执行打印任务，而不同的打印技术最终呈现的打印效果也是有差别的。常见的打印技术有针式打印、喷墨打印和激光打印等。

2. 打印机

在 Windows 网络中，"打印机"是指操作系统和物理打印设备之间的软件接口，并不是实际的物理打印设备。操作系统通过"打印机"向物理打印设备发送打印任务，由"打印机"控制打印任务的具体执行。不过大部分普通用户并没有严格区分"打印机"和打印设备的区别，当提到"打印机"时，其实指的是打印设备。在不产生歧义的情况下，本书不特意区分二者的区别，使用"打印机"表示打印设备。

3. 打印服务器

打印服务器是计算机网络中专门用于管理打印设备的计算机。打印服务器为用户提供打印服务。用户把需要打印的文件提交给打印服务器，打印服务器经过处理后发送给打印设备进行打印。由此可见，打印服务器是用户和打印设备之间的"中转站"，因此打印服务器的配置和管理自然就成为打印服务管理的关键。

4. 打印客户端

打印客户端是和打印服务器相对的一个概念，也就是普通的用户或客户端计算机。打印客户端把文件提交给打印服务器，是打印服务的发起方。

5. 打印驱动程序

打印服务器收到打印客户端的打印文件后，必须通过特殊的指令通知打印设备。打印驱动程序的主要功能就是把这些指令转换为打印设备能够理解的语言，同时将打印文件发送给打印设备。一般来说，不同厂商的打印机使用不同的驱动程序。即使是同一厂商的打印机，在不同的操作系统上使用的驱动程序也是不同的。因此，只有在打印服务器上安装各种驱动程序，才能支持不同的操作系统。

二、打印机的连接方式

根据打印服务器和打印机连接方式的不同，可以把打印机分为本地打印机和网络打印机，分别对应"打印服务器 + 本地打印机"和"打印服务器 + 网络打印机"两种组合模式。两种模式的连接方式如图 7-1 和图 7-2 所示。

1. 本地打印机

在"打印服务器 + 本地打印机"模式下，打印机和打印服务器直接相连，网络用户通过打印服务器共享打印机。

2. 网络打印机

在"打印服务器 + 网络打印机"模式下，打印机和局域网的交换设备互连（一般

打印服务器　本地打印机　　　　　打印服务器　网络打印机
图 7-1　本地打印机　　　　　　　图 7-2 网络打印机

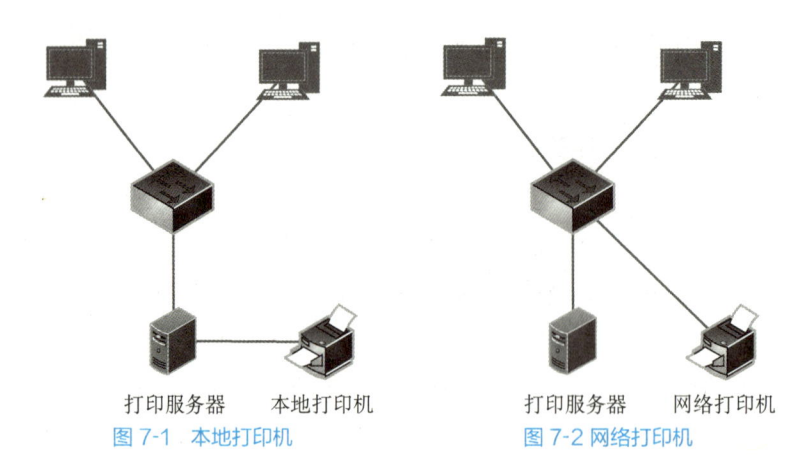

是交换机），具有独立的 IP 地址。打印服务器也和交换设备相连，并能够通过网络协议和打印机相互通信，对打印机进行管理。

比较两种打印模式可以发现，"打印服务器＋本地打印机"模式中的打印机和打印服务器的物理端口相连。由于打印服务器的物理端口数量有限，只能支持少量的打印机，因此这种模式适用于小型的网络环境中。而"打印服务器＋网络打印机"模式中的打印机和交换设备相连，一台打印服务器可以同时管理大量的打印机，因此这种模式更适合在大型网络中使用。

任务实施

现在我们已经学习了打印服务的基本概念和打印机的两种连接方式，下面学习安装本地打印机、安装打印服务器角色和添加网络打印机的方法。

1. 安装本地打印机

（1）打开计算机的"控制面板"界面，单击"查看设备和打印机"链接，打开"设备和打印机"界面。单击菜单栏中的"添加打印机"命令，打开"添加设备"界面。在默认情况下，系统自动搜索已连接的打印机设备，可能需要较长时间。如果不想等待，则可以单击界面左下角的"我所需的打印机未列出"链接，打开"按其他选项查找打印机"界面，选中"通过手动设置添加本地打印机或网络打印机"单选按钮，如图 7-3 所示。

（2）单击"下一步"按钮，打开"选择打印机端口"界面，如图 7-4 所示。

（3）在"选择打印机端口"界面中选中"使用现有的端口"单选按钮，在"使用现有的端口"下拉列表中选择打印机的端口，这里选择"LPT1:(打印机端口)"。

（4）单击"下一步"按钮，打开"安装打印机驱动程序"界面，选择打印机生产厂商和打印机型号，如图 7-5 所示。

图 7-3 "按其他选项查找打印机"界面

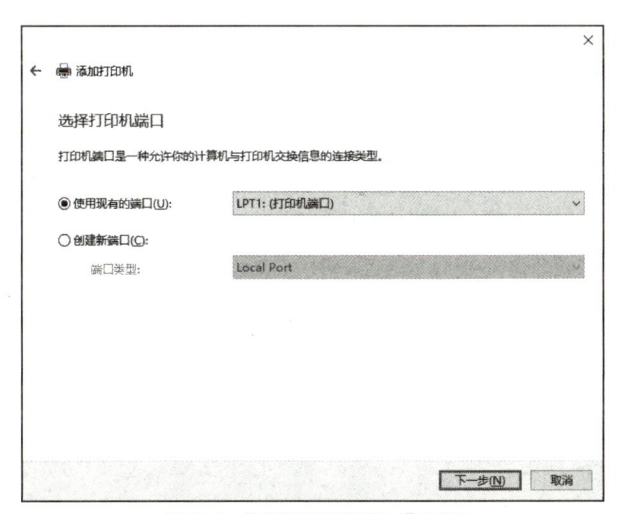

图 7-4 "选择打印机端口"界面

图 7-5 "安装打印机驱动程序"界面

183

（5）单击"下一步"按钮打开"键入打印机名称"界面，在这里可以设置打印机的名称，如图 7-6 所示。

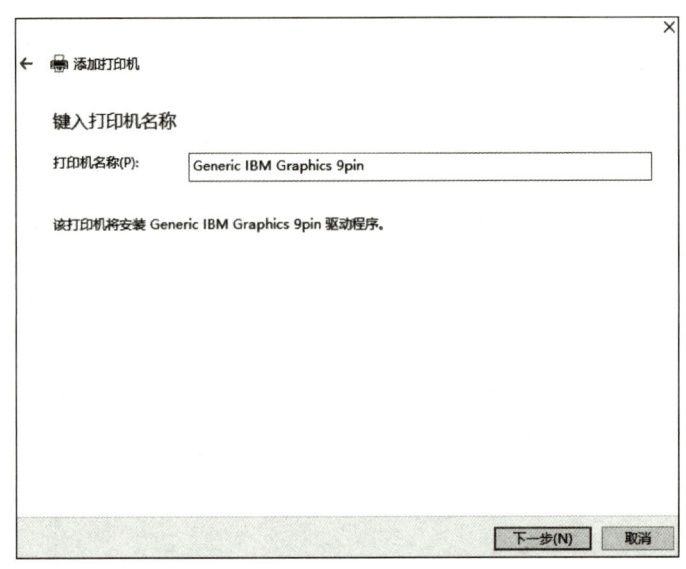

图 7-6 "键入打印机名称"界面

（6）单击"下一步"按钮开始安装打印机。安装完成后打开"打印机共享"界面，如图 7-7 所示。由于我们要共享这台打印机，因此选中"共享此打印机以便网络中的其他用户可以找到并使用它"单选按钮，并设置打印机的共享名称、位置和注释信息。

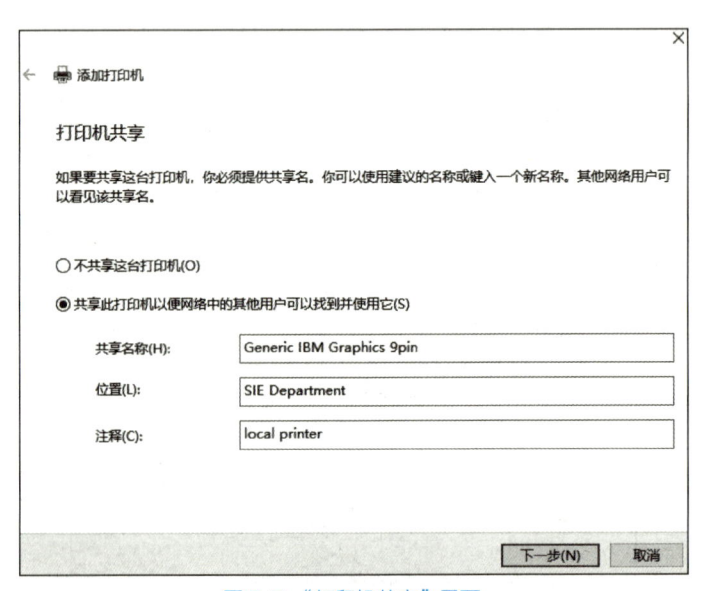

图 7-7 "打印机共享"界面

（7）单击"下一步"按钮，系统提示成功添加打印机，如图 7-8 所示。单击"完成"按钮结束安装过程。

184

单元 7　打印服务器的配置与管理

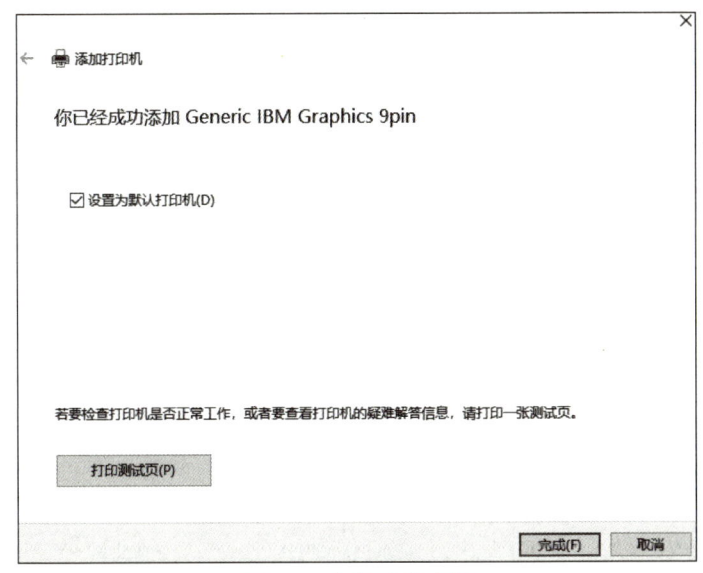

图 7-8　成功添加打印机

2. 安装打印服务器角色

安装打印服务器角色与之前安装文件服务器角色的方法基本相同，步骤如下。

（1）在"服务器管理器"界面中启动添加角色和功能向导。在"选择服务器角色"界面中勾选"打印和文件服务"复选框。单击"下一步"按钮，在打开的界面中确认添加打印和文件服务所需的功能，单击"添加功能"按钮确认后返回"选择服务器角色"界面，如图 7-9 所示。

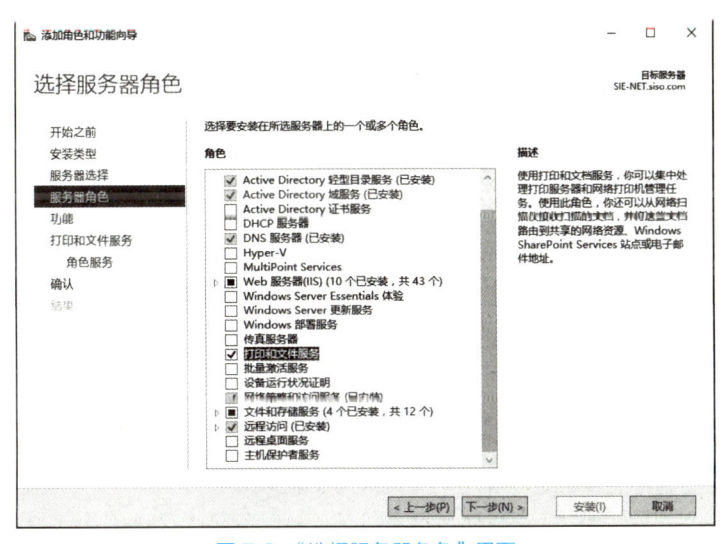

图 7-9　"选择服务器角色"界面

（2）单击"下一步"按钮，打开"打印和文件服务"界面，其中有打印和文件服务的信息。单击"下一步"按钮，打开"选择角色服务"界面，如图 7-10 所示，勾选

185

"打印服务器"复选框。单击"下一步"按钮,打开"确认安装所选内容"界面,确认所要安装的角色服务,并单击"安装"按钮开始安装打印服务器。安装成功后弹出"安装结果"提示框,单击"关闭"按钮结束安装。

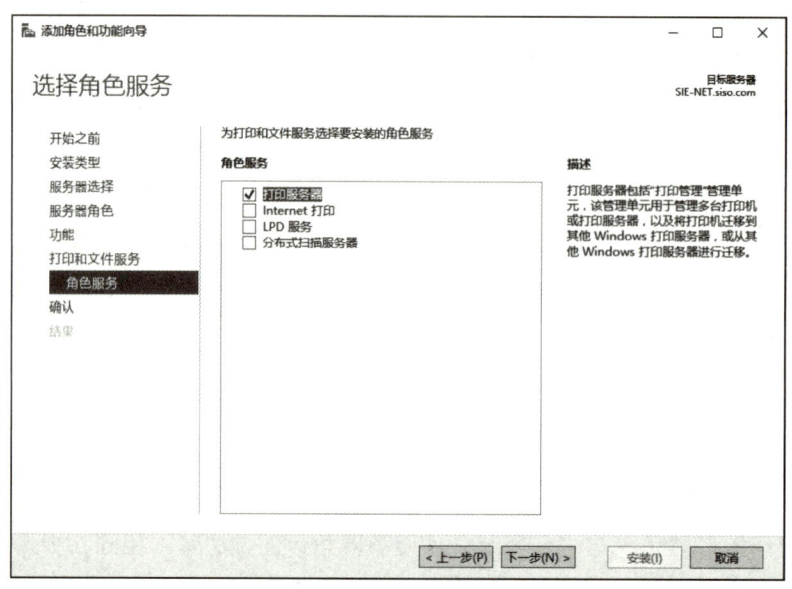

图 7-10 "选择角色服务"界面

(3)安装结束后,选择"开始"→"管理工具"→"打印管理"命令,打开"打印管理"界面。在导航菜单中,选择"打印服务器"→"打印机"选项,可以在中间窗格中看到系统当前已安装的打印机列表,如图 7-11 所示。

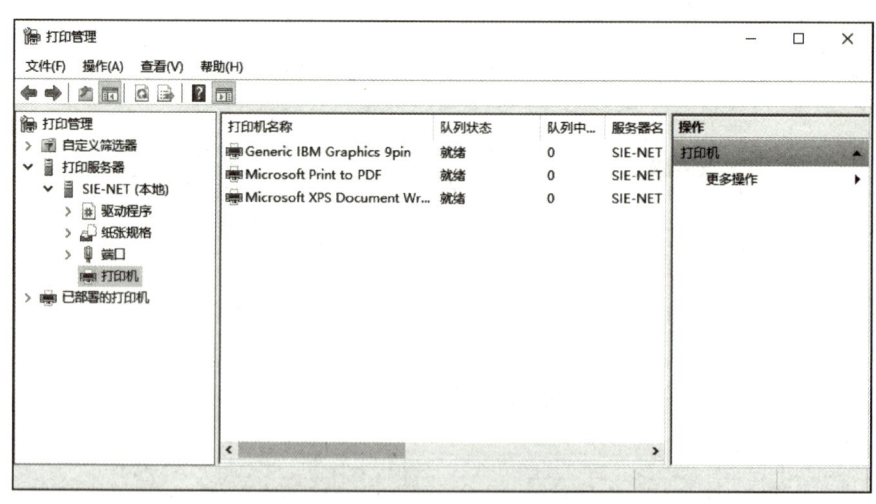

图 7-11 已安装的打印机列表

3. 添加网络打印机

添加网络打印机可以通过打印机安装向导来完成,还可以通过如图 7-11 所示的

"打印管理"界面来完成。下面介绍如何通过打印机安装向导添加网络打印机（已提前安装一台网络打印机，IP 地址为 192.168.0.210，主机名称为 SIE-NET2，共享名称为 HP_LaserJet_2300L_PS_siepub）。

（1）在"按其他选项查找打印机"界面中选中"按名称选择共享打印机"单选按钮，并在文本框中输入"\\SIE-NET2\HP_LaserJet_2300L_PS_siepub"，如图 7-12 所示。

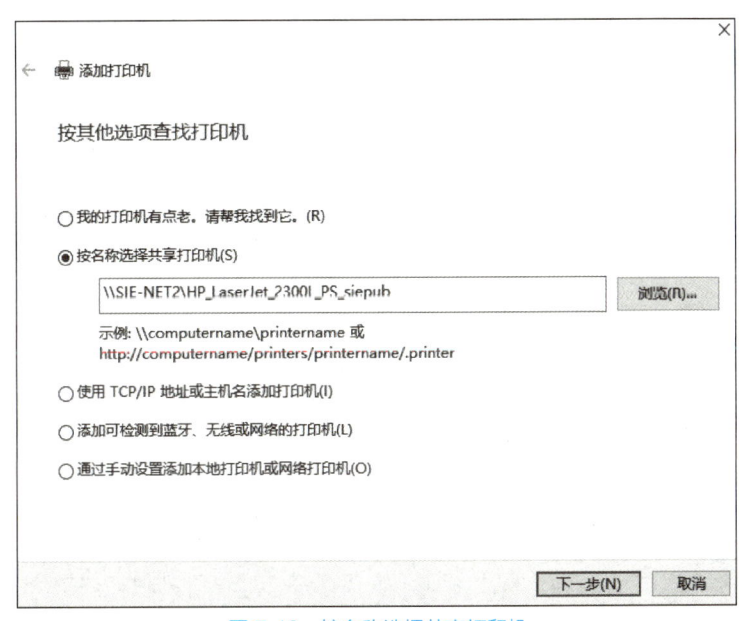

图 7-12　按名称选择共享打印机

（2）单击"下一步"按钮，系统自动连接到共享打印机并下载和安装驱动程序。安装完成后会弹出相应的提示信息，单击"下一步"和"完成"按钮结束安装，返回控制面板的"设备和打印机"界面，可以看到新添加的共享打印机。

任务拓展

安装和部署共享打印机看似简单，其实有很多细节都会影响最终的运行效果。例如，共享打印机的数量是否合适、共享打印机的名称有哪些约定、共享打印机名称是否简单明了等。下面列举一些与共享打印机相关的设置规则，帮助大家在部署共享打印机时减少错误。

- 虽然 Windows Server 2022 网络操作系统支持使用包括空格和特殊字符在内的字符为打印机命名，但如果需要与其他计算机共享打印机，则应避免使用空格和特殊字符，并且打印机名称最好不要超过 32 个字符。
- 客户机可以使用共享打印机的位置名称对打印机进行位置跟踪，因此位置名称最好简单明了，不要使用只有少数人明白的特殊名称。
- 最好将打印机放置在离用户较近的位置上，但这往往受制于网络基础结构和办公环境。要充分利用网络基础结构，尽量不让打印机和用户跨越多个网络交换设备。
- 在不同版本的操作系统上，打印服务器的功能特性有所不同。例如，在个人版本的操作系统上，每台打印服务器最多只能接收 10 台其他计算机的并发连接。因此，在配置打印服务器时要充分考虑操作系统的影响。
- 打印服务器有很多专为打印服务设计的功能。如果要同时管理多台打印机且增加打印机的吞吐量，则最好部署一台专门的 Windows Server 2022 打印机服务器。

任务 7-2　管理打印服务器

打印服务器（理论）　　管理打印服务器

任务陈述

安装和部署共享打印机只是第一步。要想让打印机工作得更好，必须进行适当的管理，包括设置共享打印机权限、优先级、后台打印等。在本任务中，我们将学习一些基本的共享打印机管理方法。

知识准备

7.2.1　配置与管理打印服务器

1. 打印机权限

在 Windows Server 2022 网络操作系统中，管理员可以为打印机设置一定的权限，用于控制哪些用户可以使用打印机、哪些用户可以管理打印机或管理打印文档，还可以授权其他用户对打印机的权限进行管理。打印机的权限分为以下三种类别。

（1）打印权限。

打印权限是指允许用户连接到打印机，将文档发送给打印机并交由打印机打印的权限。在默认情况下，Everyone 组内的所有用户都具有打印权限。

（2）管理打印机权限。

管理打印机权限是指用户能够执行一些与"打印"权限相关的任务，并且对打印具有完全的管理控制权限。如果一个用户具有管理打印机权限，就可以暂停和重新启动打印机、更改后台打印设置、共享打印机、重新设置打印机权限和修改打印机属性。在默认情况下，Administrators 组和 Power Users 组内的用户都具有管理打印机权限。

（3）管理文档权限。

管理文档权限是指用户可以暂停、恢复、重新开始和取消由其他用户提交的打印文档，还可以重新安排这些打印文档的优先次序。但是，管理文档权限并不能让用户提交文档至打印机，或者控制打印机本身的状态。在默认情况下，Creator Owner 组内的用户具有管理文档权限。

2. 打印机优先级

有时需要让打印设备能够区分不同的文档，先打印优先级高的文档，再打印优先级低的文档。为了实现这种需求，可以先在一台物理打印设备上创建多台打印机，再为不同的打印机设置不同的优先级。提交至高优先级打印机的文档先打印，提交至低优先级打印机的文档后打印。设置打印机优先级的逻辑如图 7-13 所示。

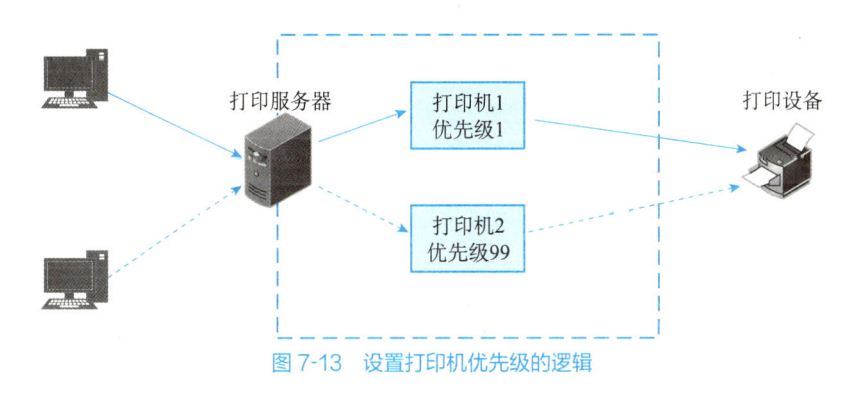

图 7-13 设置打印机优先级的逻辑

3. 打印机池

如果企业有多台打印设备，则可以将这些打印设备配置成打印机池。打印机池对外表现为一台逻辑打印机，它由连接到打印服务器的多个端口的打印设备组成。有了这样一台逻辑打印机，用户不用自己查找当前的可用设备，只需将文档提交至打印机池。打印机池将检查所有可用的打印机，并通过端口将文档提交至具体的打印设备。打印机池既可以简化用户的打印工作，提高打印速度，又可以增强打印机的容错能力。

配置打印机池需要注意以下两点。

（1）打印池中的所有打印设备必须使用相同的驱动程序。

（2）由于用户不知道自己的文档是由打印池的哪一台打印设备打印的，因此最好将这些打印设备放在同一位置，方便用户取回打印文件。

任务实施

在 Windows Server 2022 网络操作系统中安装打印服务器非常方便，基本上只要按照安装向导的说明安装即可。

1. 管理打印机权限

（1）选择"开始"→"管理工具"→"打印管理"命令，打开"打印管理"界面。在导航菜单中，选择"打印服务器"→"打印机"选项，可以在主工作区中看到系统已安装的打印机。右击要修改权限的打印机，在弹出的快捷菜单里选择"属性"命令，打开打印机的属性界面，切换到"安全"选项卡，如图 7-14 所示。

图 7-14 "安全"选项卡

（2）选中要修改权限的组或用户名，勾选"允许"或"拒绝"复选框以允许或拒绝相应的权限。如果要为其他用户或组设置权限，则可以单击"添加"按钮进行选择。如果要查看特殊权限或其他高级设置，则单击"高级"按钮，打开打印机的高级安全设置界面，如图 7-15 所示。

2. 设置打印机优先级

打开打印机的属性界面，切换至"高级"选项卡，将"优先级"修改为一个很大的数值，如图 7-16 所示。优先级数值的范围是 1～99，数值越大表示优先级越高。

3. 配置打印机池

配置打印机池要在一台打印服务器上添加多台打印设备，步骤如下。
（1）将一台打印机添加到打印服务器中，并安装相应的驱动程序。
（2）将其他打印机连接到打印服务器的其他可用端口。

单元 7 打印服务器的配置与管理

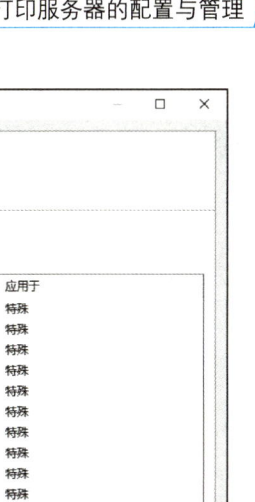

图 7-15 设置打印机的高级安全

图 7-16 设置打印机优先级

（3）在"打印管理"界面中选择要配置成打印机池的打印机，打开该打印机的属性界面，切换至"端口"选项卡，勾选"启用打印机池"复选框即可，如图 7-17 所示。

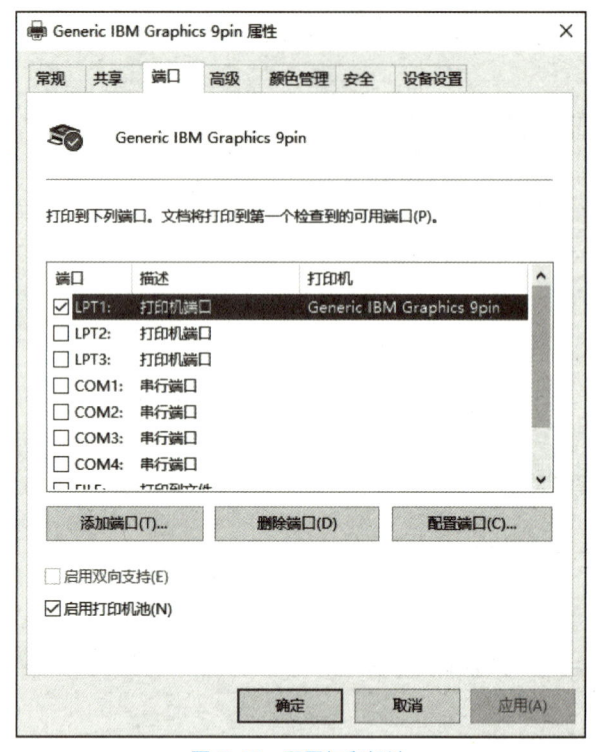

图 7-17　配置打印机池

任务拓展

1. 后台打印

后台打印又称假脱机服务，主要功能是在用户把文档发往打印机时对打印流程进行管理，如跟踪打印机端口、处理打印优先级、向打印设备发送打印作业等。后台打印程序将接收的打印任务保存到磁盘上，默认使用的目录是"%SystemRoot%system32\spool\printers"。为了防止磁盘空间不足导致的打印任务堵塞，可以将这个目录存储在具有更大空间的磁盘上以提高打印服务器的性能。

选择"开始"→"管理工具"→"打印管理"命令，打开"打印管理"界面。在导航菜单中，右击打印服务器的计算机名称，在弹出的快捷菜单中选择"属性"命令，打开打印机服务器的属性界面，切换到"高级"选项卡。在"后台打印文件夹"文本框中输入新的目录位置，单击"确定"按钮完成设置，如图 7-18 所示。

图 7-18　设置后台打印文件夹

管理打印机
（理论）

单元小结

本单元的主要知识点是打印服务的基本概念及打印服务器的安装与管理。根据打印服务器和打印机连接方式的不同，可以把打印机分为本地打印机和网络打印机，我们学习了如何安装本地打印机及向打印服务器中添加网络打印机。同时，还介绍了如何对打印服务器进行基本的管理，包括管理打印机权限、设置打印机优先级及配置打印机池等。

单元练习题

一、单项选择题

1. 以下选项中，不属于打印机权限的是（　　）。

A. 读取　　　　　B. 打印　　　　　C. 管理打印机　　　D. 管理文档

2. 打印机的后台打印程序默认使用的文件夹是（　　）。

A. %SystemRoot%system32\spool\SERVERS

B. %SystemRoot%system32\spool\printers

C. %SystemRoot%system32\spool\drivers

D. %SystemRoot%system32\spool\tools

3. 打印服务器与打印设备相连，不能使用的端口是（　　）。

A. 并行口 B. RS232

C. 串行口 D. TCP/IP 端口

4. 在默认情况下，Everyone 组的用户拥有以下哪项打印机权限（　　）。

A. 打印权限 B. 管理打印机权限

C. 管理文档权限 D. 特殊权限

5. 完成实际文件打印的打印组件是（　　）。

A. 打印机驱动程序 B. 打印机客户端

C. 打印机服务器 D. 打印设备

二、简答题

1. 简述打印机、打印设备和打印服务器的区别与联系。

2. 简述打印机的三种权限的含义。

3. 简述打印机优先级的实现方式。

单元 8

路由与远程服务的配置

学习目标

【知识目标】

- 了解路由及路由器的基本概念。
- 熟悉路由表和路由表条目。
- 了解静态和动态路由协议。
- 理解 VPN 的工作原理。

【技能目标】

- 掌握配置静态路由的方法。
- 掌握启用 RIP 路由协议的方法。
- 掌握 VPN 服务器的配置方法。

【素养目标】

- 通过新知识和新技能培养学生岗位胜任能力。
- 培养团队协作意识，激发学习兴趣。

引例描述

随着著创公司业务规模的不断扩大，越来越多的员工都有远程办公的需求。如果直接向运营商租用专线，则成本过高。公司最近购置了几台服务器，公司领导决定打通公司内部的网络，让员工能远程连接公司内网服务器以访问公司内部的资源，领导将这个艰巨的任务交给了小陈。

任务 8-1　配置静态和动态路由

路由器和路由表（理论）

路由拓扑搭建

静态路由设置

动态路由的设置

任务陈述

在我们每天都使用的互联网中，路由器是实现网络互联最常用的网络设备，将许许多多的网络连接在一起，构成了互联网。在本任务中，我们配置路由策略和远程访问服务，通过路由服务实现不同网络之间的通信。

华为公司作为全球领先的信息和通信技术解决方案供应商，其路由器产品在市场上也占据非常大的份额。华为路由器采用了先进的技术和设计，具备高速、稳定、安全等特点，支持多种网络连接方式，如有线连接、无线连接等，可以满足不同用户的需求。华为路由器还具备智能管理功能，可以通过手机 App 或网页进行远程管理和控制，方便用户随时随地进行网络设置和管理，华为路由 BE3 Pro 是一款针对家庭用户的高速 Wi-Fi 7 路由器，具备强大的性能和稳定的网络连接能力；而华为凌霄子母路由 Q6 则是一款适用于大户型或复杂户型的路由器，通过子母路由的方式实现全屋覆盖，能够为用户提供更好的网络体验。

知识准备

8.1.1 路由的基本概念

互联网是由一个个小型的网络互联而成的，作为一个普通的计算机用户，我们置身处其中一个小网络。当我们需要把数据从一个网络传输到另一个网络时，需要某种网络设备帮我们在网络之间进行数据转发，路由器就是专门负责完成这个任务的网络设备。

一、IP 路由和路由器

1. 路由与路由器

路由器一般是专门的硬件设备，又称专用路由器和硬件路由器。当然，路由器也可以由软件实现，又称主机路由器或软件路由器。路由器把计算机网络划分为逻辑上分开的子网，不同子网之间用户的通信必须通过路由器。路由器收到一个子网转发过来的数据包，根据数据包的相关信息决定从哪个接口把数据包转发出来。路由器的这种功能就是所谓的"路由"，这是路由器的核心功能。

安装 Windows Server 2022 网络操作系统的计算机就是一台软件路由器，可以为不同网络的互联提供基本的路由功能。

2. 路由表

路由器根据路由表为数据包确定转发路径，路由表是存储在路由器内部的一种专门的数据结构，由很多被称为路由条目的表项组成。每个表项包括目标网络地址、转发地址（下一跳地址）、接口、跃点数等信息。当路由器收到数据包时，首先检查数据包里的目标网络地址是否包含在路由表中。如果目标网络地址包含在路由表中，则根据相应的接口和下一跳地址进行转发，否则就交给默认网关处理。

不同路由协议的路由表结构略有不同，下面介绍几个路由表条目的常见字段。

（1）目标网络地址。

路由器把网络分隔成独立的子网，每个子网都使用唯一的网络号标识。网络号和 IP 地址的格式相同，都是 32 位的二进制数字。路由表条目中的目标网络地址就是数据包最终要到达的子网的网络号。

（2）子网掩码。

路由器先使用子网掩码对目标主机地址进行"逻辑与"操作，得到目标网络地址，再根据目标网络地址从路由表中搜索匹配的路由表条目。

（3）网关（下一跳地址）。

如果路由器根据数据包的目标网络地址无法从路由表中找到匹配的路由表条目，就将数据包转发给网关代表的路由器，由这个路由器进行下一步的路由操作。因此网关就代表转发数据包的路由器的 IP 地址。

（4）接口（送出接口）。

送出接口是路由的物理接口，路由器把数据包从送出接口转发出去。

（5）跃点数（度量值）。

从源主机到目标主机的转发路径可能有很多条，路由器使用跃点数表示每条转发路径的传输成本。不同的路由协议使用不同的标准确定路径的跃点数，如 RIP 协议使用数据包到达目标网络经过的路由器数量作为跃点数，而 OSPF 协议则会考虑物理链路的带宽。路由器总是选择跃点数最小的路径转发数据包。

二、静态路由和动态路由

从前面的介绍中可以看出，路由表对路由器确定数据包转发路径来说非常重要，那么路由表是如何生成的？会不会发生变化？要回答这些问题，我们需要了解关于路由表的两个重要概念，即静态路由和动态路由。

1. 静态路由

静态路由是网络管理员根据网络拓扑结构手动配置的路由条目。网络管理员只有对网络拓扑结构非常熟悉，才能正确配置静态路由。

静态路由是由网络管理员手动配置的，不需要在路由器之间交换路由信息。因此静态路由的网络成本较小，对设备的资源要求不高。也正是因为路由器不需要交换路由信息，不用担心路由信息被其他人截获，所以静态路由的安全性较高。

但静态路由也有明显的缺点。当网络拓扑结构经常发生变化时，如路由器的增加或删除，网络管理员必须及时修改静态路由，否则路由器就只能根据之前的路由表转发数据包。因此，静态路由适合于拓扑结构比较简单、不经常变化的小型网络，在复杂的大型网络中则经常使用动态路由。

2. 动态路由

动态路由是指在路由器上运行某种路由协议，使路由器相互交换路由信息。每个路由器根据自身及其他路由器的路由信息自动生成路由表。常见的路由协议有 RIP、EIGRP、OSPF 等。

当网络拓扑结构变化时，路由器能通过交换路由信息获知这些变化，并重新计算和生成路由表条目，基本不需要网络管理员参与。动态路由最主要的优点是伸缩性强，如果向网络中添加一台新路由器，只要在这台路由器上配置相应的路由协议，就能让所有的路由达到"收敛"的状态。但动态路由也有不足。路由器之间要频繁交换路由信息，这样会增加路由器的资源消耗，占用一定的网络带宽。

8.1.2 安装远程访问服务

在 Windows Server 2022 网络操作系统中，要先安装"远程访问"服务器角色才能使用路由和远程访问服务。

（1）在"服务器管理器"界面中启动添加角色向导，在"选择服务器角色"界面中勾选"远程访问"复选框，如图 8-1 所示。

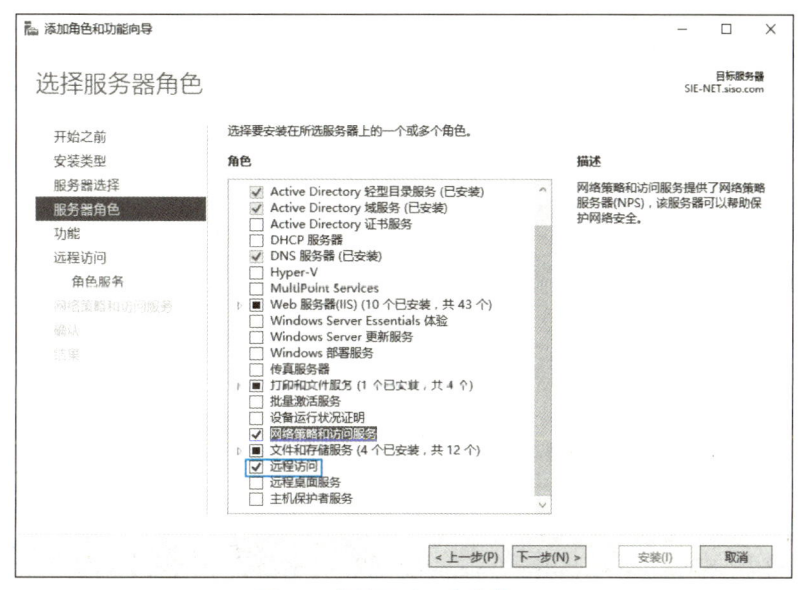

图 8-1 "选择服务器角色"界面

（2）依次单击"下一步"按钮，在打开的"选择角色服务"界面中勾选"路由"复选框，如图 8-2 所示。

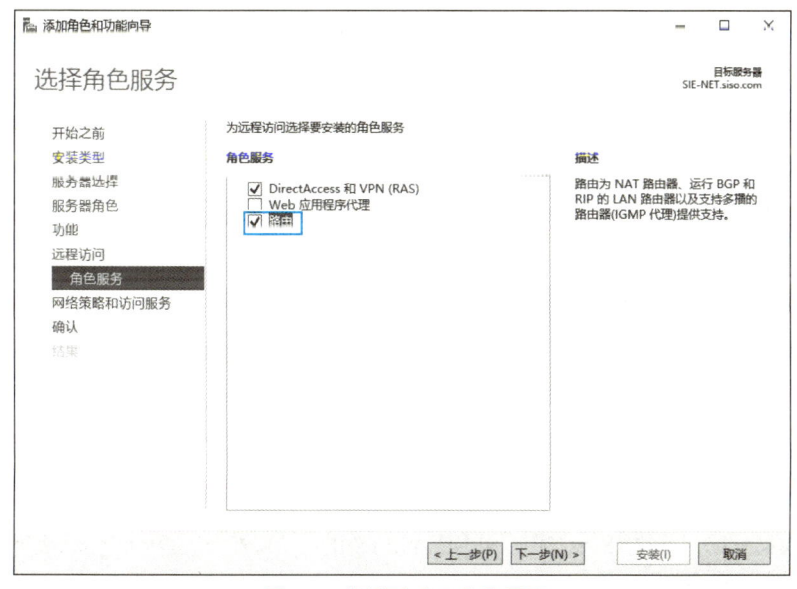

图 8-2 "选择角色服务"界面

（3）单击"下一步"按钮，打开"确认安装所选内容"界面，确认安装信息无误后单击"安装"按钮开始安装网络策略和角色服务。安装成功后单击"关闭"按钮结束安装过程。

任务实施

公司网络拓扑结构如图 8-3 所示。本任务涉及 4 台虚拟机，其中有两台虚拟机安装 Windows Server 2022 网络操作系统，即 SIE-NET 和 SIE-NET2，另外两台虚拟机安装 Windows 10 操作系统。使用客户端检验网络连通性，4 台虚拟机的 IP 地址规划等相关参数如表 8-1 所示。

图 8-3　公司网络拓扑结构

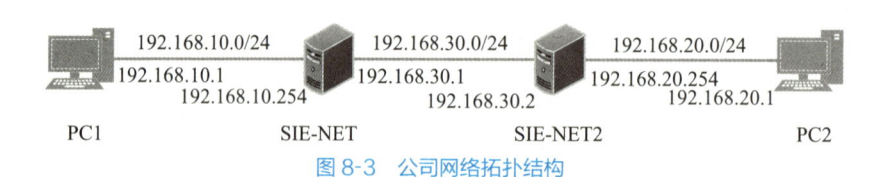

表 8-1　IP 地址规划等相关参数

设备	IP 地址	子网掩码	网关
PC1（VMnet0）	192.168.10.1	255.255.255.0	192.168.10.254
SIE-NET 本地连接 0（VMnet0）	192.168.10.254	255.255.255.0	—
SIE-NET 本地连接 1（VMnet2）	192.168.30.1	255.255.255.0	—
SIE-NET2 本地连接 1（VMnet2）	192.168.30.2	255.255.255.0	—
SIE-NET2 本地连接 0（VMnet0）	192.168.20.254	255.255.255.0	—
PC2（VMnet0）	192.168.20.1	255.255.255.0	192.168.20.254

1. 为虚拟机添加网络适配器

安装好的虚拟机默认只有一个网络适配器。为了实现路由功能，SIE-NET 和 SIE-NET2 需要分别配置两个 IP 地址，因此各需要两个网络适配器。下面以 SIE-NET 为例介绍虚拟机添加网络适配器的步骤。

（1）在 VMware 左侧窗格的虚拟机列表中右击 SIE-NET，在弹出的快捷菜单中选择"设置"命令，打开"虚拟机设置"界面，如图 8-4 和图 8-5 所示。

（2）在"虚拟机设置"界面中单击"添加"按钮打开"添加硬件向导"界面，如图 8-6 所示。在"硬件类型"区域中选择"网络适配器"选项，网络适配器选择自定义网络 VMnet2，作为 SIE-NET 和 SIE-NET2 的互联网络，单击"完成"按钮返回"虚拟机设置"界面，可以看到新添加的网络适配器已经出现在硬件列表中，如图 8-7 所示。

单元 8　路由与远程服务的配置

图 8-4　右击虚拟机

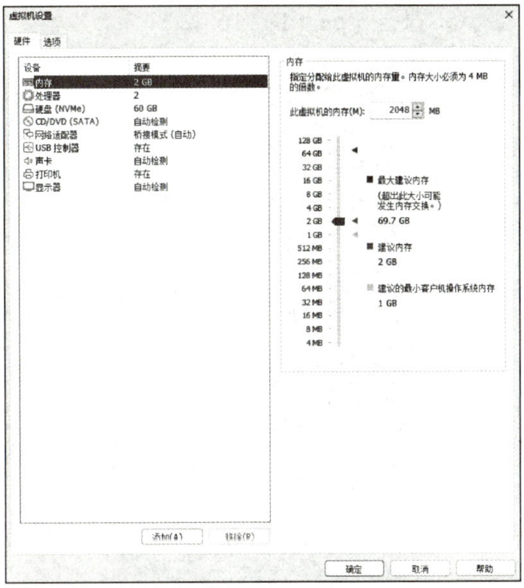

图 8-5　"虚拟机设置"界面

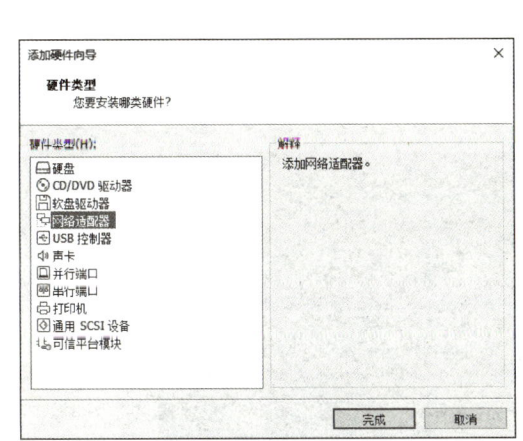

图 8-6　"添加硬件向导"界面

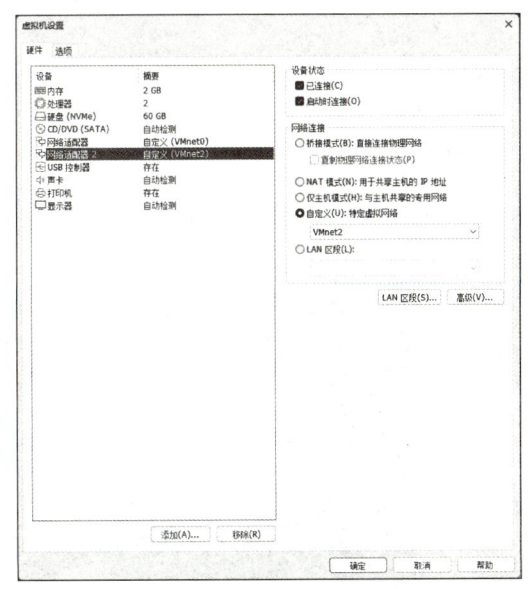

图 8-7　查看添加的网络适配器

（3）使用相同的方法为 SIE-NET2 添加网络适配器。

（4）搭建好网络拓扑并按照要求设置好 4 台虚拟机的 IP 地址后，首先在 PC1 上使用"ping"命令测试网络的连通性，测试结果如图 8-8 所示。注意，为节省篇幅，这里使用"-n"选项设置"ping"命令只发送两个回显请求数据包。

① 执行"ping 192.168.10.254 -n 2"命令并观察测试结果。

② 执行"ping 192.168.30.1 -n 2"命令并观察测试结果。

201

③ 执行"ping 192.168.20.1 -n 2"命令并观察测试结果。

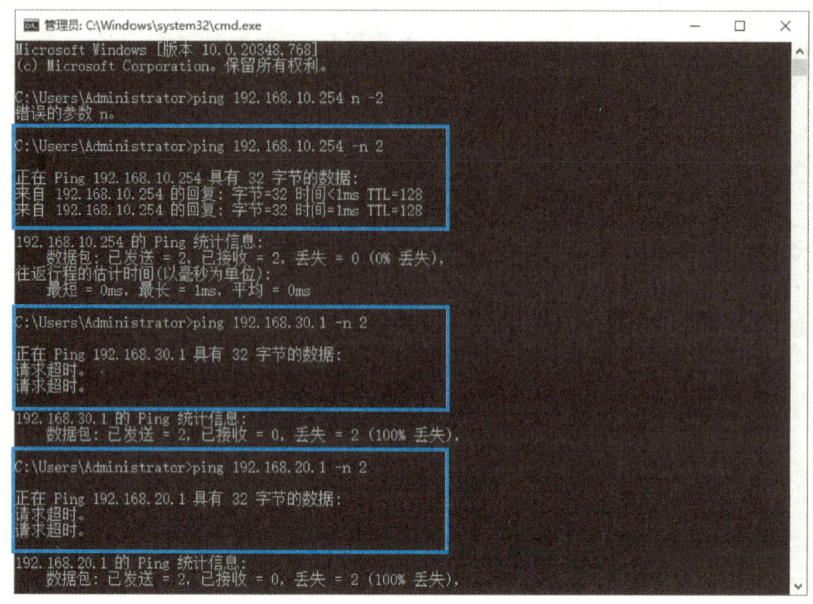

图 8-8　在 PC1 上测试网络连通性的结果

（5）然后在 PC2 上测试网络连通性，测试结果如图 8-9 所示。

① 执行"ping 192.168.20.254 -n 2"命令并观察测试结果。

② 执行"ping 192.168.30.2 -n 2"命令并观察测试结果。

③ 执行"ping 192.168.10.1 -n 2"命令并观察测试结果。

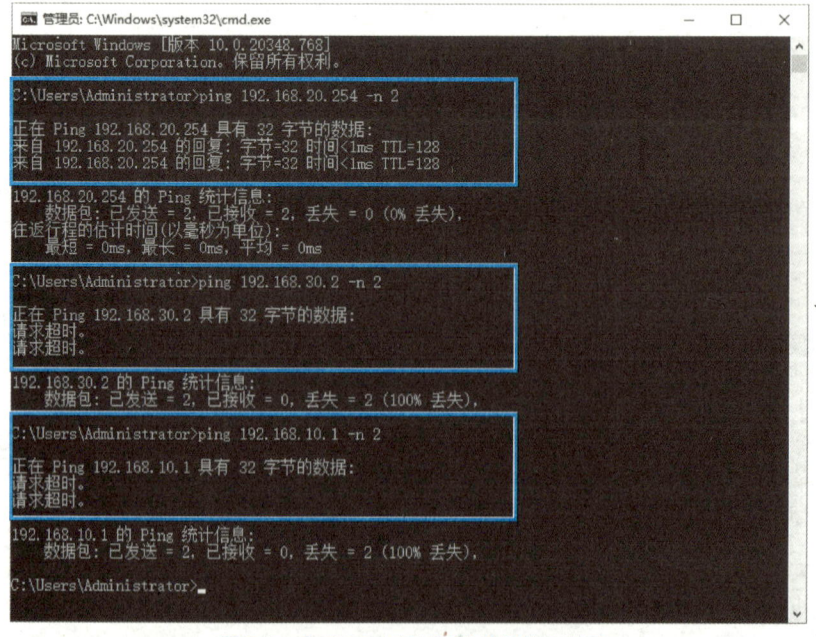

图 8-9　在 PC2 上测试网络连通性的结果

以上测试结果显示，两台虚拟机目前只能够与自己的网关通信，发送测试连通性的数据包并不能 ping 通相应的远程网络。

2. 启用路由和远程访问服务

（1）登录服务器 SIE-NET，选择"开始"→"Windows 管理工具"→"路由和远程访问"命令，打开"路由和远程访问"界面，如图 8-10 所示。

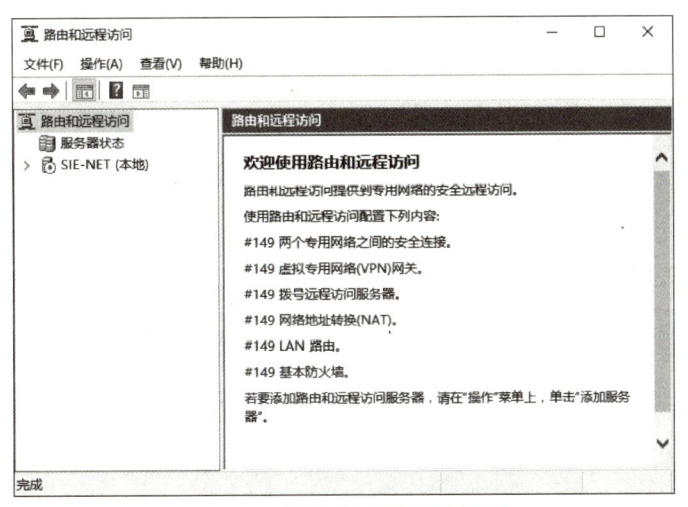

图 8-10 "路由和远程访问"界面

（2）在导航菜单中右击"SIE-NET（本地）"选项，在弹出的快捷菜单中选择"配置并启用路由和远程访问"命令，启动路由和远程访问服务器安装向导。单击"下一步"按钮，打开"配置"界面，选中"自定义配置"单选按钮，如图 8-11 所示。

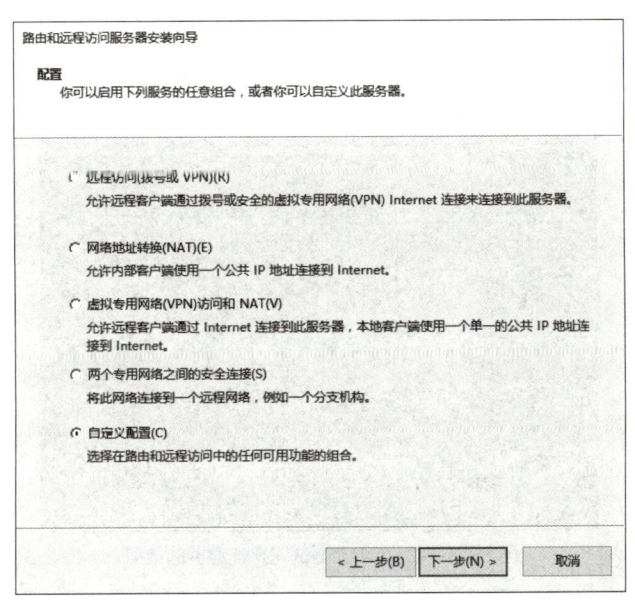

图 8-11 自定义配置

（3）单击"下一步"按钮，打开"自定义配置"界面，勾选"LAN 路由"复选框，如图 8-12 所示。

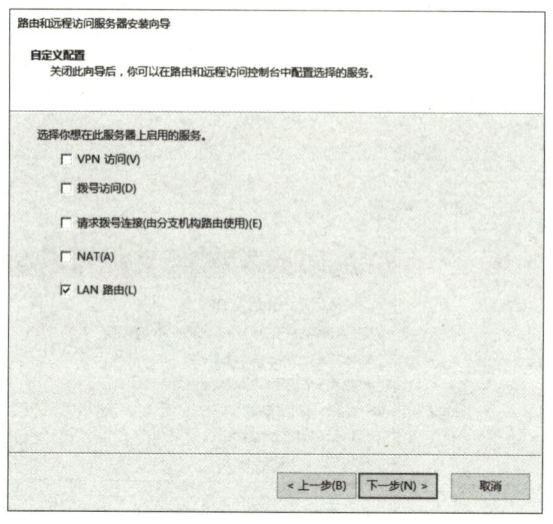

图 8-12　配置启用 LAN 路由服务

（4）单击"下一步"按钮，系统会启用选中的网络服务。在打开的提示界面中单击"完成"按钮退出安装向导。

（5）在 SIE-NET2 上使用同样的方法启用 LAN 路由服务。

（6）分别在 PC1 和 PC2 上进行网络连通性测试。可以看到，在启用了 LAN 路由服务后，PC1 能够 ping 通 192.168.30.1，PC2 能够 ping 通 192.168.30.2，其他命令的测试结果不变，测试结果如图 8-13 和图 8-14 所示。

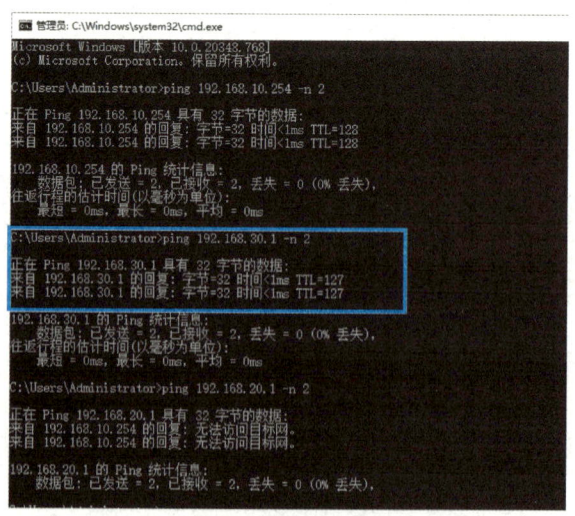

图 8-13　在 PC1 上测试网络连通性的结果

注意：此时 PC1 还不能够 ping 通 192.168.30.2 这个 IP 地址。

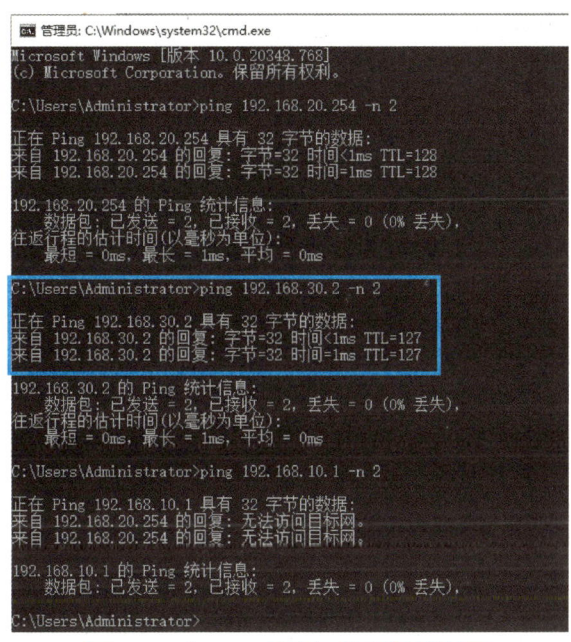

图 8-14 在 PC2 上测试网络连能性的结果

注意：此时 PC2 还不能够 ping 通 192.168.30.1 这个 IP 地址。

3. 配置静态路由

（1）登录 SIE-NET，打开"路由和远程访问"界面，在导航菜单中选择"SIE-NET（本地）"→"IPv4"→"静态路由"选项。右击"静态路由"选项，在弹出的快捷菜单中选择"新建静态路由"命令，打开"IPv4 静态路由"界面。设置 SIE-NET 到 192.168.20.0/24 子网的静态路由，如图 8-15 所示。

（2）登录 SIE-NET2，使用同样的方法设置 SIE-NET2 到 192.168.10.0/24 子网的静态路由，如图 8-16 所示。

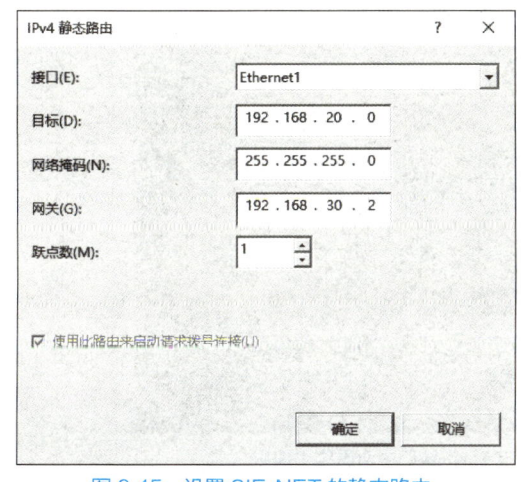

图 8-15 设置 SIE-NET 的静态路由 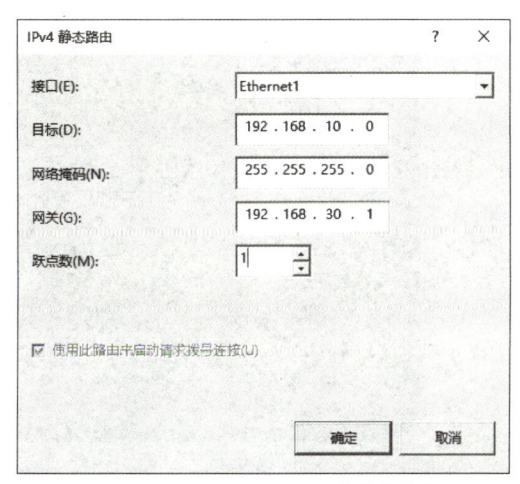　　　　图 8-16 设置 SIE-NET2 的静态路由

设置好的静态路由会显示在"静态路由"区域中，如图 8-17 所示（这里只显示 SIE-NET 的静态路由）。

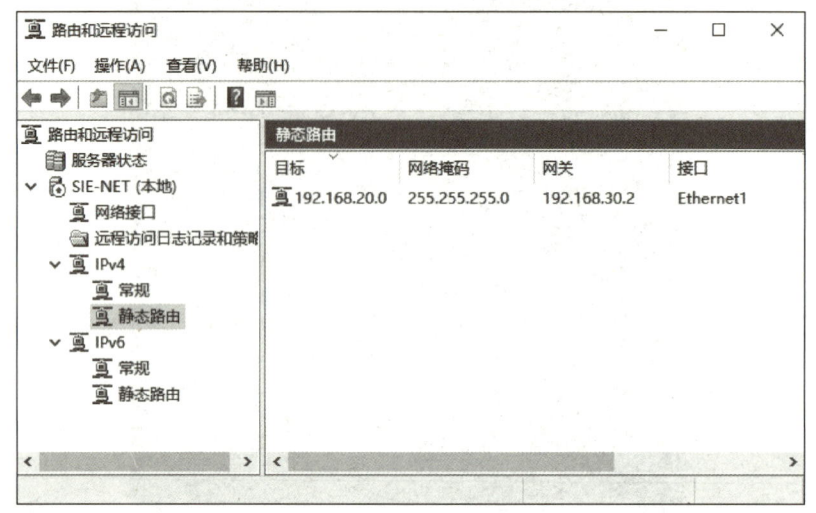

图 8-17 "静态路由"区域

此时也可以使用"route print 192.168.*"命令在命令行提示符窗口中查看本地计算机到指定网段的路由信息，如图 8-18 和图 8-19 所示。在"route print"命令的输出结果中，每行路由条目包括 5 个字段，分别是网络目标、网络掩码、网关、接口和跃点数。如果网关字段显示的是"在链路上"，则表示这是一条直连路由。

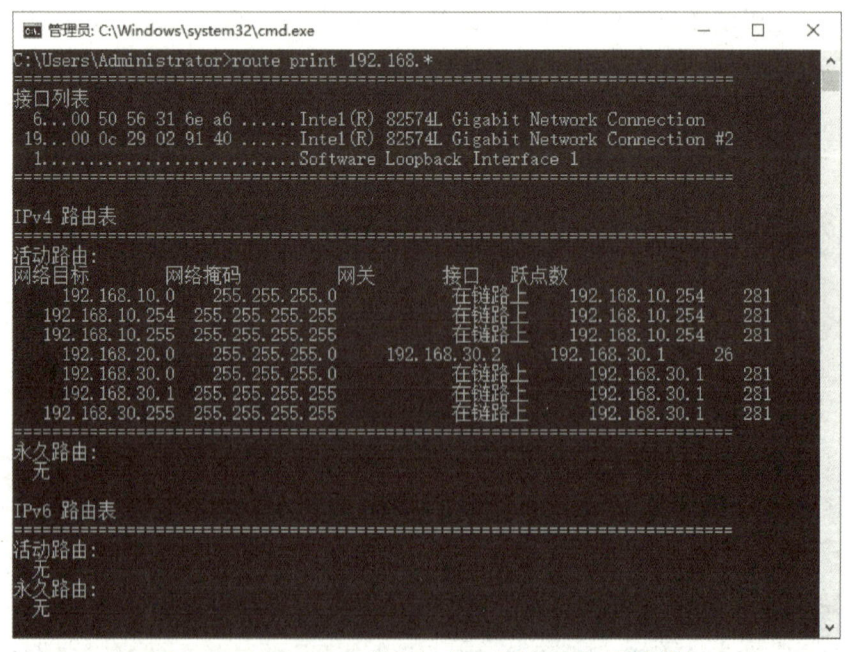

图 8-18 在 SIE-NET 的命令行提示符窗口中查看路由信息

图 8-19　在 SIE-NET2 的命令行提示符窗口中查看路由信息

（3）配置好静态路由后再次测试网络连通性。此时，PC1 和 PC2 可以互相连通，测试连通性的结果如图 8-20 和图 8-21 所示。

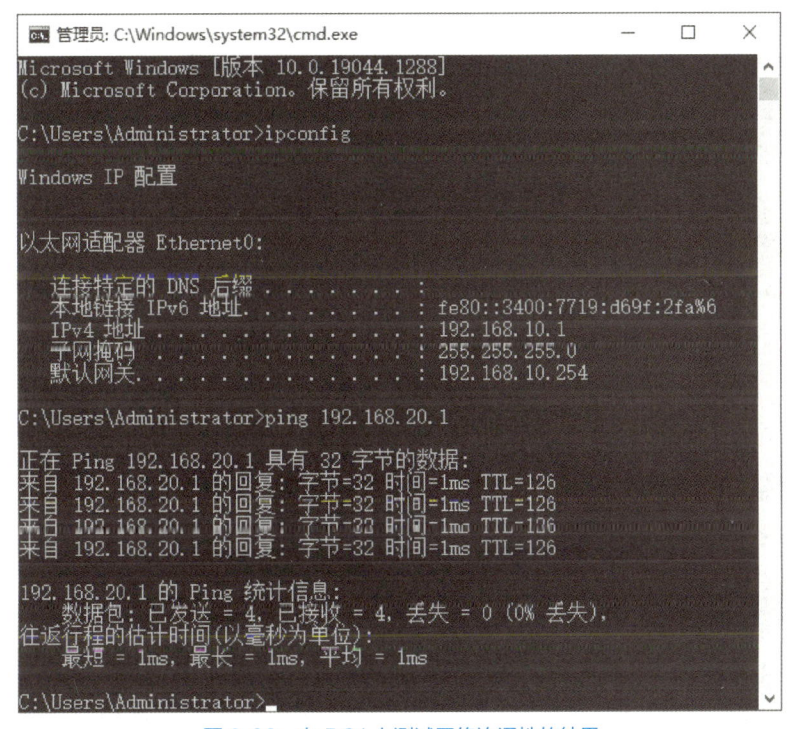

图 8-20　在 PC1 上测试网络连通性的结果

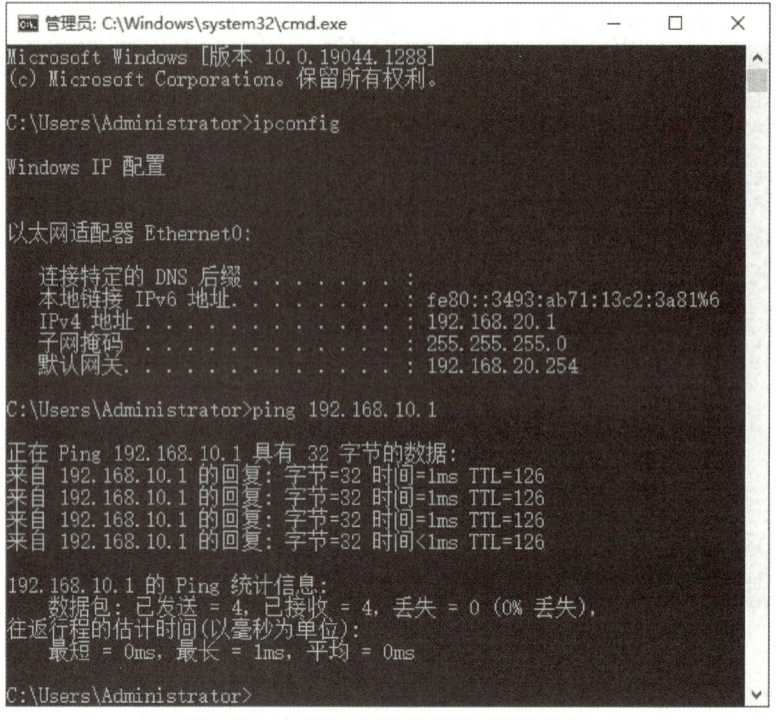

```
管理员: C:\Windows\system32\cmd.exe

Microsoft Windows [版本 10.0.19044.1288]
(c) Microsoft Corporation。保留所有权利。

C:\Users\Administrator>ipconfig

Windows IP 配置

以太网适配器 Ethernet0:

   连接特定的 DNS 后缀 . . . . . . . :
   本地链接 IPv6 地址. . . . . . . . : fe80::3493:ab71:13c2:3a81%6
   IPv4 地址 . . . . . . . . . . . . : 192.168.20.1
   子网掩码  . . . . . . . . . . . . : 255.255.255.0
   默认网关. . . . . . . . . . . . . : 192.168.20.254

C:\Users\Administrator>ping 192.168.10.1

正在 Ping 192.168.10.1 具有 32 字节的数据:
来自 192.168.10.1 的回复: 字节=32 时间=1ms TTL=126
来自 192.168.10.1 的回复: 字节=32 时间=1ms TTL=126
来自 192.168.10.1 的回复: 字节=32 时间=1ms TTL=126
来自 192.168.10.1 的回复: 字节=32 时间<1ms TTL=126

192.168.10.1 的 Ping 统计信息:
    数据包: 已发送 = 4，已接收 = 4，丢失 = 0 (0% 丢失)，
往返行程的估计时间(以毫秒为单位):
    最短 = 0ms，最长 = 1ms，平均 = 0ms

C:\Users\Administrator>
```

图 8-21　在 PC2 上测试网络连通性的结果

4. 配置 RIPv2 动态路由

在前面的操作中，通过为 SIE-NET 和 SIE-NET2 配置静态路由实现了网络连通。不过在大型网络中，常用的还是动态路由协议。下面以 SIE-NET 为例，配置 RIPv2 动态路由协议的步骤如下。

（1）首先删除 SIE-NET 上的静态路由。登录 SIE-NET，打开"路由和远程访问"界面，在导航菜单中选择"SIE-NET（本地）"→"IPv4"→"静态路由"选项，右击要删除的静态路由，并在弹出的快捷菜单中选择"删除"命令。

（2）在"路由和远程访问"界面中右击"常规"选项，在弹出的快捷菜单中选择"新增路由协议"命令，打开"新路由协议"界面，如图 8-22 所示。选择"RIP Version 2 for Internet Protocol"选项，单击"确定"按钮后返回"路由和远程访问"界面。此时，在"IPv4"选项下多出一个"RIP"路由协议选项，如图 8-23 所示。

（3）右击"RIP"选项，并在弹出的快捷菜单中选择"新增接口"命令，在打开的新接口界面中选择运行 RIP 协议的网络接口。在此任务中为 SIE-NET 选择"Ethernet1"接口，如图 8-24 所示。

（4）单击"确定"按钮打开"RIP 属性"界面，可以对 Ethernet1 接口属性进行具体的设置。这里选择使用默认值，直接单击"确定"按钮即可，如图 8-25 所示。

（5）使用同样的方法为 SIE-NET2 设置 RIPv2 路由协议。设置完成后使用"route

print 192.168.*"命令查看 SIE-NET 和 SIE-NET2 的路由表，如图 8-26 和图 8-27 所示。

（6）再次测试网络连通性，RIPv2 路由协议的运行效果和静态路由是完全相同的。

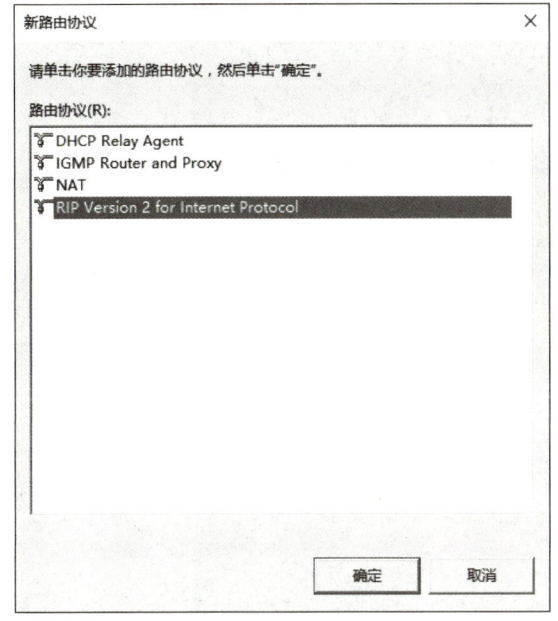

图 8-22　新增 RIPv2 路由协议

图 8-23　RIP 路由协议

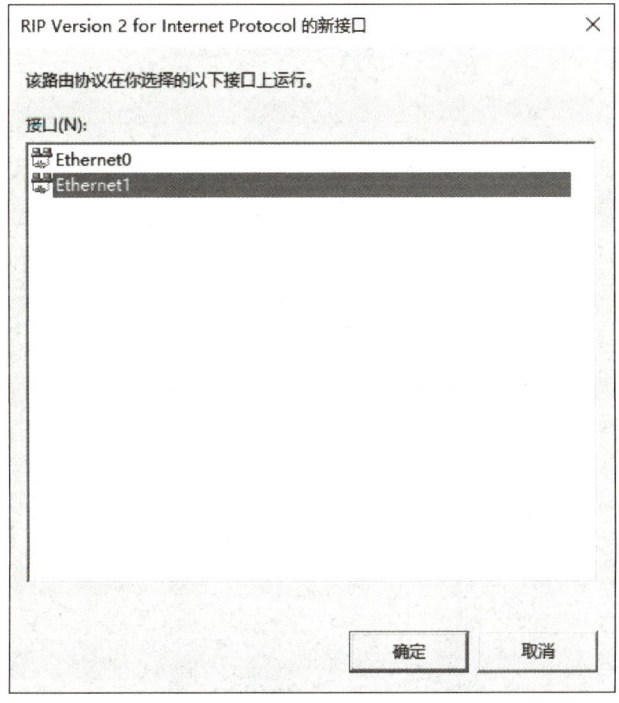

图 8-24　选择运行 RIP 协议的网络接口

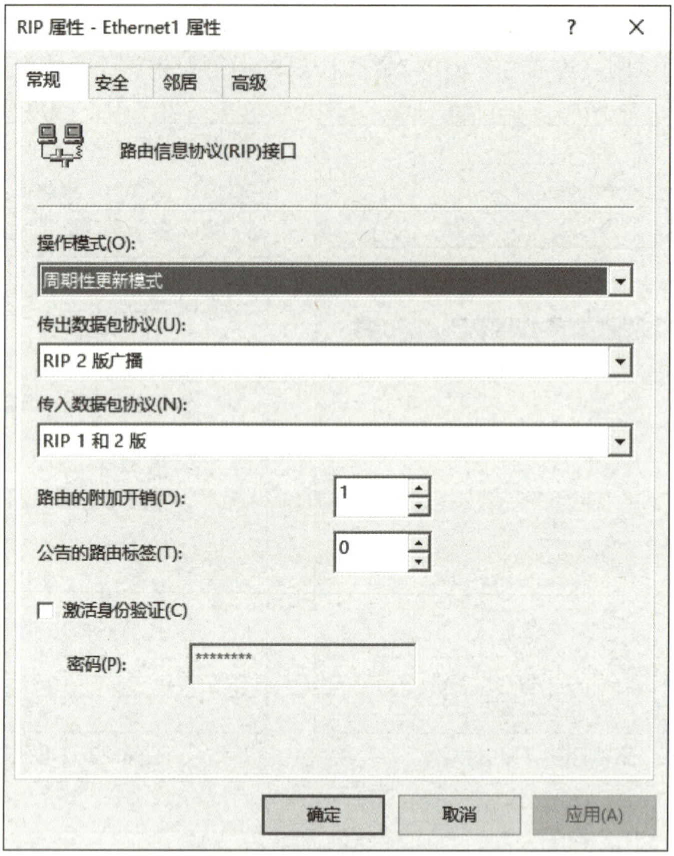

图 8-25 设置 Ethernet1 接口属性

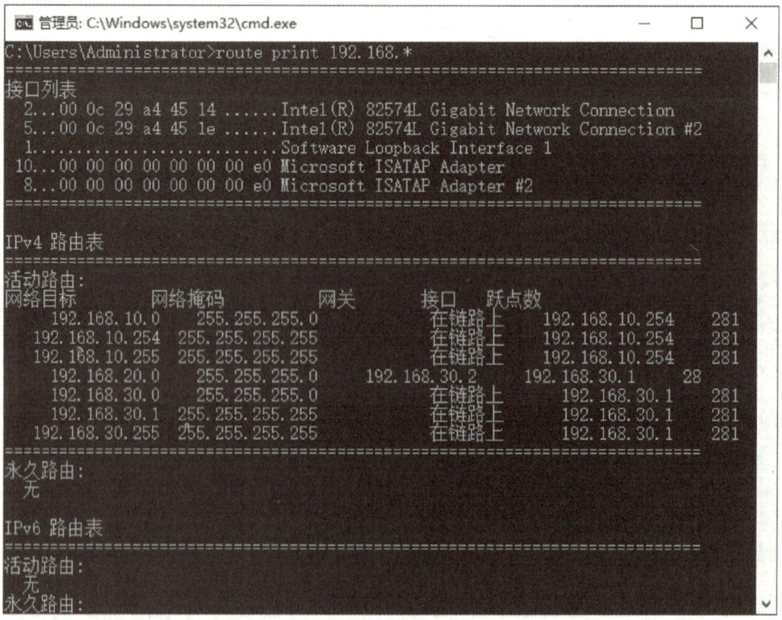

图 8-26 在 SIE-NET 的命令行提示符窗口查看路由表

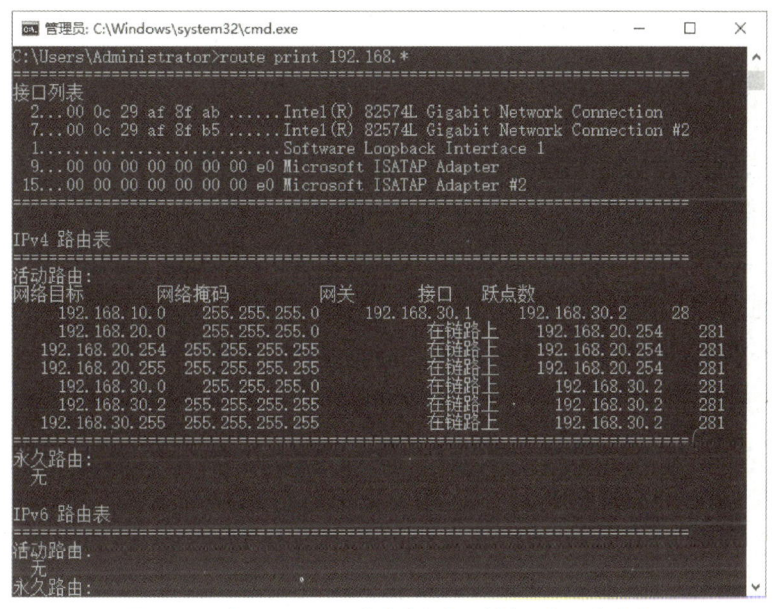

图 8-27 在 SIE-NET2 的命令行提示符窗口查看路由表

任务拓展

动态路由协议种类较多，常用的有 RIP 和 OSPF 协议两种。

1. RIP

RIP 是一种距离矢量路由协议，是互联网中最早使用的动态路由协议，有 RIPv1 和 RIPv2 两个版本。RIP 采用到达目标网络的路由器数目作为衡量网络路径的度量值，即路由器跳数。采用 RIP 的路由器会与相邻的路由器交换路由信息。RIP 简单、易配置，但是 RIP 只能用于小型的计算机网络中。因为 RIP 支持的最大路由器跳数是 15，也就是说，超过 15 个路由器的目标网络都会被认为是不可达的。RIP 有以下几个主要特征。

- 在选择路径时使用路由器跳数作为度量值。
- 支持的最大路由器跳数是 15。
- 在默认情况下，每隔 30 秒广播一次路由更新。即使网络拓扑没有变化也要发送路由更新。
- RIPv1 的路由更新中不包含子网掩码，因此不支持 VLSM 和不相连的子网。RIPv2 在这一点有所改进，在路由更新中包括子网掩码，因此支持 VLSM 和不相连的子网。

2. OSPF 协议

OSPF 是开放最短路径优先的简称。OSPF 协议是一种典型的链路状态路由协议。这里的链路可以理解为路由器的物理接口和物理链路。按照 OSPF 协议的规定，运行

OSPF 协议的路由器与相邻的路由器互相交换链路状态信息，包括链路 IP 地址、子网地址、接口类型等。每个路由器都会把收到的路由更新信息广播给相邻的路由器。按照这种设计，当网络达到收敛状态时，所有的路由器都能获知整个网络的拓扑结构，从而能计算出达到每个网络的最优路径。由于广播路由更新会导致网络风暴，为了减少路由更新给网络带来的影响，OSPF 协议把网络分成多个区域，并严格控制区域内路由器和区域间路由的路由更新。OSPF 协议具有以下一些特征。

- OSPF 协议采用链路的带宽作为计算路径开销的依据，不受路由器跳数的限制，支持各种规模的网络，最多可以支持几百台路由器。
- 如果网络的拓扑结构发生变化，OSPF 协议立即发送路由更新，使其他路由器能快速获知网络的变化并重新计算最优路径。
- OSPF 协议支持路由验证，只有通过验证的路由器才能相互交换路由信息。
- OSPF 协议在路由更新中包括子网掩码，因此支持 VLSM 和 CIDR。
- OSPF 协议支持到同一目标网络的多条等价负载路由。

任务 8-2　配置 VPN 连接

静态路由和动态路由（理论）　　PPTP VP 设置　　L2TP VP 设置

任务陈述

随着业务的不断扩张，企业一般会部署 VPN 网络以满足出差在外的员工远程访问公司内部资源的需求，或者满足部分员工在家办公时访问内部服务器的需求。如果公司有分支机构的话，则还要考虑总公司和分公司之间的网络互连。在本任务中，我们重点关注和 VPN 相关的一些基本概念，以及怎样在 Windows Server 2022 网络操作系统中搭建 VPN 服务器。

知识准备

8.2.1　VPN 概述

VPN 是一种在公网网络（如互联网）或专用网络上创建安全的点对点连接的技术。通过部署 VPN，员工可以通过公网远程访问公司内网的资源，或者在家办公时也可以安全访问公司内网服务器。VPN 可以看作是公司内网的扩展，与向运营商租用专线相比，VPN 是一种价格更低、更安全的资源共享和网络互联解决方案。

1. VPN 的两种应用模式

VPN 有两种应用模式，分别是远程访问和远程网络互连。

(1)远程访问。

远程访问模式又称点到站点 VPN、桌面到网络 VPN 或客户端到服务器 VPN。从用户的角度来看,远程访问模式是 VPN 客户端(即用户的计算机)与公司的 VPN 服务器之间的点对点连接。用户看不到也不用考虑 VPN 客户端和 VPN 服务器之间的网络结构,VPN 的作用就是为 VPN 客户端和 VPN 服务器提供一条逻辑的专用链路。作为传统的拨号远程访问的替代解决方案,远程访问 VPN 能够高效地、安全地连接移动用户和远程工作用户,且成本低廉。远程访问 VPN 的连接模式如图 8-28 所示。

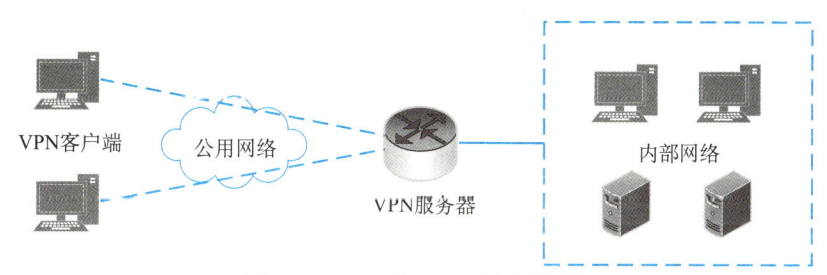

图 8-28 远程访问 VPN 的连接模式

(2)远程网络互连。

远程网络互连 VPN 又称站点到站点 VPN、网关到网关 VPN 或网络到网络 VPN 等。与远程访问模式不同,远程网络通过 VPN 连接的两端是两个专用网络,如总部内部和分支机构的边缘路由器。远程网络互连模式的 VPN 可以使总部内部与分支机构或其他公司之间通过公用网络建立安全的网络连接。远程网络互连 VPN 的连接模式如图 8-29 所示。

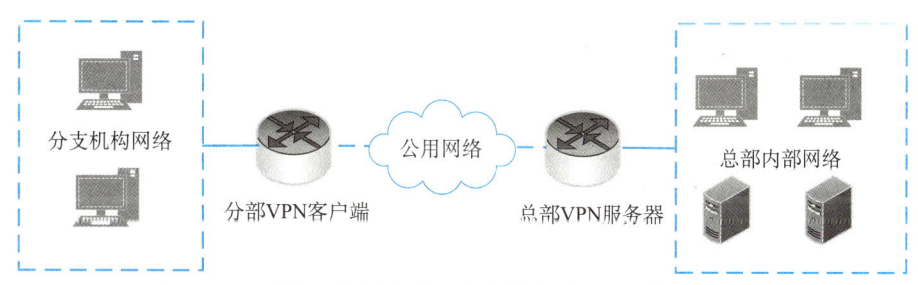

图 8-29 远程网络互连 VPN 的连接模式

2. VPN 的主要功能特性

(1)封装。

封装就是在一种网络协议的数据单元之前加上另一种网络协议的包头,使得封装后的数据可以在另一种网络协议上传输。

(2)身份验证。

身份验证的主要功能是验证 VPN 两端的合法身份。VPN 有以下 3 种身份验证方式。

- 点对点协议(Point-to-Point Protocol,PPP)。PPP 是一种用户级的身份验证方

式。VPN 使用 PPP 验证发起 VPN 连接的 VPN 客户端的用户信息，还要检查 VPN 客户端是否具有相应的授权。PPP 的身份验证可以是双向的，也就是说，VPN 服务器和 VPN 客户端都可以验证对方身份的合法性。
- 互联网密钥交换（Internet Key Exchange，IKE）。IKE 是一种计算机级的身份验证方式，VPN 客户端和 VPN 服务器使用 IKE 交换计算机证书或预共享密钥以建立 IPSec 关联。
- 数据源身份和数据完整性验证。这种身份验证方式是在数据中添加基于加密密钥的加密校验和，而加密密钥只有数据发送方和接收方知道，因此可以验证数据是否来自 VPN 连接的另一端，以及数据在传输过程中是否被修改。

（3）数据加密。

发送方在发送数据时对数据进行加密，接收方接收到数据后进行解密。加密和解密要用到双方的通用加密密钥。没有通用加密密钥的用户即使接收了数据也无法对数据进行解密，这样可以保证数据的机密性。

3. VPN 隧道协议

隧道技术是实现 VPN 的典型和应用广泛的技术。VPN 隧道在 VPN 的两端之间建立一条逻辑上的专用安全通道，也就是 VPN 连接，在 VPN 隧道上可以传输各种应用数据，就像是局域网中的一条普通链路一样。数据在 VPN 隧道的传输过程中要经过封装、传输和解封装等过程，这主要是借助隧道协议实现的。隧道协议就是使用一种网络协议传输另一种网络协议的数据单元。下面介绍几种 VPN 常用的隧道协议。

（1）PPTP（Point-to-Point Tunneling Protocol）。

PPTP 是在 PPP 的基础上开发的一种新的增强型安全协议，可以通过密码验证协议（Password Authentication Protocol，PAP）、可扩展认证协议（Extensible Authentication Protocol，EAP）等方法增强安全性。PPTP 增强了 PPP 的身份验证、数据压缩和加密机制。PPTP 允许先对多种协议进行加密，再将其封装在 IP 包头中通过 IP 网络或公用网络（如 Internet）发送。PPTP 可用于远程访问与远程网络互连两种模式的 VPN。

（2）L2TP/IPSec（Layer Two Tunneling Protocol）。

L2TP 使用 IPSec ESP（封装安全有效载荷）加密数据。L2TP 允许先对多协议通信进行加密，再通过任何支持点对点数据传输的介质发送。L2TP 是 PPTP 和第 2 层转发（L2F）协议的组合。L2TP 使用 IPSec 提供加密服务，L2TP 和 IPSec 的组合又称 L2TP/IPSec。VPN 客户端和 VPN 服务器必须均支持 L2TP 与 IPSec。L2TP 可用于远程访问与远程网络互连两种模式的 VPN。

（3）SSTP（Secure Socket Tunneling Protocol，安全套接字隧道协议）。

SSTP 使用超文本传输安全协议（Hypertext Transfer Protocol Secure，HTTPS）创建 VPN 隧道，通过安全套接字层（Secure Socket Layer，SSL）确保数据传输的安全性。

SSL 提供了增强的密钥协商、加密和完全性检查以确保数据传输的安全性。SSTP 创建一个在 HTTPS 上传送的 VPN 隧道，从而消除与基于 PPTP 或 L2TP 的 VPN 连接有关的诸多问题。SSTP 只适用于远程访问模式的 VPN，不支持远程网络互连的 VPN 隧道。

任务实施

在这个实验中我们将把一台安装 Windows Server 2022 网络操作系统中的虚拟机配置成 VPN 服务器，并且在一台 Windows 10 虚拟机客户端上发起 VPN 连接，VPN 实验的拓扑结构如图 8-30 所示。与任务 8-1 中一样，SIE-NET 服务器也需要添加一个网络适配器，并且把两个接口的 IP 地址分别配置为 192.168.0.200 和 192.168.1.200。大家可以参考任务 8-1 中的具体操作步骤，这里不再赘述。

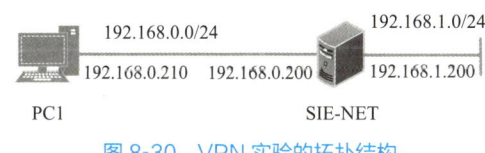

图 8-30　VPN 实验的拓扑结构

1. 配置并启用 VPN 服务器

（1）打开"路由和远程访问"界面，在导航菜单中右击"SIE-NET（本地）"选项。如果之前已经启用了路由和远程访问服务，需要先在弹出的快捷菜单中选择"禁用路由和远程访问"命令。在弹出的快捷菜单中选择"配置并启用路由和远程访问"命令，启动路由和远程访问服务器安装向导。在"配置"界面中选中"远程访问（拨号或 VPN）"单选按钮，如图 8-31 所示。

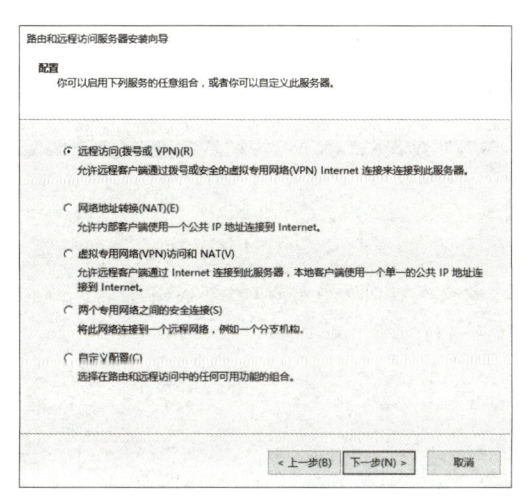

图 8-31　启用远程访问服务

（2）单击"下一步"按钮，打开"远程访问"界面，勾选"VPN"复选框，如图 8-32 所示。

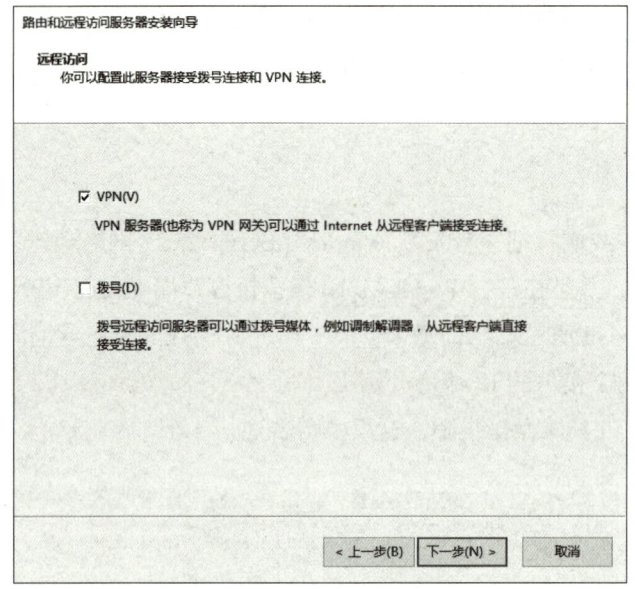

图 8-32 勾选"VPN"复选框

（3）单击"下一步"按钮，打开"VPN 连接"界面。要允许 VPN 客户端连接到 SIE-NET 服务器，SIE-NET 服务器中至少有一个网络接口作为公网接口。这里选择"Ethernet0"接口作为 SIE-NET 服务器的公网接口，同时取消勾选"通过设置静态数据包筛选器来对选择的接口进行保护"复选框，如图 8-33 所示。

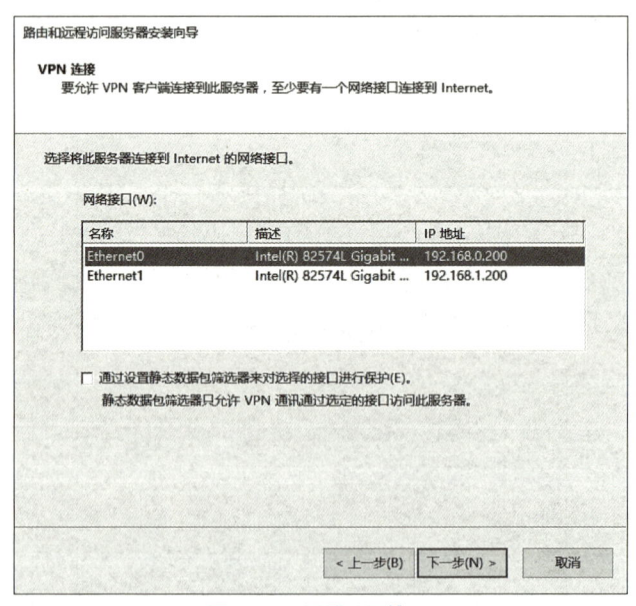

图 8-33 设置公网接口

（4）单击"下一步"按钮，打开"IP 地址分配"界面，设置对远程客户端分配 IP 地址的方法。如果 VPN 服务器使用 DHCP 服务器为 VPN 客户端分配 IP 地址，则可以选中"自动"单选按钮。这里我们选中"来自一个指定的地址范围"单选按钮，如图 8-34 所示。

（5）单击"下一步"按钮，打开"地址范围分配"界面，单击"新建"按钮指定 IP 地址范围，如图 8-35 所示。设置好之后单击"确定"按钮返回"地址范围分配"界面。

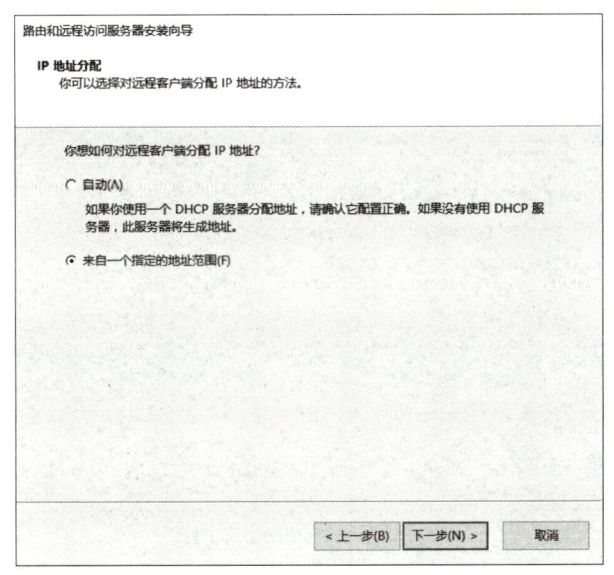

图 8-34 选择 IP 地址分配方式

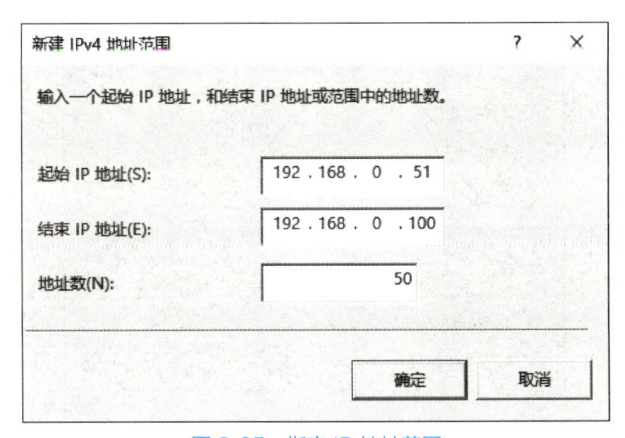

图 8-35 指定 IP 地址范围

（6）单击"下一步"按钮，打开"管理多个远程访问服务器"界面，指定路由和远程访问服务对客户端连接请求进行身份验证的方式。这里选中"否，使用路由和远程访问来对连接请求进行身份验证"单选按钮，如图 8-36 所示。

（7）单击"下一步"按钮，完成路由和远程访问服务安装。单击"完成"结束即可。

（8）客户端发起 VPN 连接时必须使用具有 VPN 拨入权限的账户。如果 VPN 没有加入域，则用户身份的验证是以 VPN 本地账户的身份，否则是以域账户的身份。以域账户为例，打开 Administrator 用户账户的属性界面，切换到"拨入"选项卡，在"网络访问权限"选区中选中"允许访问"单选按钮，如图 8-37 所示。

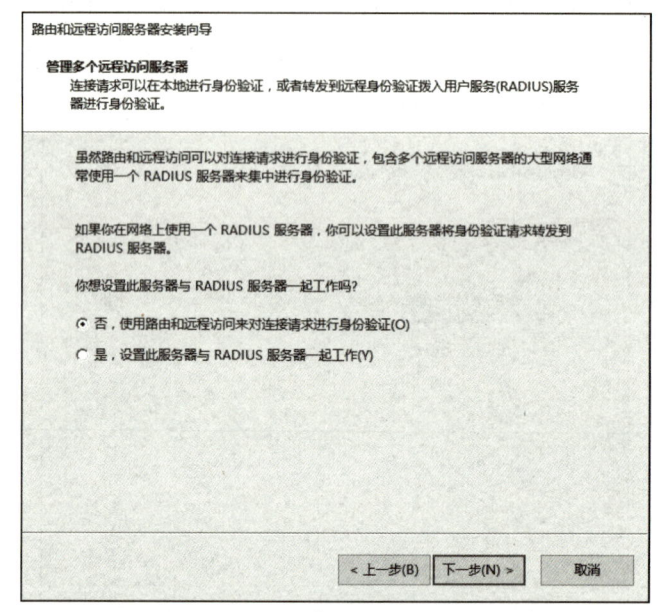

图 8-36　选择身份验证方式

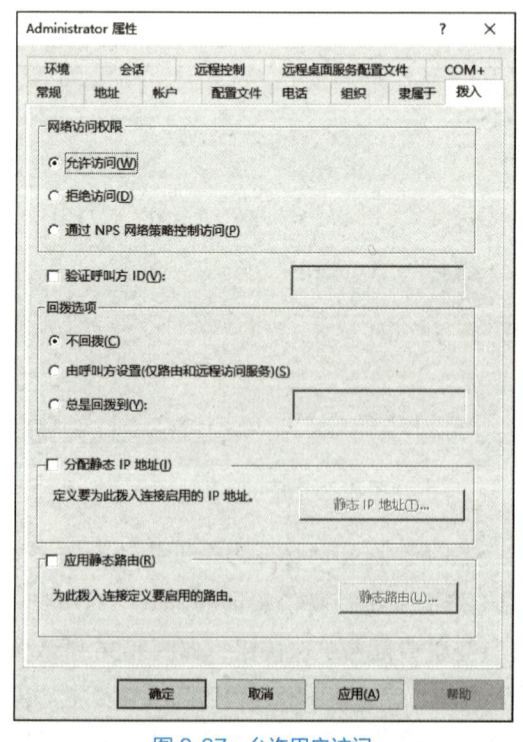

图 8-37　允许用户访问

2. 创建 VPN 远程连接

（1）登录 Windows 10 操作系统的虚拟机，打开"网络和共享中心"界面。单击"选择一个连接选项"链接，打开"设置连接或网络"界面，如图 8-38 所示。

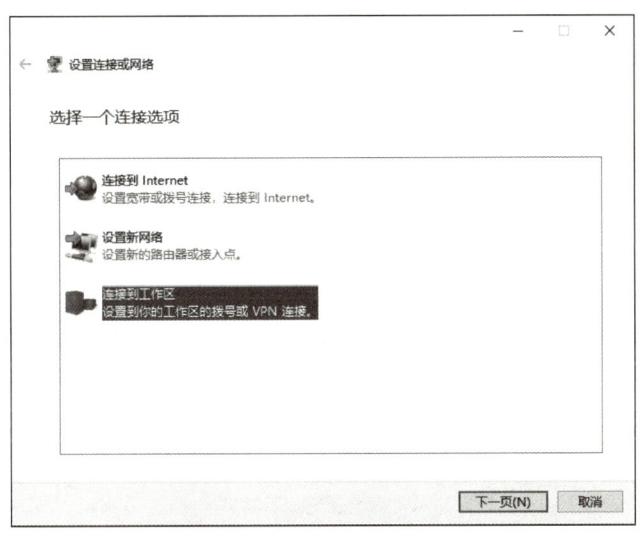

图 8-38 "选择一个连接选项"界面

（2）选择"连接到工作区"选项，单击"下一步"按钮，打开"使用我的 Internet 连接 (VPN)"界面，单击"我将稍后设置 Internet 连接"链接，打开"键入要连接的 Internet 地址"界面，输入 VPN 地址和名称如图 8-39 所示。

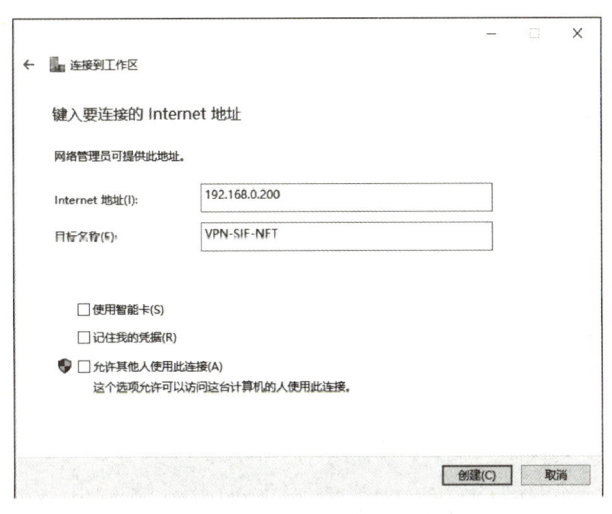

图 8-39 输入 VPN 地址和名称

（3）设置 VPN 服务器公网接口的 IP 地址为 192.168.0.200，VPN 名称为 VPN-SIE-NET。单击"下一步"按钮，打开"输入您的用户名和密码"界面，如图 8-40 所示。输入用户名和密码后单击"创建"按钮，系统提示 VPN 连接已经可以使用，但需要先设置 Internet 连接再进行连接。

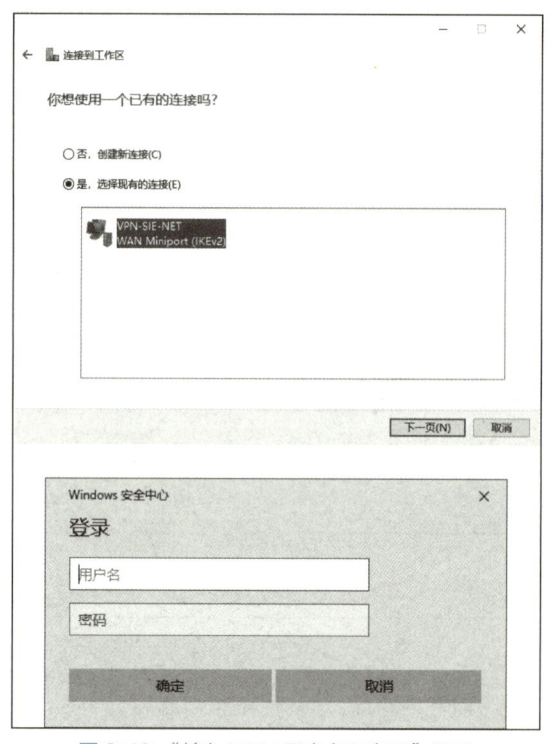

图 8-40 "输入 VPN 用户名和密码"界面

（4）在"网络和共享中心"界面中单击"连接到网络"链接，或者直接单击桌面任务栏右侧的网络连接图标，打开"当前连接到"界面，如图 8-41 所示。

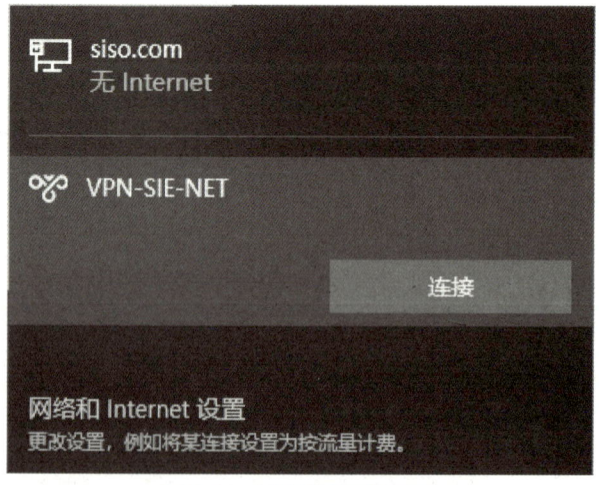

图 8-41 "当前连接到"界面

（5）选择"VPN-SIE-NET"选项并单击"连接"按钮，打开"Windows 安全中心"界面，输入 VPN 用户名和密码，如图 8-42 所示。

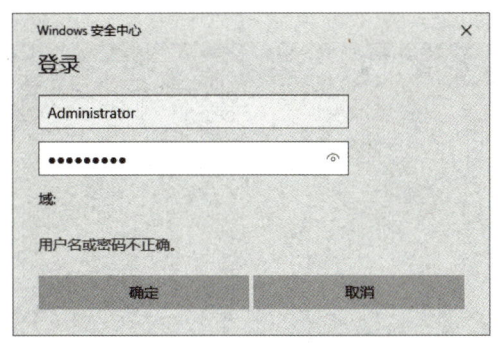

图 8-42　输入 VPN 用户名和密码

（6）输入 VPN 用户名和密码后，单击"确定"按钮。选择"VPN-SIE-NET"选项并单击"连接"按钮。系统开始向 VPN 服务器发送 VPN 连接请求。如果输入的用户名和密码正确，就可以建立 VPN 连接并应用 VPN 设置，如图 8-43 所示。

图 8-43　成功建立 VPN 连接

（7）在"控制面板"的"网络连接"界面中，双击"VPN-SIE-NET"选项，查看"VPN-SIE-NET 状态"界面，切换到"详细信息"选项卡，如图 8-44 所示。在这里可以看到 VPN 连接的详细信息，包括 VPN 身份验证和加密方式、VPN 隧道客户端和服务器的 IPv4 地址等。

也可以打开命令行提示符窗口，输入"ipconfig /all"命令查看 VPN 客户端分配到的 IP 地址，如图 8-45 所示。可以看到 VPN 连接建立成功，而且成功获得了 VPN 客户端 IP 地址 192.168.0.52。

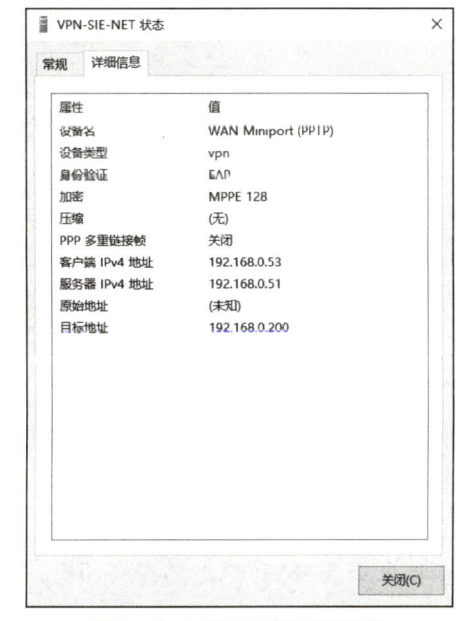

图 8-44　VPN 连接的详细信息

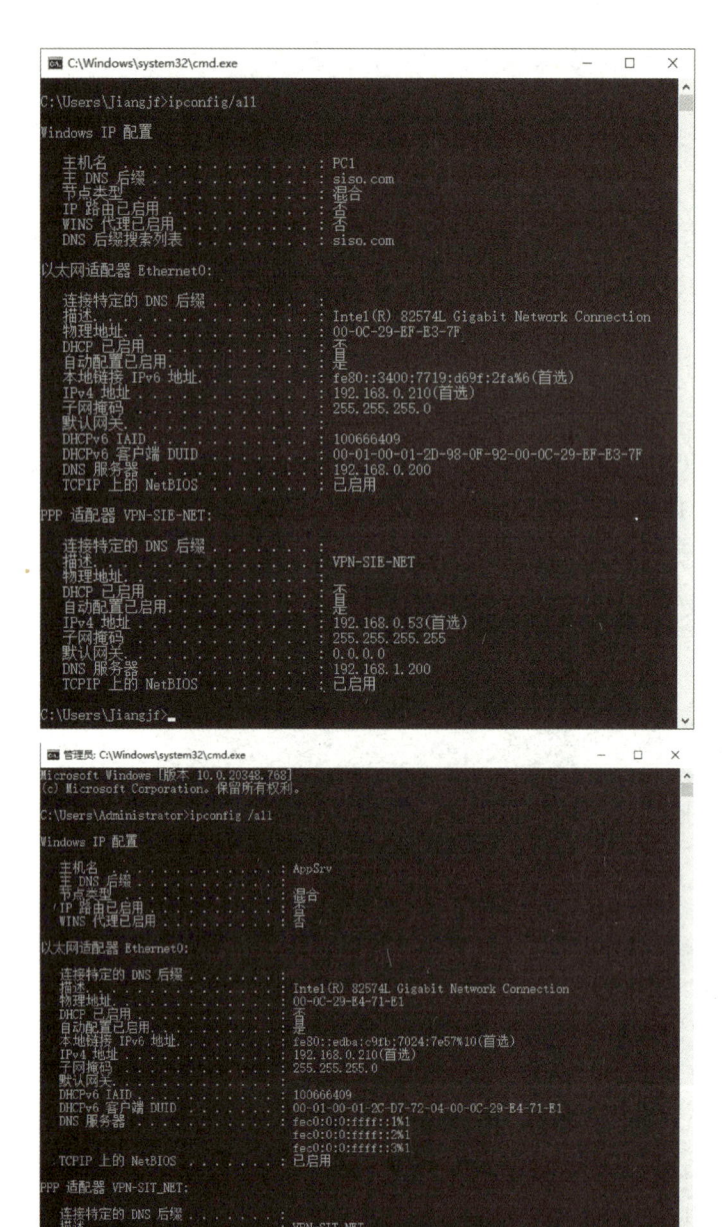

图 8-45　VPN 客户端分配到的 IP 地址

任务拓展

L2TP 本身并不对数据执行加密的动作，而是借助 IPSec 实现加密。L2TP 需要验证所有 VPN 客户端的计算机证书，因此需要部署公开密钥基础架构（Public Key Infrastructure，PKI）数字证书。不过 RRSA 在 L2TP/IPSec 身份验证中提供了预共享密钥支持，使用预共享密钥可以在 VPN 客户端与服务器之间建立 L2TP/IPSec 连接。但是预共享密钥的安全性不如数字证书高。

（1）登录到 VPN 服务器 SIE-NET，在"路由和远程访问"界面中打开"SIE-NET（本地）属性"界面，切换到"安全"选项卡，如图 8-46 所示。单击"身份验证方法"按钮，在打开的"身份验证方法"界面中勾选"加密的身份验证（CHAP）"复选框，如图 8-47 所示。单击"确定"按钮返回"SIE-NET（本地）属性"界面。勾选"允许 L2TP/IKEv2 连接使用自定义 IPSec 策略"复选框，在"预共享的密钥"文本框中输入预共享密钥。这里设置的预共享密钥是"a1b2c3"。单击"确定"按钮，系统会提示如果要为 L2TP 连接启用自定义 IPSec 策略，必须重新启动路由和远程访问服务。

（2）登录 Windows 10 客户端，在如图 8-41 所示的"当前连接到"界面中右击"VPN-SIE-NET"选项，在弹出的快捷菜单中选择"断开"命令断开当前 VPN 连接，然后选择"属性"选项，打开"VPN-SIE-NET"属性界面，切换到"安全"选项卡，如图 8-48 所示。

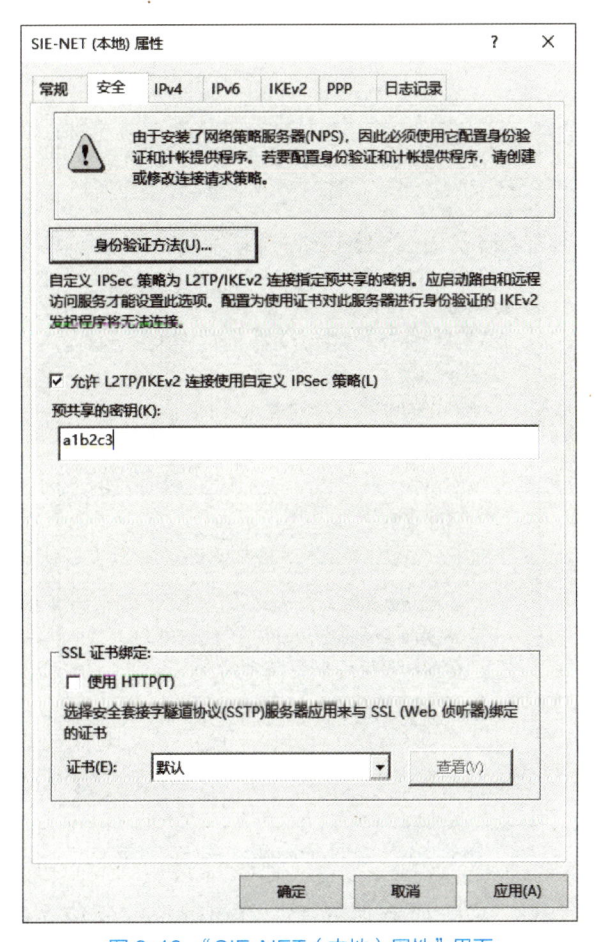

图 8-46 "SIE-NET（本地）属性"界面

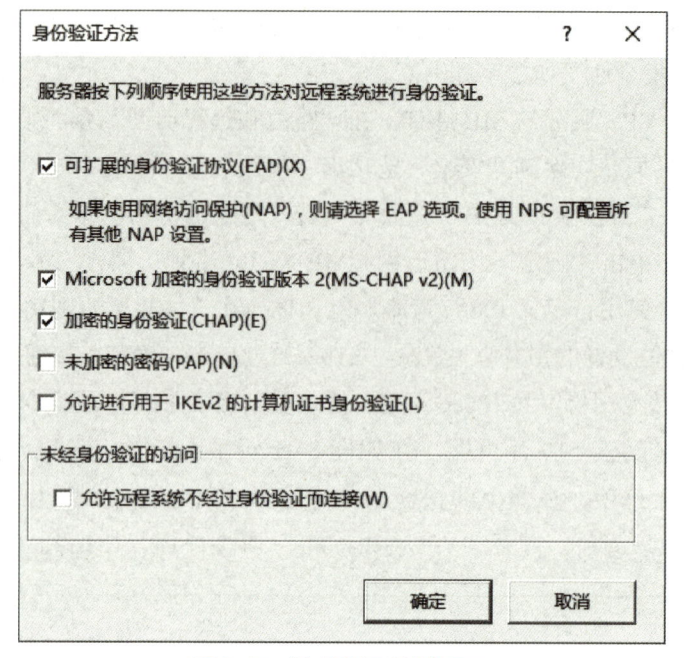

图 8-47 "身份验证方法"界面

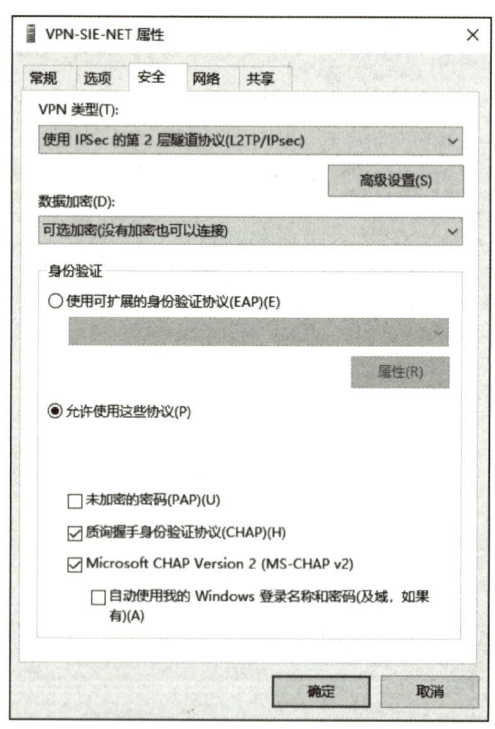

图 8-48 "VPN-SIE-NET 属性"界面

（3）在"VPN 类型"下拉列表中选择"使用 IPSec 的第 2 层隧道协议（L2TP/IPSec）"选项，单击"高级设置"按钮，打开"高级属性"界面，如图 8-49 所示。选中"使用预共享的密钥作身份验证"单选按钮，并在"密钥"文本框中输入与 VPN 服务器中相同的预共享密钥"a1b2c3"，单击"确定"按钮返回"VPN-SIE-NET 属性"界面。

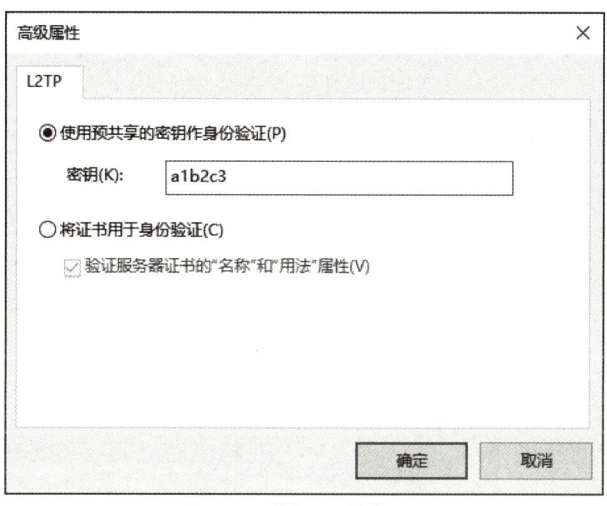

图 8-49 "高级属性"界面

（4）使用与前面的任务实施部分相同的方法验证 VPN 连接。确认连接成功后打开 VPN 连接详细信息的"VPN-SIT_NET 状态"界面，可以看到这次 VPN 连接使用的是 L2TP/IPSec 隧道协议，如图 8-50 所示。

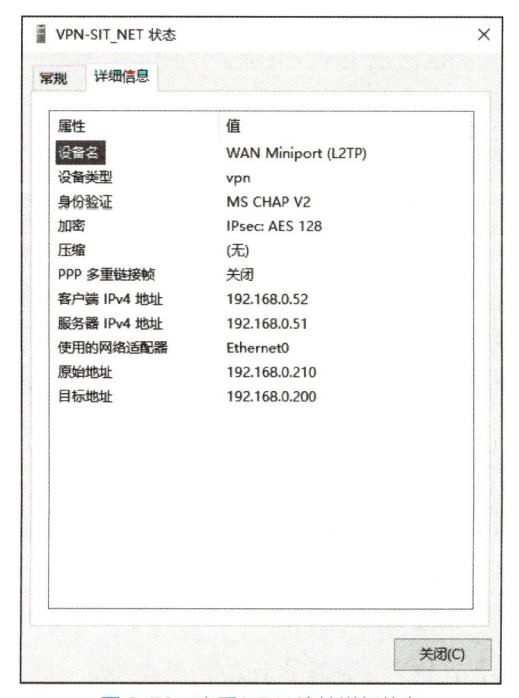

图 8-50 查看 VPN 连接详细信息

单元小结

本单元首先介绍了与 IP 路由及路由器相关的基本概念。当位于不同子网的计算机相互通信时，需要借助路由器转发数据包。路由器主要依赖内部的路由表确定数据包的转发路径。有两种方式可以生成路由表，一种方式是静态路由，另一种方式是动态路由。当公司员工需要远程连接公司内网服务器或访问内网资源时，一般会部署 VPN 服务器。VPN 在客户端和服务器之间建立透明的安全连接。本单元介绍了部署 VPN 服务器的具体方法。

单元练习题

虚拟专用网络（VPN）（理论）

一、单项选择题

1. 以下选项中，不属于静态路由特点的是（　　）。
   A. 必须手动配置路由条目　　　　　B. 路由器之间不需要交换路由信息
   C. 网络拓扑变化时路由表不变　　　D. 适用于复杂的大型网络

2. 以下选项中，不属于动态路由特点的是（　　）。
   A. 网络拓扑变化时需要网管员手动调整路由
   B. 路由器通过交换路由信息生成路由表
   C. 对路由器资源、网络带宽消耗较大
   D. 适合于在复杂的大型网络中使用

3. 路由条目中不包含的属性是（　　）。
   A. 目标网络地址　　　　　　　　　B. 源网络地址
   C. 网关　　　　　　　　　　　　　D. 子网掩码

4. 要把一台 Windows Server 2022 网络操作系统的服务器配置为 VPN 服务器，需要安装（　　）。
   A. "Windows 部署服务"角色和"部署服务器"角色服务
   B. "Windows 部署服务"角色和"部署传输"角色服务
   C. "网络策略和访问"服务和"路由和远程访问服务"角色服务
   D. "网络策略和访问"服务和"主机凭据授权协议"角色服务

5. 关于 VPN 的说法正确的是（　　）。
   A. VPN 指的是用户自己租用线路，与公网完全隔离的安全线路
   B. VPN 指的是用户通过公网建立的临时的安装连接
   C. VPN 不能做到信息验证和身份认证
   D. VPN 只能提供身份认证，不能提供加密数据的功能

二、简答题

1. 简述静态路由和动态路由的区别。
2. 简述路由表条目的主要属性的含义。
3. 简述 VPN 的工作原理和主要功能。

单元 9

DHCP 服务器的配置与管理

学习目标

【知识目标】

- 了解 DHCP 服务器在网络中的作用。
- 理解 DHCP 服务的工作原理。
- 理解 DHCP 作用域的概念。
- 理解 DHCP 中继服务的原理。

【技能目标】

- 掌握安装 DHCP 服务启动和配置方法。
- 能够正确创建与管理 DHCP 作用域。
- 掌握配置 DHCP 中继代理的方法。

【素养目标】

- 坚持问题导向,提升技术创新能力。
- 提高岗位责任意识,培养主动思考能力。

引例描述

著创公司原来所有的员工计算机 IP 地址都是手动分配的,一旦计算机需要升级或更换,都会耗费网络管理员大量的时间和精力去配置网络信息。网络管理员小宋考虑到员工计算机水平的差异,为了简化网络管理,准备为公司部署 DHCP 服务器,实现计算机动态分配 IP 地址。

网络管理员小宋通过查询资料，得知搭建 DHCP 服务器的基本步骤如下。

第一步，添加并授权 DHCP 服务。

第二步，配置 DHCP 作用域和作用域参数。

第三步，客户端通过 DHCP 协议动态获取地址。

任务 9-1　添加并授权 DHCP 服务

任务陈述

著创公司的网络管理员小宋，需要在服务器上通过 Windows Server 2022 网络操作系统中的添加角色向导安装 DHCP 服务，在安装过程中可以创建一个作用域，并对该服务器授权。

公司共分为 3 个部门，其 IP 地址规划如表 9-1 所示。

表 9-1　IP 地址规划表

部门	规划网段	预留主机	DNS 服务器
销售部	192.168.10.1/24~ 192.168.10.200/24	192.168.10.1 192.168.10.200	192.168.0.100
技术部	192.168.20.1/24~ 192.168.20.200/25	192.168.20.1 192.168.20.200	192.168.0.100
人力资源部	192.168.30.1/24~ 192.168.30.200/26	192.168.30.1 192.168.30.200	192.168.0.100

知识准备

9.1.1　DHCP 概述

动态主机配置协议（Dynamic Host Configuration Protocol，DHCP）提供了即插即用联网（Plug-And-Play Networking）的机制。这种机制允许一台计算机加入新的网络和获取 IP 地址而不用手工参与。通过 DHCP 服务，网络中的设备可以从 DHCP 服务器获取 IP 地址和其他信息。该协议可以自动分配 IP 地址、子网掩码、默认网关、DNS 服务器地址等参数。

在大型企业的网络中，DHCP 是分配 IP 地址的首选方法，否则庞大的网络手工分配地址既耗时间又容易出错。DHCP 分配的 IP 地址并不是永久的，而是在一段时间内租借给主机的。如果主机关闭或离开网络，该 IP 地址将返回地址池中给其他的用户使用，这一点特别适用于现在移动用户的办公。

一、IP 地址分配方式

在一个企业的网络内，在分配 IP 地址时会考虑到多种情况。例如，网络中的地址可以动态分配给用户，也可以静态设定，按照 IP 地址的类别分配给不同的用户，或者根据设备的不同特点与作用分配给用户等。

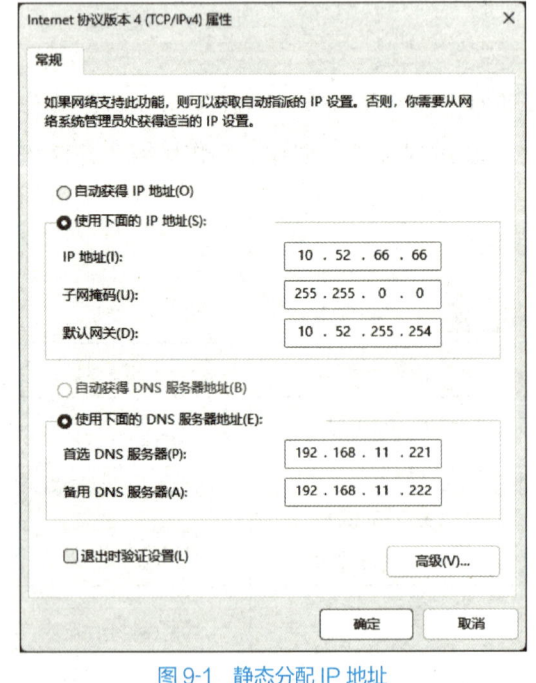

1. 静态分配地址

在使用静态分配 IP 地址时，网络管理员必须为设备设置以下几个参数：IP 地址、子网掩码、默认网关、DNS 服务器地址等。为 PC 设置静态地址，各参数都是手工输入的，如图 9-1 所示。

在设置静态地址时，网络管理员必须知道网络中的各种参数，如网关的地址、DNS 服务器的地址等。静态地址一般会给一些固定的服务器使用，如域名服务器、Web 服务器、打印机等设备，如果服务器的地址经常改变，就会导致一些功能不能正常使用。

与动态地址相比，静态地址有其自身的优点。但对大规模的局域网来说，要设置静态 IP 地址会是一件非常耗时的

图 9-1　静态分配 IP 地址

事情，而且分配用户的数量越多，越容易出错（重复使用、输入错误等），因此安排静态地址时一般都需要做好文档记录，列出分配清单。

2. 动态分配地址

由于管理静态 IP 地址的工作量繁重，而且容易出错。在大型网络中，通常使用 DHCP 为终端设备动态分配地址。

使用 DHCP 为用户自动分配 IP 地址、子网掩码、默认网关和 DNS 等信息。在大型网络中，DHCP 是给用户分配 IP 地址的首选协议，而且网络管理员可以结合 DHCP 实施各种安全策略设置，如 ARP 攻击检测、IP 合法性检测等。图 9-2 所示为客户机 A 通过 DHCP 服务器动态分配 IP 地址的界面。

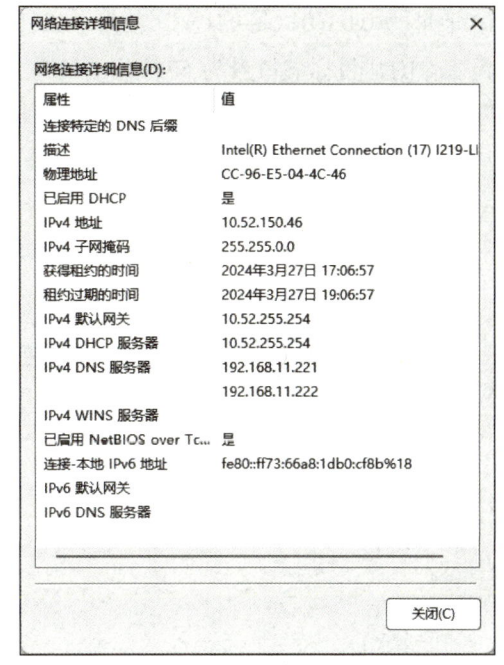

图 9-2　动态分配 IP 地址的界面

二、DHCP 工作过程

DHCP 使用客户端/服务器通信模式，由客户端向服务器提出配置申请，服务器返回 IP 地址等相应的配置信息，以实现 IP 地址等信息的动态配置。在 DHCP 典型模型中，一般包含一台 DHCP 服务器和多台客户端，如图 9-3 所示。

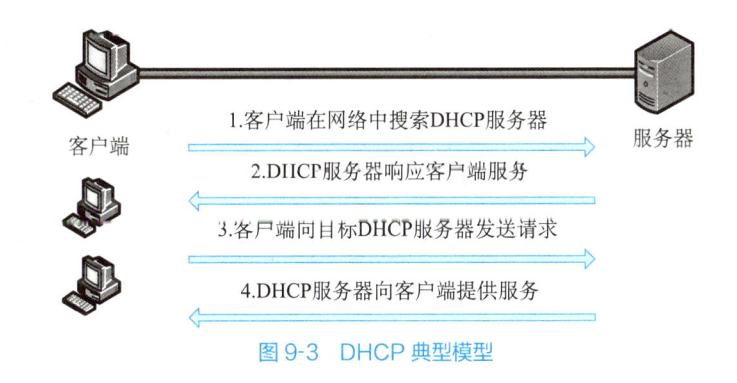

图 9-3　DHCP 典型模型

DHCP 工作过程主要分为以下 4 个阶段。

1. 客户端发送 DHCP 发现报文——DHCP Discovery 报文

当 DHCP 客户端首次登录网络时，发现本地计算机中没有放置任何 IP 地址，计算机以广播方式发送 DHCP Discovery 报文寻找 DHCP 服务器，即向 255.255.255.255 发送特定的广播信息，如图 9-4 所示。网络上每台安装了 TCP/IP 协议的计算机都会接收这个广播信息，但只有 DHCP 服务器才会做出响应。客户端发送 DHCP 请求报文，源

IP 地址为 0.0.0.0，目的地 IP 地址为 255.255.255.255。DHCP 在传输层是基于 UDP 进行工作的，目标端口号为 67，源端口为 68。

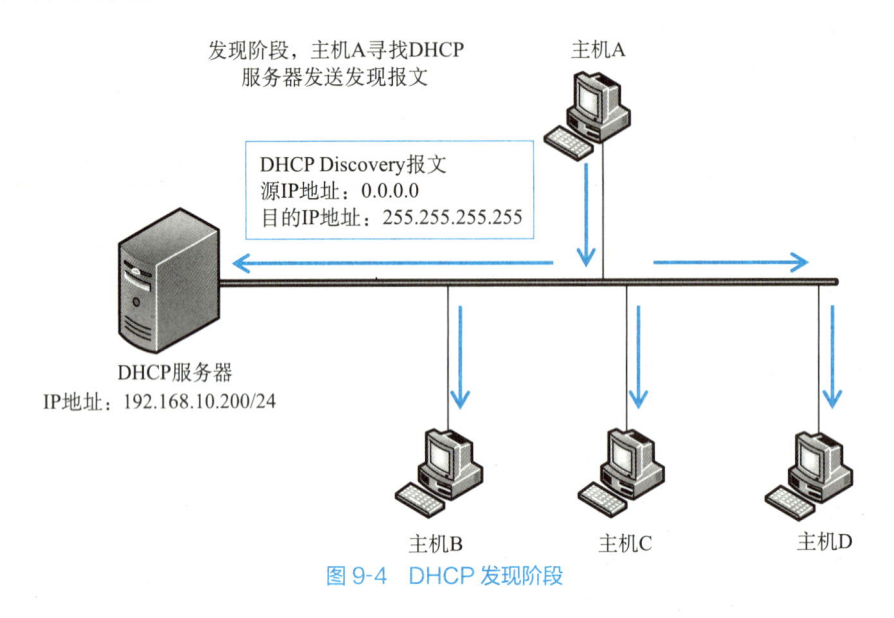

图 9-4 DHCP 发现阶段

2. DHCP 服务器响应请求——DHCP Offer 报文

本地网络上所有主机都能收到此广播报文，但只有 DHCP 服务器才回答此广播报文，如图 9-5 所示。DHCP 服务器收到发现报文后，先在其数据库中查找该计算机的配置信息。如果找到配置信息，则返回找到的信息否则说明这是一个新客户，从 IP 地址池中取一个地址分配给该计算机，并通过提供报文返回。这里需要说明一点，在 IP 地址实际分配的过程中，DHCP 服务器在发送提供报文之前，会先广播一个 ARP 报文确认要分配的 IP 地址是否有客户端已经私下配置过了，如果没有则此时广播提供报文，否则重新进行以上操作，并重新分配另一个 IP 地址。因为 DHCP 服务器是具有固定 IP 地址的，所以返回的提供报文中源 IP 地址是 DHCP 服务器的 IP 地址 192.168.10.200，由于客户端没有 IP 地址，所有目的 IP 地址也是一个广播地址。同时，DHCP 服务器为此客户端保留他提供的 IP 地址，从而不会为其他 DHCP 客户端分配此 IP 地址。

3. 客户端请求 DHCP 提供的 IP 地址——DHCP Request 报文

如果网络上有多台 DHCP 服务器，客户端可能收到多条 DHCP Offer 报文；如果有多台 DHCP 服务器向 DHCP 客户端发来的 DHCP Offer 报文，则 DHCP 客户端只接收第一个收到的 DHCP Offer 报文，然后它就以广播方式回复一个 DHCP Request 请求信息，如图 9-6 所示，该信息中包含向它选定的 DHCP 服务器请求 IP 地址的内容。与 DHCP Discovery 报文一样，DHCP Request 请求也是广播信息，目的地 IP 地址为 255.255.255.255，源地址为 0.0.0.0（因为此时客户还没有 IP 地址，所以源地址为 0.0.0.0），DHCP Request 格式与 DHCP Discovery 格式一致。

提供阶段，响应主机A的请求，DHCP服务器广播出租的IP地址信息和其他设置信息

DHCP Offer报文
源IP地址：192.168.10.200
目的IP地址：255.255.255.255
（出租的IP地址：192.168.10.2）

DHCP服务器
IP地址：192.168.10.200/24

主机A　主机B　主机C　主机D

图9-5　DHCP 提供阶段

选择阶段，主机A选择某台DHCP服务器提供的IP地址，广播通知所有DHCP服务器

DHCP Request报文
源IP地址：0.0.0.0
目的IP地址：255.255.255.255

DHCP服务器
IP地址：192.168.10.200/24

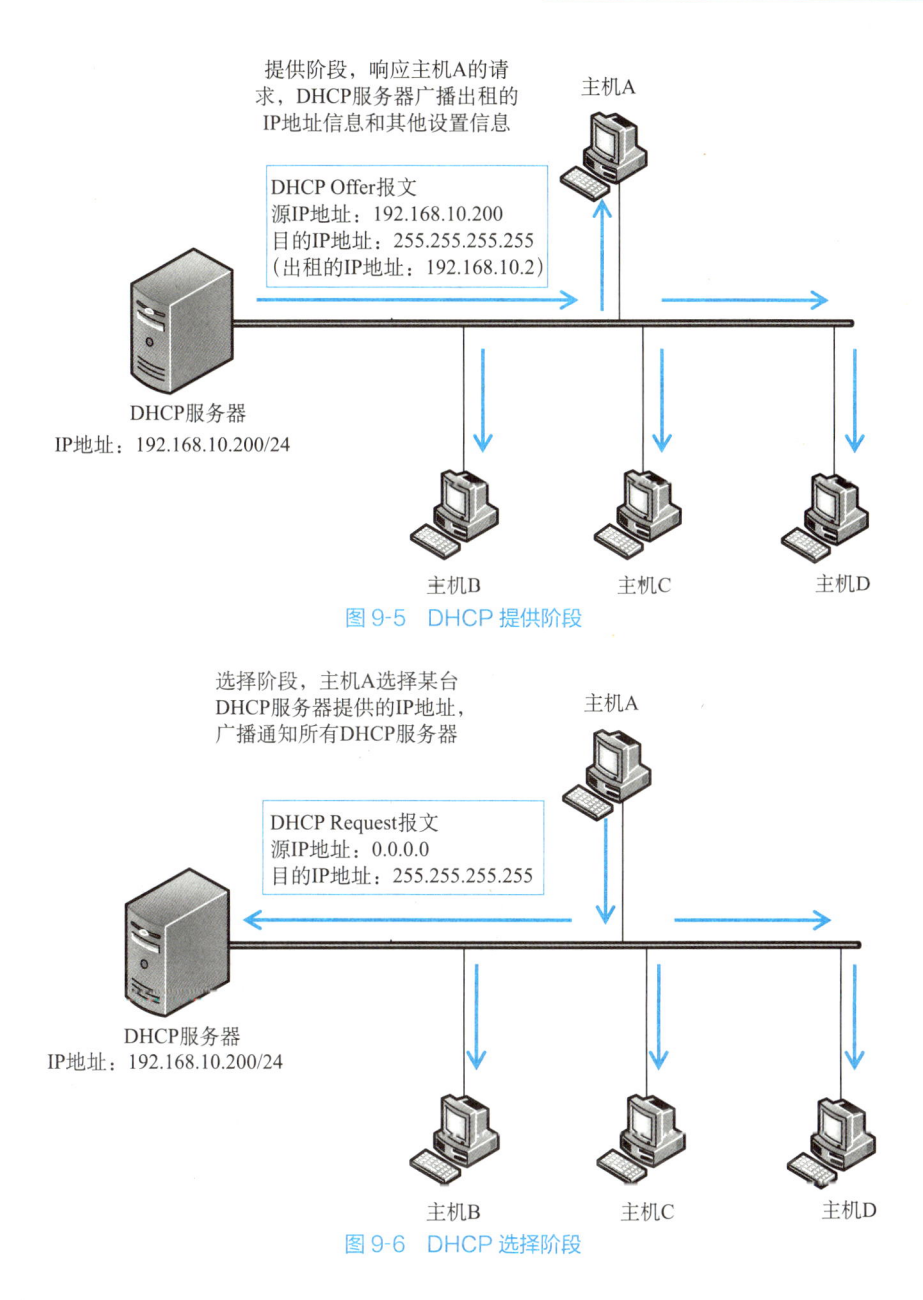

主机A　主机B　主机C　主机D

图9-6　DHCP 选择阶段

4. DHCP 服务器确认所提供的 IP 地址——DHCP ACK 报文

当 DHCP 服务器接收到客户端的请求后，会广播返回给客户端一个 DHCP 确认消息，如图 9-7 所示，表明已经接受客户端的选择，并且将这一 IP 地址的合法租用信息都放入该广播包发送给客户端。

客户端在接收到 DHCP ACK 报文后，会向网络发送 3 个针对此 IP 地址的 ARP 解析来执行冲突检测，查询网络上是否有其他计算机使用该 IP 地址；如果发现该 IP 地址已经被使用，客户端会发出一个 DHCP Decline 数据包给 DHCP 服务器，拒绝此 IP 地址租约，并重新发送 DHCP 发现报文。此时，在 DHCP 服务器管理控制台中，会显示

此 IP 地址为 BAD_ADDRESS。

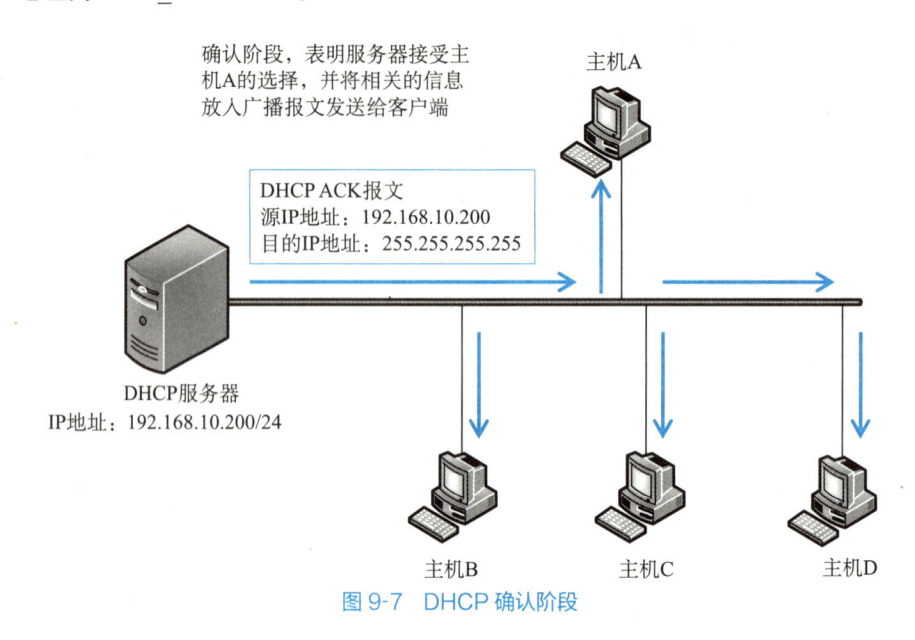

图 9-7 DHCP 确认阶段

如果网络上没有其他主机使用此 IP 地址，则客户端的 TCP/IP 使用租约中提供的 IP 地址完成初始化，并且将收到的 IP 地址与客户端的网卡绑定。从而可以与其他网络中的主机进行通信。

如果 DHCP 客户端无法从 DHCP 服务器获得 IP 地址，它将自动使用自动私有 IP 地址（Automatic Private IP Addressing，APIPA）为自己分配 IP 地址。这些 APIPA 地址的范围为 169.254.0.1～169.254.255.254，这些 APIPA 地址都是由操作系统自动分配的，并且仅适用于本地局域网内的通信。

三、DHCP 租约

DHCP 服务器向 DHCP 客户端出租 IP 地址会有租约期限，DHCP 服务的默认租约时间通常为 8 天，租约期满后 DHCP 服务器便会收回出租的 IP 地址。客户端从 DHCP 服务器获得 IP 地址的过程被称为 DHCP 的租约过程。如果 DHCP 客户端需要延长其 IP 租约，则必须重新向服务器申请 IP 租约。DHCP 客户端启动时和 IP 租约期限过一半时，DHCP 客户端都会自动向 DHCP 服务器发送更新其 IP 租约的信息，如图 9-8 所示。

DHCP 续租的工作流程描述如下。

（1）当客户端 IP 租约使用租期超过 50% 时，客户端向服务器发送单播 DHCP Request 报文续延租期。

（2）当收到服务器的 DHCP ACK 报文时，客户端则认为续租成功。如果没有收到 DHCP ACK 报文，则客户端可以继续使用当前 IP 地址。在使用租期过去的 87.5% 时刻，向服务器发送广播 DHCP Request 报文续延租期。在使用租期到期时，客户端自动放弃使用这个 IP 地址，并开始新的 DHCP 过程。

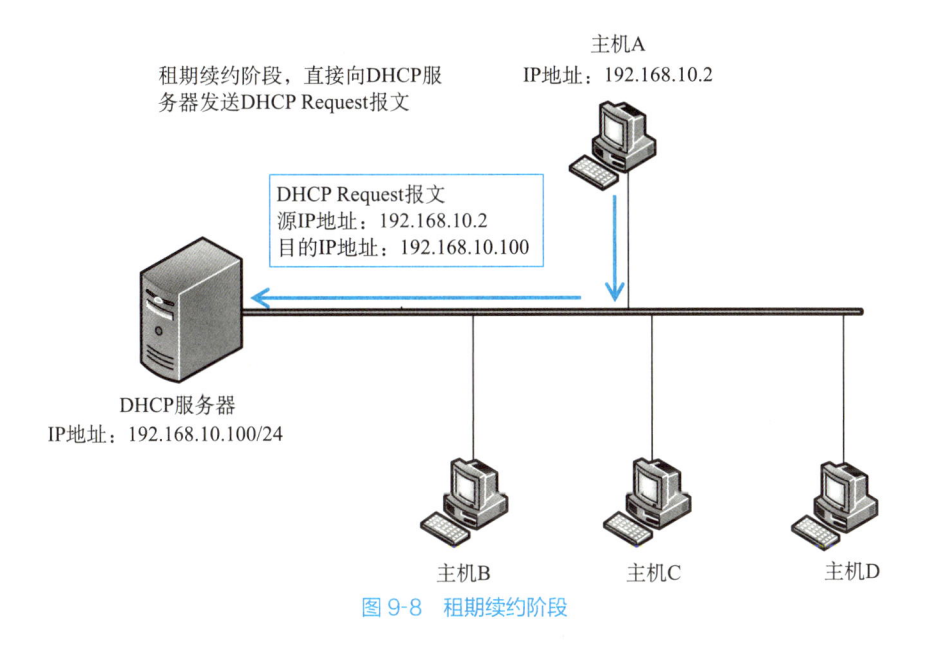

图 9-8　租期续约阶段

四、DHCP 作用域参数

担任 DHCP 服务器的计算机需要安装 TCP/IP 协议，并为其设置静态 IP 地址、子网掩码、默认网关等内容。

DHCP 作用域常用的基本参数如下。

- 作用域名称：要确保局域网内所有地址都能分配到一个 IP 地址，则首先需创建一个作用域。
- 地址分发范围（地址池）：确定 DHCP 地址池范围，其中可以排除如网关地址等。地址池范围为 192.168.10.1 ～ 192.168.10.200。
- 路由器（默认网关）：编号为"003"，网络的出口网关 IP 地址。
- DNS 服务器：编号为"006"，客户端使用的 DNS 服务器地址。
- DNS 域名：编号为"015"，客户端使用的 DNS 域名名称。
- 租约时间：默认将客户端获取的 IP 地址使用期限限制为 8 天。

五、DHCP 服务器授权

在网络中安装了 DHCP 服务器，网络中的客户端就可以通过 DHCP 服务器获取 IP 地址。如果在网络中有不止一台 DHCP 服务器，客户端就可能从非法的 DHCP 服务器获取错误的 IP 地址信息，从而导致网络故障。

为了解决这种问题，Windows 在 DHCP 服务器中引入了"授权"功能。它要求加入 Active Directory 域的 DHCP 服务器必须在 Active Directory 域中被授权，才能提供地址分配服务。但如果 DHCP 服务器没有加入 Active Directory 域，则仍然可以在"未授权"的情况下分配 IP 地址。

任务实施

在部署 DHCP 服务器之前应该先进行规划、明确 IP 地址的分配方案。此任务中，将 IP 地址 192.168.10.1～192.168.10.200/24 用于自动分配，将 IP 地址 192.168.10.1/24、192.168.10.200/24 等排除，预留给指定的终端设备等。本次任务实施在 VMware 中构建 DHCP 服务器网络拓扑如图 9-9 所示，域控制器作为 DHCP 服务器提供服务。

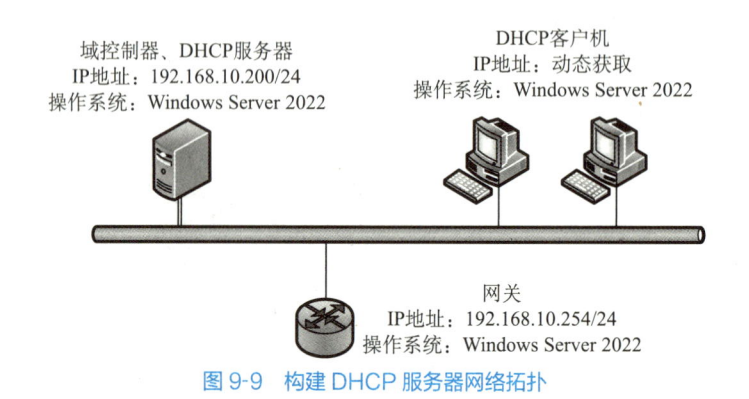

图 9-9 构建 DHCP 服务器网络拓扑

1. 安装 DHCP 服务器角色

（1）将 Windows Server 2022 网络操作系统的虚拟机设置为 DHCP 服务器，最简单的方法是使用服务器管理器添加 DHCP 服务器角色，通过"开始"菜单打开服务器管理器，如图 9-10 和图 9-11 所示，通过添加角色向导安装服务。

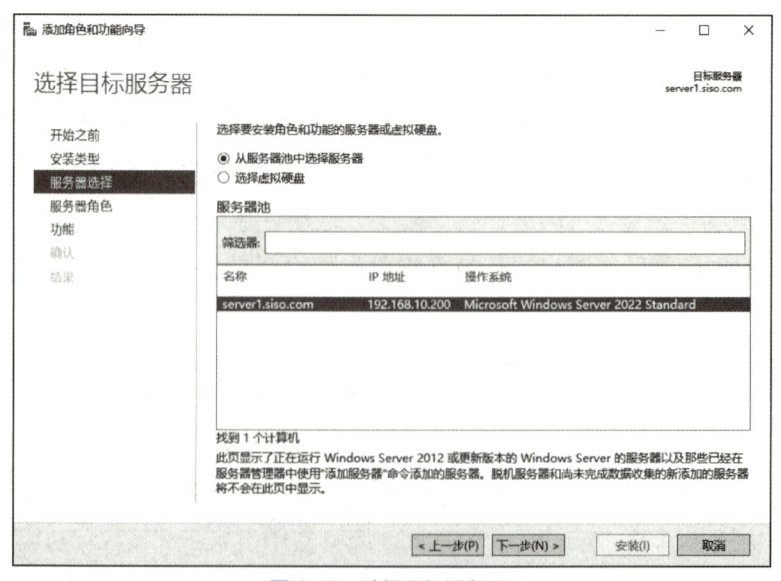

图 9-10 选择目标服务器

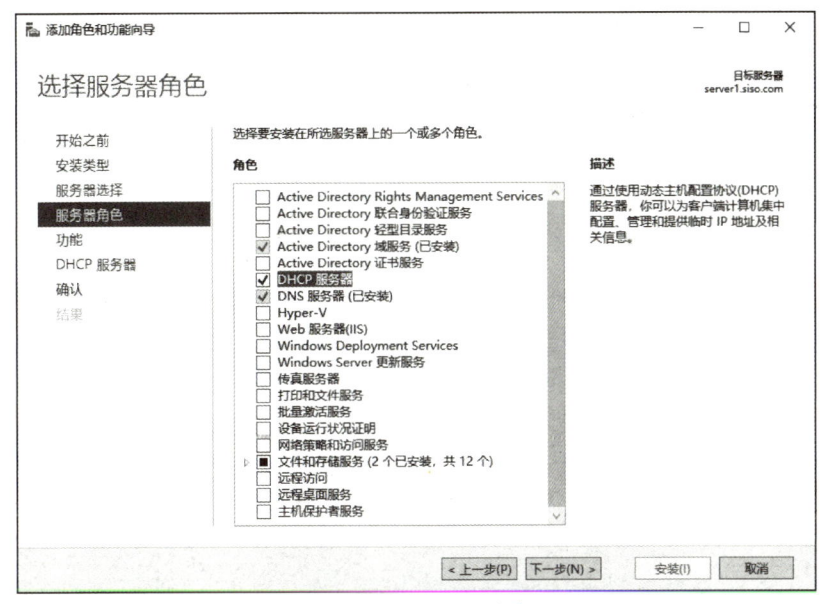

单元 9　DHCP 服务器的配置与管理

图 9-11　选择服务器角色

（2）完成 DHCP 服务安装后，在服务器管理器的左侧菜单中可以看到 DHCP 服务，如图 9-12 所示。

（3）在"服务器名称"列表中找到 DHCP 服务器并右击，在弹出的快捷菜单中选择"DHCP 管理器"命令，打开 DHCP 管理器界面，如图 9-13 所示。

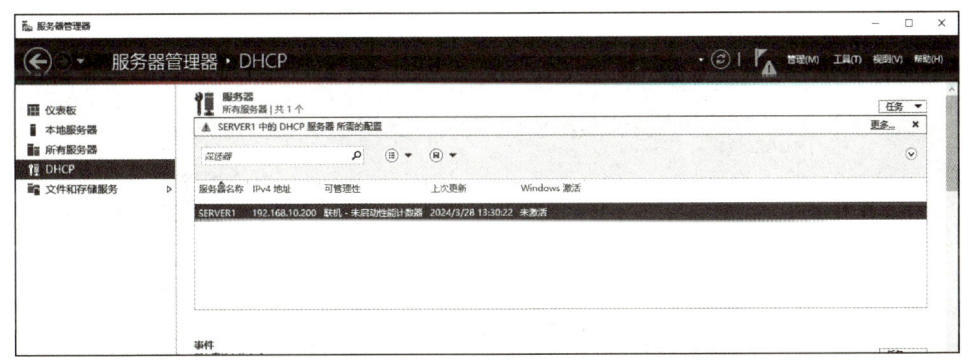

图 9-12　查看 DHCP 服务

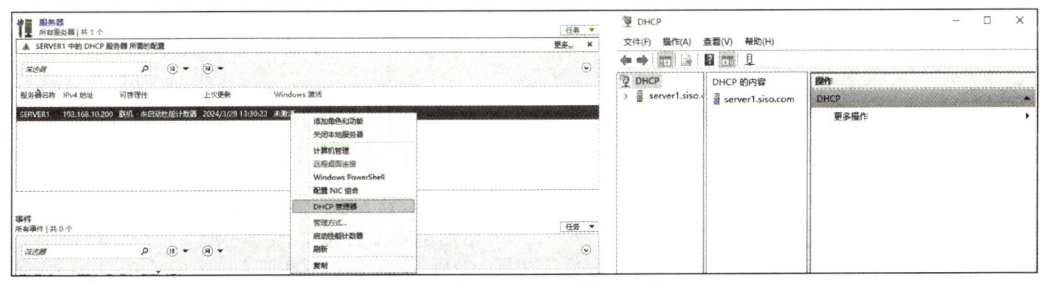

图 9-13　打开 DHCP 管理器界面

237

2. 配置 DHCP 服务器作用域和作用域选项

（1）在 DHCP 管理器界面的导航菜单中，右击"IPv4"选项，在弹出的快捷菜单中选择"新建作用域"命令，打开"作用域名称"界面，如图 9-14 所示，设置作用域名称后单击"下一步"按钮。

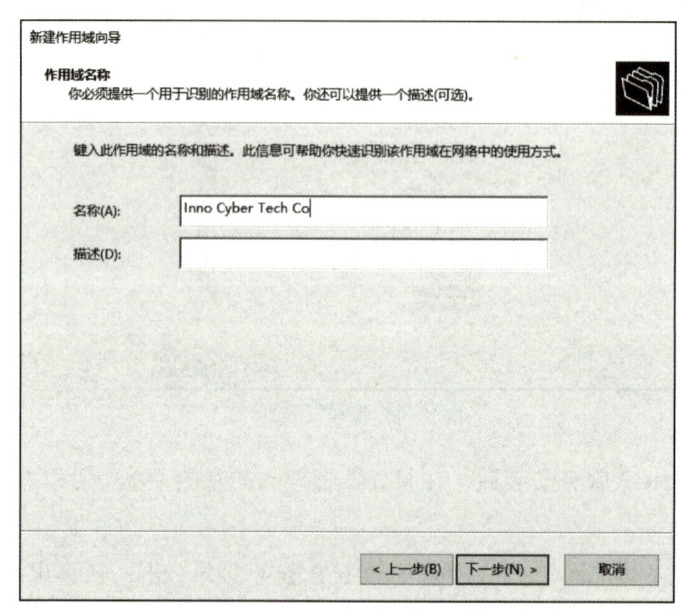

图 9-14 "作用域名称"界面

（2）在"IP 地址范围"界面中设置起始 IP 地址、结束 IP 地址、长度，子网掩码等信息，如图 9-15 所示。

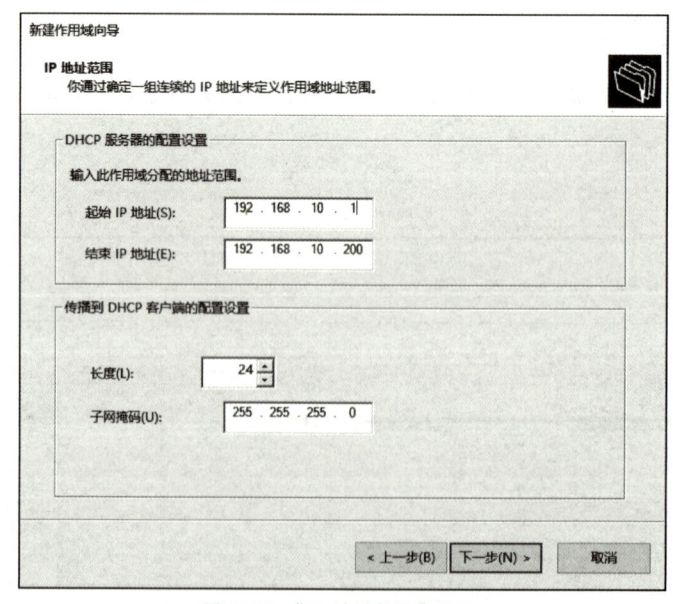

图 9-15 "IP 地址范围"界面

（3）在作用域向导中配置排除的 IP 地址、租期、默认网关等参数，如图 9-16 所示。

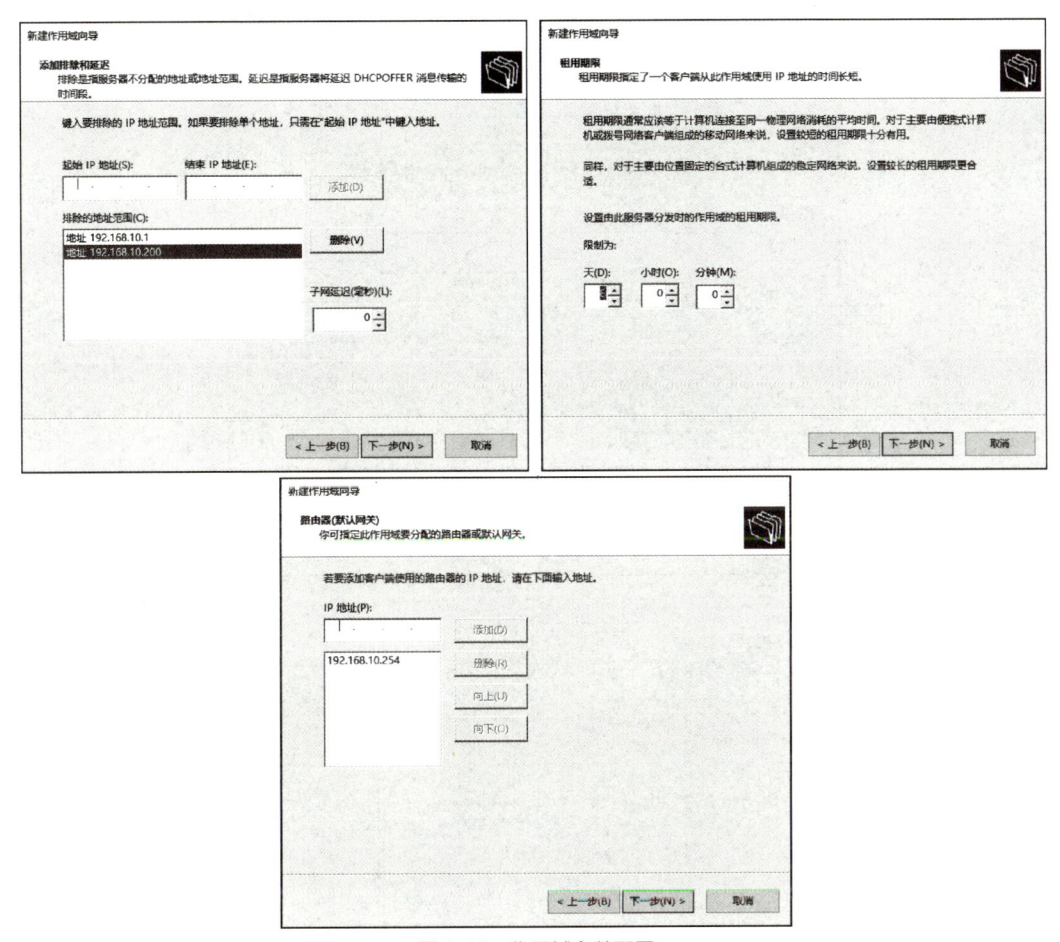

图 9-16　作用域参数配置

（4）配置域名称和 DNS 服务器，如图 9-17 所示，单击"下一步"，之后不需要输入 WINS 服务器信息，一直在打开的界面中单击"下一步"按钮直至完成。

（5）如果 DHCP 服务器已经加入了域，需要对 DHCP 服务器进行授权服务，DHCP 服务器就必须具有域管理员权限。

（6）安装完成之后，我们可以在服务器管理器的角色下面看到，已经存在了 DHCP 服务器和相关的作用域，也可以通过管理工具打开 DHCP 管理器，如图 9-18 所示。

3. 授权 DHCP 服务器

（1）重启 Windows Server 2022 网络操作系统的虚拟机之后使用域账户登录系统，打开 DHCP 管理器界面。右击要授权的 DHCP 服务器，在弹出的快捷菜单中选择"授权"命令，如图 9-19 所示。

图 9-17　配置域名称和 DNS 服务器

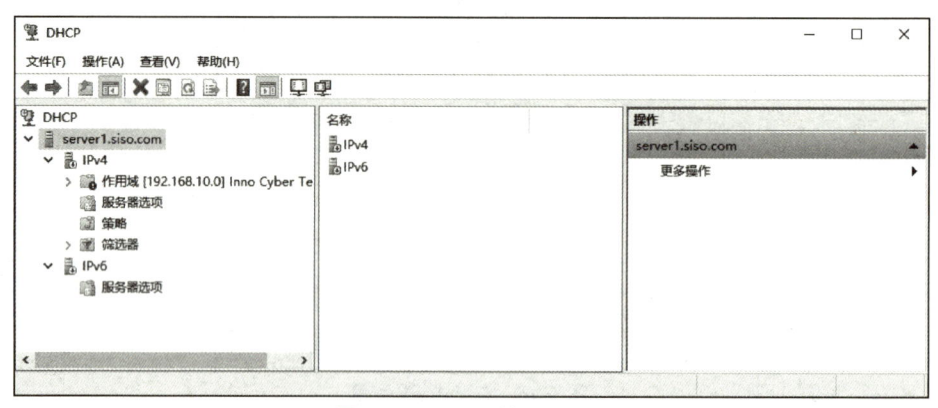

图 9-18　DHCP 管理器界面

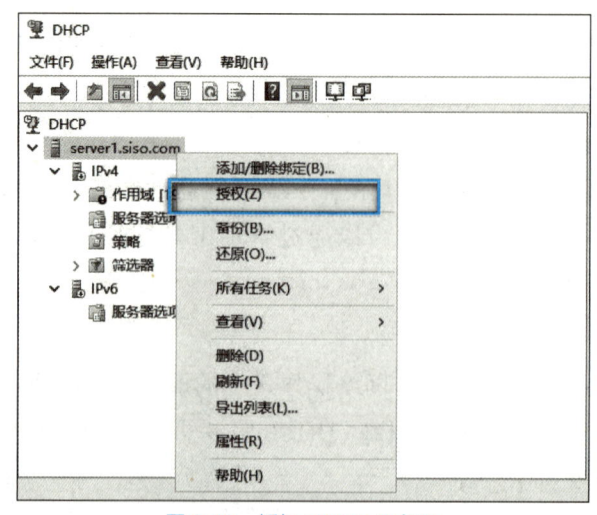

图 9-19　授权 DHCP 服务器

（2）授权之后的 DHCP 服务器图标中，本来的红色向下的箭头变成了绿色的对钩，如图 9-20 所示，如果解除授权，则只需要再次右击 DHCP 服务器，在弹出的快捷菜单中选择"撤销授权"命令。

图 9-20　已授权的 DHCP 服务器图标

4. 配置 DHCP 客户端和测试

目前常用的操作系统均可以作为 DHCP 客户端，本任务中使用 Windows 平台作为客户端进行配置。在客户端中打开"Internet 协议版本 4（TCP/IPv4）"属性界面，勾选"自动获得 IP 地址"和"自动获得 DNS 服务器地址"复选框。随后打开"网络连接详细信息"界面，如图 9-21 所示。

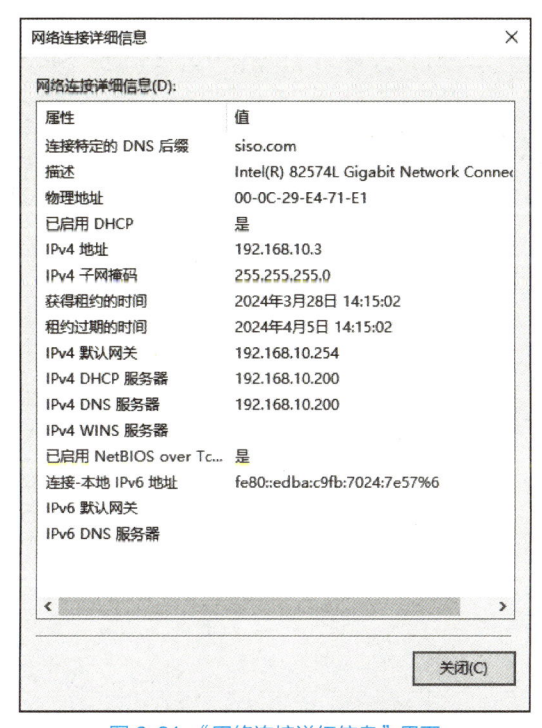

图 9-21　"网络连接详细信息"界面

我们也可以通过命令行提示符窗口，通过"ipconfig/all"和"ping"命令对 DHCP 客户端进行测试，如图 9-22 所示。使用"ipconfig/release"命令手动释放 DHCP 客户 IP 地址租约，使用"ipconfig/renew"命令手动更新 DHCP 客户 IP 地址租约。

图 9-22　测试 DHCP 客户端

继续登录 DHCP 服务器，打开 DHCP 管理控制台界面，在导航菜单中选择"DHCP"→"地址租用"选项，可以看到当前 DHCP 服务器的作用域中租用 IP 地址的客户端信息，如图 9-23 所示。

图 9-23　租用 IP 地址的客户端信息

任务拓展

在 DHCP 服务器上可以从几个不同的级别管理 DHCP 选项。

1. 服务器选项

服务器选项是默认应用于所有 DHCP 服务器作用域中的客户和类选项。服务器选项在完成安装 DHCP 服务后就已存在，右击服务器选项，在弹出的快捷菜单中选择"配置选项"命令，打开如图 9-24 所示的"服务器选项"界面，在该界面中可以配置 DHCP 服务器的很多服务器选项。

2. 保留选项

保留选项是用于给特定的 DHCP 客户端预留指定的 IP 地址。在保留地址时首先需要在 DHCP 服务器的作用域中新建保留，如图 9-25 所示，将这些保留信息预留给作用域中单独 DHCP 客户端使用。

3. DHCP 选项冲突优先级

如果不同级别的 DHCP 选项出现冲突，DHCP 客户端应用 DHCP 选项冲突优先级的顺序如下。

（1）DHCP 客户端手动配置。

（2）保留客户选项。

（3）作用域选项。

（4）服务器选项。

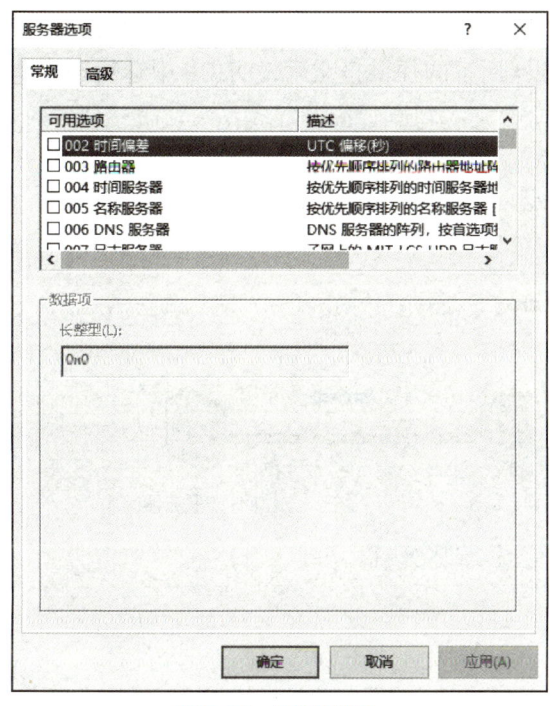

图 9-24 服务器选项

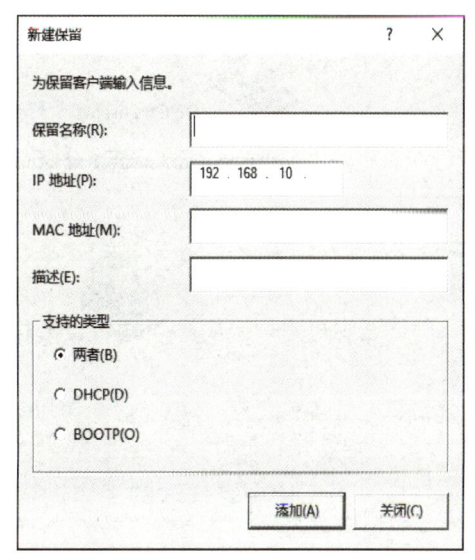

图 9-25 新建保留

任务 9-2　构建 DHCP 中继代理服务器

任务陈述

DHCP 中继代理服务器可以将 DHCP 请求发送到远程网络中的 DHCP 服务器上。由于公司网络中存在多个子网，而 DHCP 服务器与客户端处于不同的子网，这样就需要配置 DHCP 中继代理，让 DHCP 中继代理将 DHCP 报文转发到 DHCP 服务器。

知识准备

9.2.1　DHCP 中继代理

一、DHCP 中继代理的概念

DHCP Relay（DHCPR）又称 DHCP 中继。DHCP 中继可以实现跨越物理网段的 DHCP 信息处理和转发的功能。由于并不是每个网络上都有 DHCP 服务器，这样会使 DHCP 服务器的数量太多。比较推荐的是每个网络中至少有一个 DHCP 中继代理，并在该代理中配置 DHCP 服务器的 IP 地址信息。

在 DHCP 中继代理收到主机发出的发现报文后，以单播方式向 DHCP 服务器转发此报文并等待其回答。在收到 DHCP 服务器回答的提供报文后，DHCP 中继代理将此提供报文发送给主机，如图 9-26 所示。

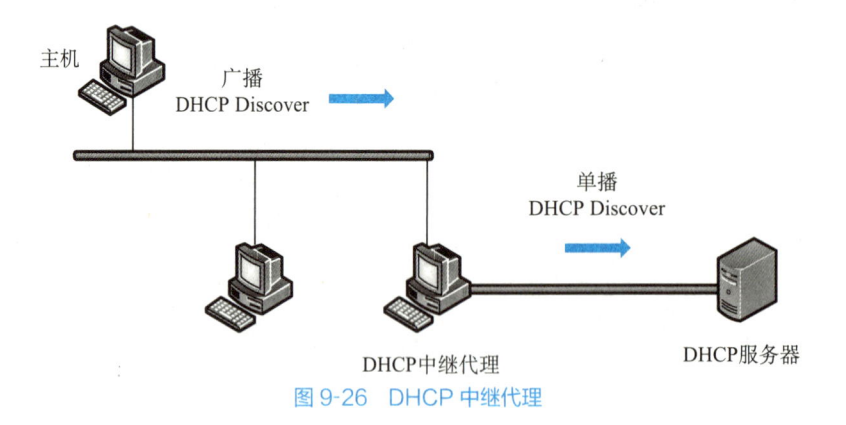

图 9-26　DHCP 中继代理

二、DHCP 中继代理的工作过程

（1）当 DHCP 客户端启动并进行 DHCP 初始化时，它会在本地网络广播配置请求报文。

（2）如果本地网络存在 DHCP 服务器，则可以直接进行 DHCP 配置，不需要配置 DHCP 中继。

（3）如果本地网络不存在 DHCP 服务器，则与本地网络相连的具有 DHCP 中继功能的网络设备在收到该请求报文后，适当处理并将其转发给指定的其他网络上的 DHCP 服务器。

（4）DHCP 客户端通过指向的 DHCP 服务器请求获取地址报文。

任务实施

本任务中 DHCP 服务器需要完成 2 个作用域的创建，配置 DHCP 中继代理服务器并进行测试，构建如图 9-27 所示的 DHCP 中继代理拓扑（VMware 中开启 3 个虚拟机），其中子网 2 属于跨网段的网络，因此需要 DHCP 中继代理转发 DHCP 报文。

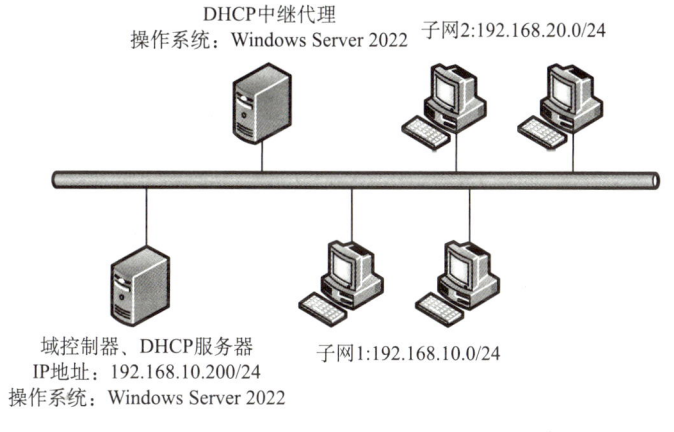

图 9-27　DHCP 中继代理拓扑

1. DHCP 中继代理的网络连接

（1）首先在 DHCP 服务器界面中，按照之前的方法添加作用域，如图 9-28 所示。

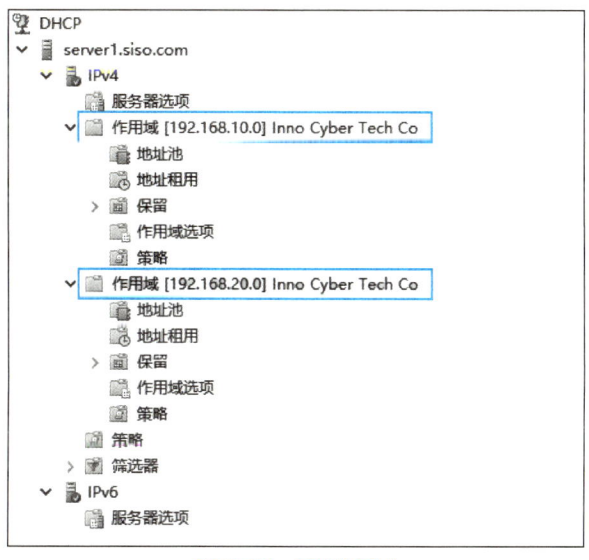

图 9-28　添加作用域

（2）然后在"虚拟机设置"界面中为 DHCP 中继代理添加两个网络适配器，设置网络适配器为"桥接模式(自动)"，设置网络适配器 2 为"自定义 (VMnet1)"，如图 9-29 所示。

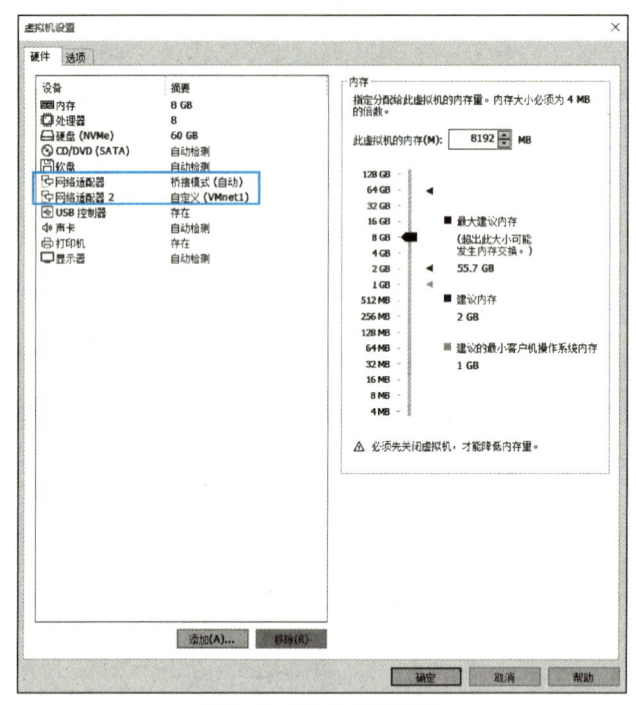

图 9-29　添加网络适配器

（3）接着分别设置两个网卡的地址为 DHCP 中继代理服务器作用域 1 和作用域 2 的网关（路由器）地址，如图 9-30 所示。

图 9-30　设置 DHCP 中继代理服务器的网关地址

2. 安装"远程访问服务"角色服务

（1）打开 DHCP 中继代理服务器的"服务器管理器"界面，添加角色。在"选择服务器角色"界面中勾选"远程访问"复选框，如图 9-31 所示，单击"下一步"按钮。

（2）在"选择角色服务"界面中勾选"路由"复选框，安装路由服务，如图 9-32 所示。

单元 9　DHCP 服务器的配置与管理

图 9-31　"选择服务器角色"界面

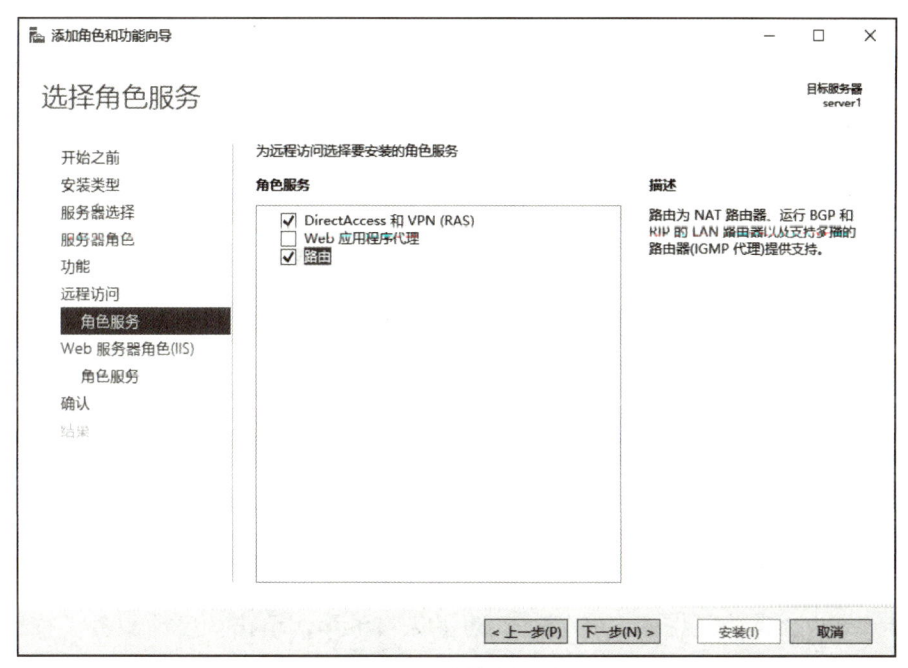

图 9-32　安装路由服务

3. 增加 LAN 路由功能

（1）通过"开始"菜单，打开服务器管理器界面，在菜单栏中选择"工具"→"路由和远程访问"命令，打开"路由和远程访问"界面，如图 9-33 所示。

247

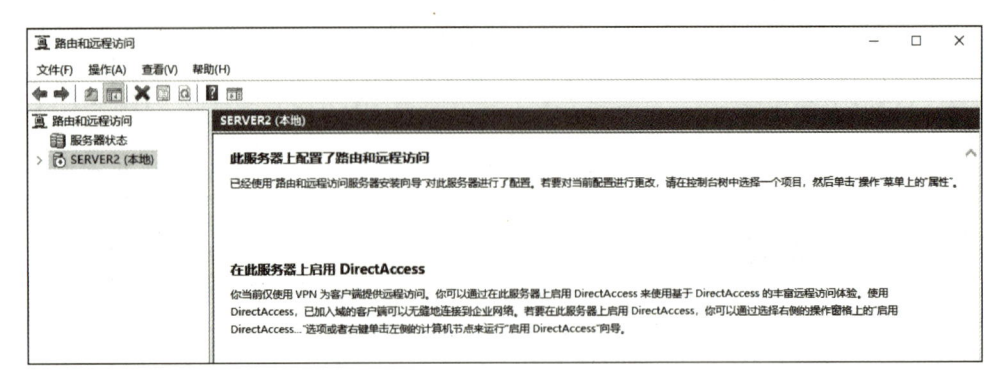

图 9-33 "路由和远程访问"界面

（2）右击服务器"SERVER2(本地)"，在弹出的快捷菜单中选择"配置并启动路由和远程访问"命令，打开"路由和远程访问服务器安装向导"界面，单击"下一步"按钮，在"配置"界面中选中"自定义配置"单选按钮，如图 9-34 所示。

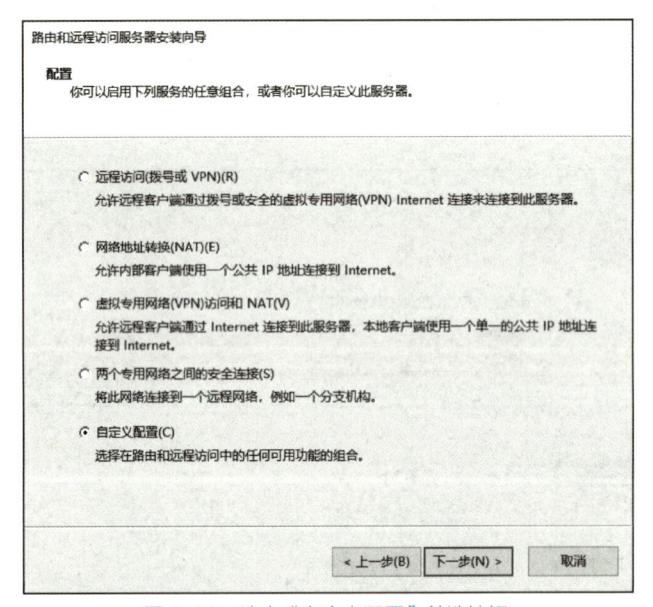

图 9-34 选中"自定义配置"单选按钮

（3）单击"下一步"按钮，在打开的"自定义配置"界面中勾选"LAN 路由"复选框，如图 9-35 所示。

（4）单击"完成"按钮，打开"启动服务"界面，单击"启动服务"按钮，如图 9-36 所示。

4. 添加 DHCP 中继代理程序

（1）在"路由和远程访问"界面的导航菜单中，选择"IPv4"→"常规"选项并右击，在弹出的快捷菜单中选择"新增路由协议"命令，打开如图 9-37 所示的"新路由协议"界面，选择"DHCP Relay Agent"选项，并单击"确定"按钮。

单元 9　DHCP 服务器的配置与管理

图 9-35　勾选"LAN 路由"复选框

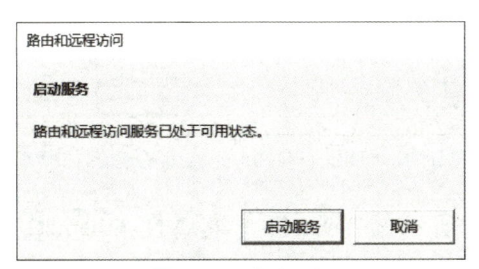

图 9-36　启动服务

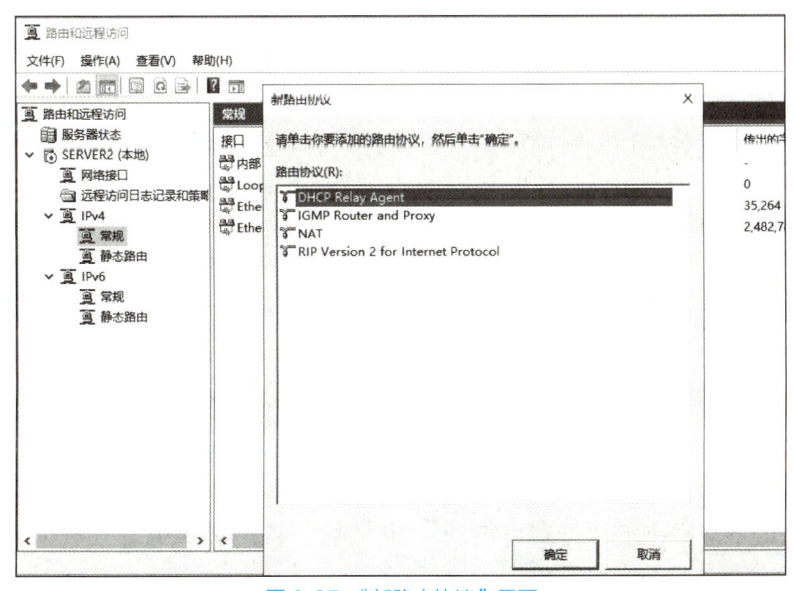

图 9-37　"新路由协议"界面

249

（2）在"路由和远程访问"界面中找到新添加的 DHCP 中继代理并右击，在弹出的快捷菜单中选择"新增接口"命令，在打开的"DHCP Relay Agent 的新接口"界面中选择本地连接中的"Ethernet1"网卡接口，如图 9-38 所示，单击"确定"按钮。

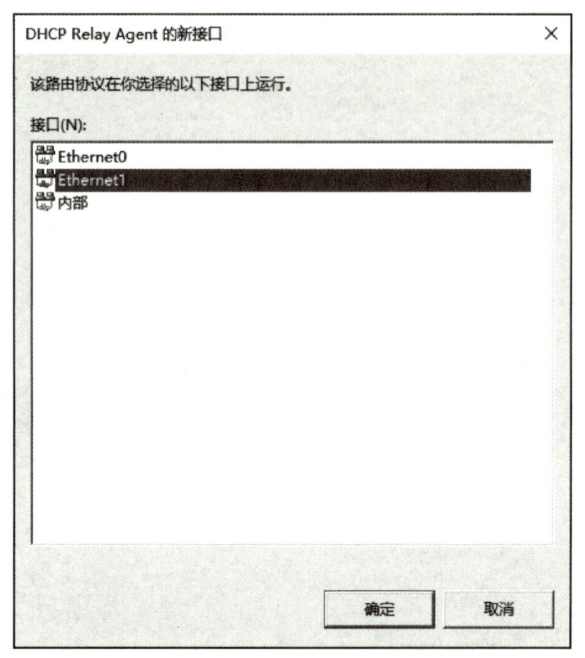

图 9-38 "DHCP Relay Agent 的新接口"界面

（3）打开如图 9-39 所示的"DHCP 中继属性-Ethernet1 属性"界面，检查"中继 DHCP 数据包"复选框是否已经被勾选，并设置跃点计数阈值（DHCP 代理转发的 DHCP 报文经过多少个路由器后会被丢弃）和启动阈值（DHCP 代理接收按钮 DHCP 报文后经过多长时间才将数据包转发出去），设置完成后单击"确定"按钮。

5. 指定 DHCP 中继代理服务器的 IP 地址

返回"路由和远程访问"界面后，找到 DHCP 中继代理并右击，在弹出的快捷菜单中选择"属性"命令，在打开的"DHCP 中继代理 属性"界面中设置 DHCP 中继代理发送信息的服务器 IP 地址，如图 9-40 所示。

6. 测试 DHCP 中继代理

此时我们开启第 3 台虚拟机，设置虚拟机网卡为"VMnet1（仅主机模式）"，保证它在子网 2 中，同时在 VMware 中设置虚拟网络，取消勾选"使用本地 DHCP 服务将 IP 地址分配给虚拟机"复选框，如图 9-41 所示。测试客户端网络连接设置自动获取的 IP 地址，"网络连接详细信息"界面如图 9-42 所示，我们可以看出第 3 台虚拟机通过 DHCP 中继代理向 DHCP 服务器申请到了 IP 地址，而获取的 IP 地址和 DHCP 服务器的 IP 地址是属于不同网段的。

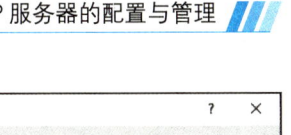

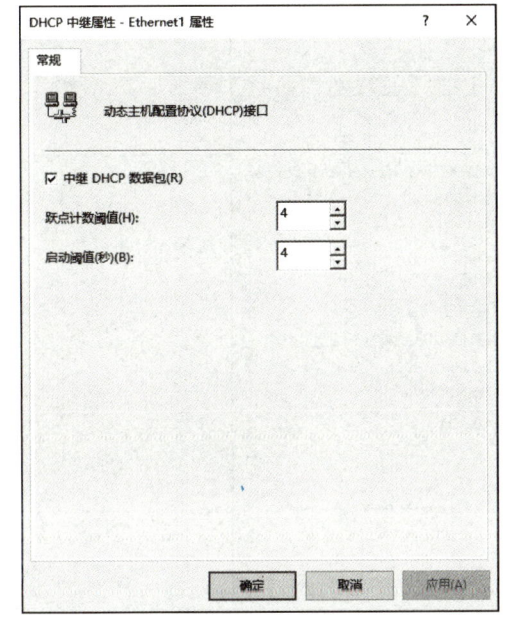

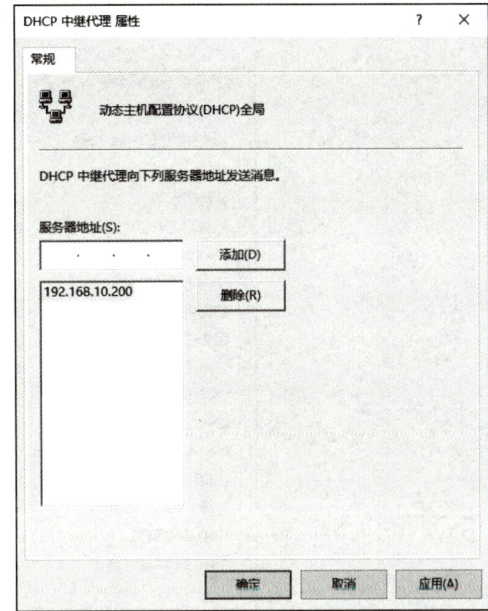

图 9-39 "DHCP 中继属性 –Ethernet1 属性"界面　　图 9-40 设置 DHCP 中继代理的服务器地址

而此时再次查看 DHCP 服务器的作用域，可以看到 192.168.20.0 作用域中地址租用的情况如图 9-43 所示，并查看 DHCP 中继代理，看到 Ethernet1 接口中继代理处理的数据包统计如图 9-44 所示。

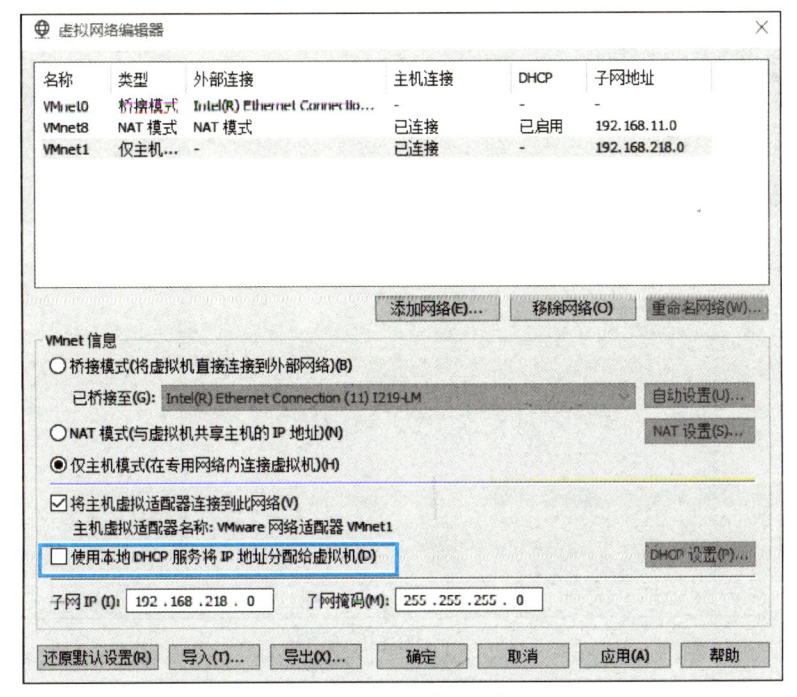

图 9-41 设置虚拟网络

251

图 9-42 "网络连接详细信息"界面

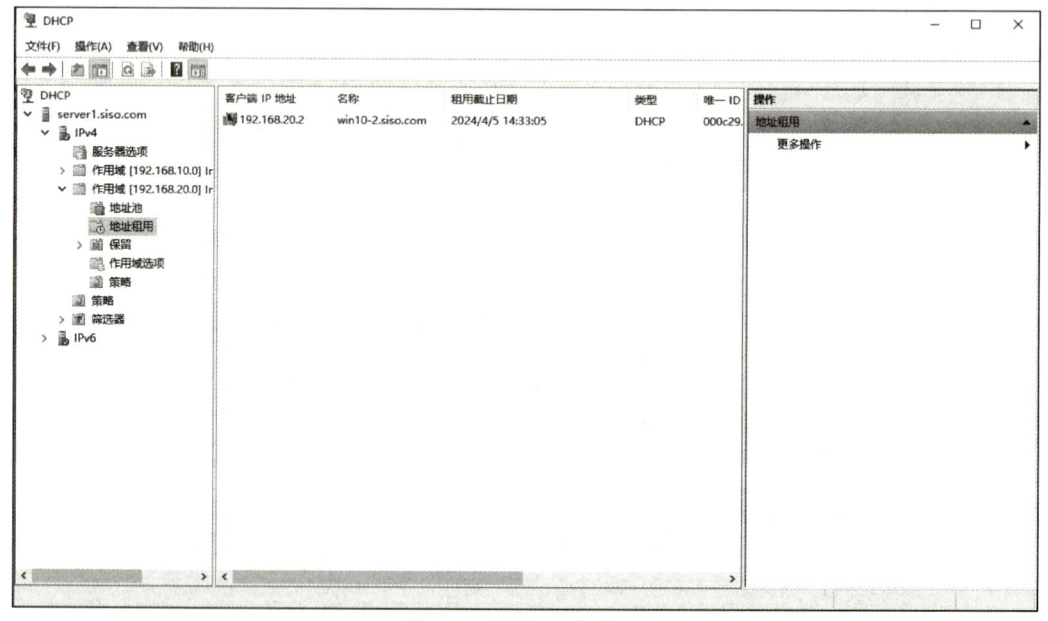

图 9-43 地址租用的情况

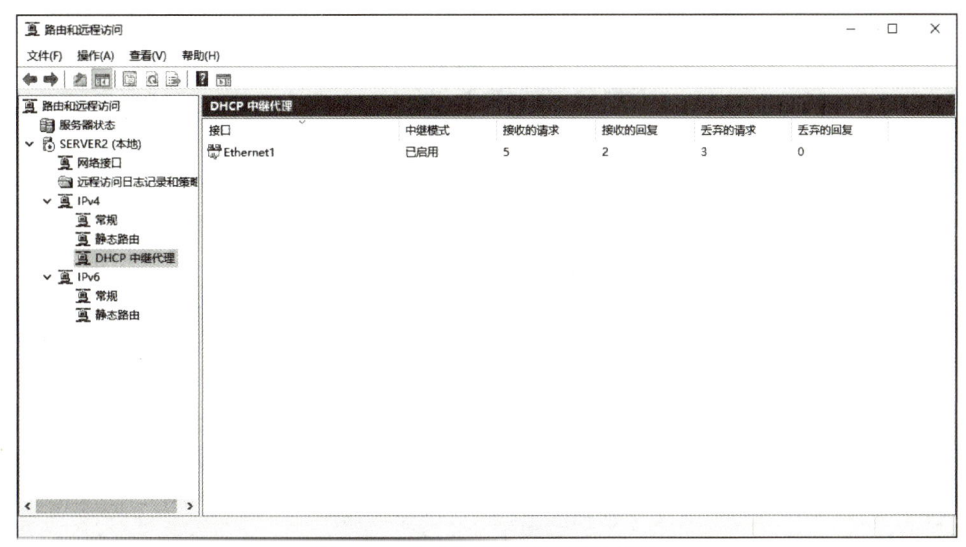

图 9-44　中继代理处理的数据包统计

任务拓展

一般情况下，将 DHCP 服务器的数据文件库存放在 %Systemroot%\System32\Dhcp 文件夹中，如图 9-45 所示。

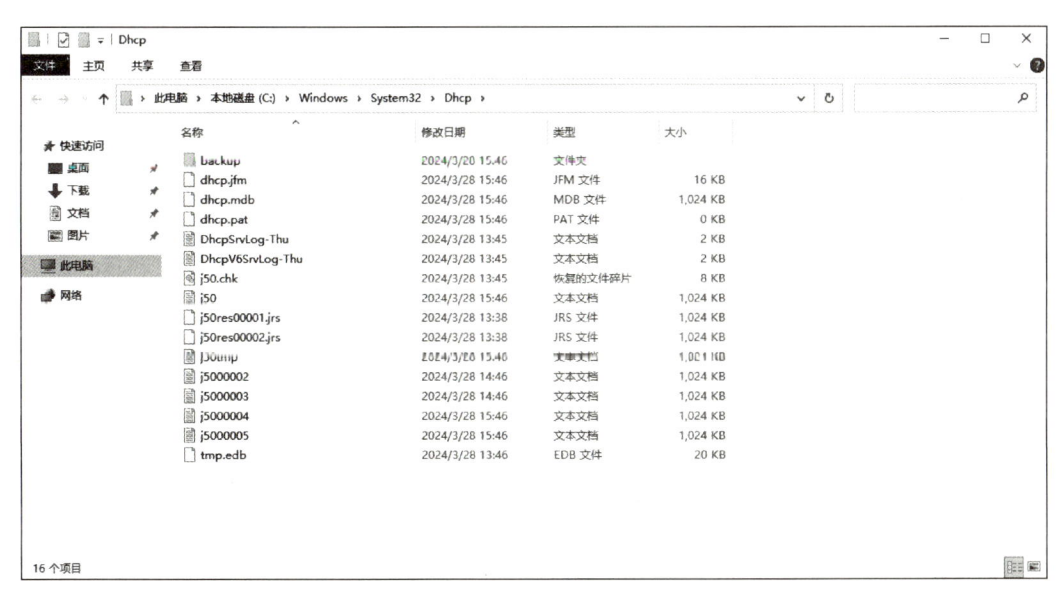

图 9-45　DHCP 服务器的数据库文件

其中，dhcp.mdb 是主数据文件，子文件夹 backup 是 DHCP 数据库的备份。默认情况下，DHCP 数据库每小时会自动备份一次。网络管理员可以备份或还原 DHCP 数据库。在 DHCP 服务器界面的导航菜单中，右击"server1.siso.com"选项，在弹出的快捷菜单中可以选择"备份"或"还原"命令，如图 9-46 所示。

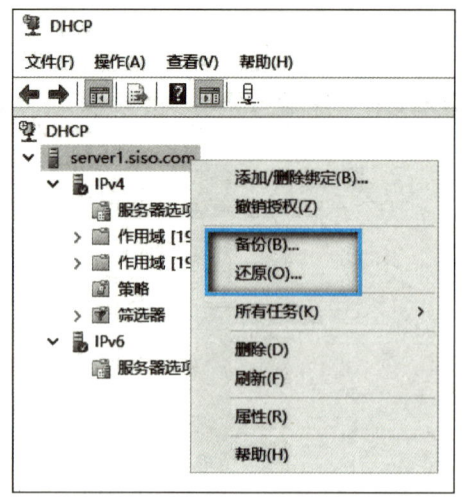

图 9-46 "备份"或"还原"命令

单元小结

随着网络规模的不断扩大，其复杂程度也在逐渐增加，动态主机配置协议给大型网络分配 IP 地址带来了极大的便捷。随着移动终端和无线网络的广泛使用，IP 地址的变化与更新也经常发生，DHCP 就是为了满足这些需求而发展起来的。

单元练习题

一、单项选择题

1. DHCP 服务的默认租约是（　　）天。

A. 6　　　　　　B. 7　　　　　　C. 8　　　　　　D. 9

2. DHCP 服务器与 DHCP 客户端交互时使用的端口号是（　　）。

A. 67 和 68　　　B. 66 和 67　　　C. 53 和 80　　　D. 20 和 21

3. 如果 DHCP 客户端无法从 DHCP 服务器获得 IP 地址，则使用自动私有 IP 地址是（　　）。

A. 192.168.0.0/24　　　　　　　　B. 10.0.0.0/24

C. 172.16.0.0/24　　　　　　　　D. 169.254.115.0/24

4. DHCP 服务器不可以配置的信息是（　　）。

A. WINS 服务器　　　　　　　　B. DNS 服务器

C. 计算机主机名　　　　　　　　D. DNS 域名

5. （　　）命令可以查看网络适配器的 DHCP 类别信息。

A. "ipconfig/renew"　　　　　　B. "ipconfig/release"

C. "show dhcp"　　　　　　　　　　D. "ipconfig/all"

6. 在 Windows Server 2022 网络操作系统中 DHCP 服务中客户端租约使用时间超过租约的 50% 时，客户端会向服务器发送（　　）报文来更新租约。

A. DHCP Discovery　　　　　　　　B. DHCP Offer

C. DHCP Request　　　　　　　　　D. DHCP Ack

7. 在一个局域网中使用 DHCP 服务器动态分配 IP 地址，DHCP 服务器的 IP 地址为 192.168.10.222/24，服务器中创建一个作用域为 192.168.10.1/24～192.168.10.200/24 并激活，在服务器选项中设置 003 路由器为 192.168.10.254，在作用域选项中设置 003 路由器为 192.168.10.253，则客户端获得的默认网关为（　　）。

A. 192.168.10.1　　　　　　　　　　B. 192.168.10.253

C. 192.168.10.254　　　　　　　　　D. 无法获取

8. 如果需要为一台服务器设定固定的 IP 地址，则可以在 DHCP 服务器上为其设置（　　）。

A. IP 作用域　　　　　　　　　　　B. IP 地址保留

C. DHCP 中继代理　　　　　　　　　D. 延长租期

二、填空题

1. 网络管理员分配 IP 地址的方式有 _____ 和 _____。

2. 在域环境下，DHCP 服务器能够向客户分配 IP 地址之前，用户必须对 DHCP 服务器进行 _____。

3. 要实现动态分配 IP 地址，该网络至少有一台计算机的网络操作系统中安装 _____ 服务器。

4. 在安装 DHCP 服务器之前，必须保证这台计算机具有静态的 _____。

5. 用来查看 IP 地址的详细信息的命令是 _____。

三、解答题

1. 简述 DHCP 的优势。

2. 简述 DHCP 的工作过程。

3. 简述 DHCP 中继代理的工作原理。

单元 10

DNS 服务器的配置与管理

学习目标

【知识目标】
- 了解 DNS 服务的基本概念与功能。
- 理解 DNS 域名系统的基本原理。
- 理解 DNS 域名解析的工作过程。
- 理解 DNS 子域和委派域的概念

【技能目标】
- 掌握 DNS 服务器的安装。
- 掌握 DNS 域名服务器的配置方法。
- 掌握 DNS 主域名服务器和客户机的配置。
- 掌握配置子域和委派域的创建

【素养目标】
- 提高问题意识,培养创新思维。
- 提高自主技术与品牌认知,激发爱国热情。

引例描述

著创公司注册的网站域名为 www.siso.com,对应局域网内 IP 地址为 192.168.0.100,用于公司网站的发布,管理员给局域网设计的域名为 siso.com,公司要求网络管理员小陈在公司内部搭建本地 DNS 服务器,完成局域网内部 DNS 服务器的部署。

单元 10　DNS 服务器的配置与管理

公司采用了新的域名系统方案，你来部署 DNS 服务器吧！

好的，我先研究一下 DNS 服务！

网络管理员小陈准备着手搭建 DNS 服务器，通过资料查询，她已经掌握了搭建服务器的基本步骤，具体如下。

第一步，安装 DNS 服务器环境。

第二步，配置 DNS 主区域正反向解析。

第三步，客户端通过 DNS 协议完成域名解析。

任务 10-1　DNS 服务配置与管理

DNS 服务配置与管理

DNS 服务器（理论）

任务陈述

著创公司的管理员小陈需要在服务器上通过 Windows Server 2022 网络操作系统中的"添加角色向导"界面进行安装 DNS 服务器，在安装过程中可以创建一个作用域，最后对该服务器授权。

该公司现有 3 台服务器，DNS 服务器的局域网地址为 192.168.0.100，主机名为 server1.siso.com；Web 服务器的局域网地址为 192.168.0.100，对应域名为 www.siso.com；邮件服务器的地址为 192.168.0.3，对应域名为 mail.siso.com。

知识准备

10.1.1　域和域名

域和域名是两个不同的概念。域是指网络上的一个区域或范围，它可以是一个网络子网、一个网络组或一个组织，也可以由一组具有共同属性和行为的对象或设备组成。域起到了隔离和管理的作用。通过将网络资源划分到不同的域中，可以实现对资源的权限控制、网络流量的管理和安全性的保护。例如，一个公司可以将其内部的网络资源划分为不同的域，如员工域、客户域等，从而更好地管理和控制资源访问。域具有不同的属性和权限，可以定义不同的访问控制策略，从而实现对网络资源和用户的管理。

域名则是指在互联网上用于标识和定位网站、网络服务及其他互联网资源的名称。域名是由若干个由点分隔的标签组成的，最后一个标签表示顶级域名，如".com"".org"等。域名提供了一种易于记忆、容易理解的方式来访问互联网资源，代替了复杂的 IP 地址。

10.1.2 DNS 服务

DNS（Domain Name System，域名系统）是一种分布式网络目录服务，用于实现服务器主机名和 IP 地址之间的映射。IP 地址对用户来说是一串数字，不方便记忆；而服务器的域名便于用户记忆，因此域名系统就是帮助用户快速访问互联网中的主机资源而提供的服务。

域名是互联网上某一台计算机或计算机组的名称，用于在数据传输时标识计算机的电子方位（有时也指地理位置）。域名由一串点分隔的名字组成，通常包含组织名称，且始终包括两个或三个字母的后缀，以指明组织的类型或该域所在的国家、地区。当前，每级域名长度的限制为 63 个字符，域名总长度则不能超过 253 个字符。

一、DNS 域名空间

互联网的域名是树状结构的，树根在最顶端，任何一个连接在互联网上的主机或路由器，都有一个唯一的层次结构的名字，即域名。DNS 域名的结构由若干个分量组成，各分量之间用点隔开，如图 10-1 所示。

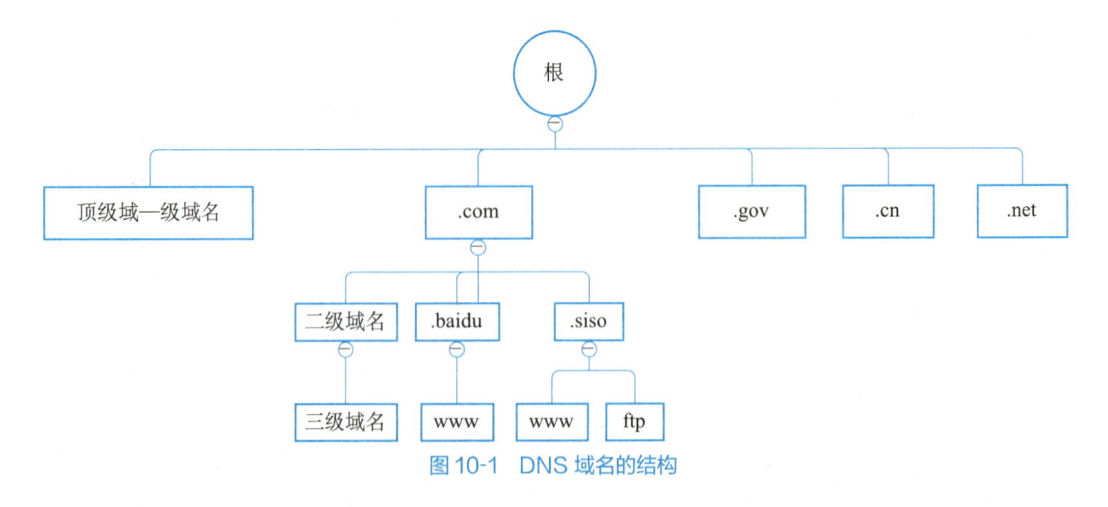

图 10-1 DNS 域名的结构

常见的顶级域名如表 10-1 所示。顶级域名分为三类，一是国家和地区顶级域名（country code Top-Level Domains，ccTLDs），目前有 200 多个国家都按照 ISO3166 国家代码分配了顶级域名，如英国的顶级域名是 .uk，美国的顶级域名是 .us 等；二是国际顶级域名（generic Top-Level Domains，gTLDs），如教育机构的顶级域名是 .edu，网络服务机构的顶级域名是 .net，非营利性组织的顶级域名是 .org 等；三是新顶级域名（New gTLD），如高端的顶级域名是 .top，红色的顶级域名是 .red 等。

表 10-1 常见的顶级域名

顶级域名	分配情况	顶级域名	分配情况
.com	公司企业	.aero	航空运输企业
.net	网络服务机构	.biz	公司和企业
.org	非营利性组织	.coop	合作团体
.edu	教育机构（美国专用）	.info	各种情况
.gov	政府部门（美国专用）	.museum	博物馆
.mil	军事部门（美国专用）	.name	个人
.国家缩写	国家	.pro	会计、律师和医师等自由职业者

中国的顶级域名是 ".cn"。它是中国国家顶级域名，由中国互联网络信息中心（China Internet Network Information Center，CNNIC）负责运行和管理。.cn 域名包括在 .cn 下直接注册的二级域名和在 .cn 二级域下注册的三级域名。截至 2024 年 6 月，我国域名总数为 3187 万个，国家顶级域名 ".cn" 的数量为 1956 万个，占域名总数的 61.4%，连续十年位居全球第一。

二、DNS 服务器的工作过程

DNS 帮助 HTTP 服务在请求网页时通过域名进行访问，当用户输入一个域名时，系统会首先检查本地计算机的 DNS 缓存（如果存在）。如果缓存中没有对应的 IP 地址，则会向用户计算机上配置的 DNS 服务器（通常是本地 ISP 提供的 DNS 服务器）发送查询请求。DNS 查询可以分为多种类型，每种类型都有其特定的用途和查询方式，常见的 DNS 查询方式是递归查询和迭代查询。一般情况下，为了减少资源的消耗，网络中客户端与所属的本地 DNS 服务器查询方式通常为递归查询，本地 DNS 服务器与外部的公共 DNS 服务器间的查询方式为迭代查询。

1. 递归查询

递归查询是指用户向本地 DNS 服务器发起查询请求，如果该 DNS 服务器不具备域名解析能力，则会向上级 DNS 服务器发起查询请求，直到目标 IP 地址被解析出来。

2. 迭代查询

迭代查询是指用户向本地 DNS 服务器发起查询请求，该服务器会返回一个或多个可以进一步查询的 DNS 服务器地址，本地 DNS 服务器需要逐个向这些服务器发起查询请求，直到找到目标 IP 地址。

图 10-2 所示为客户端访问网站时使用 DNS 进行递归查询域名解析的基本过程。

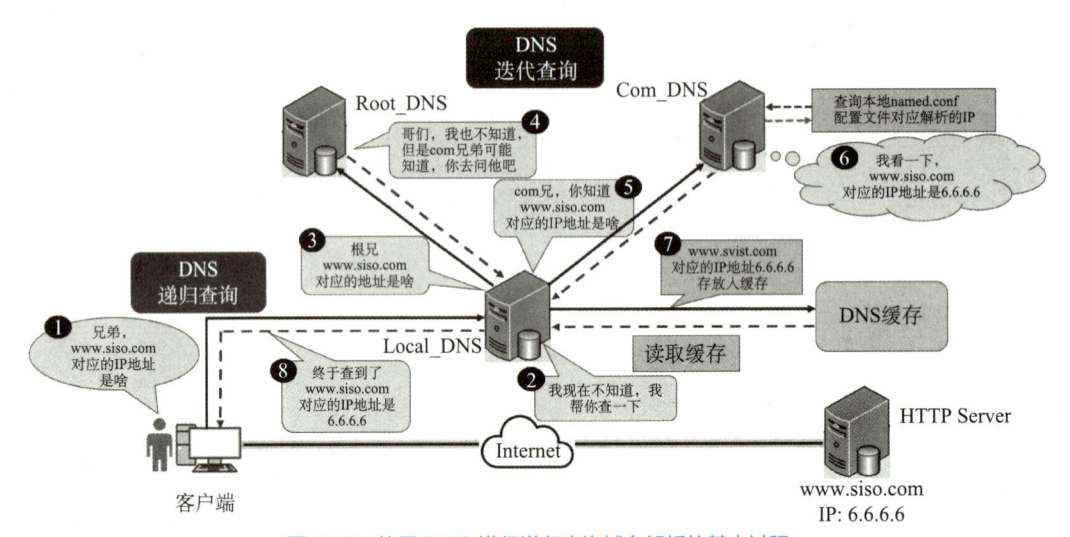

图 10-2　使用 DNS 进行递归查询域名解析的基本过程

主机也可以被称为 DNS 客户端，想要访问网站 www.siso.com，在客户端的浏览器中，输入域名 www.siso.com，客户端会找到本地域名服务器 Local_DNS 进行解析，而 DNS 工作时在传输层是基于 UDP 运行的，端口号为 53，DNS 中的 UDP 报文与 DNS 查询报文如图 10-3 和图 10-4 所示。

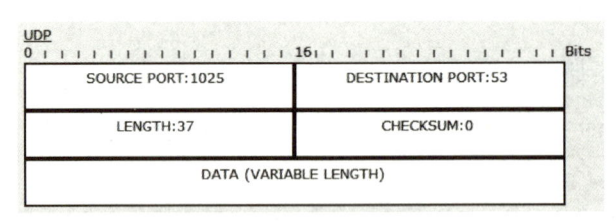

图 10-3　DNS 中的 UDP 报文

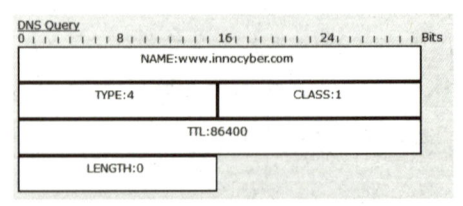

图 10-4　DNS 查询报文

从 DNS 服务器的工作过程可以看出，当本地域名服务器 Local_DNS 无法解析域名时，域名服务器先将查询结果发往根域名服务器 Root_DNS 服务器，根域名服务器再将该查询结果发往授权域名服务器 Com_DNS 解析，最后将该查询结果发往主机。

当解析完域名后就根据 HTTP 协议申请网页文件，而 HTTP 协议在传输层是基于 TCP 协议的，端口号为 80，TCP 与 HTTP 请求报文如图 10-5 所示。

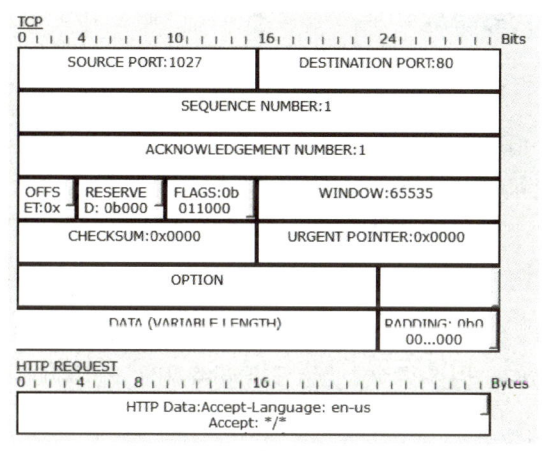

图 10-5　TCP 与 HTTP 请求报文

三、DNS 区域

Windows Server 2022 网络操作系统中的 DNS 服务器有 3 种区域类型，分别为主要区域、辅助区域和存根区域。

1. 主要区域（Primary Zone）

主要区域用于保存域内所有主机数据记录的正本。一般来说，DNS 服务器的设置是指设置主要区域数据库的记录，在主要区域创建之后，可以直接在此区域内新建、修改和删除记录。DNS 服务器如果是独立服务器，DNS 区域类的记录存储在区域文件中，该区域文件名称默认为"区域名称.dns"。例如，区域名称为"siso.com"，则区域文件名称为"siso.com.dns"。在主要区域创建完成后，DNS 服务器就是该区域的主要名称服务器。同时，如果 DNS 是域控服务器，则区域内数据库的记录会存储成区域文件或 Active Directory 数据库内。数据库的记录存储在 Active Directory 数据库内，此区域被称为 Active Directory 集成区域（Active Directory Integrated Zone），并且所有记录都会随着 Active Directory 数据库的复制而复制到其他的域控制器中。

2. 辅助区域（Secondary Zone）

辅助区域用于保存域内所有主机数据记录的副本。辅助区域内的文件是从主要区域传送过来的，保存的副本数据文件同样是一个标准的 DNS 区域文件，需要注意的是，辅助区域内的区域文件是只读文件。当 DNS 服务器内创建了一个辅助区域后，这个 DNS 服务器就是这个区域的辅助名称服务器。

3. 存根区域（Stub Zone）

存根区域是一个区域副本，但是它与辅助区域不同的是存根区域仅标识该区域的 DNS 服务器所需的那些资源记录，包括名称服务器（Name Server，NS）、主机记录的区域副本，且存根区域的服务器无权管理这些区域的资源记录。

四、正向解析和反向解析

DNS 域名系统分为正向解析和反向解析，正向解析是指将域名转换为 IP 地址。例如，如果 DNS 客户端需要发起请求解析域名称为"www.siso.com"的 IP 地址，则要实现正向解析功能，必须在 DNS 服务器内部创建一个正向解析区域。

反向解析可以将 IP 地址映射为域名，如果要实现反向解析，则必须在 DNS 服务器中创建反向解析区域。反向解析由两部分组成，分别为网络 ID 反向的书写与固定的域名 in-addr.arpa。例如，解析 202.100.60.30 该地址的域名，则此反向域名需要写成"60.100.202.in-addr.arpa"。由此可以看出，"in-addr.arpa"是反向解析的顶级域名。

五、DNS 服务相关命令

1. nslookup 命令

nslookup 是一个查询网络域名信息的命令，nslookup 命令用于发送域名查询包给指定的或默认的域名系统（DNS）服务器，使用系统的不同，如 Windows 操作系统和 Linux 操作系统，返回的值就可能不同。在默认情况下，查询可能发送到服务提供商的本地 DNS 名称服务器、一些中间名称服务器或整个域名系统层次的根服务器系统。nslookup 命令解析域名测试如图 10-6 所示。

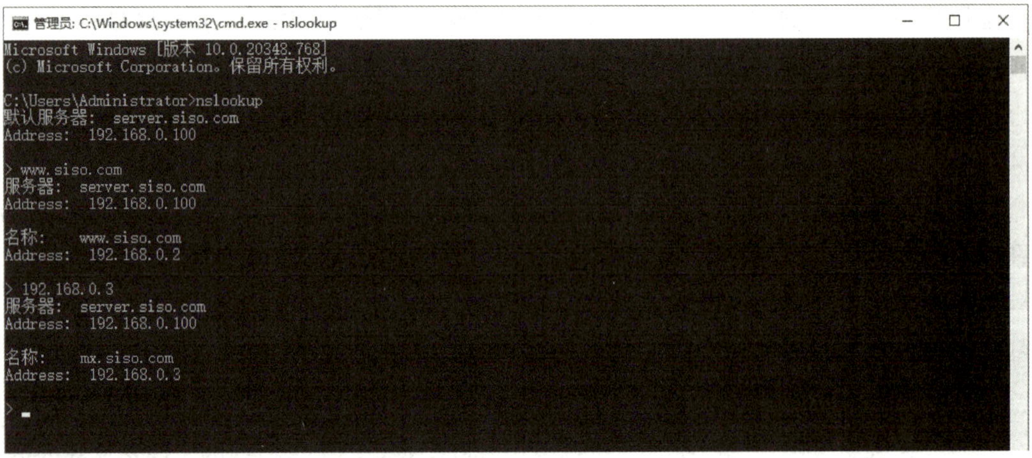

图 10-6　nslookup 命令解析域名测试

（1）命令格式如下。

```
nslookup 域名 DNS-SERVER
```

（2）直接查询实例。

使用 Windows 操作系统查询。如果没有指定域名，则查询默认的 DNS 服务器。

2. flushdns 命令

要清除本地 DNS 缓存，可以使用 ipconfig/flushdns 命令，清除 DNS 缓存后，计算机可能需要重新解析 DNS 以获取网站的 IP 地址，这可能导致短暂的网络延迟。

10.1.3　DNS 资源记录

DNS 资源记录是定义在域名系统中的数据类型，它们存储了关于域名和 IP 地址之间的映射关系及其他与 DNS 相关的信息。RFC1035 中定义了这些资源记录，并在 DNS 软件中存储和查询相关信息。DNS 资源记录在内部以二进制格式存储，但在进行区域传输时，会将资源以文本格式通过网络转发。

主要的 DNS 资源记录类型包括以下几种。

1. SOA 记录

SOA 记录即起始授权记录，用于记录区域文件中的第一条记录，包含了关于 DNS 区域的一般信息，如区域的主 DNS 服务器、区域管理员的电子邮件地址、区域的序列号等。

2. NS 记录

NS 记录即名称服务器记录，用于指定哪些 DNS 服务器负责特定的 DNS 区域，NS 记录可以标识每个区域的 DNS 服务器。

3. A 记录

A 记录即地址记录，用于 DNS 正向解析，将 DNS 名称映射到 IPv4 地址。这是最常见的 DNS 记录类型之一。

4. CNAME 记录

CNAME 记录即别名记录，允许一个域名成为另一个域名的别名，一般该名称为 Internet 中规范的名称，如 WWW。CNAME 记录不能用于指向邮件服务器或根服务器。

5. MX 记录

MX 记录即邮件交换记录，用于指定负责处理特定域名的电子邮件的邮件服务器，区域中存在简单邮件传输协议，MX 记录把邮件服务器解析为主机名。

6. PTR 记录

PTR 记录即指针记录，通常用于 DNS 反向解析，存在于反向查找区域，将 IP 地址解析为 DNS 名称。

除了以上常见的 DNS 资源记录类型，还有其他一些记录类型，如 AAAA 记录（用于 IPv6 地址映射）、TXT 记录（用于存储文本信息）、SRV 记录（用于指定服务的位置）

等。这些记录类型在特定的应用场景中发挥着重要的作用。

任务实施

在安装 DNS 服务器时，需要注意的是首先要确定计算机是否满足 DNS 服务器的最低要求，然后安装 DNS 服务器角色。另外，在配置每个客户端时都需要指定 DNS 服务器的 IP 地址，因此 DNS 服务器必须拥有静态的 IP 地址。在本任务中配置的 DNS 服务器地址为 192.168.0.100。网络拓扑如图 10-7 所示，域控制器作 DNS 服务器提供服务。

图 10-7　架设 DNS 服务器网络拓扑

1. 安装 DNS 服务器角色

（1）由于安装域控制器需要同时安装 DNS 服务器，因此如果完成单元 2 中域服务的安装，则 DNS 服务器已经安装完成，在正向区域中创建资源部分的操作。

下面介绍单独安装 DNS 服务器的过程，在 Windows Server 服务器上选择"服务器管理器"→"添加角色的功能"→"选择安装类型"→"选择目标服务器"→"选择服务器角色"命令，在打开的"选择服务器角色"界面中勾选"DNS 服务器"复选框，在打开的"添加 DNS 服务器所需的功能？"界面中单击"添加功能"按钮，如图 10-8 所示。在打开的"选择服务器角色向导"界面中如果服务器角色前面的复选框没有被勾选，则表示该网络服务尚未被安装。在操作完成后，该复选框是被勾选的状态。

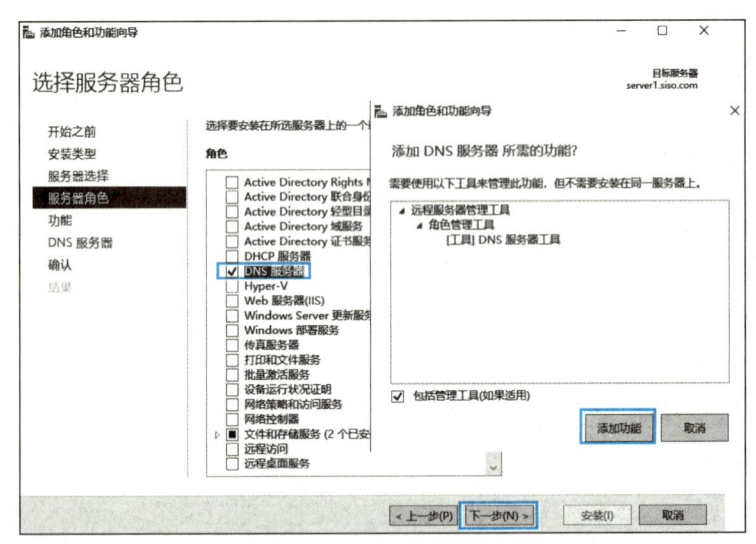

图 10-8　添加服务器角色

（2）在打开的"选择功能"界面中可以按照默认的选择进行设置，之后单击"下一步"按钮。在打开的"DNS 服务器"界面中按照默认的选择进行设置，并单击"下一步"按钮，之后在打开的如图 10-9 所示的"确认所选安装内容"界面中，单击"安装"按钮。

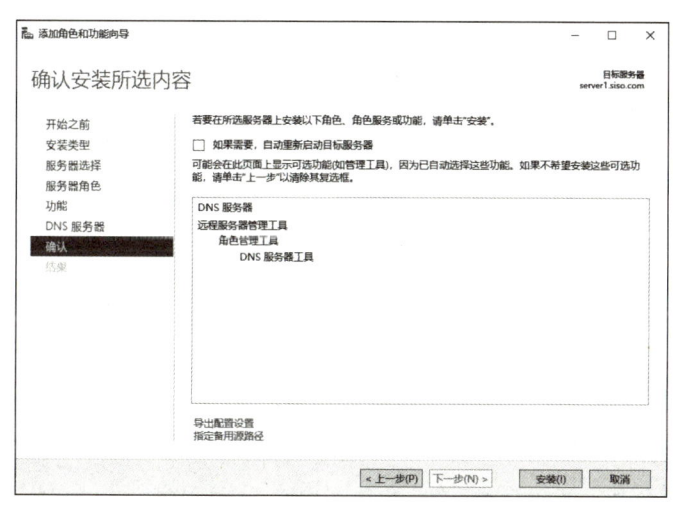

图 10-9 "确认安装所选内容"界面

（3）等待 DNS 服务器安装完成，如图 10-10 所示。

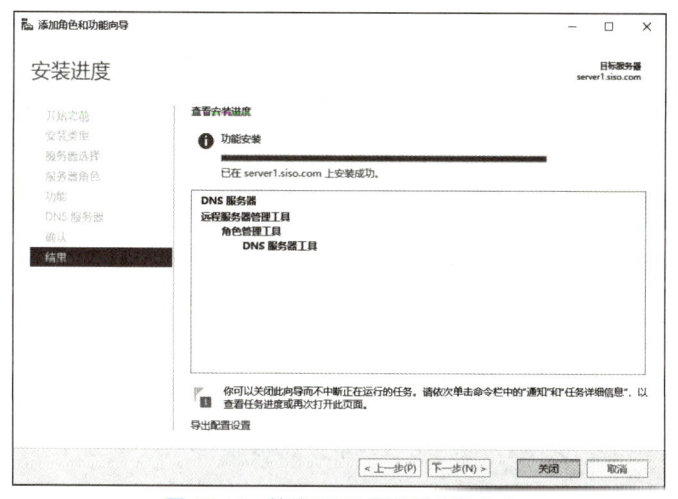

图 10-10 等待 DNS 服务器安装完成

用户可以通过 DNS 管理器界面对 DNS 服务器进行配置。另外，DNS 管理器界面中可以提示用户要开启"Windows Update"自动更新功能。用户可以通过"控制面板"界面中的"系统和安全"功能找到开启自动更新的位置，详细步骤此处不再赘述。

（4）在"服务器管理器"界面中选择"工具"→"DNS"命令，打开"DNS 管理器"界面，通过"DNS 管理器"界面对本地或远程的 DNS 服务器进行管理，如

图 10-11 所示。注意：该界面中没有安装域控的 DNS 服务器，如果已经安装了域控和 DNS 服务，正向查找区域中有域控 siso.com 的区域。

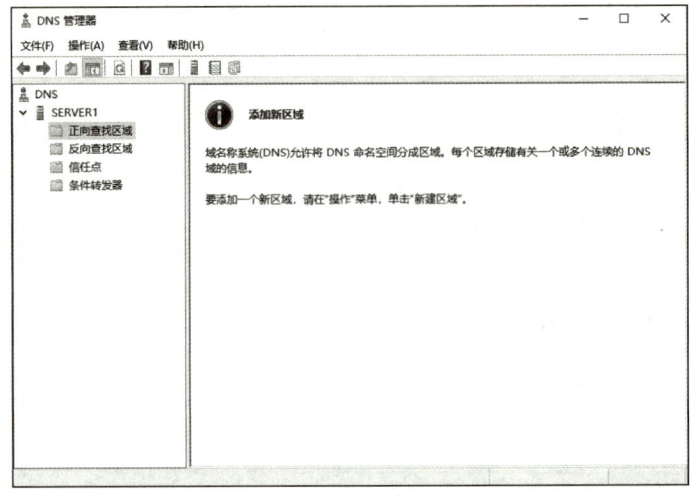

图 10-11 "DNS 管理器"界面

2. 创建正向查找区域

大部分 DNS 客户端提出请求将主机名解析成 IP 地址，即正向解析。正向解析是由正向查找区域完成的，创建正向查找区域的步骤如下。

（1）打开"DNS 管理器"界面，在导航菜单中选择"DNS"→"正向查找区域"选项，本任务中已添加 siso.com 域，因此单击正向查找区域前面的"+"按钮，就可以看到已经存在的正向查找区域"siso.com"。右击"正向查找区域"选项，在弹出的快捷菜单中选择"新建区域"命令，如图 10-12 所示，打开的"新建区域向导"界面如图 10-13 所示，并单击"下一步"按钮。

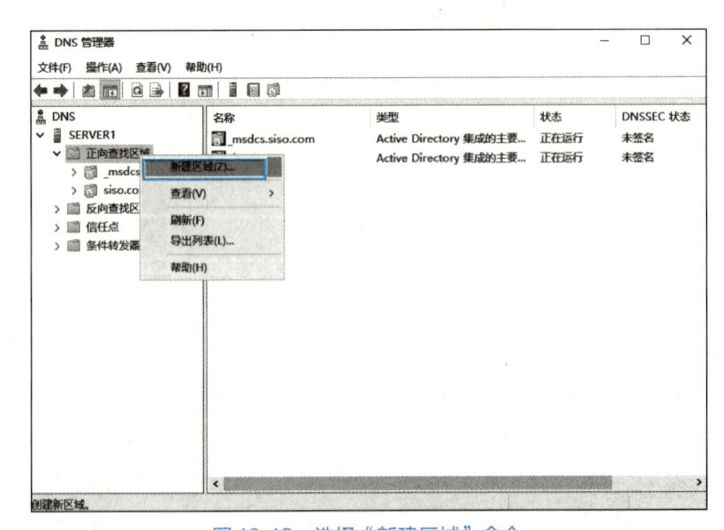

图 10-12 选择"新建区域"命令

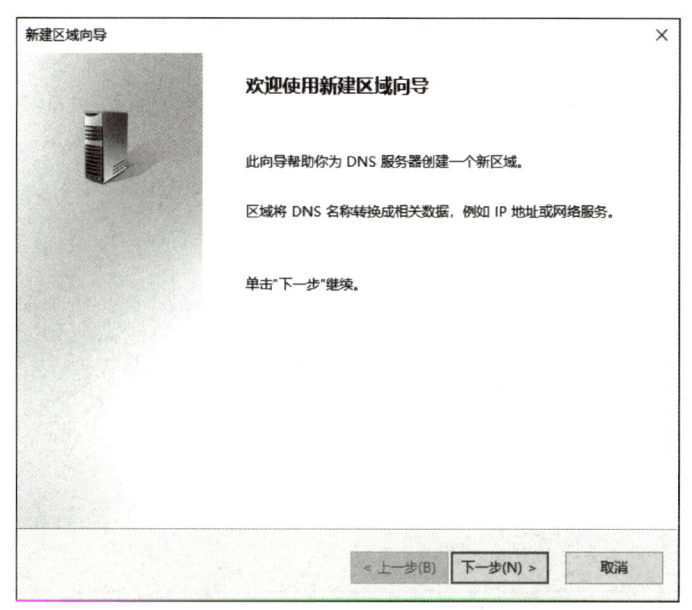

图 10-13 "新建区域向导"界面

（2）在打开的"区域类型"界面中选中"主要区域"单选按钮（一般默认选中"主要区域"单选按钮），如图 10-14 所示，单击"下一步"按钮。

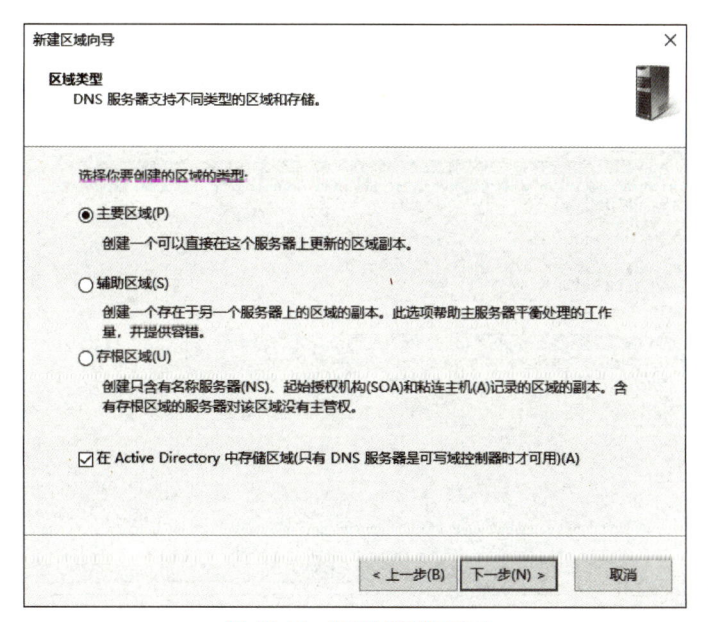

图 10-14 "区域类型"界面

（3）在"Active Directory 区域传送作用域"界面中选中"至此域中域控制器上运行的所有 DNS 服务器"单选按钮，在一般情况下，DNS 服务器已经加入了域管理，如图 10-15 所示，单击"下一步"按钮。

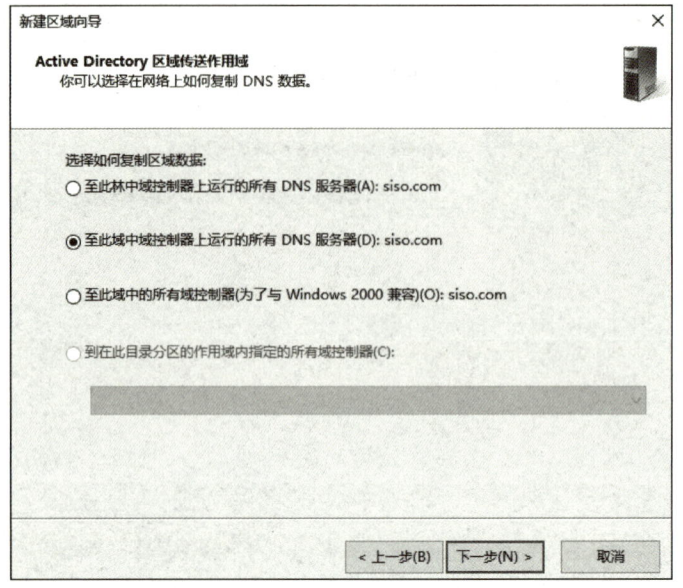

图 10-15　设置区域传送作用域

（4）在"区域名称"界面中设置区域名称为 siso.com，如图 10-16 所示，单击"下一步"按钮。

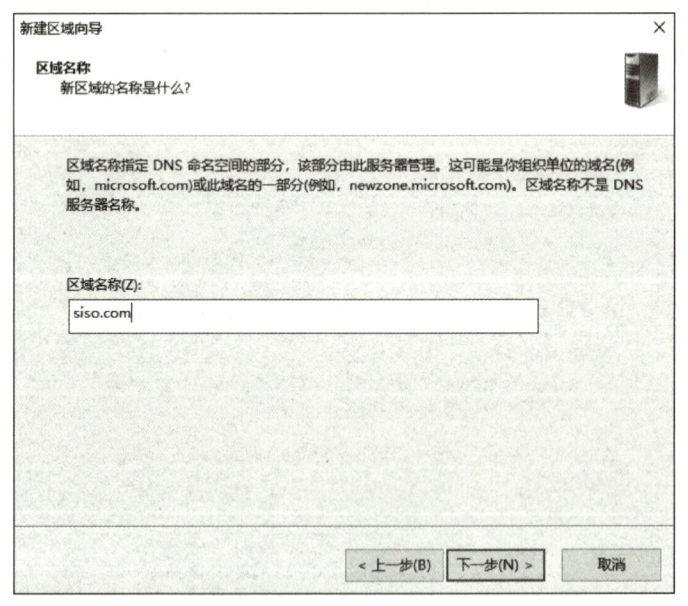

图 10-16　区域名称

（5）在"动态更新"界面中指定该 DNS 区域的安全使用范围，用于指定本区域是否接受安全、不安全或动态的更新。这里选中"只允许安全的动态更新"单选按钮，如图 10-17 所示，单击"下一步"按钮。

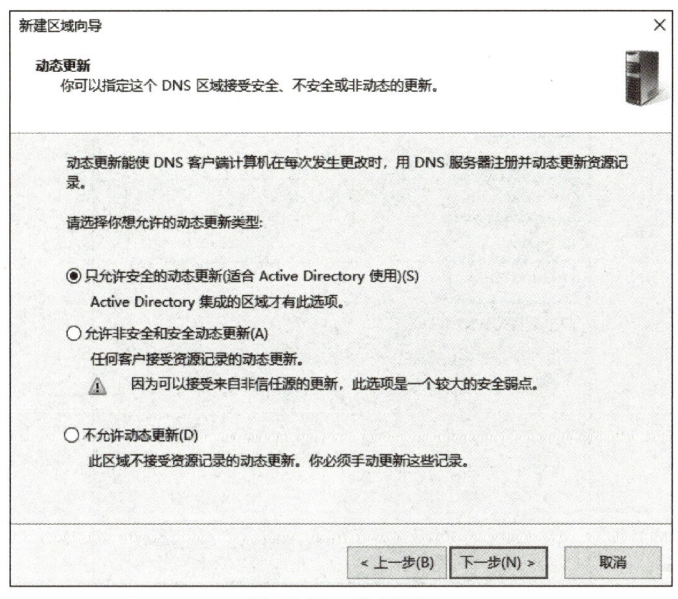

图 10-17　动态更新

（6）在"正在完成新建区域向导"界面中显示了新建区域的信息，如果需要调整，则可单击"上一步"按钮返回之前的界面重新进行配置。单击"完成"按钮结束新建区域的设置过程，如图 10-18 所示。

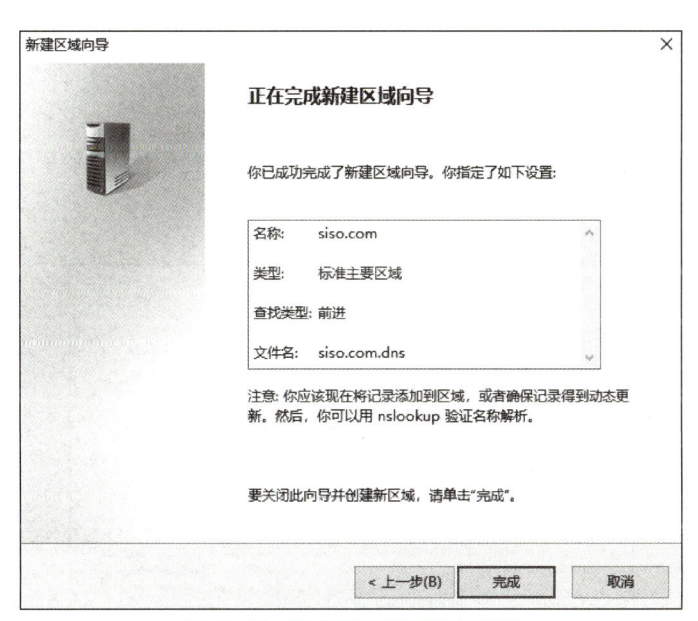

图 10-18　完成正向查找区域的创建

（7）新建正向查询区域完成后，接下来在区域内创建主机等相关数据，这些数据又称资源记录。DNS 服务器支持多种类型的资源记录，包括主机、主机别名、邮件交换器、域、委派等，图 10-19 所示为创建主机资源记录。

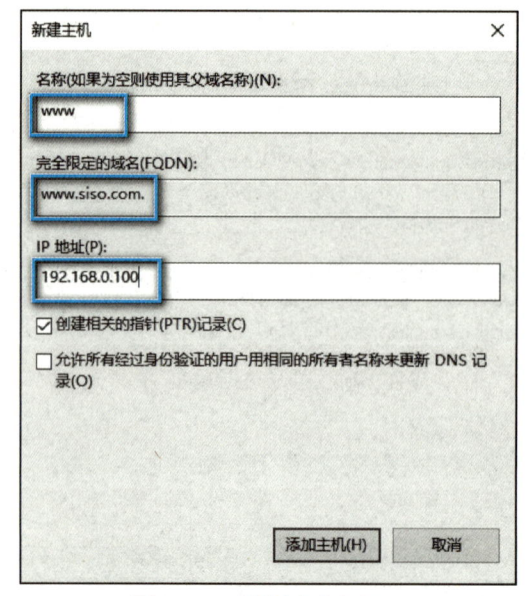

图 10-19　创建主机资源记录

（8）区域内的主机可以创建多个名称。Web 服务器的主机名称为 www.siso.com，但有时需要设置主机名称为 web.siso.com，这时可以在 DNS 服务器上创建主机别名，别名记录允许将多个名称映射到同一台计算机。

（9）在导航菜单中右击 siso.com 域名，或者在名称区域右击空白处，在弹出的快捷菜单中选择"新建别名"命令。

（10）在"新建资源记录"界面中单击"浏览"按钮，在打开的界面中选中"目标主机的完全合格的域名"单选按钮，单击"确定"按钮，返回"新建资源记录"界面，如图 10-20 所示。

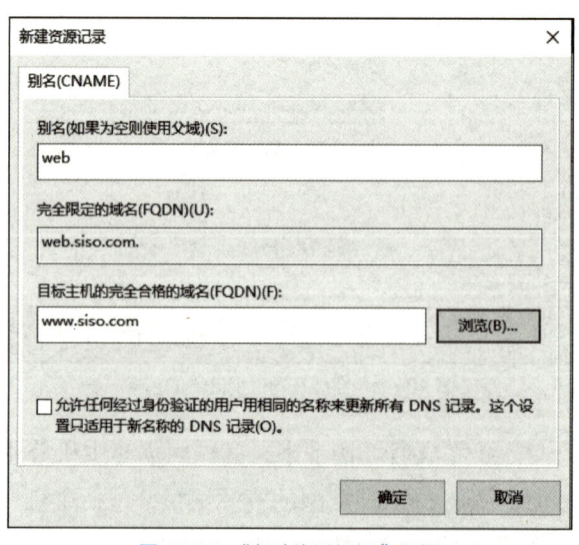

图 10-20　"新建资源记录"界面

（11）DNS 服务器使用邮件交换器记录（也被称为 MX 记录）指定接受此区域电子邮件的主机。要创建 MX 记录首先需要创建一条 A 记录，因为 MX 记录中描述邮件服务器时不能使用 IP 地址，只能使用完全合格域名。A 记录 mx.siso.com（主机可按要求命名）已经建好。

3. 新建邮件交换器

（1）在导航菜单中的正向查找区域或名称空白区域右击，在弹出的快捷菜单中选择"新建邮件交换器 (MX)"命令。

（2）在"新建资源记录"界面中分别设置"主机或子域"、"邮件服务器的完全限定的域名（FDQN）"和"邮件服务器优先级"，如图 10-21 所示，单击"确定"按钮，邮件交换机已经创建完成。邮件服务器接收格式为 ***@siso.com 的邮件，在"主机或子域"文本框中可以不填，单击"邮件服务器的完全限定的域名（FDQN）"文本框后的"浏览"按钮找到"mx.siso.com"（mx.siso.com 提前在主区域建好 A 记录），新建的所有资源记录如图 10-22 所示。电子邮件优先级的数字越小，优先级越高，0 表示优先级最高。

4. 创建反向解析区域

DNS 服务器能够提供反向解析功能，DNS 客户端能够根据 IP 地址查找主机的域名。创建反向查找区域步骤如下。

（1）右击导航菜单中的"反向查找区域"选项，在弹出的快捷菜单中选择"新建区域"命令，如图 10-23 所示，打开"新建区域向导"界面，单击"下一步"按钮。

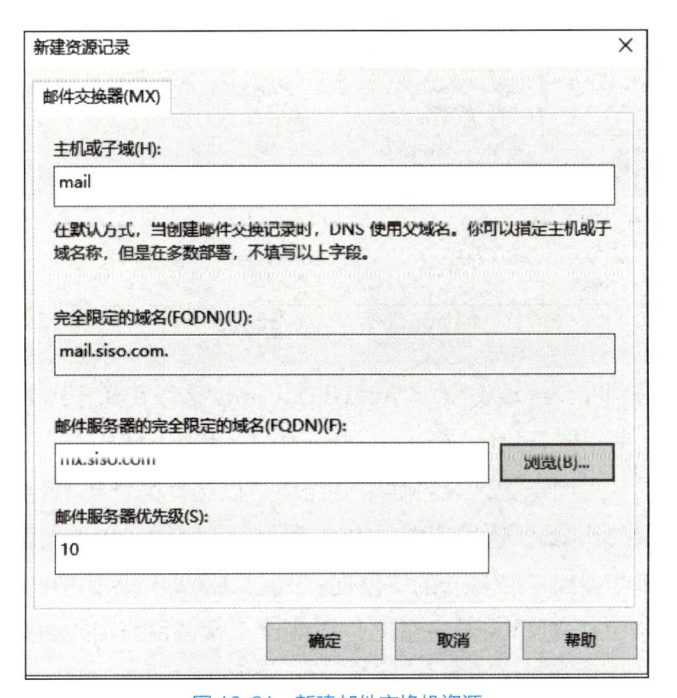

图 10-21　新建邮件交换机资源

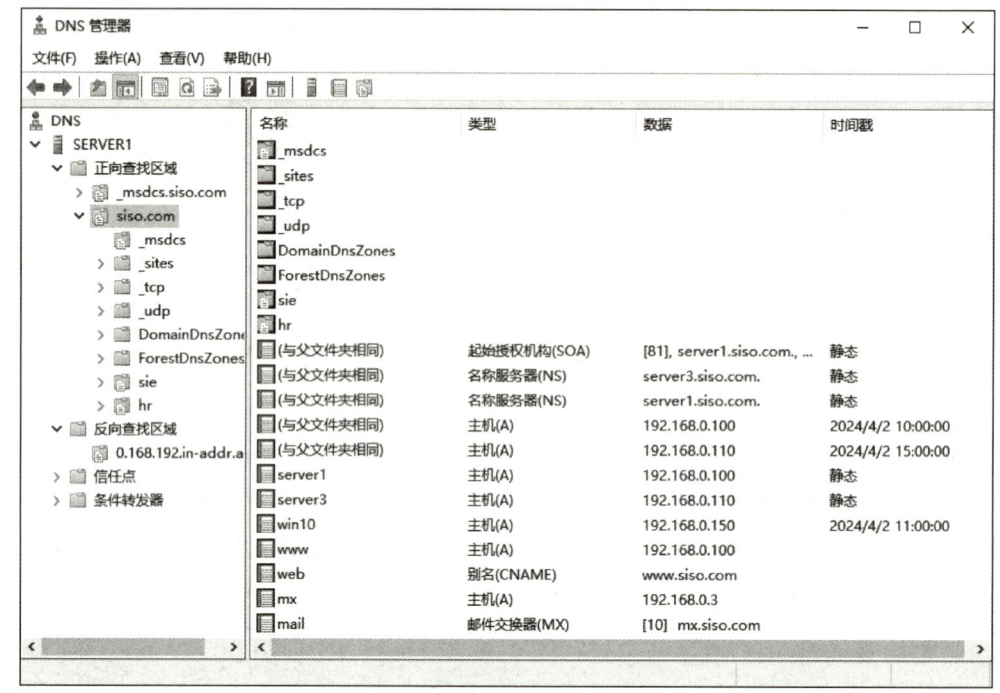

图 10-22　所有资源记录

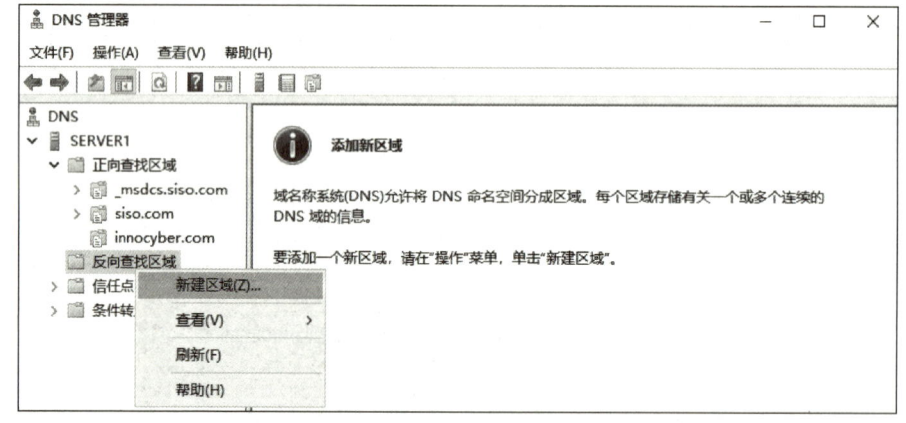

图 10-23　新建反向区域

（2）接下来分别在"区域类型""Active Directory 区域传送作用域"界面中进行设置，设置方式与新建正向查找区域一样，如图 10-24 和图 10-25 所示。

（3）在打开的"反向查找区域名称"界面中可以选择是创建 IPv4 反向查找区域还是创建 IPv6 反向查找区域，这里选中"IPv4 反向查找区域"单选按钮，如图 10-26 所示，单击"下一步"按钮。在打开的"反向查找区域名称"界面中选中"网络 ID"单选按钮并输入网络 ID，这里需要注意的是在此以正常的网络 ID 顺序填写，输入完成后，"反向查找区域名称"文本框中显示"0.168.192.in-addr.arpa"，如图 10-27 所示。设置完毕，单击"下一步"按钮。

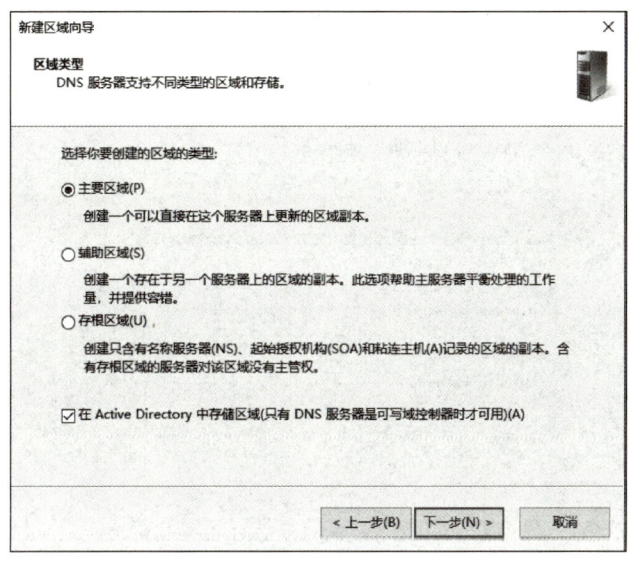

图 10-24 设置区域类型

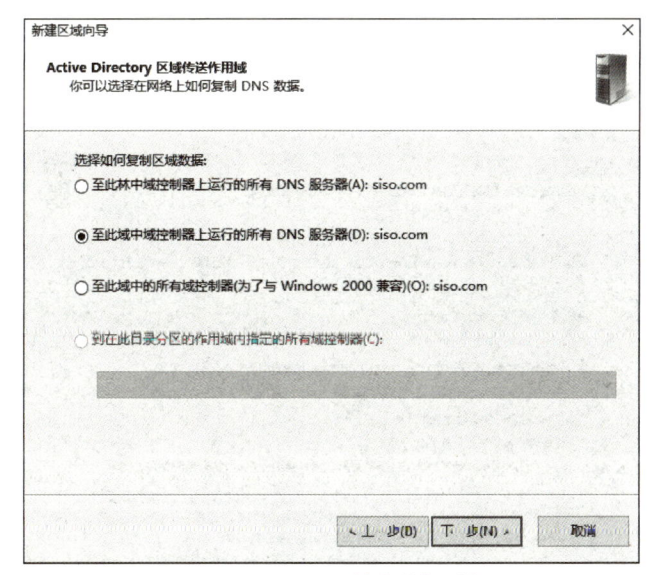

图 10-25 设置区域传送作用域

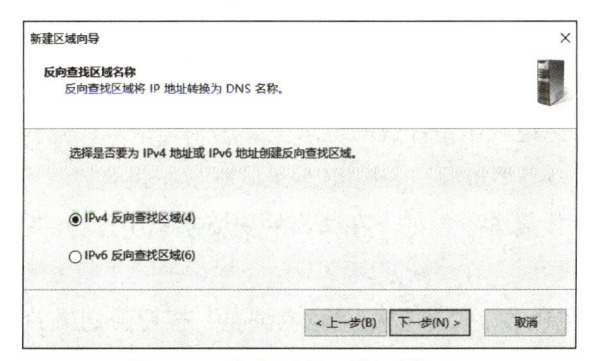

图 10-26 "反向查找区域名称"界面

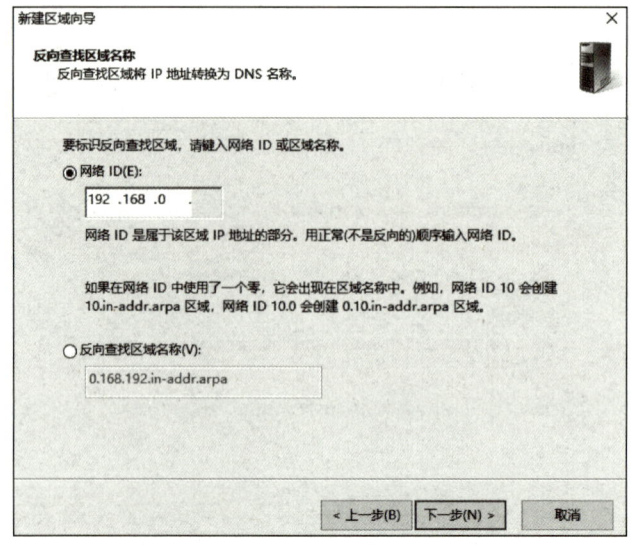

图 10-27 "反向查找区域名称"界面

（4）"动态更新"界面中的设置与"正向查找解析"设置一样，此处不进行详细解释，如图 10-28 所示，单击"下一步"按钮，打开"正在完成新建区域向导"界面。

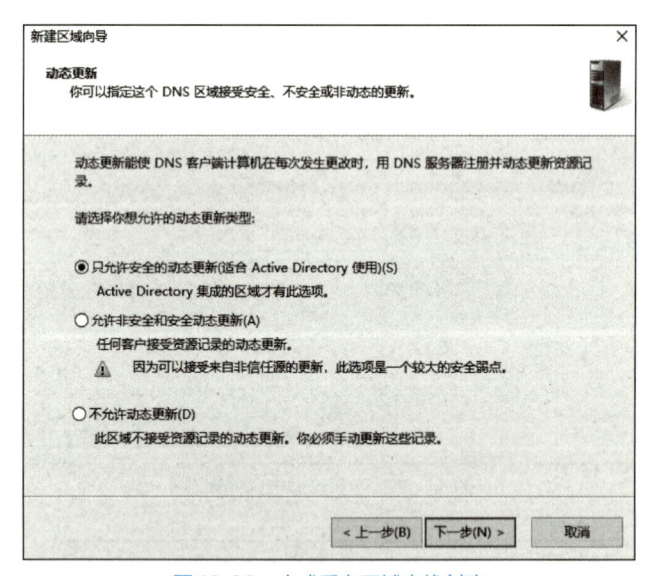

图 10-28 完成反向区域查找创建

（5）新建指针资源记录。指针资源记录主要用来记录反向查找区域内的 IP 地址及主机，用户可以通过该类型资源记录把 IP 地址映射成主机名。

（6）右击控制树或名称空白处，在弹出的快捷菜单中选择"新建指针"命令，打开"新建资源记录"界面。在"新建资源记录"界面的"主机 IP 地址"文本框中输入主机 IP 地址，在"主机名"文本框中单击"浏览"按钮，选择 DNS 主机的完全合格的域名。设置完成后，单击"确定"按钮，如图 10-29 和图 10-30 所示。

单元 10　DNS 服务器的配置与管理

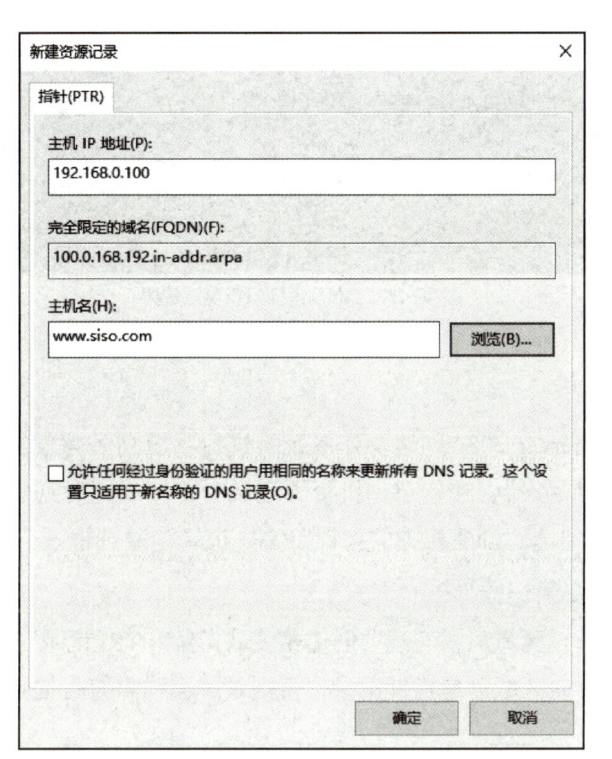

图 10-29　新建指针资源记录

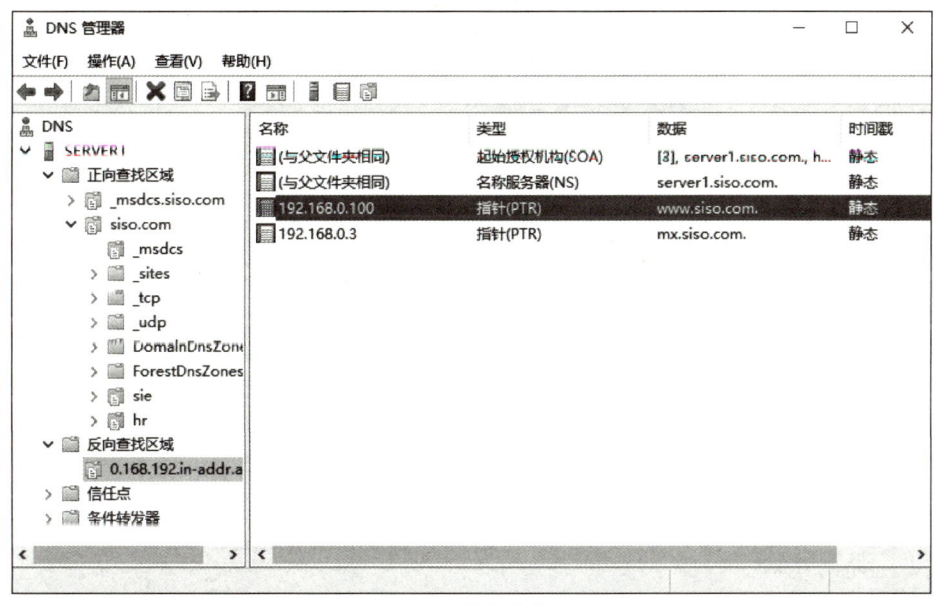

图 10-30　所有指针资源记录

（7）在客户端打开命令行提示符窗口使用命令测试反向解析 www.siso.com，其测试结果如图 10-31 所示。

275

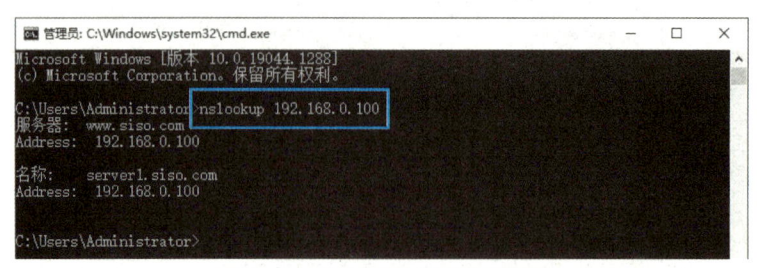

图 10-31　DNS 反向解析测试结果

任务拓展

安装 Windows Server 2022 网络操作系统，进行系统初始化设置，包括加入域、IP 地址等。安装 DNS 服务器，在创建主机资源记录时，可以同时创建指针资源记录，在"新建主机"界面中勾选"创建相关的指针 (PTR) 记录"复选框。

1. 创建"主机资源记录"

在创建好反向查找区域后，勾选"创建相关的指针 (PTR) 记录"复选框，如图 10-32 所示，会在相应的反向区域创建指针记录，否则系统会弹出警告提示，如图 10-33 所示。

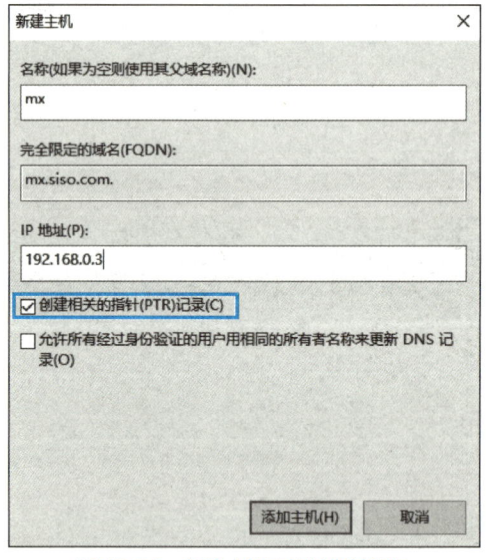

图 10-32　新建主机和相关指针记录

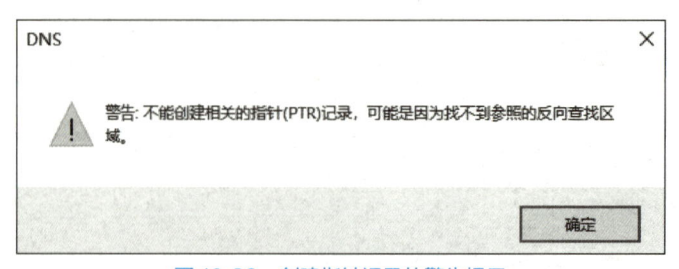

图 10-33　创建指针记录的警告提示

2. 刷新反向区域

选择相关区域的反向查找区域，在名称空白处右击，在弹出的快捷菜单中选择"刷新"命令，如图 10-34 所示，可以查看到相关新建的主机指针记录。

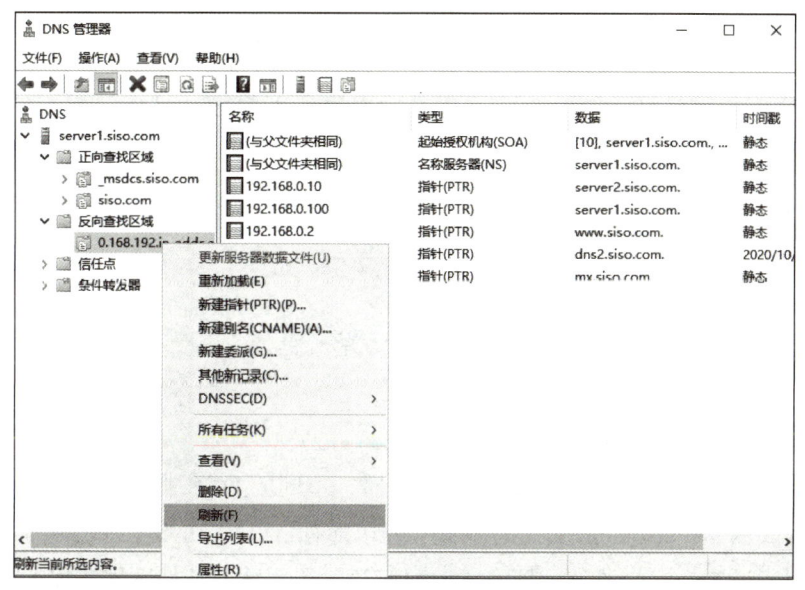

图 10-34　刷新反向查找区域

任务 10-2　配置子域 DNS 与委派

任务陈述

著创公司的信息技术服务部需要有自己的域名，域名为 sie.siso.com，管理员需要在子域服务器（192.168.0.101）上创建子域的区域，在 siso.com 区域中创建子域的委派，将 sie.siso.com 委派给 192.168.0.101 服务器进行域名解析，主域的记录存储在主域 DNS 服务器内，子域下创建的所有记录存储在公司的子域名服务器内。

知识准备

10.2.1　子域 DNS

一个服务器所授权的范围被称为区域（Zone）。如果一个单位中服务器所管理的域没有划分更小的范围，则域可以直接等同于区域。如果服务器将域划分成一些子域，并将子域部分服务授权委托给了其他服务器，域就和区域不是同一个概念了。域和子域的关系如图 10-35 所示。

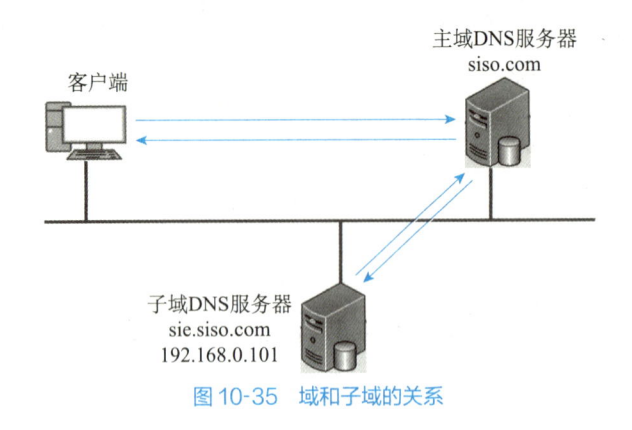

图 10-35 域和子域的关系

一、子域 DNS 服务器

DNS 服务器除了有主服务器和辅助服务器，不同的 DNS 服务器之间还存在上层、下层的关系。例如，siso.com 公司的各个子公司都有自己的 DNS 服务器（子域），这样各个子公司的设置会比较灵活。那么子域如何开放在主域或其他区域授权呢？

1. 主域 DNS 服务器

在主域 DNS 服务器上增加名称服务器，并指向子域的主机名与 IP 地址的映射。

2. 子域 DNS 服务器

子域申请的域名必须是基于上层 DNS 所管理的主域域名进行扩展的。在域树环境中，子域域名是主域的域名的一部分，体现出层级关系。

二、子域 DNS 委派

子域 DNS 委派是一种 DNS 管理策略，允许主域名服务器将其下级子域的解析任务委派给指定的子域服务器。这样做可以减轻主域名服务器的负载，提高 DNS 查询的响应速度，并允许对子域进行更精细的控制和管理。

在进行子域 DNS 委派时，主域名服务器需要配置区域委派（Zone Delegation），将子域的解析权限授权给子域服务器。子域服务器则需要配置相应的正向区域，以解析子域下的域名。子域 DNS 服务器内的所有资源记录存储在自己的域内，当将解析权限授权给主域服务器时，在主域服务器上同样能查找到子域服务器内的所有资源记录。

子域 DNS 委派的具体步骤如下。

（1）在主域名服务器上，为需要委派的子域创建一个新的 DNS 区域。这可以通过 DNS 管理工具或命令行提示符窗口完成。

（2）在该 DNS 区域中，创建一个 NS 记录，指定负责解析该子域的子域服务器的名称和 IP 地址。这告诉 DNS 客户端，当查询该子域下的域名时，应该向哪个服务器发送查询请求。

（3）在子域服务器上，创建一个正向 DNS 区域，该区域的名称应该与主域名服务器上创建的子域区域名称相同。

（4）在子域服务器上，为该正向区域添加所需的 A 记录、CNAME 记录等，以解析子域下的具体域名。

（5）确保主域名服务器和子域服务器之间的网络连接是可靠的，并且 DNS 解析循环是正确的。这意味着，当主域名服务器收到一个针对子域下的域名的查询请求时，它能够正确地转发该查询请求至子域服务器，并从子域服务器获取解析结果返回给客户端。

10.2.2　DNS 转发器

DNS 转发器（又称 DNS 转发或 DNS 转发服务）是一种 DNS 服务器配置，当本地 DNS 服务器无法对 DNS 客户端的解析请求进行本地解析时，它会将这些请求转发至上游 DNS 服务器进行处理，这通常发生在本地 DNS 服务器没有匹配的主要区域和辅助区域中，并且无法通过缓存信息解析客户端的请求。

在配置 DNS 转发器时，管理员需要指定一个或多个上游 DNS 服务器的地址。这些上游服务器通常是公共 DNS 服务器，如 Google DNS 或 Cloudflare DNS 等。当本地 DNS 服务器收到一个无法解析的域名请求时，它会首先将该请求转发至配置的上游服务器，然后上游服务器会尝试解析该域名并将其结果返回给本地 DNS 服务器，最后由本地 DNS 服务器将结果返回给客户端。

任务实施

1. 在 DNS 中创建子域

如果网络架构中已经设置了子域控制器，则子域控制器会自动创建子域 DNS 区域（详见单元 2 的任务 2-1），本任务通过新建子域 DNS 服务器方式说明子域与委派。

（1）在子域名服务器 SubDNS 中加入域 siso.com，如图 10-36 所示，并安装 DNS 服务，右击 DNS 服务的正向查找区域，在弹出的快捷菜单中选择"新建域"命令，在打开的"区域类型"界面中选中"主要区域"单选按钮，并单击"下一步"按钮。在打开的"区域名称"界面中输入子域的名称"sie.siso.com"，

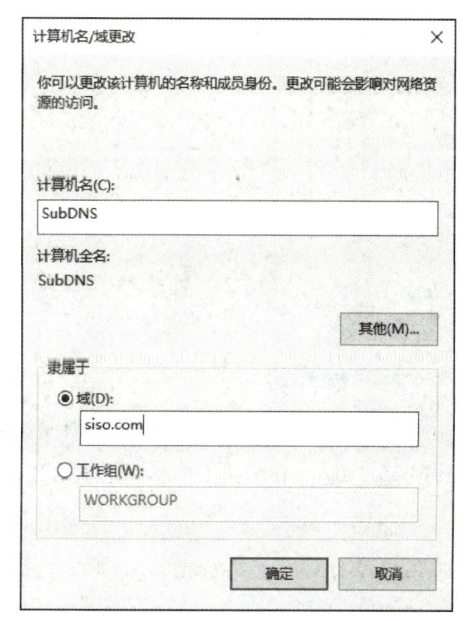

图 10-36　子域服务器加域

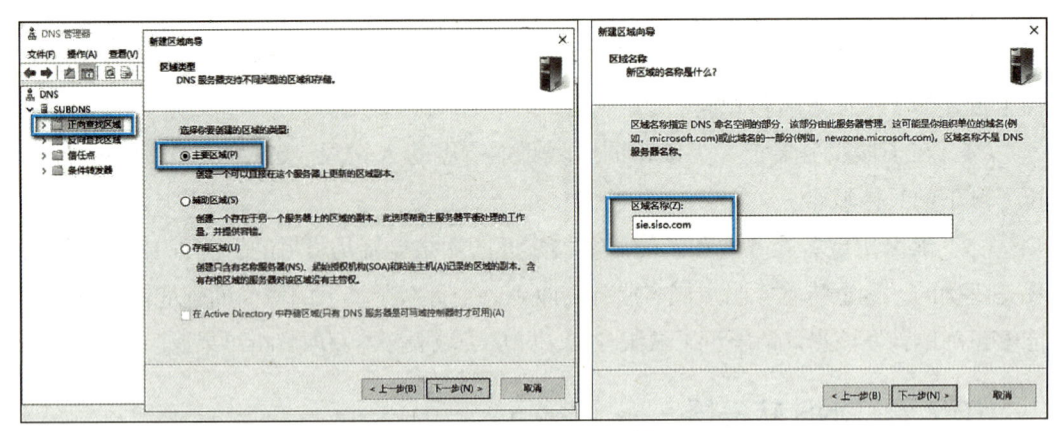

如图 10-37 所示。

图 10-37　新建 DNS 子域

（2）在导航菜单中，右击子域名"sie.siso.com"，在弹出的快捷菜单中选择"新建主机"命令，在打开的"新建主机"界面中输入新建的主机名称和 IP 地址，如图 10-38 所示。同时，在子域内同样可以创建主机、别名或邮件交换器记录。

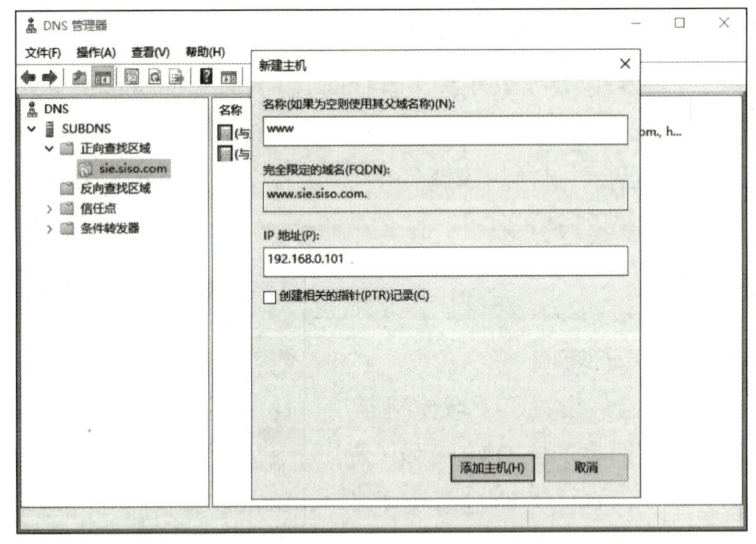

图 10-38　在子域中新建主机

2. 子域委派

创建主域 DNS 服务器的子域委派之前，客户端配置好 IP 地址，其 DNS 服务器选择的是主域的 DNS 服务器 192.168.0.100，IP 地址信息如图 10-39 所示。

在客户端打开命令行提示符窗口后分别用命令测试主域名称 www.siso.com 和子域名称 www.sie.siso.com，其测试结果如图 10-40 所示。子域名称解析失败，因为主域 DNS 服务器上并没有子域名的解析记录。

单元 10　DNS 服务器的配置与管理

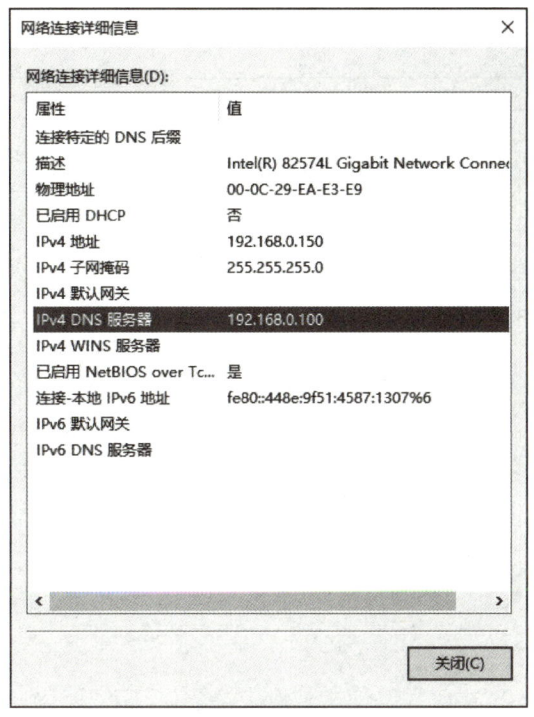

图 10-39　主域客户机 DNS 服务器信息

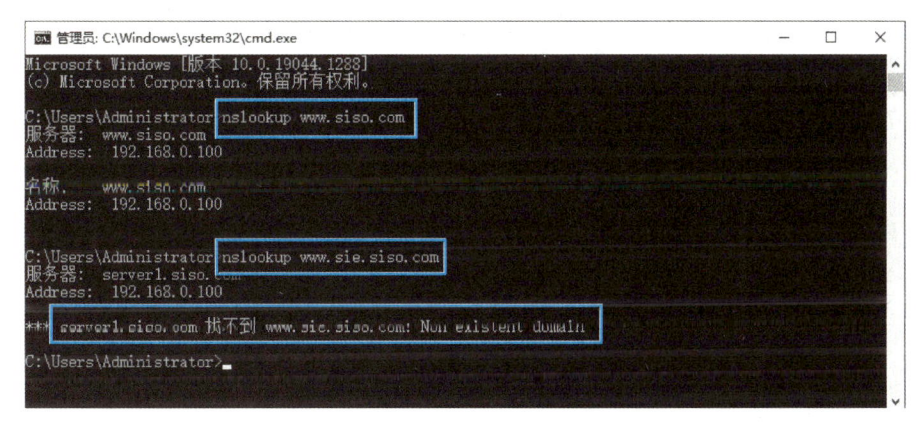

图 10-40　主域客户机子域名称解析失败

子域委派具体配置步骤如下。

（1）在主域 DNS 服务器的 siso.com 区域中右击，在弹出的快捷菜单中选择"新建委派向导"命令，单击"下一步"跳过欢迎向导界面，在打开的"受委派域名"界面中设置"委派的域"的名称为"sie"，完全限定的域名为"sie.siso.com"，如图 10-41 所示。

（2）在"新建委派向导"界面中单击"添加"按钮，设置子域的计算机主机名称（subdns），单击"解析"按钮，在 IP 地址栏出现子域服务器的 IP 地址，单击"确定"按钮，如图 10-42 和图 10-43 所示。单击"确定"按钮后，完成新建委派向导，如

281

图 10-44 所示。

图 10-41　设置受委派域的名称

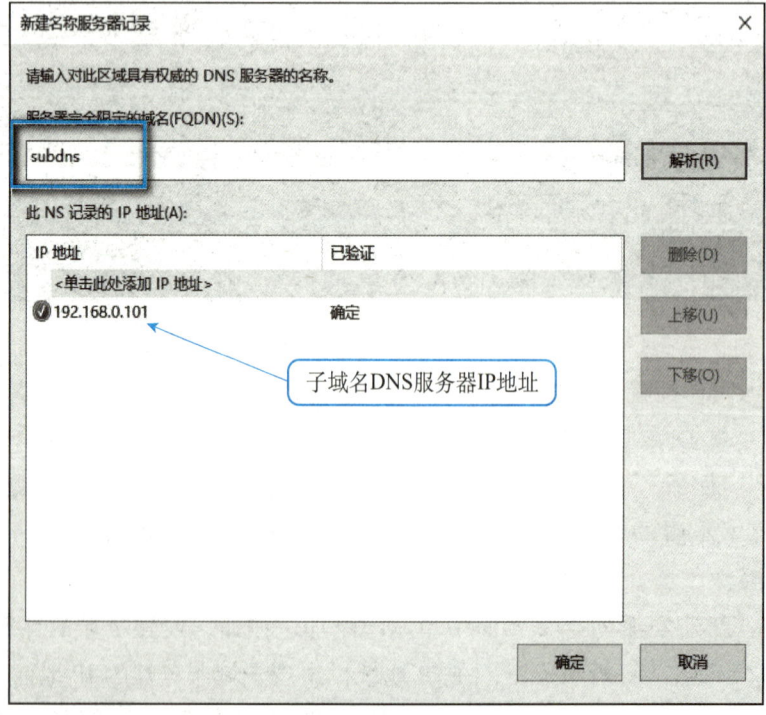

图 10-42　新建名称服务器记录

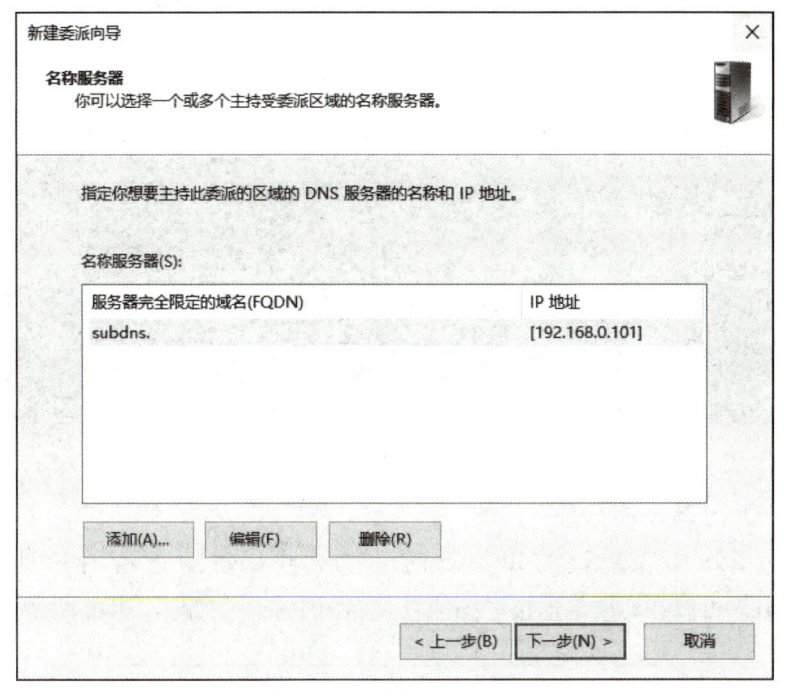

图 10-43　名称服务器记录

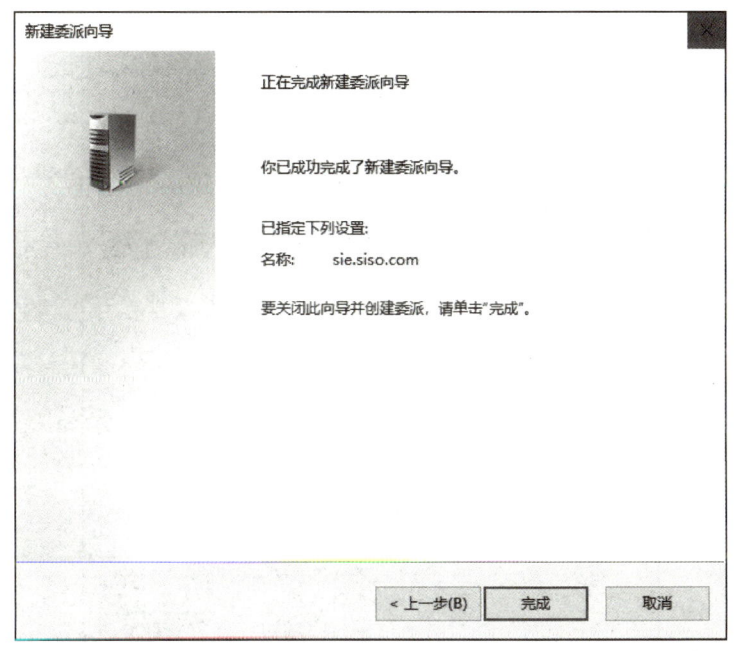

图 10-44　完成新建委派

（3）在客户端使用"nslookup"命令测试 www.sie.siso.com 对应的 IP 地址，解析结果为 192.168.0.101，如图 10-45 所示。此时显示的是"非权威应答"，即解析域名称为"www.sie.siso.com"，并非是由本地 DNS 服务器完成的，而是由委派的子域 DNS 服务器进行解析。

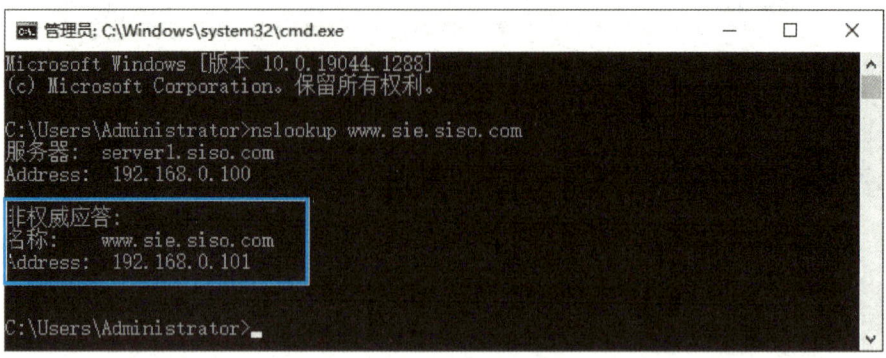

图 10-45　测试子域委派

3. 配置 DNS 转发器

在设置子域中客户端的 IP 地址时，将子域 DNS 服务器的 IP 地址设置为 192.168.0.101，可以在"网络连接详细信息"界面中查看，如图 10-46 所示。

图 10-46　子域 DNS 服务器的详细信息

在客户端打开命令行提示符窗口，分别使用命令测试主域名称 www.sie.siso.com 和子域名称 www.siso.com，测试结果如图 10-47 所示。主域名解析失败，因为子域 DNS

服务器上并没有主域名称的解析记录。

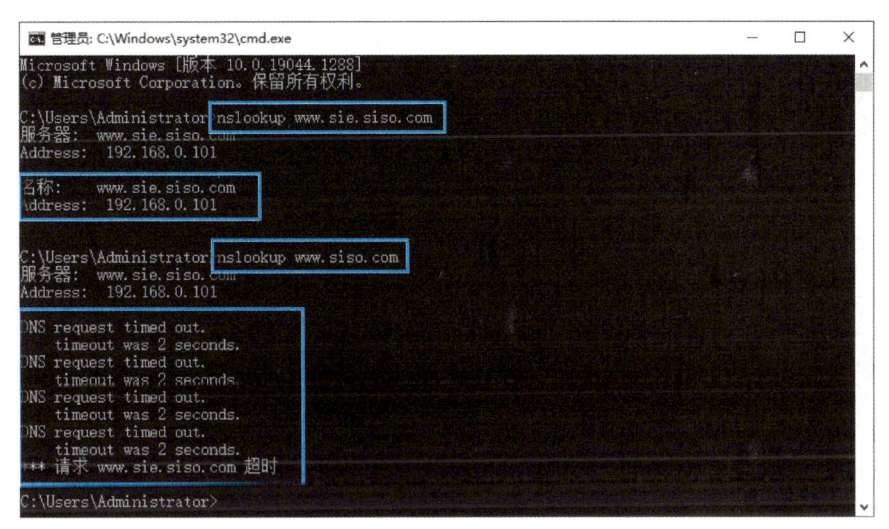

图 10-47　主域名称的测试结果

为确保子域 DNS 服务器能够正常解析所有子域客户的 DNS 解析请求，需要配置子域 DNS 服务器指向主域 DNS 服务器。在子域 DNS 服务器名称上右击，在弹出的快捷菜单中选择"属性"命令，打开 DNS 转发器属性界面，如图 10-48 所示，设置转发器指向的 DNS 服务器 IP 地址。

图 10-48　DNS 转发器属性界面

此时再次解析主域名 www.siso.com，其测试结果如图 10-49 所示，其域名解析实际上是由主域 DNS 服务器完成的，因此结果为"非权威应答"。

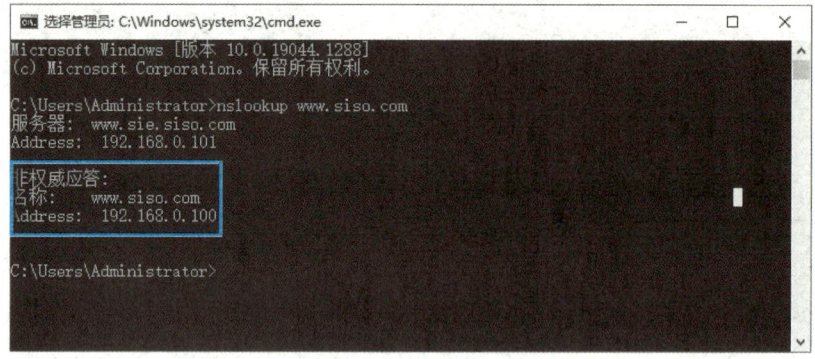

图 10-49　非权威应答的测试结果

任务拓展

在 sie.siso.com 子域服务器上完成以下资源的创建。

- web.sie.siso.com 的别名为 web.sie.siso.com。
- 邮件服务器为 mail.sie.siso.com 对应 IP 地址为 192.168.0.102。

1. 创建别名

在子域服务器的导航菜单中，选择"正向查找区域"→"sie.siso.com"选项并右击，在弹出的快捷菜单中选择"新建别名"命令，在打开的"新建资源记录"界面中填写相应的信息，创建子域别名如图 10-50 所示。

图 10-50　创建子域别名

2. 设置邮件服务器

在子域服务器的导航菜单中选择"正向查找区域"→"sie.siso.com"选项右击，

在弹出的快捷菜单中选择"新建邮件交换器"命令，在打开的"新建资源记录"界面中填写相应的信息，如图 10-51 所示（在此之前请先建立一条 A 记录 mx.sie.siso.com，对应的 IP 地址为 192.168.0.102）。

图 10-51 新建子域记录

3. 测试别名

在子域客户端打开命令行提示符窗口，使用"nslookup"命令测试别名记录。测试邮件交换器记录，在客户端打开命令行提示符窗口输入"nslookup"命令，在提示符">"后先输入"set type=mx"命令修改查询类型，再按"Enter"键，并输入"mail.sie.siso.com"命令，如图 10-52 所示。

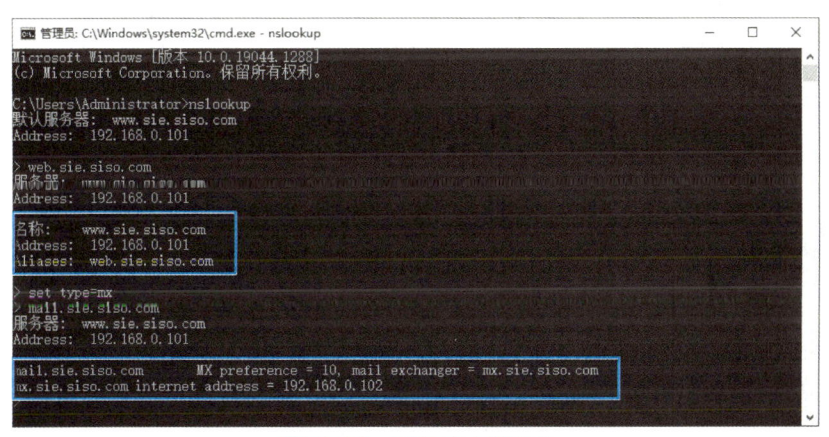

图 10-52 DNS 客户端测试

任务 10-3　配置 DNS 辅助区域

配置 DNS
辅助区域

任务陈述

随着著创公司的上网用户人数的增加，管理员发现现有的主域名服务器负荷过重。因此公司决定增加一台 DNS 服务器用于实现 DNS 解析的负载均衡，该 DNS 服务器同样使用了 Windows Server 2022 网络操作系统，设置主机名称为 SZDNS，IP 地址为192.168.0.105。

知识准备

10.3.1　DNS 辅助区域

DNS 辅助区域（Secondary Zone）是 DNS 区域的一种类型，它用于存储和管理DNS 记录。DNS 辅助区域通常包含主要区域（Primary Zone）的一个副本，这样当DNS 主要区域出现故障时，DNS 辅助区域可以接管 DNS 查询请求，提高系统的可用性和容错性，DNS 辅助区域中的资源记录都是只读的，管理员不能修改。

DNS 辅助区域不能独立存在，必须依赖于主要区域，其拓扑结构如图 10-53 所示。当 DNS 主要区域的 DNS 记录发生变化时，这些变化会自动复制到 DNS 辅助区域。这种复制是单向的，即从 DNS 主要区域到 DNS 辅助区域，而不是双向的。

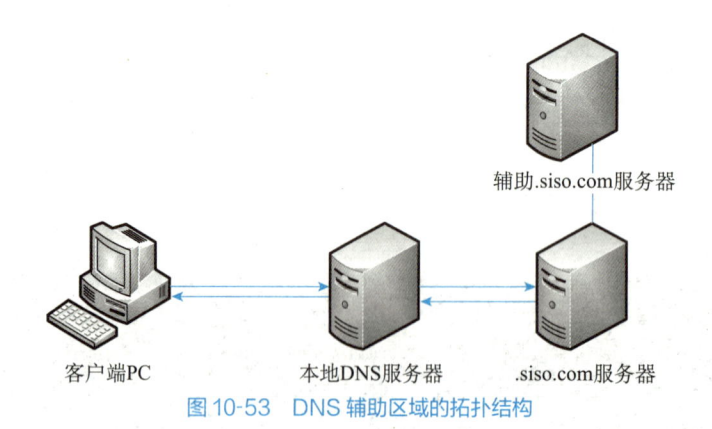

图 10-53　DNS 辅助区域的拓扑结构

从 DNS 主要区域到 DNS 辅助区域传送信息的方式可以是手动执行，或者配置起始授权机构（Start of Authority，SOA）周期性地执行将资源记录复制到 DNS 辅助区域的 DNS 服务器中。在默认情况下，DNS 辅助区域每隔 15 分钟会自动向 DNS 主要区域请求执行区域传送操作。

1. 手动执行区域传送

系统除了会周期性地向 DNS 辅助区域传送记录，管理员也可以手动执行区域传送，具体步骤如下。

（1）打开 DNS 辅助区域的 DNS 服务器。

（2）右击需要执行手动传送区域节点，在弹出的快捷菜单中选择"从主服务器传输"或"重新加载"命令，如图 10-54 所示。执行"从主服务器传输"命令仅传输更新的资源记录；执行"重新加载"命令直接将主域名服务器中所有的资源记录复制过来。

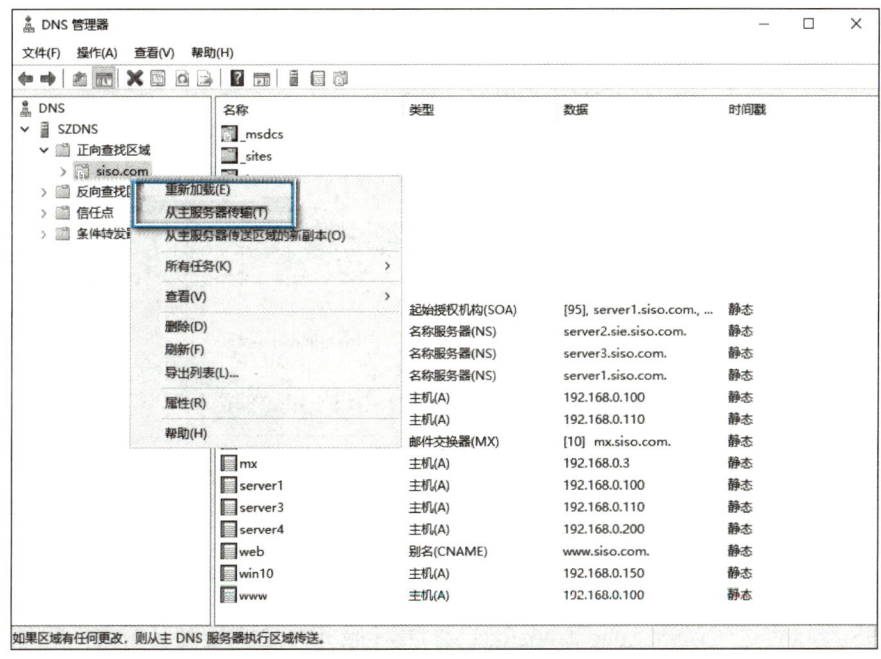

图 10-54　右击执行手动传送区域节点

2. 配置起始授权机构

DNS 服务器的主要区域会周期地（默认 15 分钟）执行区域传送操作，将资源记录复制到 DNS 辅助区域的 DNS 服务器中。起始授权机构资源记录指明区域的源名称，并包括主要区域服务器的名称和基本属性。配置起始授权机构的具体步骤如下。

（1）在主域名服务器中打开 DNS 服务器。

（2）右击正向查找区域中的主域节点，在弹出的快捷菜单中选择"属性"命令，在打开的属性界面中选择"起始授权机构（SOA）"选项卡，如图 10-55 所示，管理员可以根据实际情况修改 SOA 资源记录的各个字段值，包括序列号、主服务器名称、负责人、刷新间隔、重试间隔、最小（默认）TTL。

其中要说明的是刷新间隔的时间单元为秒，它是在查询主区域进行区域更新之前辅助 DNS 服务器等待的时间。重试间隔即辅助服务器在重试失败的区域传输之前等待的时间，时间单元也是秒。过期间隔即区域上一次刷新后无更新过去的时间，辅助服务器停止响应查询之前的时间，默认值为 86400 秒（24 小时）。

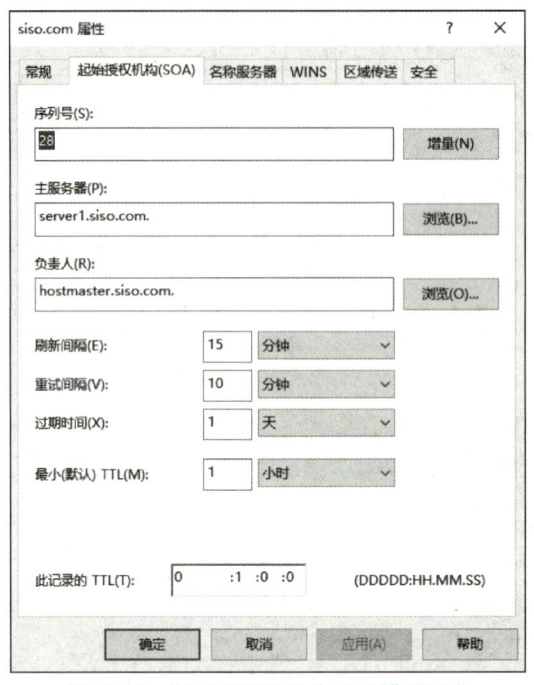

图 10-55 "起始授权机构（SOA）"选项卡

10.3.2 DNS 区域传送

DNS 区域传送（DNS Zone Transfer）是 DNS 服务器之间复制区域文件的过程。这个过程允许一个 DNS 服务器从另一个 DNS 服务器获取管理的 DNS 区域的全部或部分数据。这种传送机制主要用于保持 DNS 服务器之间的数据同步，以确保在不同 DNS 服务器上查询相同域名时能够得到一致的结果。

DNS 区域传送有两种方式：全量传送和增量传送。全量传送是指将一个区域的全部数据从一个 DNS 服务器复制到另一个 DNS 服务器，而增量传送则只传送自上次传送以来发生变化的数据。区域传送对于 DNS 的可靠性和性能至关重要。如果某个 DNS 服务器的数据发生了变化（添加或删除了一个域名记录），则这些变化需要通过区域传送机制传播到其他 DNS 服务器，以确保所有服务器上的数据都是最新的。这样，当用户从不同的 DNS 服务器查询相同的域名时，无论用户连接到哪个服务器，都能得到相同的结果。

任务实施

（1）在辅助域名服务器上安装 DNS 服务，在 SZDNS.siso.com 中，右击"正向查找区域"选项，在弹出的快捷菜单中选择"新建区域"命令，在打开的"区域类型"

界面中设置区域类型为"辅助区域",单击"下一步"按钮。打开"区域名称"界面,将辅助区域名称设置成与主域名区域名称一致,如图 10-56 和图 10-57 所示,单击"下一步"按钮。

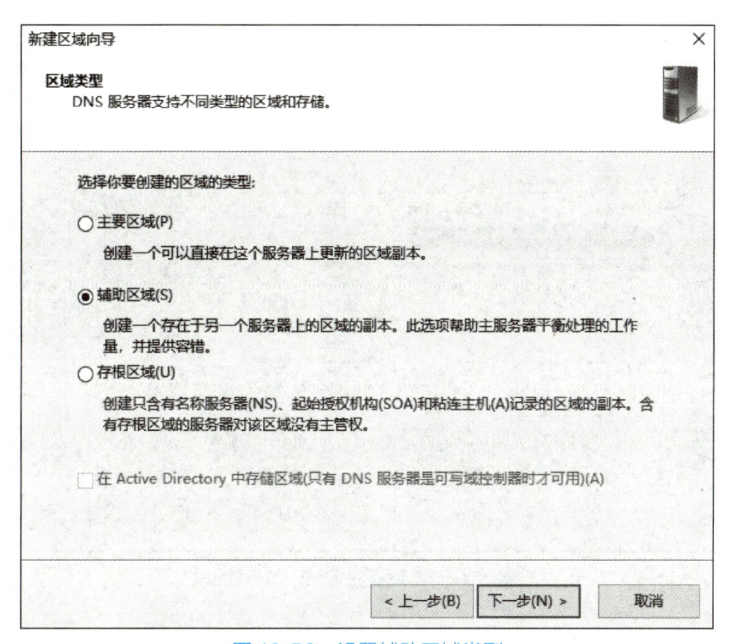

图 10-56 设置辅助区域类型

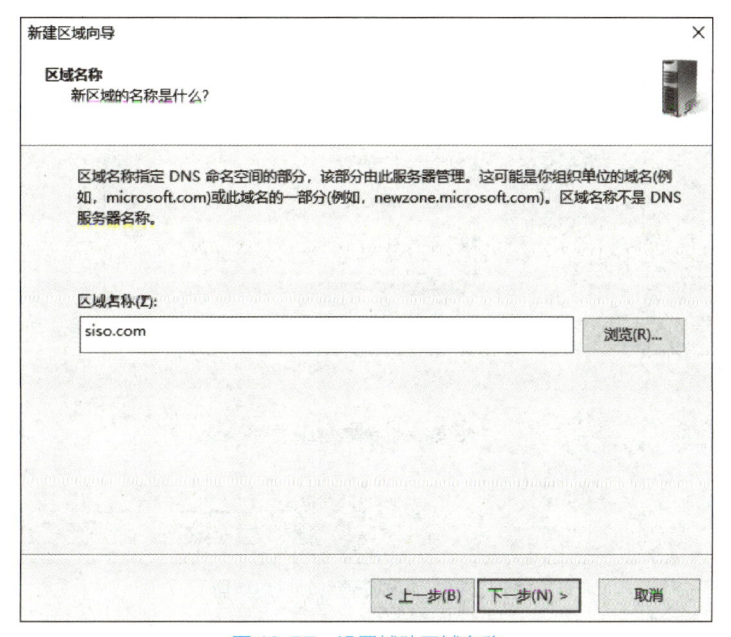

图 10-57 设置辅助区域名称

(2)在"主 DNS 服务器"界面中设置主域名服务器的地址为 192.168.0.100,如图 10-58 所示。单击"下一步"按钮继续,确认配置信息,如图 10-59 所示,如果需要改动则单击"上一步"按钮,单击"完成"按钮结束辅助域名服务器的安装。

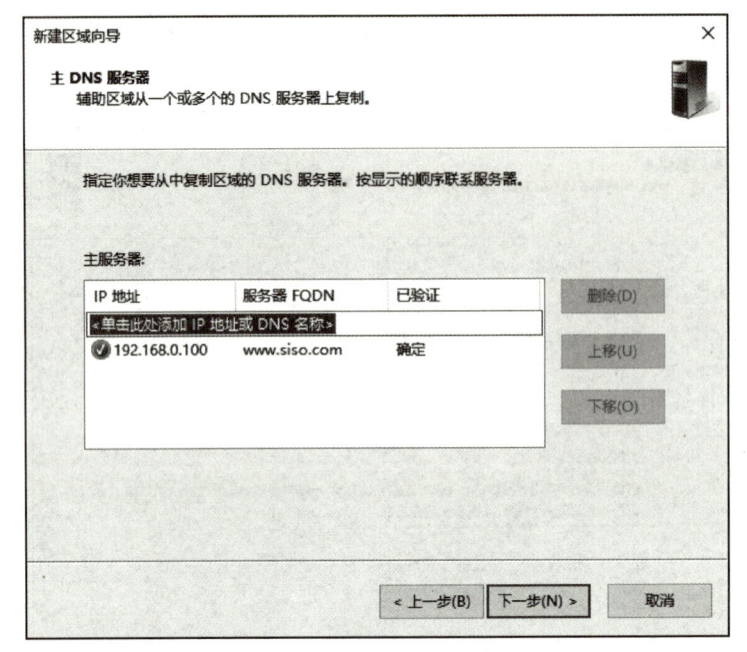

图 10-58 设置主 DNS 服务器

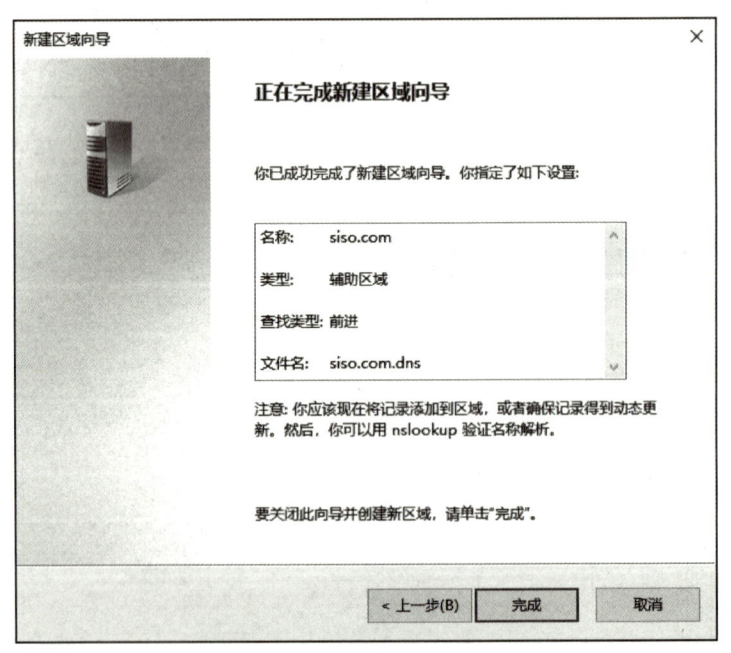

图 10-59 完成新建辅助区域向导

(3)修改主域 DNS 服务器 siso.com 的属性,选择"常规"标签单击"更改"按钮,在打开的"更改区域传送范围"界面中将更改传送区域范围设置为"至此林中域控制器上运行的所有 DNS 服务器",如图 10-60 所示。

单元 10　DNS 服务器的配置与管理

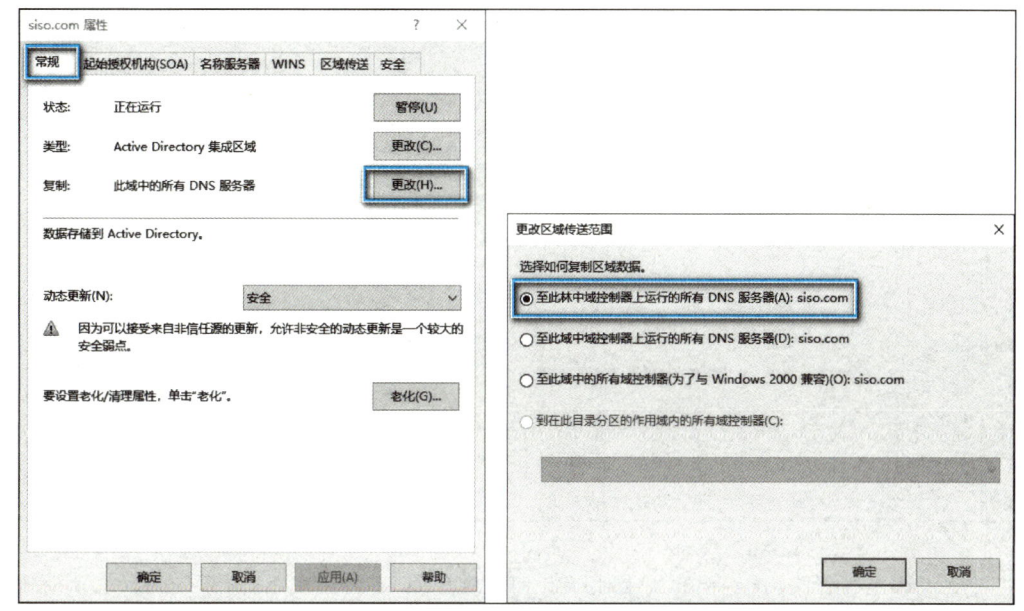

图 10-60　至此林中域控制器上运行的所有 DNS 服务器

（4）在主 DNS 服务器上设置区域传送，右击正向查找区域 siso.com 节点，在弹出的快捷菜单中选择"属性"命令，在打开的属性界面中选择"区域传送"标签，如图 10-61 所示，勾选"允许区域传送"复选框，并选中"到所有服务器"单选按钮（此处也可以设置具体的服务器 IP 地址信息）。

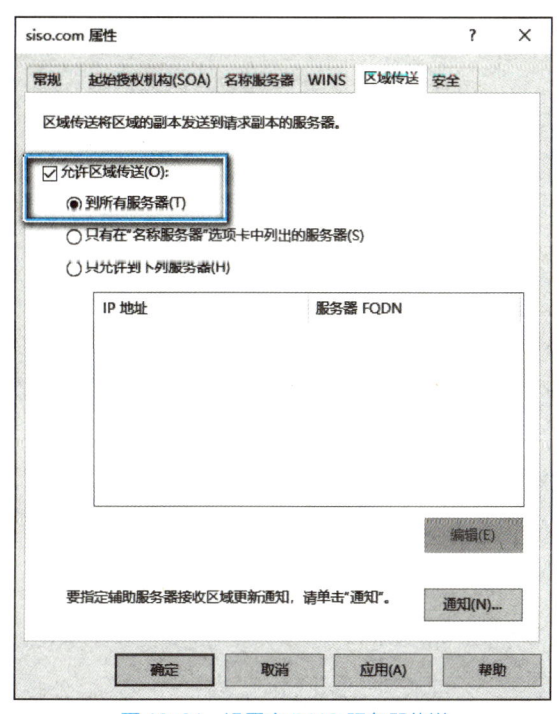

图 10-61　设置主 DNS 服务器传送

293

（5）分别在主 DNS 和辅助 DNS 服务器上查看区域的信息，两个 DNS 区域中的信息同步后应该相同，如图 10-62 所示。

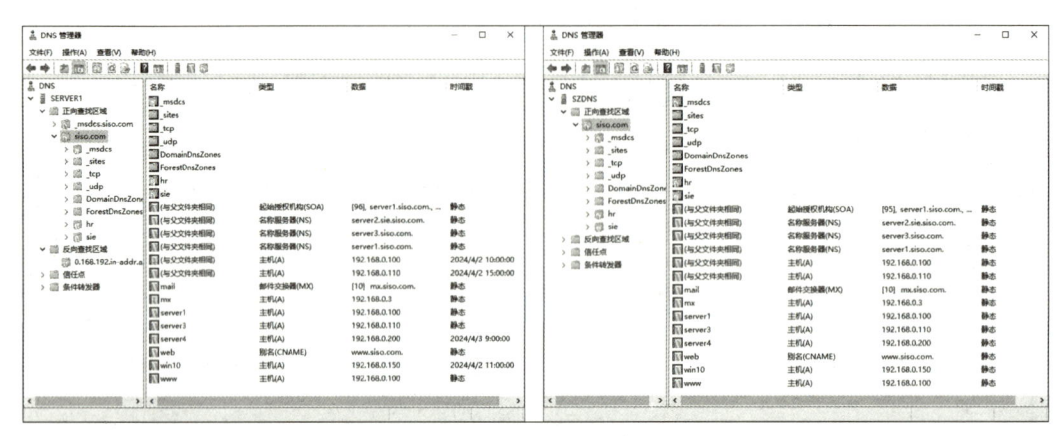

(a) 主DNS区域　　　　　　　　　　　　(b) 辅助DNS区域

图 10-62　辅助区域验证

反向区域的传送和正向区域的传送方法相似，请读者参照正向区域的传送方法进行设置即可。

任务拓展

将主 DNS 服务器的 siso.com 中的记录资源传送到指定的辅助区域服务器中，其他未指定的辅助域名服务器不可获得区域传送的请求。

右击主 DNS 服务器正向查找区域 siso.com 节点，在弹出的快捷菜单中选择"属性"命令，在打开的属性界面中选择"区域传送"标签，勾选"允许传送区域"复选框，并选中"只允许到下列服务器"单选按钮，设置辅助 DNS 服务器的 IP 地址为 192.168.0.105，表示只接收地址为 192.168.0.105 的 DNS 服务器的区域传送请求，如图 10-63 所示。

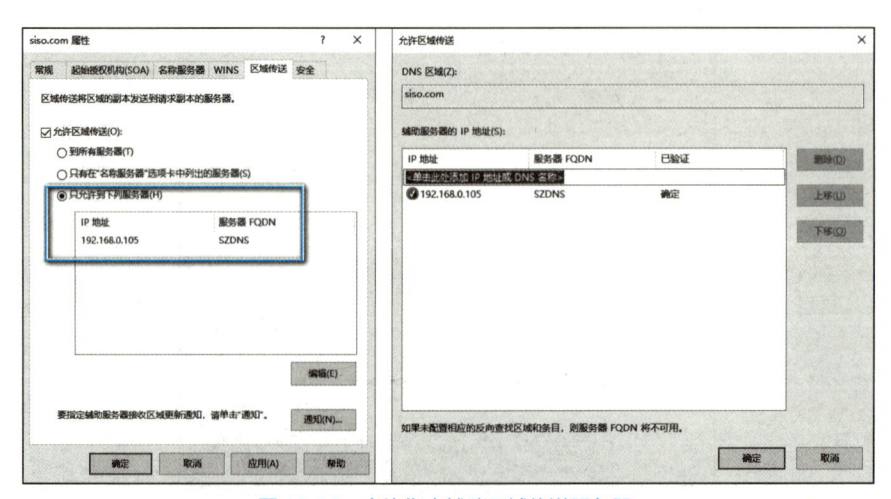

图 10-63　允许指定辅助区域传送服务器

如果选中"只有在名称服务器选项卡中列出的服务器"单选按钮，则表示只接收名称服务器中列出的辅助区域传送请求，如图 10-64 所示。如果单击"通知"按钮，则在"通知"界面中可以设置要通知的辅助域名服务器，如此一来，当主域名服务器区域内有更新时，辅助区域会收到更新的通知，而一旦收到通知，辅助区域服务器就可以提出传送请求了，如图 10-65 所示。

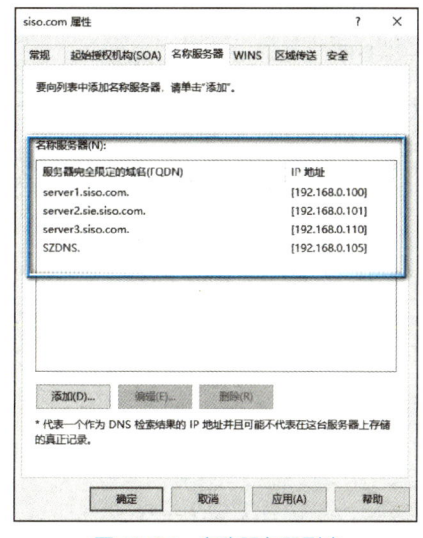

图 10-64　名称服务器列表

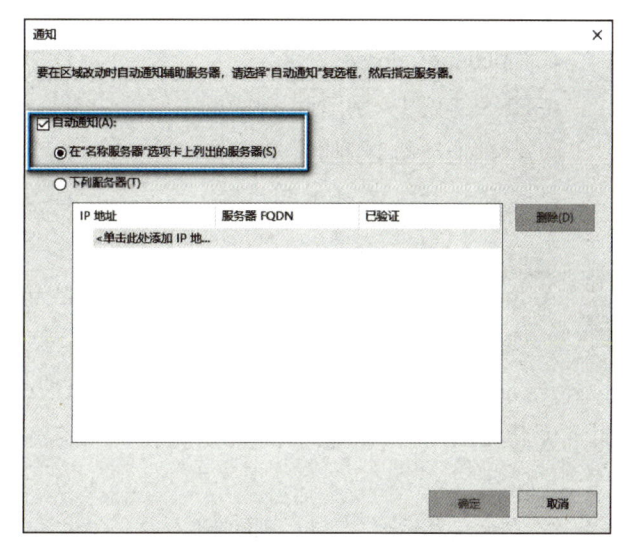

图 10-65　通知指定辅助区域传送

单元小结

域名系统是互联网上解决主机命名的一种系统。它是互联网的一项核心服务，它提供网络域名和 IP 地址相互映射的一个分布式数据库，帮助人们更方便地访问互联网，而不用去记住能够被计算机直接读取的 IP 地址。

单元练习题

一、单项选择题

1. DNS 提供了一种（　　）的命名方案。

A. 分布式结构　　　　　　　　B. 层次结构

C. 一体化结构　　　　　　　　D. 多级结构

2. DNS 资源记录中提供别名的是（　　）。

A. A 记录　　　B. NS 记录　　　C. SOA 记录　　　D. CNAME 记录

3. DNS 服务使用的端口号为（　　）。

A. 23　　　　　B. 21　　　　　C. 80　　　　　D. 53

4. 用户向本地 DNS 服务器发起查询请求，如果该 DNS 服务器不具备域名解析能力，则向上级 DNS 服务器发出查询请求，直到目标 IP 地址被解析出来，这种解析方式被称为（　　）。

    A. 正向解析　　　　B. 反向解析　　　　C. 递归解析　　　　D. 迭代解析

5. （　　）命令用于清除 DNS 缓存。

    A. "nslookup"　　　　　　　　　　B. "ipconfig/flushdns"

    C. "ipconfig/release"　　　　　　　D. "dns/delete"

6. DNS 协议主要用于实现的网络服务功能是（　　）。

    A. 物理地址与 IP 地址的映射　　　　B. 用户名与物理地址的映射

    C. 主机域名与 IP 地址的映射　　　　D. 主机域名与物理地址的映射

7. （　　）命令是 DNS 客户端的测试命令。

    A. ipconfig　　　B. netstat　　　C. trace　　　D. nslookup

8. DNS 顶级域名中表示教育机构的是（　　）。

    A. .org　　　　B. .edu　　　　C. .com　　　　D. .cn

9. 将 DNS 客户端请求的完全合格的域名解析为对应的 IP 地址的过程被称为（　　）。

    A. 正向解析　　　　B. 反向解析　　　　C. 递归解析　　　　D. 迭代解析

10. 将 DNS 客户端请求 IP 地址解析为对应完全合格的域名的过程被称为（　　）。

    A. 正向解析　　　　B. 反向解析　　　　C. 递归解析　　　　D. 迭代解析

二、填空题

1. DNS 是 _____。

2. DNS 正向解析是指 _____，DNS 反向解析是指 _____。

3. Windows Server 2022 网络操作系统中的 DNS 服务器创建区域有 3 大类：_____、_____、_____。

4. 域名系统是一种 _____ 目录服务。

5. DNS 名称服务器中别名的资源记录表示 _____。

三、解答题

1. 简述在 Windows Server 2022 网络操作系统中添加 DNS 服务的过程，安装 DNS 服务器前需要做哪些准备。

2. 简述 DNS 创建主域的过程，常用的 DNS 资源记录包含有哪些。

3. 简述 DNS 创建子域的过程，以及将子域委派给其他服务器的过程。

单元 11 Web 服务器的配置与管理

学习目标

【知识目标】
- 了解 URL、Web 服务概念。
- 了解 IIS 的主要特点。
- 熟悉 HTTP 协议的功能。
- 理解 Web 服务的工作原理。
- 理解 Web 网站虚拟站点的实现原理。

【技能目标】
- 掌握 Web 服务器角色的安装。
- 掌握安装和配置 IIS 的方法。
- 掌握 Web 站点的架设和配置方法。
- 掌握在同一台 IIS 服务器上部署不同网站的方法。
- 掌握 Web 虚拟站点的创建和配置。

【素养目标】
- 坚持问题导向,提升技术创新能力。
- 提高岗位责任意识,培养法律法规意识。

引例描述

企业网站主要用于对外进行信息发布,并且同时搭建企业内部管理网站。著创公司根据公司网络规划,设定 Web 服务器的域名为 www.siso.com,其中 www 为主机名,

siso.com 为公司局域网的域名。根据公司统一的 IP 地址规划，Web 服务器内网地址为 192.168.0.100/24。

> 搭建一个Web服务器，部署企业网站！

> 收到，我会通过 Windows Server IIS管理网站。

这次，网络管理员小陈准备着手搭建 Web 服务器，搭建服务器的基本步骤如下。

第一步，搭建 Web 服务器角色。

第二步，配置 Web 站点的创建和基本属性，包括主目录设定、IP 地址、端口绑定。

第三步，进行 Web 站点安全配置，提高 Web 网站的安全性。

任务 11-1　Web 站点配置与管理

Web 服务器（理论）　　Web 站点配置与管理

任务陈述

著创公司的管理员小陈需要在服务器上通过 Windows Server 2022 网络操作系统中的"添加角色向导"功能进行安装 IIS 服务，公司 Web 服务器的计算机名为 www，搭建企业网域名为 www.siso.com，局域网地址为 192.168.0.100。

任务拓展-HTTP 泛洪攻击（动画）　　HTTP 协议（动画）

知识准备

11.1.1　Web 服务

万维网（World Wide Web，WWW）服务是一个大规模的、联机式的信息储藏所，并非某种特殊网络。万维网的信息是由 Web 服务器来提供的，用户通过 Web 服务器使用链接的方法能非常方便地从互联网上的一个站点访问另一个站点，从而主动地按需获取丰富的信息，这种访问方式被称为"链接"。

Web 服务器以客户服务器的方式工作，浏览器就是在用户计算机上的 Web 服务器客户程序，文档所驻留的计算机运行服务器程序，因此这个计算机也被称为 Web 服务器。客户程序向服务器程序发出请求，服务器程序向客户程序送回客户所要的网页文档。在一个客户程序主窗口上显示出的网页文档被称为页面（Page）。

Web 服务器在工作时的几个关键问题如下。

（1）使用统一资源定位符（Uniform Resource Locator，URL）标志 Web 服务器上的各种文档，使每个文档在整个互联网的范围内具有唯一的标识符 URL。URL 的一般形式为"<URL 的访问方式 >://< 主机 >:< 端口 >/< 路径 >"，例如，http://www.siso.edu.cn/Index.htm。

（2）在 Web 服务器客户程序与 Web 服务器服务器程序之间进行交互所使用的协议是超文本传输协议（HyperText Transfer Protocol，HTTP），HTTP 是一个应用层协议，它使用 TCP 连接进行可靠传送，它是 Web 服务器上能够可靠地交换文件（包括文本、声音、图像等各种多媒体文件）的重要基础。

（3）使用超文本标记语言（HyperText Markup Language，HTML）设计页面，用户可以方便地访问互联网上的任何一个 Web 服务器页面，并且能够在自己的计算机屏幕上将这些页面显示出来。

一、Web 客户端

Web 服务器采用客户端（Client）/服务器（Server）工作模式。客户端是指为用户提供本地服务的程序，如浏览器。Web 浏览器使用一个 URL 请求服务器的相关页面或文档，浏览器负责解释并回显服务器传送过来的 Web 资源。Web 资源通常有网页、图片、文档等内容。Web 客户端设计技术主要包括 HTML 语言、Java 小程序、脚本程序、CSS、DHTML、插件技术及 VRML 技术实现虚拟现实效果。Web 浏览器利用这些技术展示服务器的信息。

常见的浏览器有微软系统自带的 IE（Internet Explorer），基于 Google 公司开源项目独立开发的 Chrome 浏览器，Firefox 公司开发的同样是开源的 Firefox 浏览器，以及苹果公司为 Mac 系统量身打造的 Safari 浏览器等。

二、Web 服务器

Web 服务器通常被称为网站服务器，是指驻留于互联网上某种类型计算机的程序，它的主要功能是处理浏览器等 Web 客户端的请求并返回相应的响应。Web 服务器通过部署网站文件，为全球用户提供信息浏览、文件下载等服务。

Web 服务器采用 HTTP 或 HTTPS 协议与客户端进行通信，接收客户端的请求并返回相应的网页内容。常用的 Web 服务器软件有 Apache、Nginx 和 IIS 等，这些服务器软件提供了丰富的功能和灵活的配置选项，可以满足不同网站的需求。Web 服务器向发出请求的客户端浏览器提供文档。

（1）当客户端的浏览器向服务器发出请求时，服务器响应或拒绝请求，因此服务器被视为一种被动程序。

（2）最常用的 Web 服务器是 Apache 和 Microsoft 的 Internet 信息服务器（Internet Information Services，IIS）。

（3）Internet 上的服务器也被称为 Web 服务器，是一台在 Internet 上具有独立 IP 地址的计算机，可以向 Internet 上的客户机提供 WWW、Email 和 FTP 等各种 Internet 服务。

（4）服务器使用 HTTP 与客户端浏览器进行信息交流，这就是人们常把它们称为 HTTP 服务器的原因。

（5）Web 服务器不仅能存储信息，还能在用户通过 Web 浏览器提供的信息的基础上运行脚本和程序。

三、HTTP

HTTP 是一个属于应用层的面向对象的协议。它在 1990 年被提出，经过几年的使用与发展，HTTP 得到不断地完善和扩展。HTTP 是一种用于分布式、协作式和超媒体信息系统的应用层协议，是一个简单的请求—响应协议，通常运行在 TCP 之上，它指定了客户端可能发送给服务器什么样的消息，以及得到什么样的响应。在 HTTP 的发展历程中，出现过多个版本，其中被广泛使用的是 HTTP/1.1 版本。随着互联网的快速发展，HTTP/1.1 版本的一些缺陷也逐渐暴露出来，如队头阻塞、安全性不足等问题。为了解决这些问题，HTTP/2 版本应运而生，HTTP/2 版本在 HTTP/1.1 版本的基础上进行了大量的改进和优化，提高了传输效率和安全性。

1. HTTP 的主要特点

- 支持客户/服务器模式。
- 简单快速：当客户向服务器请求服务时，需要传输请求方法和路径。请求方法常用的有三种，分别为 GET、HEAD、POST。
- 灵活：HTTP 允许传输任意类型的数据对象，正在传输的类型由 Content-Type 加以标记。
- 无连接：无连接的含义是限制每次连接只处理一个请求。服务器处理完客户的请求，并收到客户的应答后，即断开连接。
- 无状态：HTTP 是无状态协议，无状态是指协议没有记忆事务处理的能力。

2. URL 基本格式

统一资源定位符是对互联网上资源的位置和访问方式的一种简洁表示，是互联网上标准资源的地址。URL 包含了用于查找某个资源的足够信息，其格式如下：

```
http://host[":"端口][绝对定位地址]
```

- http 表示要通过 HTTP 协议来定位网络资源。
- host 表示互联网有效 IP 地址，其中服务器本地访问为 localhost。
- 端口默认为空，端口号为 80。
- 绝对定位地址是指定请求资源的 URL。

例如，当用户在浏览器中输入"www.****.com"时，URL 将自动补全为"http://www.****.com"。

四、HTTP 常见功能

HTTP 是互联网上应用最广泛的一种网络协议，所有的网络文件都必须遵守这个标准。HTTP 常见功能如下。

（1）静态内容："静态内容"允许 Web 服务器发布静态 Web 文件格式，如 HTML 页面和图像文件。使用"静态内容"在 Web 服务器上发布用户随后可使用 Web 浏览器查看的文件。

（2）默认文档："默认文档"允许配置当用户未在 URL 中指定文件时供 Web 服务器返回的默认文件。"默认文档"使用户可以更为轻松便捷地访问网站。

（3）"目录浏览"："目录浏览"允许用户查看 Web 服务器上的目录的内容。当用户未在 URL 中指定文件时，以及禁用或未配置默认文档时，使用"目录浏览"在目录中提供自动生成的所有目录和文件的列表。

（4）"HTTP 错误"：利用"HTTP 错误"，管理员可以自定义当 Web 服务器检测到故障情形时返回到用户的浏览器的错误消息。

（5）"HTTP 重定向"："HTTP 重定向"支持将用户请求重定向到特定目标。

11.1.2　Web 站点配置

Web 服务器是 Web 资源的宿主，也就是说 Web 站点信息发布依托于 Web 服务器。一台 Web 服务器上存储了一个或多个网站的所有信息，Web 站点上包含了服务器文件系统中的静态文件，通常我们把这些静态文件看成 Web 站点的资源，这些静态文件包括文本文件、HTML 文件、图片文件、视频音频格式的文件。随着技术的发展，Web 资源的形式越来越多样化，它不一定是静态的，也可以是根据需要生成内容的软件程序。例如，Web 资源可以根据请求信息的变化来生成内容，像人脸识别，股票交易等。

一、Web 站点的属性

HTTP 报文是工作在 TCP/IP 的应用层协议，Web 客户端发送请求服务器的报文前，需要通过 IP 地址和端口号在客户端与服务器之间建立 TCP/IP 连接。浏览器连接的具体步骤如下。

（1）浏览器从 URL 中解析出服务器的主机名。

（2）通过域名解析主机名将转换成相应的 IP 地址和端口号，如果没有，则默认 80 端口。

（3）浏览器与 Web 服务器建立 TCP 连接。

（4）浏览器向服务器发送 HTTP 报文。

（5）服务器向浏览器回显 HTTP 报文。

（6）连接关闭，浏览器显示文档。

二、Web 站点的结构组件

Web 客户端和服务器都属于 Web 应用程序的两个重要组件。在复杂的网络环境中，如在互联网上，Web 应用程序除了客户端（浏览器）和服务器，还包括代理、缓存、网关、隧道等。

1. 代理（Web ProxyServer）

代理是客户端和服务器之间的 HTTP 中间实体，是网络信息的中转站。代理程序一般会绑定在浏览器上作为插件使用，代理程序一旦寻找目标服务器后，立刻将网站数据返回到用户的浏览器客户端。如果当前服务器没有该远程服务器的缓存，代理程序则会自动读取远程网站，将远程网站的资料提交给客户端，同时将资料缓存从而提供给下一次的浏览需求。代理程序会根据缓存的时间、大小和提取记录自动删除缓存。

2. 缓存（Web Cache/HTTP Cache）

Web 缓存（或 HTTP 缓存）是用于临时存储 Web 文档，如 HTML 页面和图像的技术，以减少服务器延迟的一种信息技术。Web 缓存就像 HTTP 的仓库，通过保存页面副本来提高显示速度。Web 缓存系统既可以指设备，也可以指计算机程序。

3. 隧道（HTTP Tunnel）

隧道允许用户通过 HTTP 连接发送非 HTTP 报文格式，这样就可以在 HTTP 携带其他协议数据，即隧道通过 HTTP 应用程序访问非 HTTP 协议的应用程序，可以对 HTTP 通信报文进行盲转发的特殊代理。

4. 网关（Gageway）

网关是一种特殊的 Web 服务器，可以用来连接其他应用程序。网关通常用于将 HTTP 流量转换为其他的协议，网关对客户端来说来是透明的，存在网关的网络中，客户端并不知道主机在与网关通信，当网关接收请求时好像主机就是资源的源端服务器。

任务实施

1. 安装 IIS 服务器

在安装 Web 服务器（IIS）角色之前，用户需要进行一些必要的准备工作，HTTP 服务使用客户端服务器模型，架设 Web 服务器网络拓扑如图 11-1 所示。

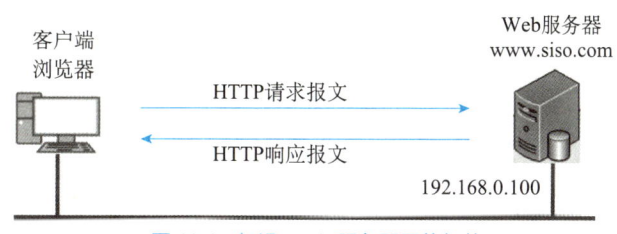

图 11-1　架设 Web 服务器网络拓扑

将 IIS 服务部署在 server1 上，服务器需要有一个静态的 IP 地址 192.168.0.100，不建议使用 DHCP 自动获取地址，一般服务器的地址都设置成静态的。在 DNS 服务器上设置一条 A 记录，Web 服务器在局域网内对应的 IP 地址为 192.168.0.100，域名为 siso.com。同时，在 DNS 服务器上设置 siso.com 的域名为 www.siso.com。

（1）将 Windows Server 2022 虚拟机设置为 IIS 服务器，首先在服务器管理器添加 Web 服务器角色，在"选择服务器角色"界面中勾选"Web 服务器（IIS）"复选框，如图 11-2 所示，单击"添加角色和功能"选项，在弹出的菜单中进行选择，通过添加角色向导安装服务。在"选择服务器角色"界面中，如果服务器角色前面的复选框没有被勾选，则表示该网络服务尚未被安装，这里勾选"Web 服务器（IIS）"复选框。

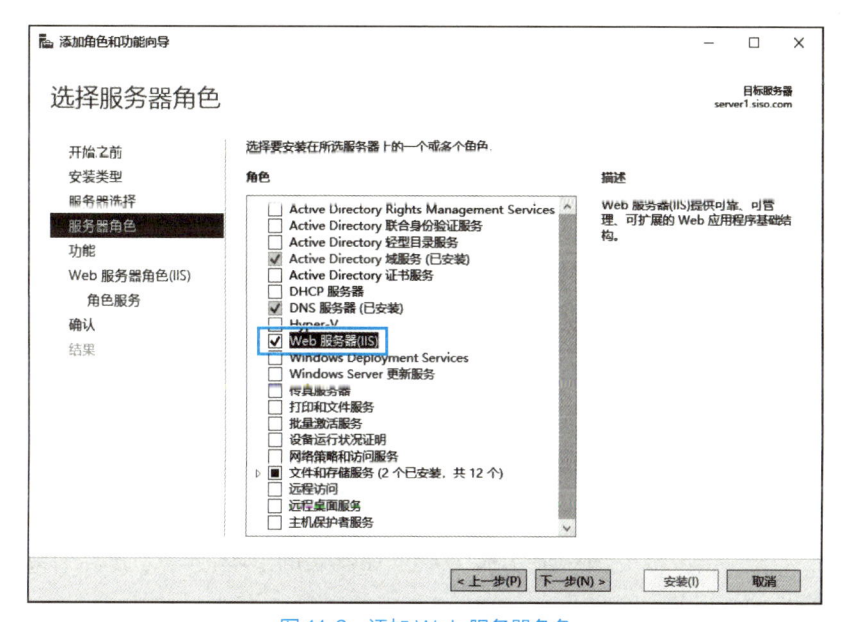

图 11-2　添加 Web 服务器角色

（2）单击"下一步"按钮，打开"选择功能"界面默认选择安装 Web 服务器必需的组件。在此例中，网络管理员考虑到了 Web 服务器的安全等设置，选择所有组件安装，如果不需要，则可以根据实际情况选择。单击"安装"按钮开始安装 Web 服务器角色，如图 11-3 和图 11-4 所示。

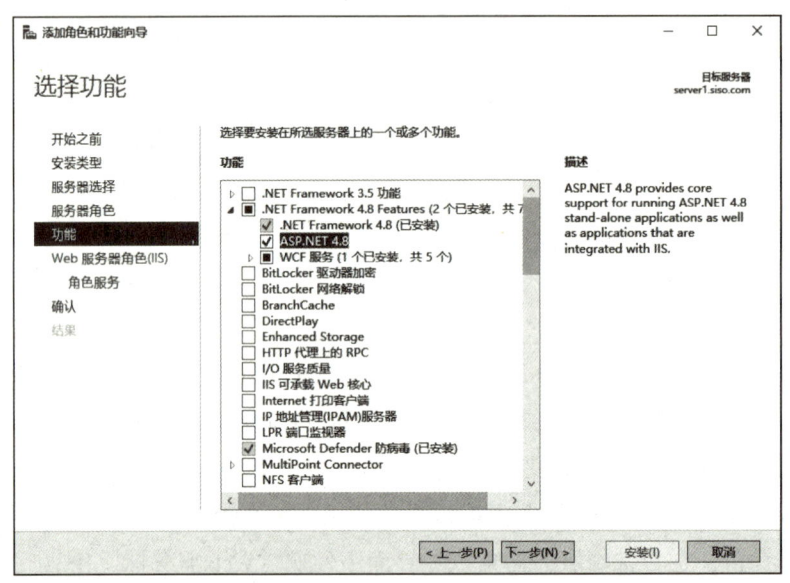

图 11-3　Web 服务器选择功能

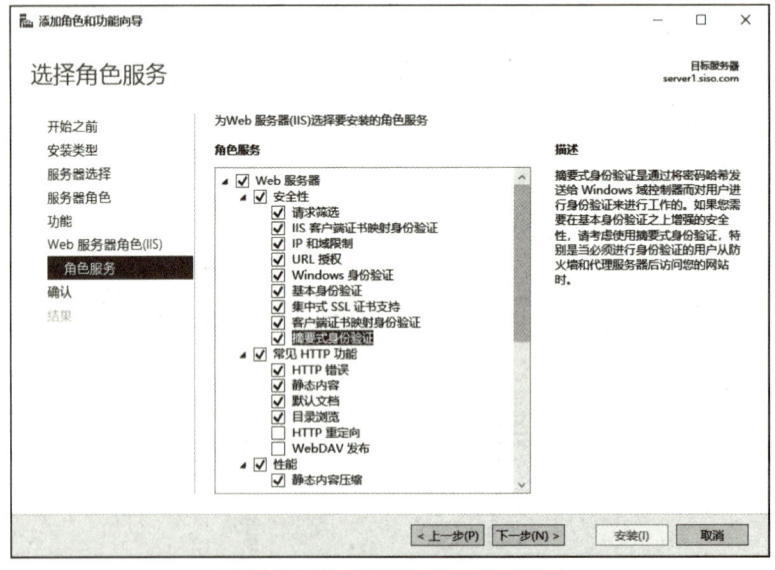

图 11-4　Web 服务器选择角色服务

（3）在"安装进度"界面中显示服务器正在安装的过程，等待安装结束，安装完成的界面如图 11-5 所示。

单元 11　Web 服务器的配置与管理

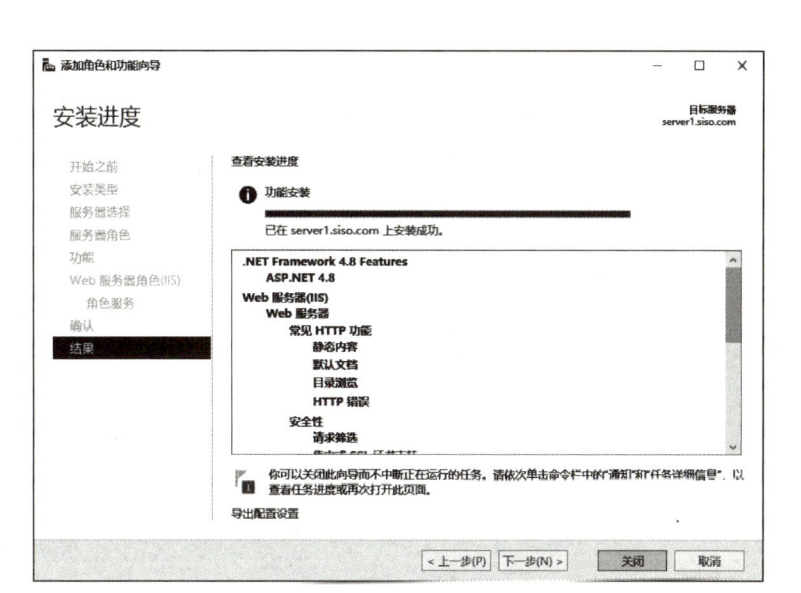

图 11-5　安装完成的界面

（4）Internet 信息系统管理器有两个入口。右击服务器，在弹出的快捷菜单中选择"Internet Information Services（IIS）管理器"命令，如图 11-6 所示，或者选择"工具"→"Internet Information Services（IIS）管理器"命令，如图 11-7 所示。

图 11-6　打开 Internet 信息（IIS）管理器入口一

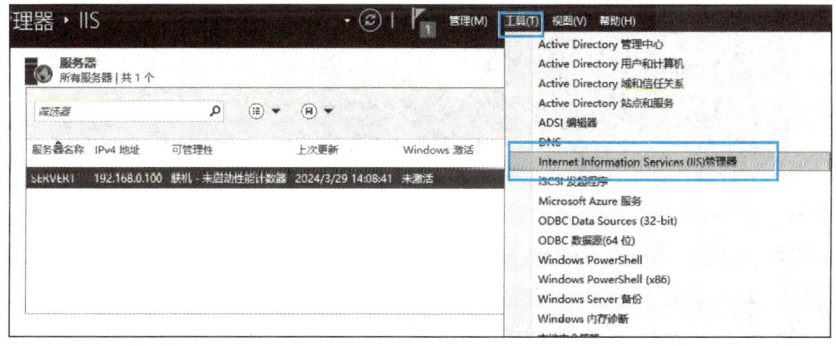

图 11-7　打开 Internet 信息（IIS）管理器入口二

305

（5）在"Internet Information Services（IIS）管理器"界面的导航菜单中选择"网站"→"Default Web Site"选项，选择右侧"操作"窗格的"浏览网站"→"浏览＊80（http）"选项，如图11-8所示。访问默认网页如图11-9所示，Web服务器搭建完成并测试能否正常访问。

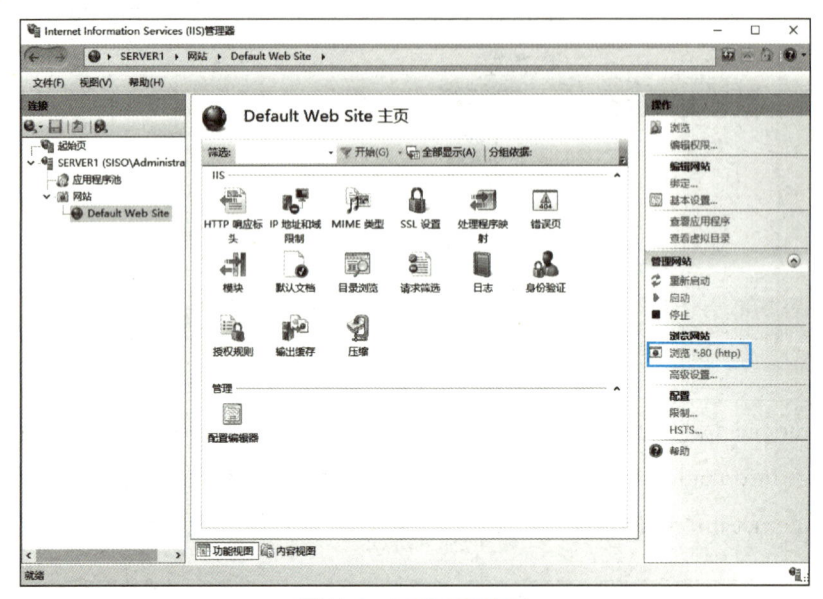

图11-8　IIS管理器主页

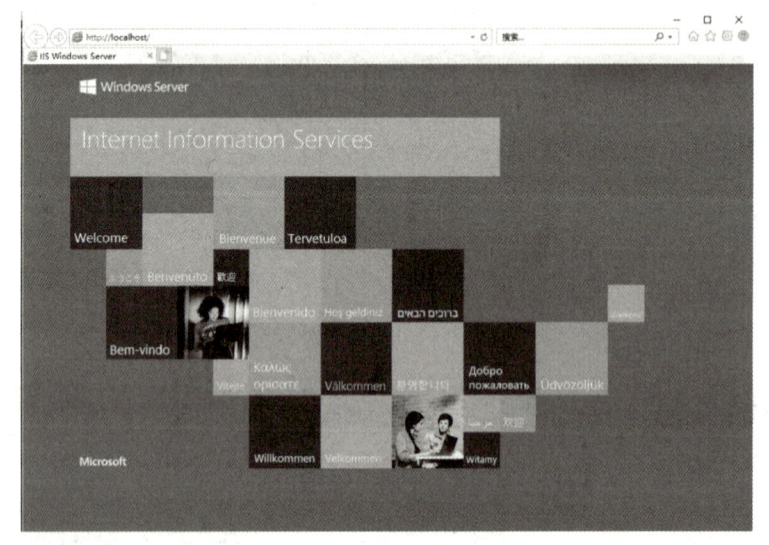

图11-9　访问默认网页

2. 在Web（IIS）服务器中配置站点

（1）选择默认站点并右击，在弹出的快捷菜单中选择"管理网站"命令，在打开的界面中停止Default Web Site默认网站。通过新建网站的方式，创建公司的Web站点。

在"Internet Information Services（IIS）管理器"界面的导航菜单中选择"网站"选项并右击，在弹出的快捷菜单选择"添加网站"命令，如图 11-10 所示。

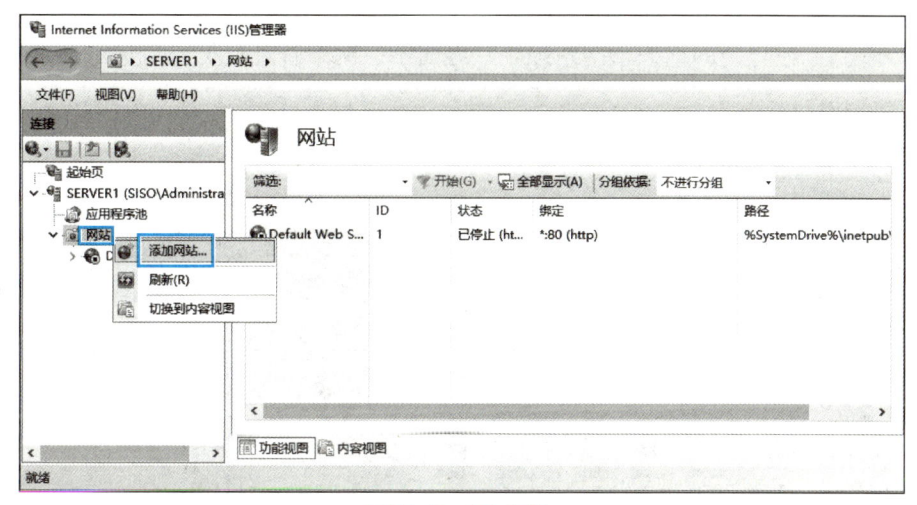

图 11-10　添加网站

网站"操作"动作命令如下。

① 添加网站。

- 浏览：在文件资源管理器中打开网站的文件，可以查看网站的源文件。
- 编辑权限：可以对网站的目录的权限进行设置。

② 编辑网站。

- 绑定：在打开的"网站绑定"界面中，网络管理员可以添加、编辑和删除网站绑定。
- 基本设置：在打开的"编辑网站"界面中，网络管理员可以编辑在创建选定网站时指定的设置。
- 查看应用程序：在打开的"应用程序"界面中，网络管理员可以从中查看属于网站的应用程序。
- 查看虚拟目录：在打开的"虚拟目录"界面中，网络管理员可以在其中查看属于网站根应用程序的虚拟目录。

③ 管理网站。

- 启动、停止、重新启动：启动、停止选定网站。停止并重新启动选定网站。重新启动网站将使网站暂时不可用，直至重新启动完成。
- 浏览网站：在 Internet 浏览器中打开选定网站。如果网站有多个绑定，则会显示多个浏览链接。
- 高级设置：在打开的"高级设置"界面中，网络管理员可以从中配置选定网站的高级设置。

④ 配置。
- 失败请求跟踪：在打开的"编辑网站失败请求跟踪"界面中，网络管理员可以为选定网站启用失败请求跟踪并配置相关设置。
- 限制：在打开的"编辑网站限制"界面中，网络管理员可以为选定网站配置带宽和连接限制。

网站"操作"动作命令的详细菜单如图 11-11 所示。

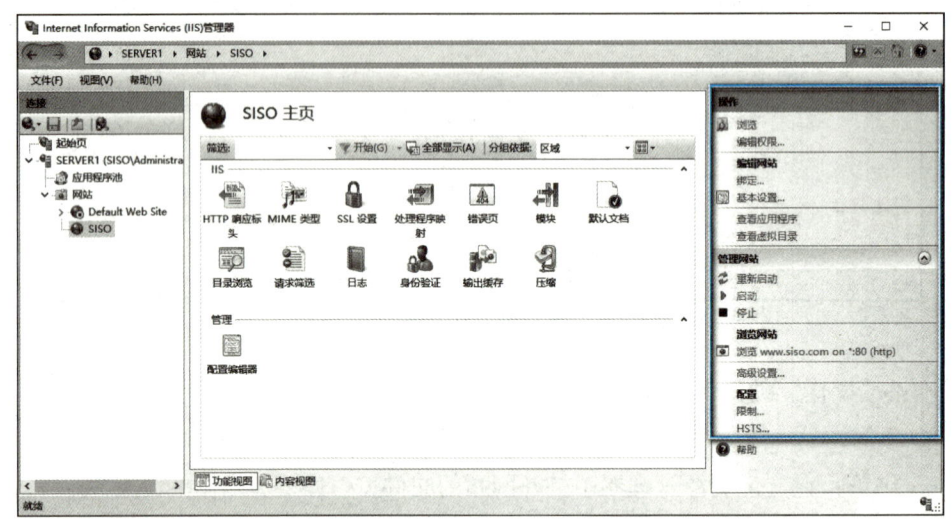

图 11-11　网站"操作"动作命令的详细菜单

（2）设置网站发布主目录。在用户访问网站时，服务器会从主目录调取相应的文档，默认情况下，网站主目录的默认文件夹为"%Systemdrive%\inetpub\wwwroot"。网络管理员可以根据实际情况，如磁盘的大小、安全的特殊需要进行自定义目录。本任务中，在"添加网站"界面中将内容目录中物理路径设置为"C:\web"，并单击"连接为"按钮，如图 11-12 所示。在打开的"连接为"界面中选中"特定用户"单选按钮，单击"设置"按钮。在打开的"设置凭据"界面中输入管理员的用户名和密码，单击"确定"按钮，如图 11-13 所示。

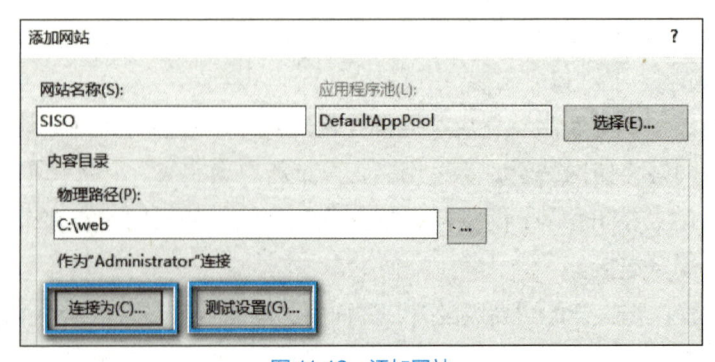

图 11-12　添加网站

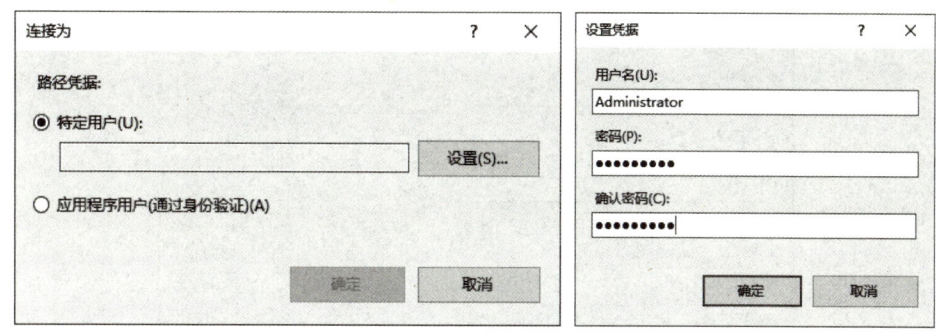

图 11-13 验证用户

（3）在"添加网站"界面中单击"测试设置"按钮，打开"测试连接"界面中的显示结果如图 11-14 所示，测试结果表示身份认证和授权成功。

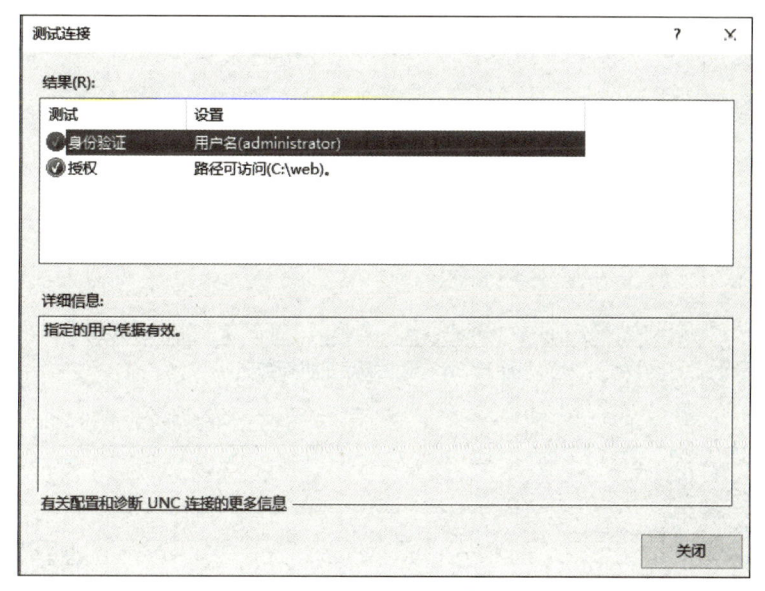

图 11-14 测试连接

（4）在"添加网站"界面的"绑定"区域中设置类型为"http"，在"IP 地址"下拉列表中选择 IP 地址 192.168.0.100，设置端口为 80，在"主机名"文本框中输入"www.siso.com"，如图 11-15 所示。

（5）默认文档一般是目录的主页或包含网站文档目录列表的索引。在通常情况下，Web 网站需要有一个默认页面，选择"SISO"选项，在"IIS"区域中单击"默认文档"按钮，设置默认文档如图 11-16 所示。

（6）打开"默认文档"窗格，如图 11-17 所示，在"名称"列表框中定义多个默认文档。服务器中的默认文档是由前后顺序的，选中一个默认文档，通过右侧"操作"窗格中的按钮可以删除某个首页默认文档，还可以通过上移或下移可以调整各个默认文档的顺序。

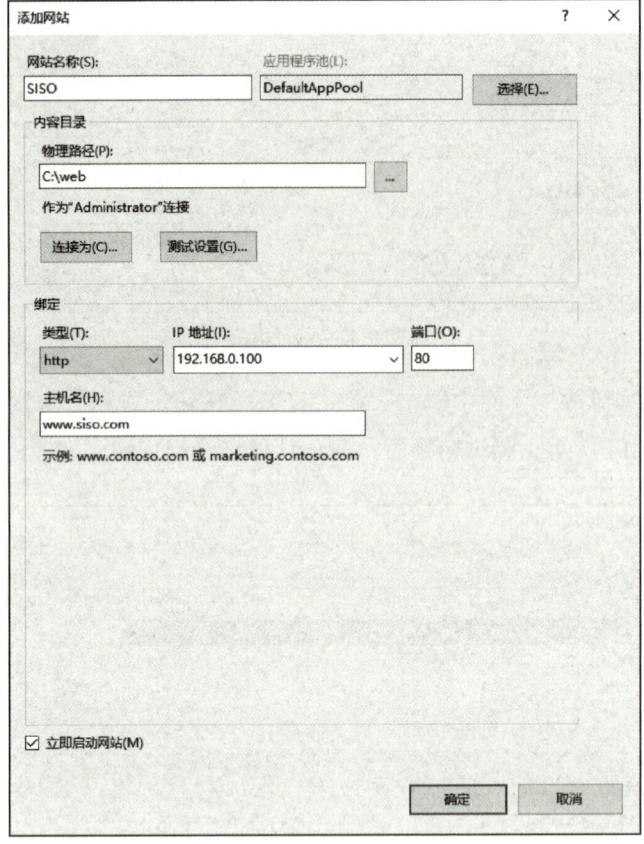

图 11-15　设置绑定主机参数

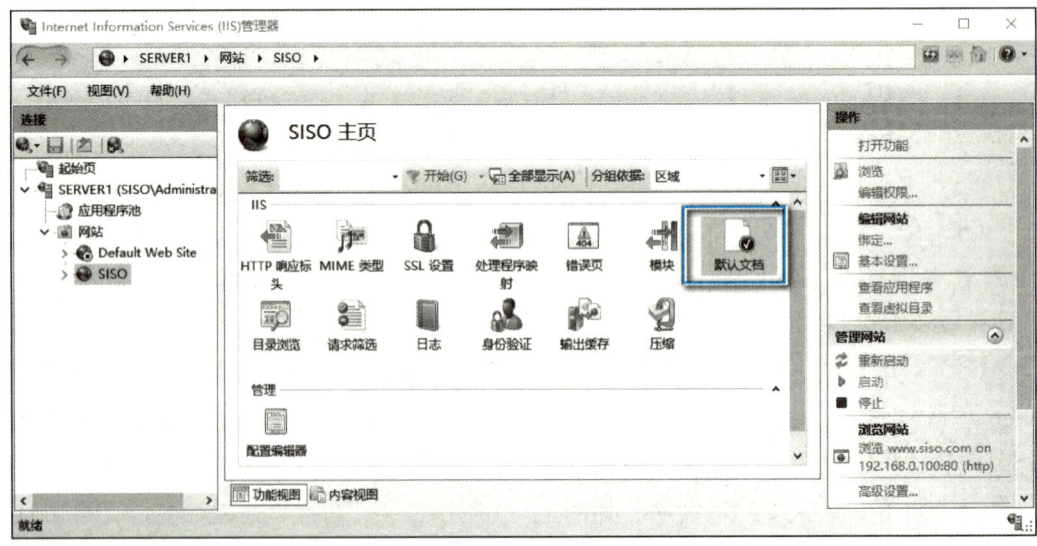

图 11-16　设置默认文档

单元 11　Web 服务器的配置与管理

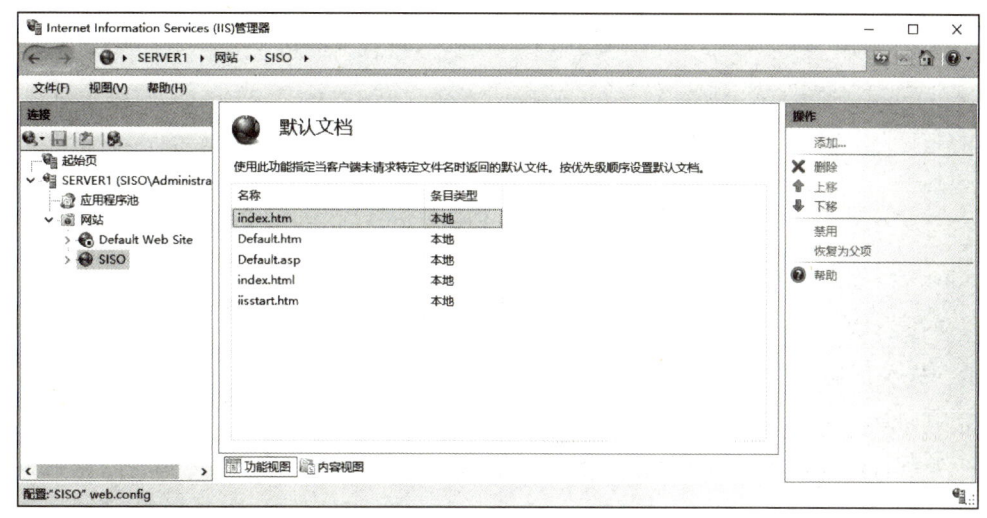

图 11-17　网站默认主页

（7）单击右侧"操作"窗格中的"添加"按钮，可以在"添加默认文档"界面中添加默认 Web 文档，如图 11-18 所示，添加自定义默认文档 main.html，存储在物理路径"C:\web"中。

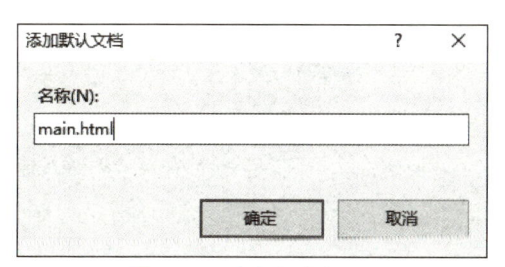

图 11-18　自定义默认页面

（8）在 IIS 管理器界面中单击右侧"操作"窗格的"浏览网站"按钮，如图 11-19 所示，通过域名访问网站，如图 11-20 所示。（在单元 10 中，DNS 服务器的配置里面已经创建好 Web 服务器的 A 记录和 CNAME 别名。）

图 11-19　单击"浏览网站"按钮

311

图 11-20　通过域名访问网站

网站在创建时是默认启动状态，直接单击网站链接会进入默认页面，网络管理员可以通过右侧"操作"窗格中的"管理网站"区域启动或停止网站。使用客户端测试网页，先关闭服务的防火墙，再进行访问，或者在服务器防火墙中添加规则，允许服务端口（80 端口、8080 端口等）通过。

（9）如果此时客户端需要通过 IP 地址访问网站，则在站点右侧"操作"窗格的"绑定"区域中单击"添加"按钮，在打开的"添加站点绑定"界面中设置类型为"http"，主机名留空（或者输入空字符串），端口保持默认的 80，如图 11-21 所示，单击"确定"按钮。这样配置后，网站将允许通过 IP 地址访问，但同时也会继续通过之前绑定的域名访问，图 11-22 所示为通过 IP 地址访问网站。

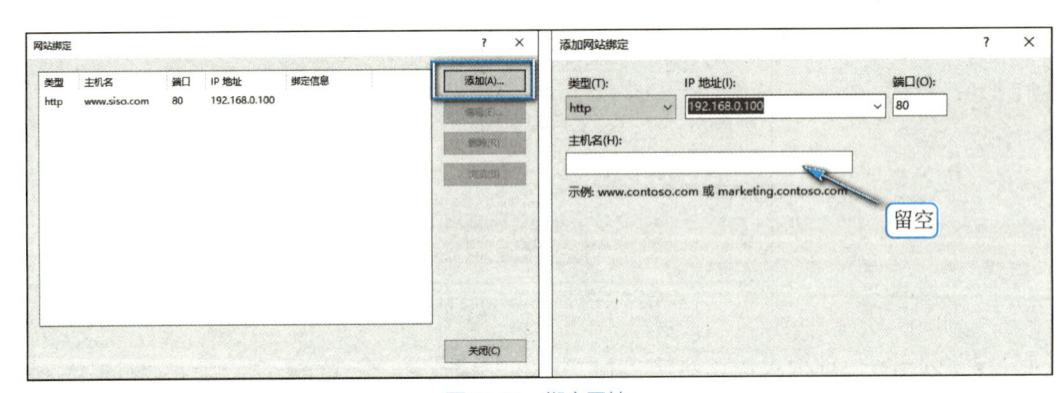

图 11-21　绑定网站

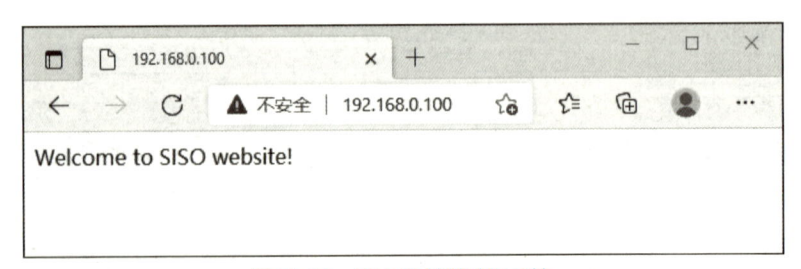

图 11-22　通过 IP 地址访问网站

任务拓展

公司企业网站的发布必须遵守相关的法律法规。在收集用户个人信息时，网站应该明确收集目的、范围和使用方式，并在征得用户同意后进行收集。网站应当采取技术措施和其他必要措施，保障用户的个人信息安全，并防止信息泄露、损毁和丢失。在跨境传输个人信息时，网站需要遵守国家的相关规定，同时确保数据传输的安全性。网站在开展经营活动时，需要取得相应的行业经营许可证。没有取得行业经营许可证的网站，不得从事相关经营活动。网站在销售商品或提供服务时，应当依法为消费者提供售后服务。此外，《网络信息内容生态治理规定》等规定了网络信息内容生产者、网络信息内容服务平台、网络信息内容服务使用者及网络行业组织等主体应当遵守的管理要求。"网络七条底线"的原则中包括法律法规底线、社会主义制度底线、国家利益底线、公民合法权益底线、社会公共秩序底线、道德风尚底线、信息真实性底线。这些法律法规和原则的目的是保护用户的权益与隐私，促进互联网的健康发展。

1. 网络限制配置

为了解决网站在实际运营中可能由于访问人数过多而导致的死机等情况，保证网站的正常工作，网络管理员应该对网站进行一定的限制，如限制带宽使用和设置连接限制。单击"操作"窗格中"配置"区域的"限制"按钮，打开"编辑网站限制"界面，设置网络限制如图 11-23 所示。"编辑网站限制"界面中有 3 个配置项分别如下。

- 限制带宽使用：该选项主要用于多个 Web 站点同时运行的场景，可避免某一个站点独占带宽资源，从而防止因带宽分配不均导致其他站点不能运行。
- 设置连接限制：设置"连接超时"，其作用是当 HTTP 连接在一段时间内没有响应时，服务器会自动断开，并释放被占用的系统资源和网络带宽。默认的连接超时为 120 秒，管理员可以根据实际情况进行调整。
- 限制连接数：通过设置连接上限，可有效抵御大量客户端发起的恶意请求对 Web 服务器造成的负载压力，此类恶意攻击通常被称为拒绝服务攻击（Denial of Service，DoS）。

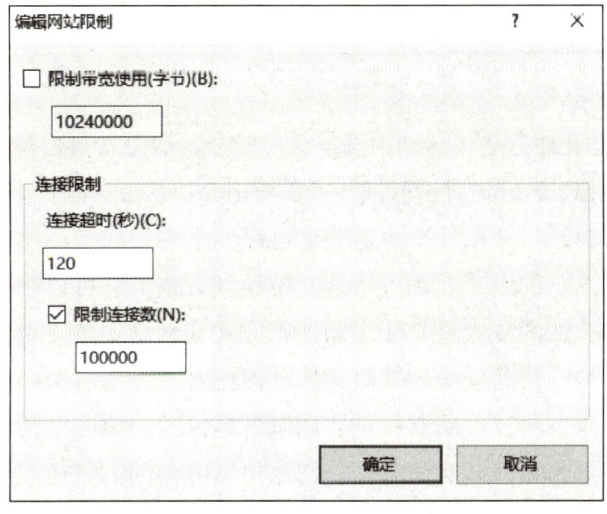

图 11-23　设置网络限制

2. 禁用匿名访问

在默认情况下，Web 服务器启用匿名访问，用户访问 Web 站点时，系统提供 IIS_USERS 这个特殊的匿名用户账号以供自动登录。为了提高服务器的访问安全性，系统只允许授权的用户才能访问。

打开 IIS 管理器界面，单击"身份验证"按钮，如图 11-24 所示，在打开的"身份验证"窗格中，找到"匿名身份验证"选项并右击，在弹出的快捷菜单中选择"禁用"命令。设置完成后，返回 IIS 管理器界面，重启网站使设置生效。

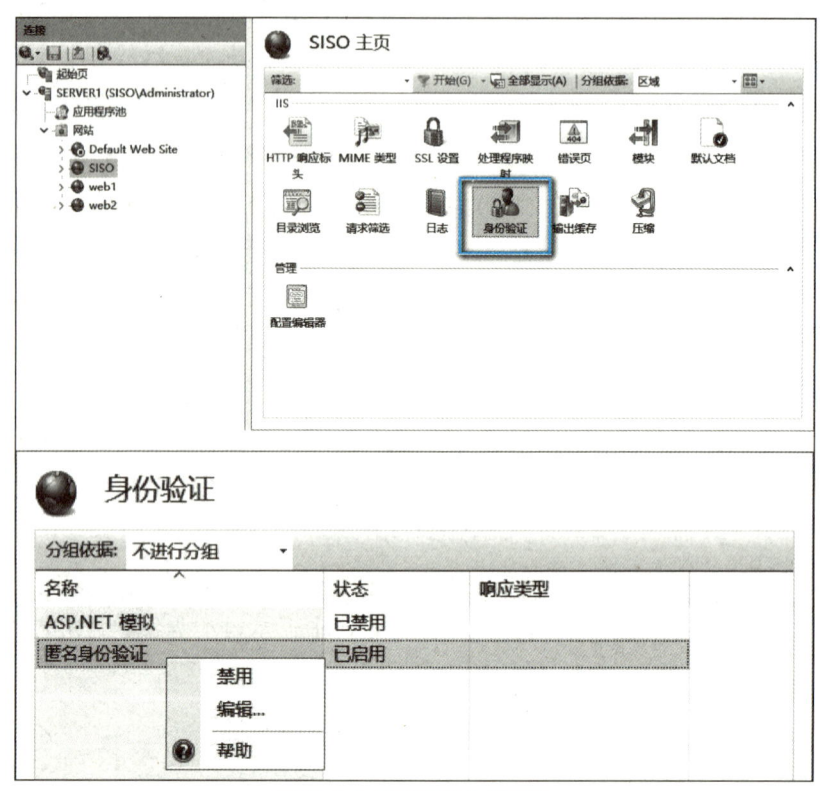

图 11-24　禁用匿名身份验证

"身份验证"有五种方法，分别为基本身份验证、摘要式身份验证、Windows 身份验证、ASP.NET 模拟、Forms 身份验证。下面简单介绍这五种验证方法的主要特点。

（1）基本身份验证。使用基本身份验证可以要求用户在访问内容时提供有效的用户名和密码。所有主要的浏览器都支持该身份验证方法，它可以跨防火墙和代理服务器工作。基本身份验证的缺点是它使用弱加密方式在网络中传输密码。只有当知道客户端与服务器之间的连接是安全连接时，才能使用基本身份验证。如果使用基本身份验证，则禁用匿名身份验证。所有浏览器向服务器发送的第一个请求都是要匿名访问服务器内容。如果不禁用匿名身份验证，则用户以匿名的方式访问服务器上的所有内容，包括受限制的内容。

（2）摘要式身份验证。使用摘要式身份验证比使用基本身份验证安全得多。另外，当今所有浏览器都支持摘要式身份验证，摘要式身份验证通过代理服务器和防火墙服务器工作。要成功使用摘要式身份验证，必须先禁用匿名身份验证。所有浏览器向服务器发送的第一个请求都是要匿名访问服务器内容。如果不禁用匿名身份验证，则用户可以以匿名的方式访问服务器上的所有内容，包括受限制的内容。

（3）Windows 身份验证。仅在局域网环境中使用 Windows 身份验证。此身份验证允许用户在服务器域上使用身份验证对客户端连接进行身份验证。因此，在域工作过程中，与基本身份验证相比会优先使用 Windows 身份验证。

（4）ASP.NET 模拟。如果针对 ASP.NET 应用程序启用了模拟，则该应用程序可以运行在以下两种不同的上下文中：作为通过 IIS 身份验证的用户或作为用户设置的任意账户。例如，如果使用的是匿名身份验证，并选择作为已通过身份验证的用户运行 ASP.NET 应用程序，则该应用程序将在为匿名用户设置的账户（通常为 IUSR）下运行。同样，如果选择在任意账户下运行应用程序，则该应用程序将运行在为该账户设置的任意安全上下文中。

（5）Forms 身份验证。使用 Forms 身份验证为公共服务器上的高流量网站或应用程序提供身份验证。Forms 身份验证模式能够使用户在应用程序级别管理客户端注册，而无须依赖操作系统提供的身份验证机制。

任务 11-2　Web 多站点配置与管理

Web 多站点配置与管理　Web 网站配置（理论）

任务陈述

著创公司考虑到内部网络的安全，网络管理员小陈决定对公司服务器进行安全和性能方面的设置。公司有两个站点需要发布，小陈决定在公司的一台 IIS 服务器上部署两个不同的站点。

知识准备

Windows Server 2022 网络操作系统提供的 IIS 版本为 IIS 10.0，IIS 10.0 提供了多种安全功能，包括基于角色的访问控制、IP 地址过滤、SSL/TLS 支持、请求筛选与请求限制等，以保护 Web 应用程序免受潜在的攻击和漏洞，适用于各种规模的 Web 应用程序和网站。

使用 IIS 的虚拟主机技术，通过分配 TCP 端口、IP 地址和主机头名，可以在一台服务器上部署多个虚拟 Web 站点，每个站点都由唯一的端口号、IP 地址和主机头名三部分组成网站标识。不同的站点可以提供不同的服务，这种技术可以支持企业创建多个门户网站，架设多个站点的方式有以下几种。

- 使用不同的端口号部署 Web 站点。
- 使用不同域名部署多个 Web 站点。
- 使用不同的 IP 地址部署多个 Web 站点。

任务实施

1. 使用不同端口号架设多个网站

使用同一个 IP 地址，通过不同的端口号可以架设不同的站点，用户访问站点时都需要使用 TCP 的端口号，对于 Web 服务器来讲，它使用的默认端口号为 80，用户在访问时 80 端口号是不用输入的，如果使用其他的端口号，则输入网址的时候必须添加具体的端口号。

（1）在本地磁盘 C 盘中预置新的站点目录 C:\web8080，在 IIS 管理器界面中，通过新建站点的方式，创建公司的另一个 Web 站点。右击"网站"选项，在弹出的快捷菜单中选择"添加网站"命令，如图 11-25 所示，设置站点名称为 SISO8080，设置路径为"C:\web8080"，设置端口号为 8080。

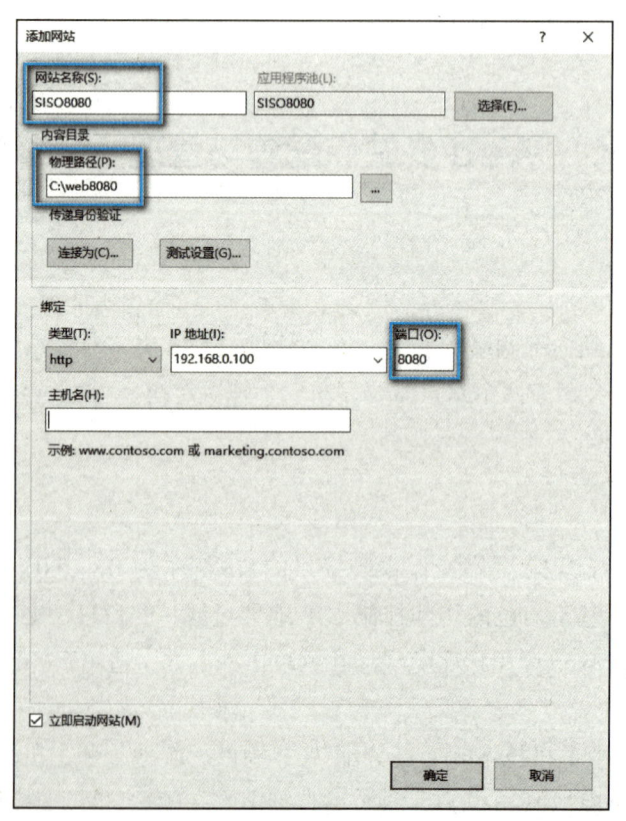

图 11-25　通过不同端口号架设网站

（2）打开客户端浏览器，输入 IP 地址或域名，后面需要加上端口号"8080"，访问网站的结果如图 11-26 所示。

图 11-26　通过不同端口号访问网站

2. 通过不同的域名架设多个站点

（1）在 192.168.0.100 中已有一个 A 记录 www.siso.com，在 DNS 服务器上新增两个 A 记录或别名 web1.siso.com、web2.siso.com，如图 11-27 所示。

图 11-27　DNS 服务器上设置

（2）预置两个站点目录，分别对应文档位置 C:\web1、C:\web2，同时在两个目录中新建不同的首页。新建两个站点 web1 和 web2，所需参数如图 11-28 和图 11-29 所示。

317

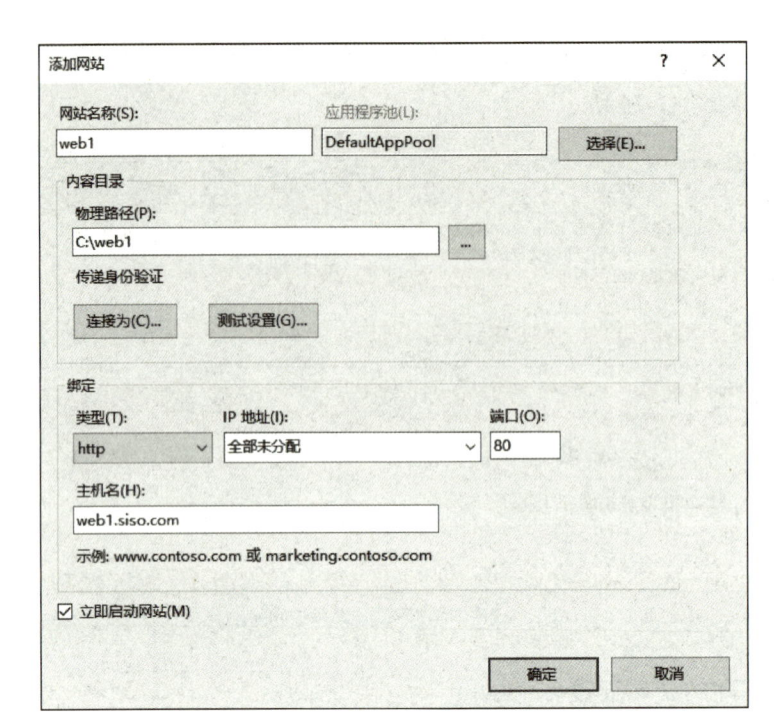

图 11-28　web1 站点设置

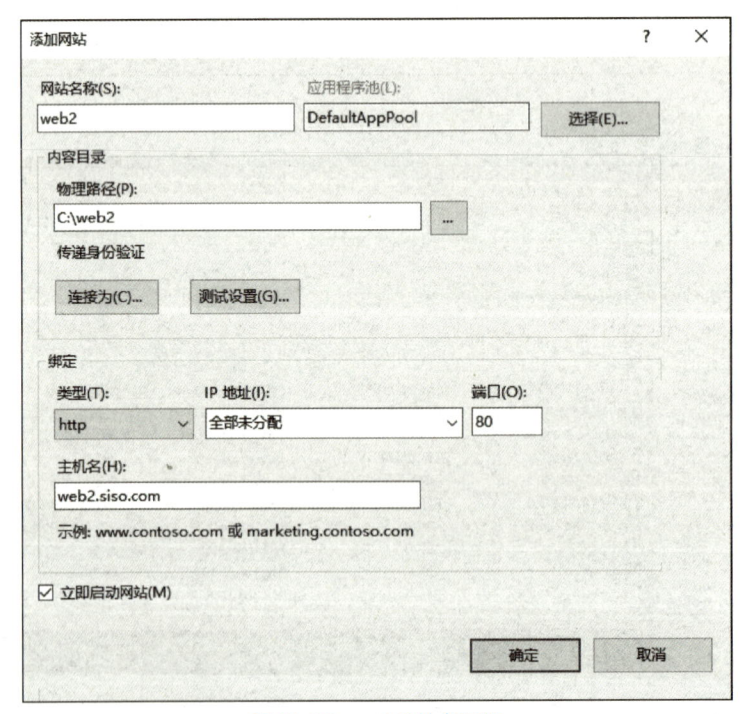

图 11-29　web2 站点设置

（3）在客户端浏览器地址栏分别输入 http://web1.siso.com 和 http://web2.siso.com 进行站点测试，如图 11-30 和图 11-31 所示。

单元 11　Web 服务器的配置与管理

图 11-30　web1 站点测试

图 11-31　web2 站点测试

任务拓展

在 IIS 中可以通过配置不同的 IP 地址来架设多个站点。这通常适用于拥有多个 IP 地址的服务器环境，允许每个站点使用其独立的 IP 地址进行访问。

（1）确保服务器拥有多个 IP 地址，在服务器的网络设置中添加额外的 IP 地址。在控制面板的网络和 Internet 选项中打开网卡属性界面，选择"Internet 协议版本 4(TCP/IP)"选项，单击"属性"按钮打开"Internet 协议版本 4(TCP/IPv4) 属性"界面配置静态 IP 地址，并单击"高级"按钮，如图 11-32 所示。

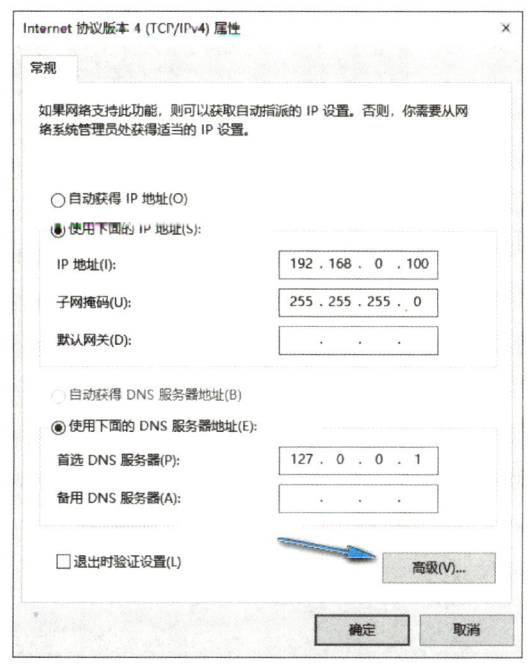

图 11-32　配置 IP 地址

（2）在打开的"高级 TCP/IP 设置"界面中单击"添加"按钮，在打开的"TCP/IP 地址"界面中给网卡添加一个 IP 地址"192.168.0.102"，如图 11-33 所示。

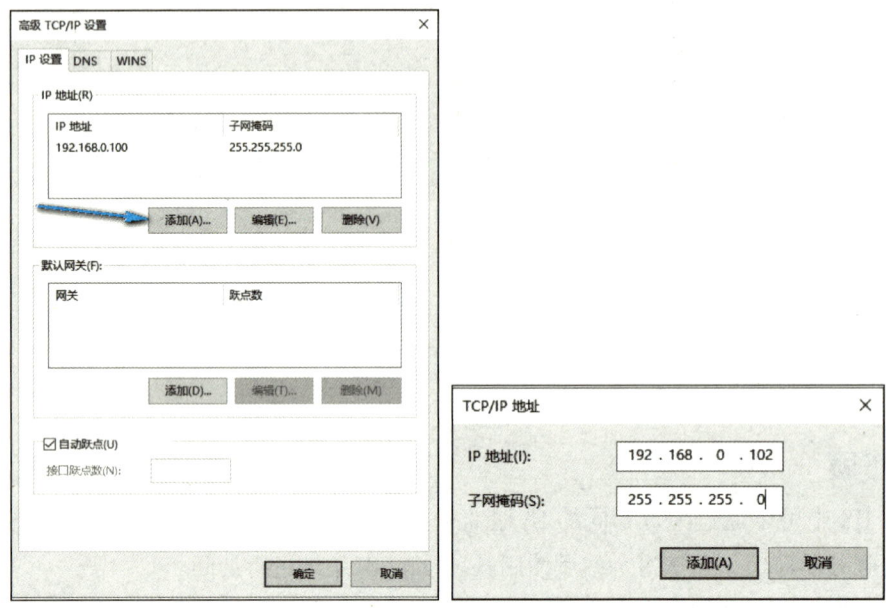

图 11-33　添加 IP 地址

（3）在 IIS 管理器界面中，通过新建站点的方式，创建公司的另一个 Web 站点，在"添加网站"界面中绑定页面时需要绑定不同的 IP 地址，如图 11-34 所示。

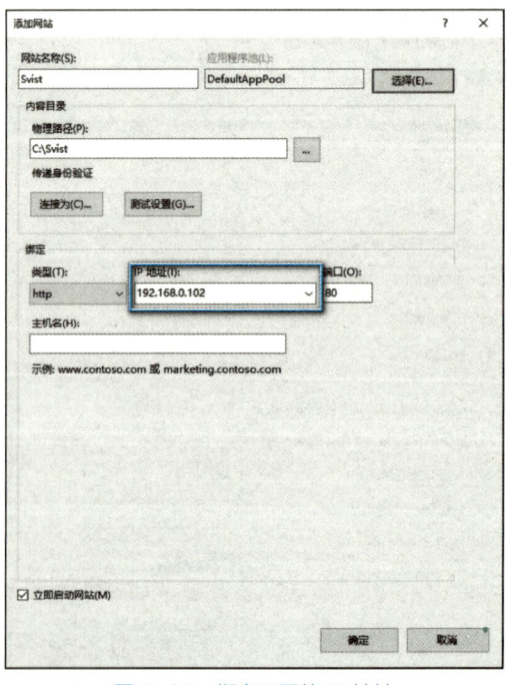

图 11-34　绑定不同的 IP 地址

（4）打开客户端浏览器，输入 IP 地址，访问站点的结果如图 11-35 所示。

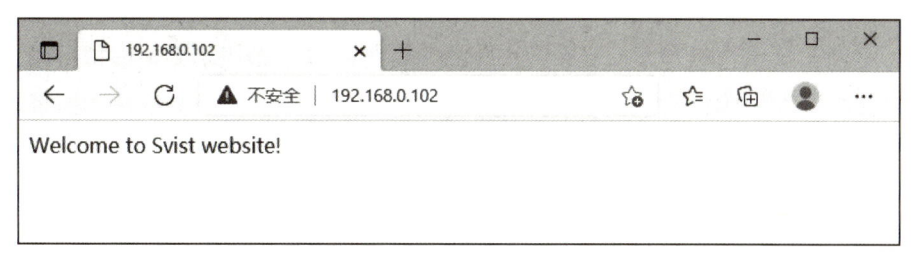

图 11-35　访问站点的结果

任务 11-3　Web 虚拟目录

Web 虚拟目录（理论）　Web 虚拟目录　配置网络负载均衡

任务陈述

随着著创公司业务的扩大，公司网站的内容越来越多，网络管理员小陈将网页及相关文件分类，分别按部门和功能放在 website 主目录的子文件夹下，这些设置的子目录被称为实际目录（Physical Directory）。小陈考虑到网站信息的安全性和内容目录的复杂性，除了实际目录，她决定对部分资料设置虚拟目录。

知识准备

虚拟目录是指向存储在本地计算机或在远程计算机上的共享中的物理内容的指针。如果希望包括实际上没有包含在网站目录中或应用程序目录中的内容，网络管理员则可以创建虚拟目录，该虚拟目录包括来自 Web 服务器中其他位置或网络中其他计算机上的内容。

1. 虚拟目录的属性

编辑"虚拟目录"可以管理应用程序中虚拟目录的列表，虚拟目录的属性包括以下元素。

- 应用程序路径：显示包含每个虚拟目录的应用程序。
- 虚拟路径：显示 URL 中用来访问虚拟目录的虚拟路径。
- 物理路径：显示用来存放虚拟目录内容的目录的物理路径。
- 标识：显示自定义标识（如果已配置）的用户名，该用户名用于从映射到虚拟目录的物理目录中访问内容。如果将该标识留空，则使用传递身份验证访问内容。

2. 虚拟目录的配置

使用"添加虚拟目录"和"编辑虚拟目录"界面，可以在网站和应用程序中添加与编辑虚拟目录。

- 网站名称：显示将包含虚拟目录的网站的名称。
- 路径：显示将包含虚拟目录的应用程序。如果在网站级别创建虚拟目录，则该文本框显示为"/"。如果在应用程序级别创建虚拟目录，则该文本框将显示该应用程序的名称，如"/myPIC"。
- 别名：键入虚拟目录的名称，客户端可以使用该名称从 Web 浏览器中访问内容。例如，如果网站地址为"http://www.siso.com/"，并且该网站创建了一个名为"/pic"的虚拟目录，则用户可以通过输入"http://www.siso.com/pic/"从其 Web 浏览器中访问该虚拟目录。
- 物理路径：输入或导航到存储虚拟目录内容的物理路径。内容既可以驻留在本地计算机上，也可以来自远程共享。如果内容存储在本地计算机上，则输入物理路径，如 C:\PIC；如果内容存储在远程共享上，则输入 UNC 路径，如 \\Server\Share。指定的路径必须存在，否则可能收到配置错误的提示。单击"连接为"按钮为账户提供凭据，该账户经授权可以访问物理路径中的内容。
- 连接为：打开"连接为"界面，在该界面中，网络管理员可以在"物理路径"文本框中输入连接的路径。在默认情况下，"应用程序用户（通过身份验证）"网络处于选中状态。
- 测试设置：打开"测试设置"界面，从该界面中，网络管理员可以查看测试结果列表以评估路径设置是否有效。

3. 虚拟 Web 主机

在一台 Web 服务器上创建多个 Web 站点，这可以看成这台 Web 服务器是虚拟 Web 主机。虚拟主机有以下主要特点。

（1）节约服务器资源。使用虚拟主机，可以大大降低服务器的硬件资源的投入成本。在物理设备上虚拟多个站点，节约成本又方便管理。

（2）可控可管理。使用虚拟主机，用户感觉与真实的物理机没有差异。同时，虚拟主机还可以使用 Web 方式远程管理，而且虚拟主机之前互不影响，既能独立管理又提高管理效率。

（3）数据安全性高。利用 Web 虚拟主机，既可以分离敏感数据，又可以从内容到站点实现相互隔离。

（4）分级管理。不同的站点可以指派给不同的人进行管理，只有有权限的网络管理员才可以配置站点。因此每个部门可以根据需要指派专门人员管理站点。

（5）网络性能和带宽调节。网络管理员可以根据实际情况为不同的站点设置相应的网络带宽，从而保证物理 Web 服务器的正常工作。

任务实施

（1）在服务器的 C 盘根目录中创建一个名为"Pic"的文件夹，并在该文件夹中创建 vtest.html 测试虚拟目录的网页文件，如图 11-36 所示。

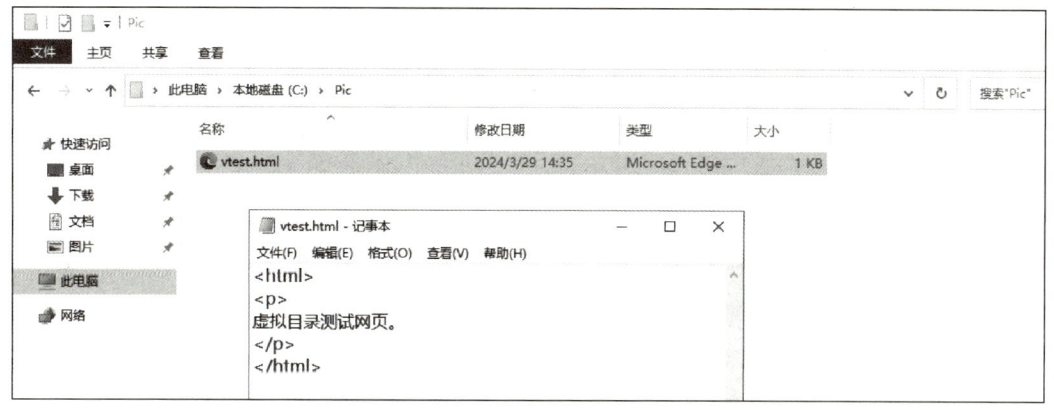

图 11-36　创建 vtest.html 网页文件

（2）打开"Internet 信息服务（IIS）管理器"界面，右击网站 SISO，在弹出的快捷菜单中选择"添加虚拟目录"命令，如图 11-37 所示。

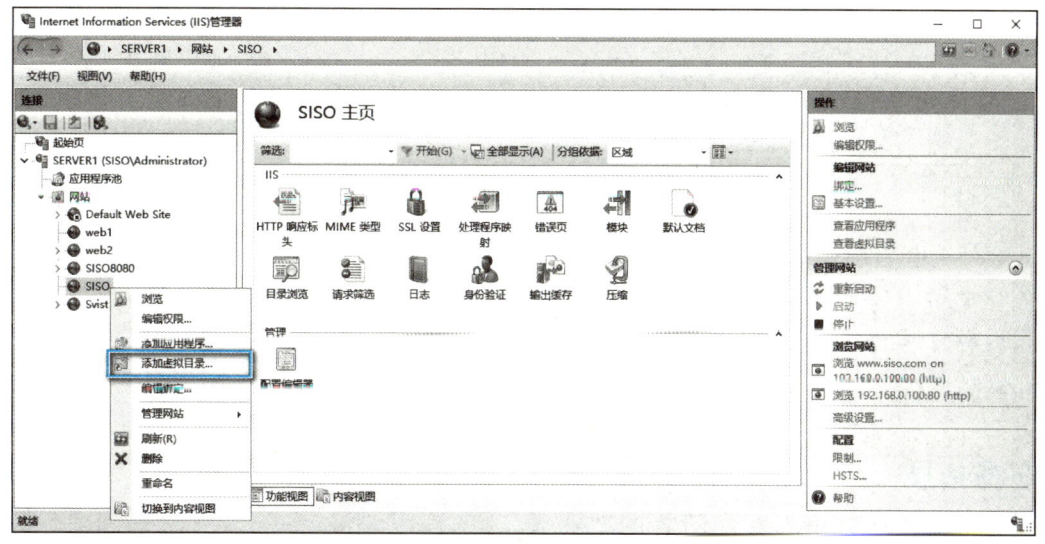

图 11-37　添加虚拟目录

（3）打开"添加虚拟目录"界面，在"别名"文本框中输入"pic"，"物理路径"文本框中输入虚拟目录的实际路径"C:\pic"，如图 11-38 所示。使用 administrator 用户账户进行连接，并输入用户密码，单击"测试"按钮，查看是否连接成功。设置结束后，单击"确定"按钮保存设置，并在网站默认的首页中添加"vtest.html"。

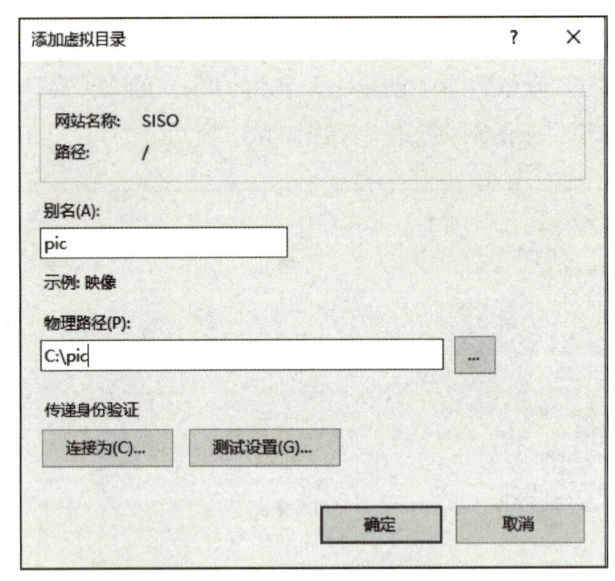

图 11-38 设置虚拟目录信息

（4）打开浏览器，输入"http://localhost/pic/"，测试虚拟目录网页能否正常访问，如图 11-39 所示。

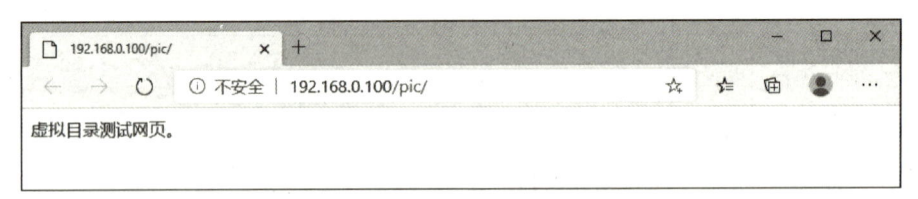

图 11-39 访问 vtest.html 网页

（5）查看虚拟目录的路径。单击"操作"窗格中的"高级设置"按钮，在"高级设置"界面中查看指定的虚拟目录的实际路径，如图 11-40 所示。

任务拓展

网络管理员小陈发现随着网站业务量的增加，Web 服务器可能由于访问量过大或网络硬件因素的问题出现无法连接或访问，甚至服务器拒绝连接或死机等问题。为了不影响正常访问，小陈决定给两台服务器安装网络负载均衡。两台服务器都是 Windows Server 2022 网络操作系

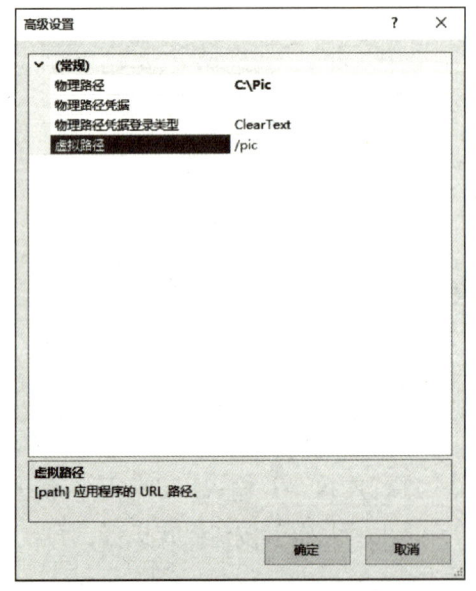

图 11-40 查看虚拟目录的实际路径

统，两台服务器的 IP 地址分别为 192.168.0.20 和 192.168.0.30，设置群集 IP 地址为 192.168.0.10，对应的域名为 web.siso.com。网络负载均衡拓扑如图 11-41 所示。

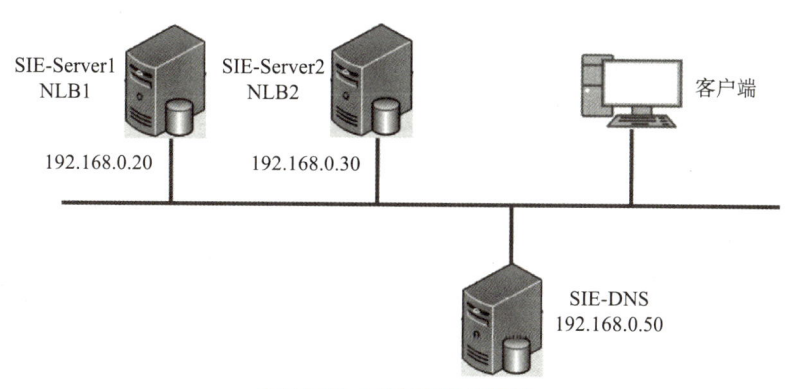

图 11-41　网络负载均衡拓扑

网络负载均衡（Network Load Balance，NLB）通过将多台 IIS Web 服务器组成 Web 群集（Farm）的方式，为用户提供一个具备排错和负载平衡的高可用性能网站。当 Web 群集接收到多个不同用户的连接请求时，这些请求会被分散的送到 Web 群集中不同的 Web 服务器来处理，以此提高访问效率。如果 Web 群集中有 Web 服务器因为故障而无法继续提供服务时，则由其他仍然能够正常运行的 Web 服务器继续为用户提供服务，因此 Web Farm 还具备故障转移的功能。

1. 网络负载均衡的安装

（1）打开"服务器管理器"界面，单击"添加角色和功能"按钮，在"选择功能"界面中勾选"网络负载平衡"复选框，添加"网络负载平衡"功能如图 11-42 所示。

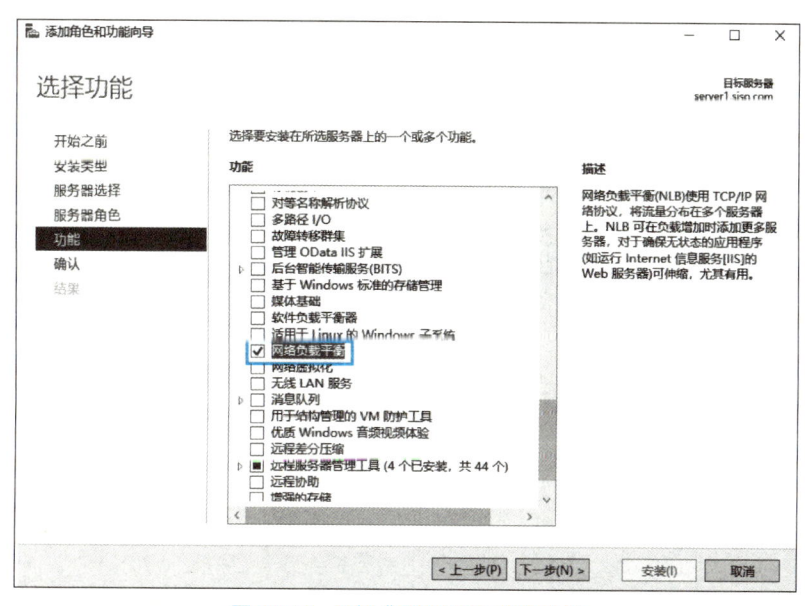

图 11-42　添加"网络负载平衡"功能

（2）单击"下一步"按钮，其他界面按照默认选项进行配置，单击"安装"按钮，直至安装完成。

2. 配置网络负载平衡

（1）在服务器管理器的工具菜单中，单击"网络负载平衡管理器"按钮，打开"网络负载平衡管理器"界面如图 11-43 所示。

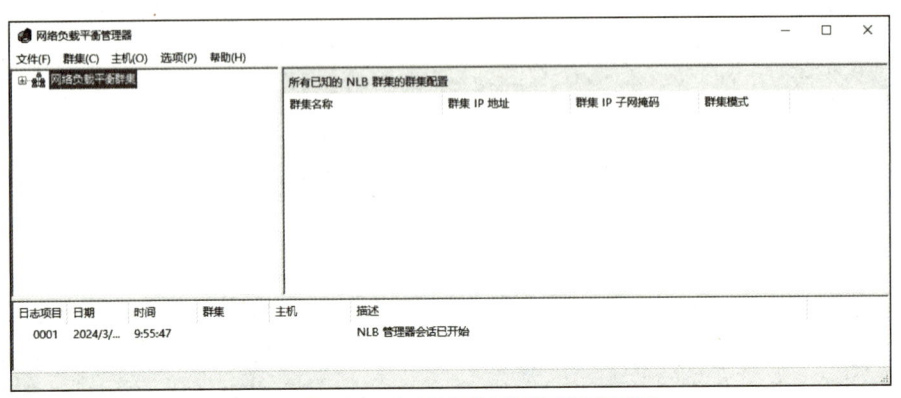

图 11-43　打开"网络负载平衡管理器"界面

（2）在"网络负载平衡管理器"界面中右击"网络负载平衡群集"选项，在弹出的快捷菜单中选择"新建群集"命令，如图 11-44 所示。

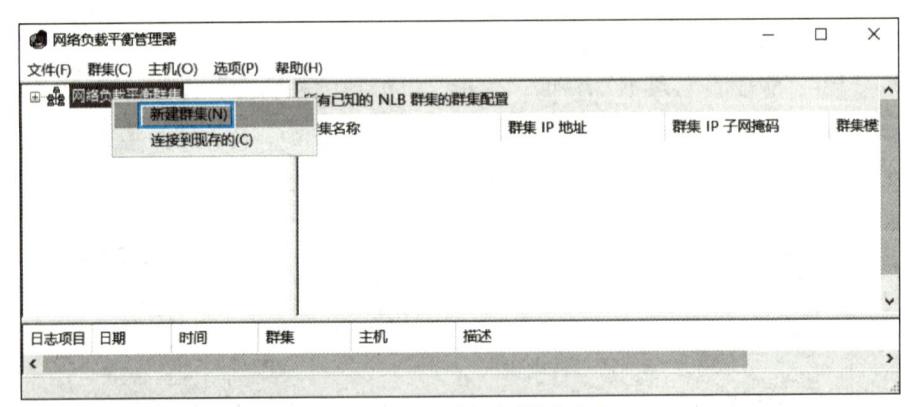

图 11-44　选择"新建群集"命令

（3）在"新群集：连接"界面中输入主机的 IP 地址 192.168.0.20，主机如果有多个 IP 地址，则优先选择群集网段中的 IP。单击"连接"按钮，连接成功在接口列表中显示，如图 11-45 所示。单击"下一步"按钮，在打开的"新群集：主机参数"界面中确认主机参数，如图 11-46 所示。

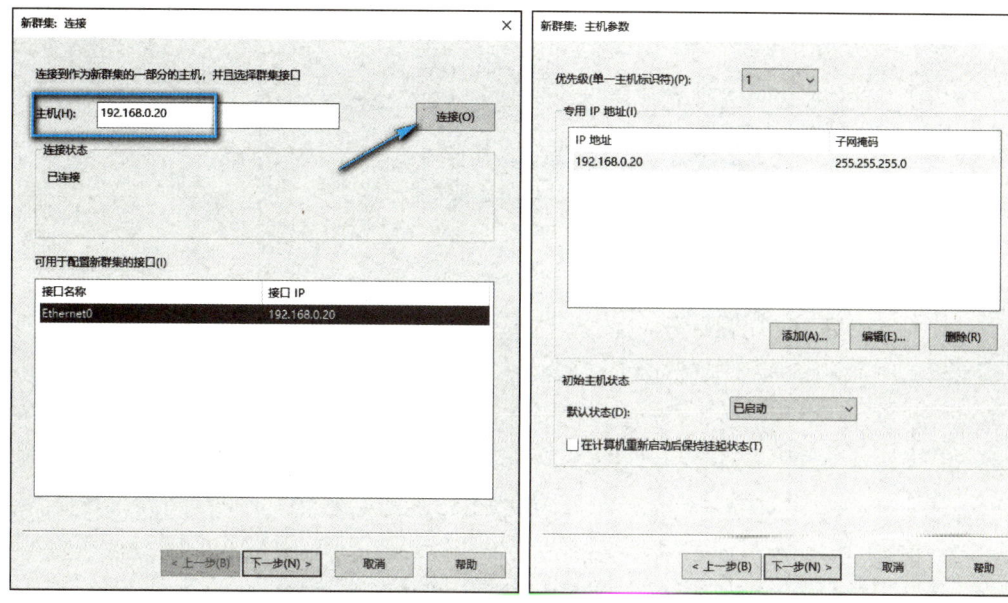

图 11-45　新群集：连接

图 11-46　确认主机参数

（4）在"新群集：群集 IP 地址"界面中单击"添加"按钮，在打开的"添加 IP 地址"界面中输入群集成员共享的 IP 地址，如图 11-47 所示。

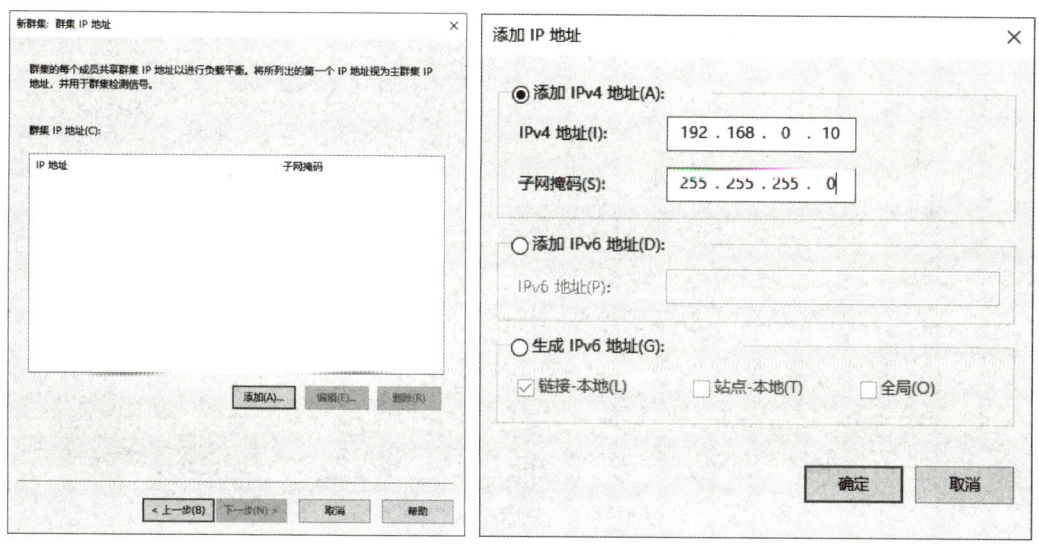

图 11-47　设置群集 IP 地址

（5）在"新群集：群集参数"界面中确认群集参数，并输入完整域名 web.siso.com，设置群集操作模式为"多播"，如图 11-48 所示。

（6）确认端口规则，可以按照默认选项进行设置，也可以利用"编辑"命令设置主机和端口，设置完成后，单击"完成"按钮，如图 11-49 所示。

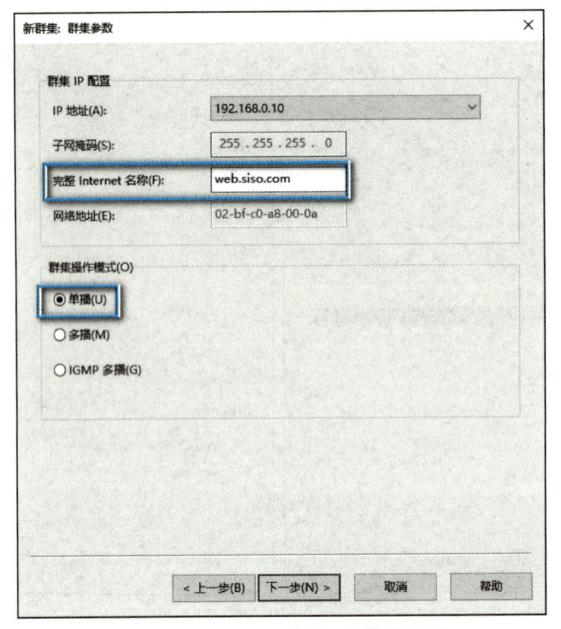

图 11-48　域名和群集操作模式设置

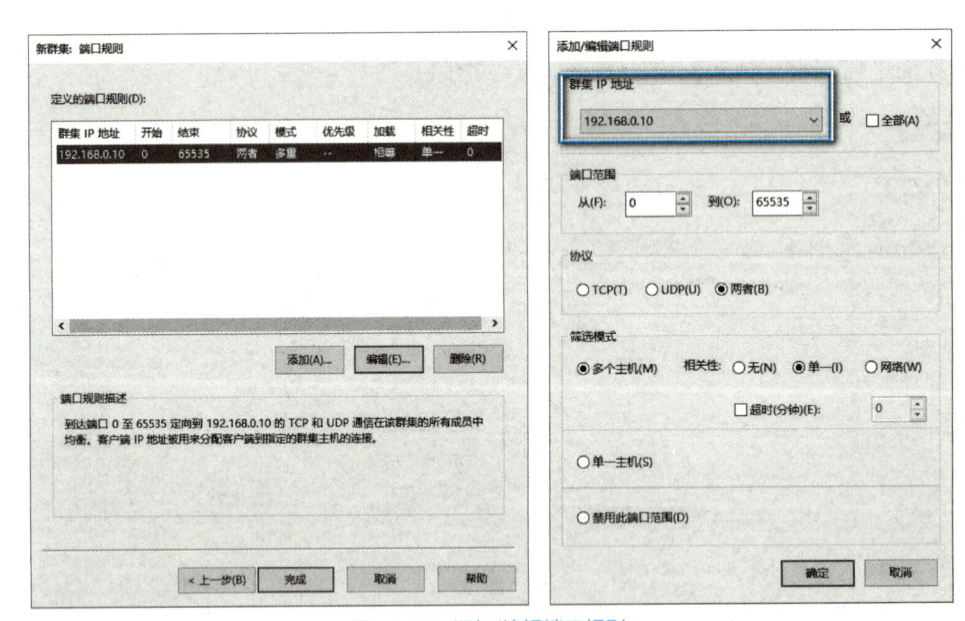

图 11-49　添加/编辑端口规则

（7）打开"网络负载平衡管理器"界面，刷新 web.siso.com 群集，发现右侧窗格中显示群集的配置状态为"已聚合"，如图 11-50 所示。

（8）加入新主机，在"网络负载平衡管理器"界面右击 web.siso.com 群集，在弹出的快捷菜单中选择"添加主机到群集"命令，在"将主机添加到群集：连接"界面中输入另一台主机的 IP 地址，单击"下一步"按钮，在打开的"将主机添加到群集：主机参数"界面中可以看到刚输入群集成员的 IP 地址，如图 11-51 所示。

图 11-50 "网络负载平衡管理器"界面

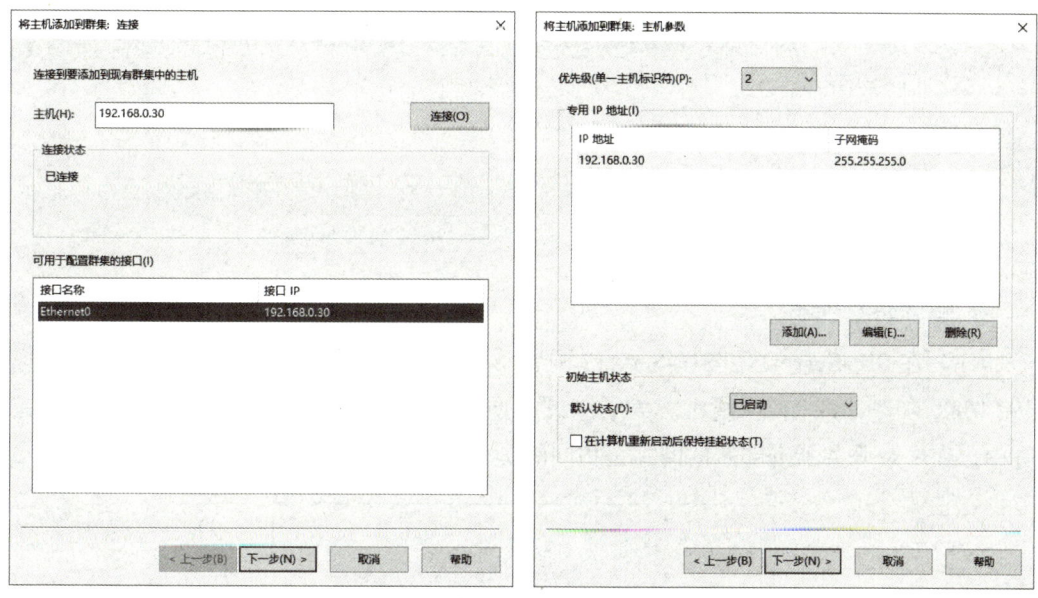

图 11-51 输入群集成员的 IP 地址

（9）图 11-52 所示为两个成员已经聚合成群集的效果。

图 11-52 聚合成群集的效果

（10）检查并确认两台主机的 IP 地址配置，192.168.0.10 都被加到了两台服务器上，如图 11-53 所示。

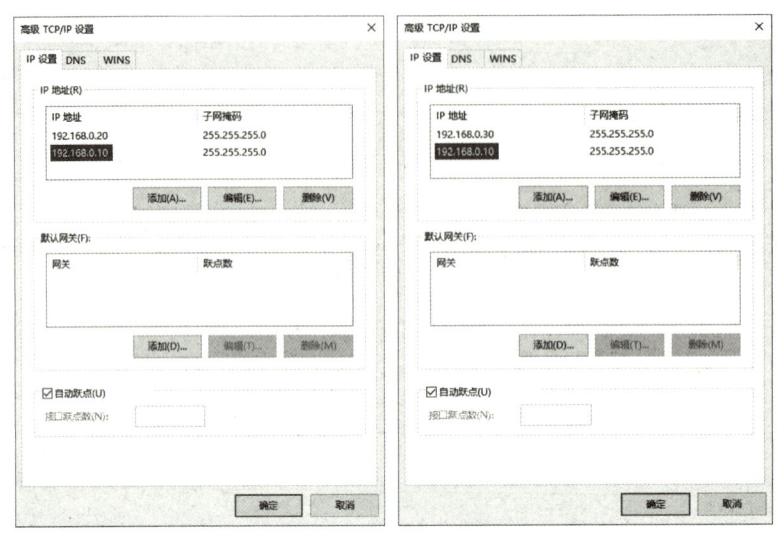

图 11-53　检查并确认 server1 和 server2 的 IP 地址配置

3. 测试负载均衡

（1）在 SIE-Server1 和 SIE-Server2 两台服务器上分别新建网站，IP 地址都选择 192.168.0.10，如图 11-54 所示。为了测试方便，在两台服务器上部署不同的网站（实际中，在两台服务器上部署的网站是相同的）。

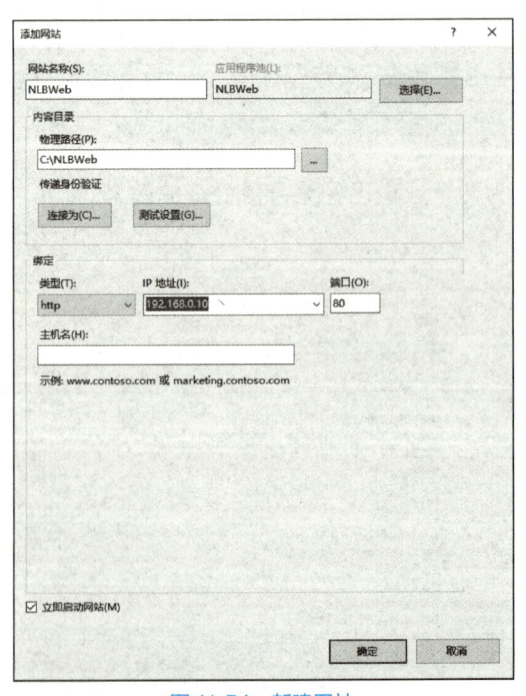

图 11-54　新建网站

（2）在"DNS 管理器"界面中建立 192.168.0.10 对应名称为 www 的主机记录，如图 11-55 所示。

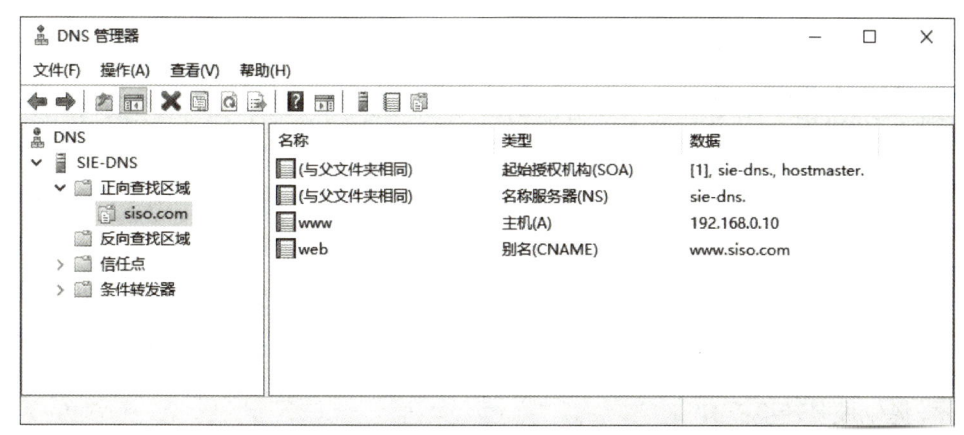

图 11-55　DNS 管理器中对应的主机记录

（3）测试"网络负载平衡"功能，在客户端中打开浏览器输入"http://web.siso.com"，显示如图 11-56 所示的网站信息（SIE-Server 1 的网站信息）。

图 11-56　显示 SIE-Server 1 服务器上的网站信息

（4）停止 SIE-Server 1 服务器的网卡并刷新页面，则显示如图 11-57 所示的网站信息（SIE-Server 2 的网站信息）。

图 11-57　显示 SIE-Server 2 服务器上的网站信息

单元小结

通过 Web 服务器提供了用户与局域网、互联网共享信息的功能。它是互联网的一项核心服务，Windows Server 2022 网络操作系统提供的 IIS 管理服务，是一个集成了 IIS、ASP.NET、Windows 的统一 Web 平台。Windows Server 2022 网络操作系统提供的 IIS 管理工具（如 IIS 管理器）可以配置 Web 服务器、网站和应用程序。

单元练习题

一、单项选择题

1. HTTP 的作用是（　　）。

A. 提供域名转换成 IP 地址

B. 提供一个地址池，可以让同网段设备自动获取地址

C. 提供网络传输的文本、图片、声音、视频等资源

D. 传送邮件消息

2. Windows Server 2022 网络操作系统的服务器管理器安装（　　）角色来提供 Web 服务。

A. Active Directory 域服务　　　　　B. Web 服务器（IIS）

C. DNS　　　　　　　　　　　　　　D. DHCP

3. Windows Server 2022 Web 服务器（IIS）主目录的默认站点是（　　）。

A. \inetpub\wwwroot　　　　　　　　B. C:\

C. \inetpub　　　　　　　　　　　　D. C:\wwwroot

4. HTTP 服务默认的网站端口是（　　）。

A. 53　　　　　B. 21　　　　　C. 20　　　　　D. 80

5. 虚拟目录指的是（　　）。

A. 位于计算机物理文件系统中的目录

B. web 服务器文件存放的目录

C. 根目录

D. 指向存储在本地计算机或远程计算机物理内容的指针

6. HTTPS 使用的端口是（　　）。

A. 8080　　　　　B. 443　　　　　C. 53　　　　　D. 80

二、填空题

1. HTTP 是 _____。它使用 _____ 端口提供服务。HTTP 是使用传输层的 _____ 进行连接的。

2. _____ 是指互联网上资源的位置和访问互联网的一种简洁的表示，是互联网上标准资源的地址。

3. Web 应用程序的两个重要组件是 _____ 和 _____。

4. HTTPS 是指 _____ 以便对在 Web 服务器与客户端之间发送的数据进行加密。

5. 在一台 Web 服务器上创建多个 Web 站点，这台 Web 服务器被视为 _____ 主机。

三、解答题

1. 简述在 Windows Server 2022 网络操作系统中添加 Web 服务器角色的过程，安装 Web 服务器前需要做哪些准备。

2. 简述 Web 服务器的工作原理。Web 应用程序由哪些组件构成，其中重要的组件是什么，并介绍它们的作用。

3. 简述虚拟目录和虚拟主机的作用及区别，并描述如何在一台 Web 服务器上创建虚拟目录和虚拟主机的过程。

单元 12
FTP 服务器的配置与管理

学习目标

【知识目标】
- 了解 FTP 服务的概念与功能。
- 理解 FTP 服务的工作原理。
- 理解 FTP 协议的数据传输过程。
- 理解 FTP 服务器用户隔离的工作原理和特点。

【技能目标】
- 掌握 FTP 服务器的安装及配置方法。
- 掌握 FTP 服务器端和客户端软件的使用。
- 掌握创建用户隔离模式的 FTP 站点。

【素养目标】
- 提高主观能动性,提升职业认同感。
- 培养严谨细致、精益求精的职业素养。

引例描述

著创公司为了保证员工数据的安全性和可靠性,决定规划一台 FTP 服务器用于局域网内文件的传输和备份,使用户能够共享文件资源。网络工程师小陈主动承担了此项复杂的任务,她考虑了网络安全管理问题,为保障文件安全管理,需要合理进行 FTP 用户隔离。根据公司网络规划,FTP 服务器的 IP 地址为 192.168.0.100,域名为 ftp.siso.com。

单元 12　FTP 服务器的配置与管理

网络管理员小陈根据任务要求着手准备搭建 FTP 服务器，基本步骤如下。

第一步，安装 FTP 服务器角色。

第二步，配置 FTP 服务器和管理站点。

第三步，配置用户隔离模式的 FTP 站点。

任务 12-1　添加 FTP 服务

任务陈述

著创公司的网络管理员小陈，通过 Windows Server 2022 网络操作系统中的"添加角色向导"界面安装 FTP 服务器角色，FTP 服务网络拓扑如图 12-1 所示，FTP 服务器的域名为 ftp.siso.com，IP 地址为 192.168.0.100。

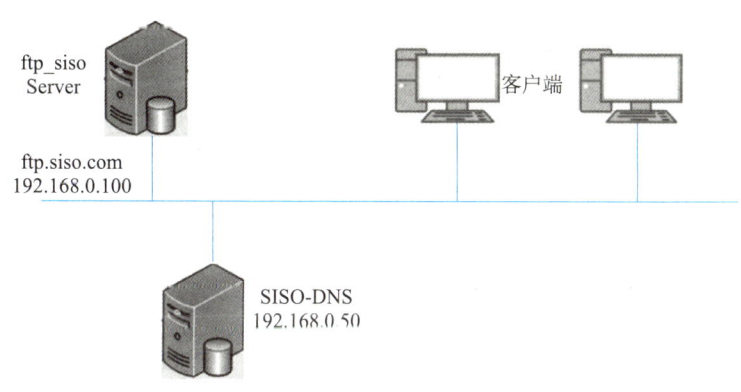

图 12-1　FTP 服务网络拓扑

335

知识准备

12.1.1　FTP 服务

FTP 服务是文件传输协议（File Transfer Protocol，FTP）的简称，在客户端与服务器之间传输文件。FTP 服务使用客户端/服务器（Client/Server，CS）模型，用户使用支持 FTP 的客户端程序，连接到远程主机上的 FTP 服务器程序。用户通过客户端程序向服务器程序发出命令，服务器程序执行用户的命令，并将执行的结果返回给客户端。

FTP 最初由 Yechiel S Yemini 和 Abhay Bhushan 等编写，并于 1971 年 4 月 16 日作为 RFC 114 发布。FTP 在 1985 年 10 月被 RFC 959 所取代，这也是当前的规范。RFC 959 提出了若干标准修改，它先后经历了以下几次修改。

- RFC 1579（1994 年 2 月）使 FTP 能够穿越 NAT 与防火墙（被动模式）。
- RFC 2228（1997 年 6 月）提出安全扩展。
- RFC 2428（1998 年 9 月）增加了对 IPv6 的支持，并定义了一种新型的被动模式。

一、FTP 服务器

FTP 服务器除了可以进行文件的操作，还可以提供以下几种功能。

（1）用户的身份权限管理：包括用户（user）、访客（guest）、匿名登录（anonymous）。这三种身份权限的用户在系统使用权限上的差异非常大。user 权限大于 guest 权限，guest 权限大于 anonymous 权限。user 取得的系统权限最完整，所以可以执行的操作最多。匿名用户，就是匿名登录的用户账户，由于这种用户的信息没有安全验证，因此匿名用户不被允许访问过多的资源。

（2）命令和日志文件记录：日志文件记录的数据包括服务器上所有用户登录后的全部操作痕迹，包括服务器连接、用户数据传输等。

（3）隔离用户目录：用户隔离是指将用户限制在自己的目录中，从而防止用户查看或覆盖其他用户的内容。由于用户的顶级目录显示为 FTP 服务的根目录，因此用户无法沿目录树再向上导航。用户在其目录内可以创建、修改或删除文件和文件夹。

二、FTP 的工作原理

FTP 服务使用 TCP 在设备之间进行连接及文件传输，也就是说，使用 FTP 服务在传输文件之前，需要先建立 TCP 连接。在客户机和服务器建立连接前，要经过一个"三次握手"的过程，以确保连接的可靠性。虽然 FTP 允许用户以文件操作的方式与另一主机相互通信，但用户并不真正登录到自己想要存取信息的计算机上，而是通过 FTP 服务访问远程资源。计算机可以有不同的操作系统和文件存储方式，也可以通过

FTP 服务进行文件的传输和管理。

FTP 使用客户端服务器方式，一个 FTP 服务器进程可以同时为多个客户端进程提供服务。FTP 服务器进程由两大部分组成，一个主进程负责接收新的请求，若干个从属进程负责处理单个请求。

在 FTP 服务中，需要两个主要的端口，分别为控制连接端口（通常为端口 21）和数据传输端口（通常为端口号 20）。控制连接端口用于发送指令给服务器及等待服务器响应，而数据传输端口用于建立数据通道，进行实际的数据传输。当客户端需要连接 FTP 服务器时，它会向服务器的控制连接端口（端口 21）发送连接请求。如果服务器在端口 21 中侦听到该请求，它会在客户端的某个端口（通常是端口号大于 1024 的端口）和服务器的端口 21 之间建立起一个 FTP 会话连接。一旦连接建立，客户端就可以通过该连接向服务器发送指令，如列出目录、下载文件、上传文件等。当需要传输数据时，客户端会先动态打开一个端口号大于 1024 的端口，并连接到服务器的数据传输端口（端口 20）。然后，在这两个端口之间建立数据通道，开始进行实际的数据传输。传输完成后，这两个端口会自动关闭。

FTP 有两种工作模式，主动模式 Active（PORT）和被动两种模式 Passive（PASV）。

1. 主动模式

主进程主要负责打开端口（端口 21），使客户进程能够与服务器建立连接，等待客户进程发出连接请求。当客户进程向服务器进程发出连接请求时，就需要首先找到端口 21，同时还要告诉服务器进程自己的另一个端口，用于建立数据传输连接，然后服务器进程利用端口 20 与客户进程所提供的端口建立数据传输连接。

FTP 主动模式的连接过程如图 12-2 所示。

（1）建立命令通道的连接。客户机随机取一个端口号大于 1024 的端口与服务器的端口 21 连接，采用三次握手的连接方式，在实现连接后，通过 FTP 命令执行文件操作。

（2）通知 FTP 服务器使用主动式（Active）连接并告知服务器连接的端口号。使用主动方式连接，通过三次握手成功连接后，客户端随机启用一个端口且通过命令通知 FTP 服务器，该端口用于数据传输。

（3）FTP 服务器主动向客户端连接。服务器会主动从端口 20 向客户端告知的数据端口发起连接。同样这个连接也需要通过三次握手，因此客户端与服务器会建立两条连接。

2. 被动模式

服务器的连接方式与主动模式的连接方式类似，在数据传输时，当服务器收到被动命令后会打开一个临时端口（端口 1023～端口 65535），并通知客户端在这个端口上传送数据的请求，客户端连接 FTP 服务器的这个端口，服务器将通过这个端口传送数据。

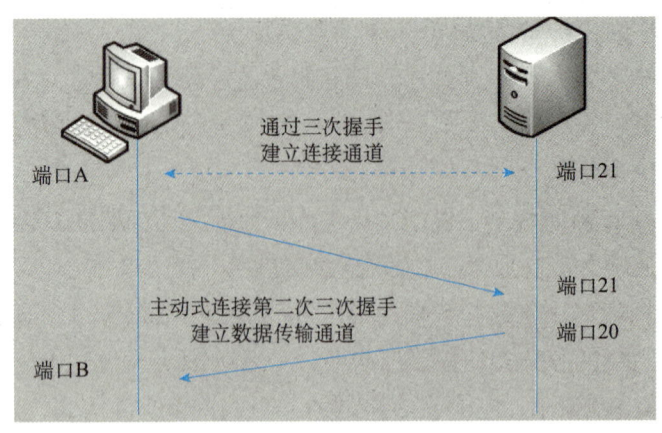

图 12-2　FTP 主动模式的连接过程

任务实施

（1）打开"服务器管理器"界面，右击服务器，在弹出的快捷菜单中选择"添加角色和功能"命令，如图 12-3 所示。打开"选择服务器角色"界面，如图 12-4 所示，选择 FTP 组件。

（2）其他按照默认的选项进行安装，直至 FTP 组件安装完成。

（3）打开"Internet Information Services (IIS) 管理器"界面，右击 FTP 站点，在弹出的快捷菜单中选择"添加 FTP 站点"命令如图 12-5 所示。

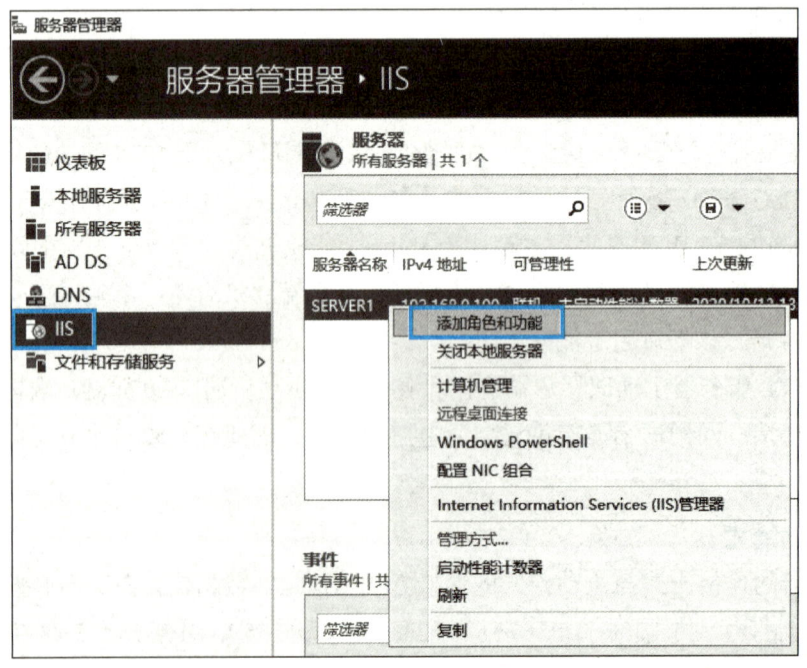

图 12-3　"添加角色和功能"命令

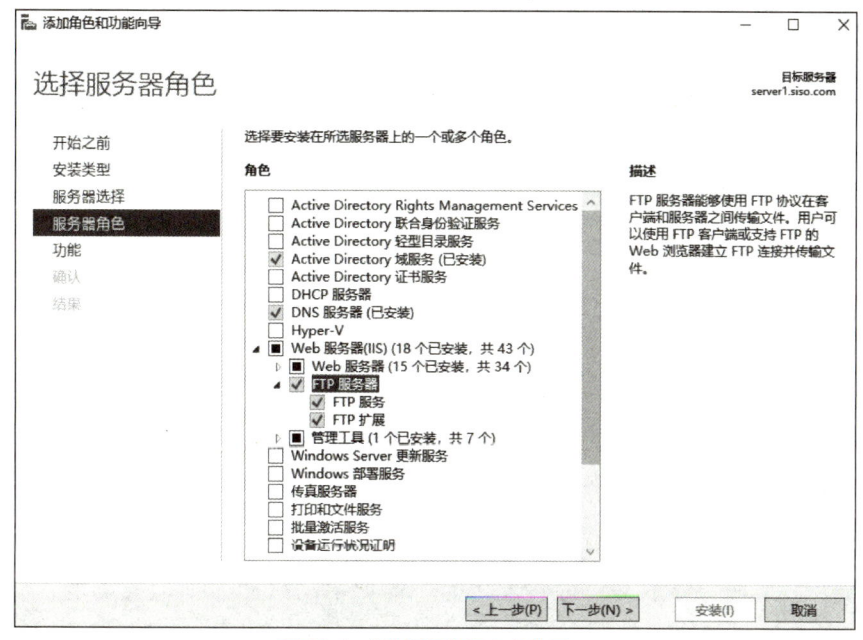

图 12-4 "选择服务器角色"界面

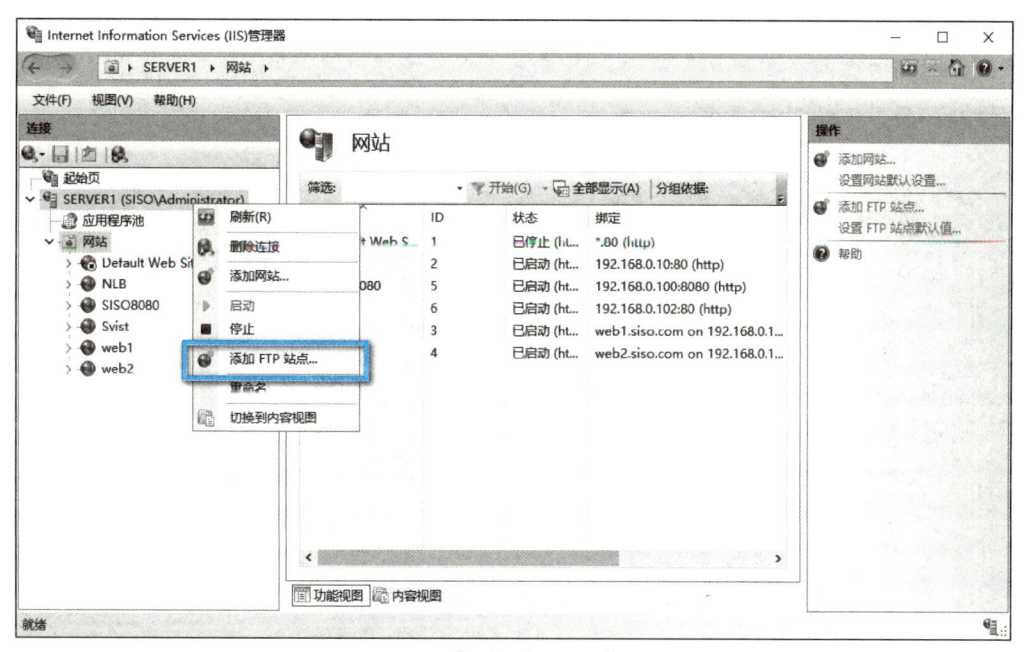

图 12-5 "添加 FTP 站点"命令

FTP 站点可以通过右侧"操作"窗格中的"管理 FTP 站点"选项来重启和停止服务器，默认情况下 FTP 服务器是启动的。

（4）FTP 站点的主目录默认安装在 C:\inetpub\ftproot，如图 12-6 所示。

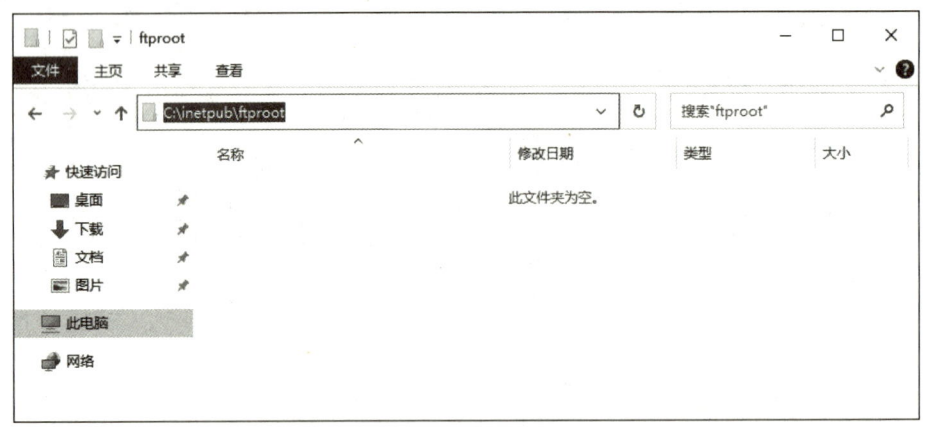

图 12-6　FTP 站点的主目录

任务拓展

在安装 FTP 服务器后，一般情况下是不需要手动启动 FTP 服务器的，但是如果 FTP 服务器在运行过程中出现问题，有时还需要手动启动。利用服务器管理器手动管理 FTP 服务器的具体步骤如下。

打开"IIS 管理器"界面，选择导航菜单中已经建立的站点并右击，在弹出的快捷菜单中选择"管理 FTP 站点"命令，并手动选择"重新启动"、"启动"、"停止"或"高级设置"命令，如图 12-7 所示。

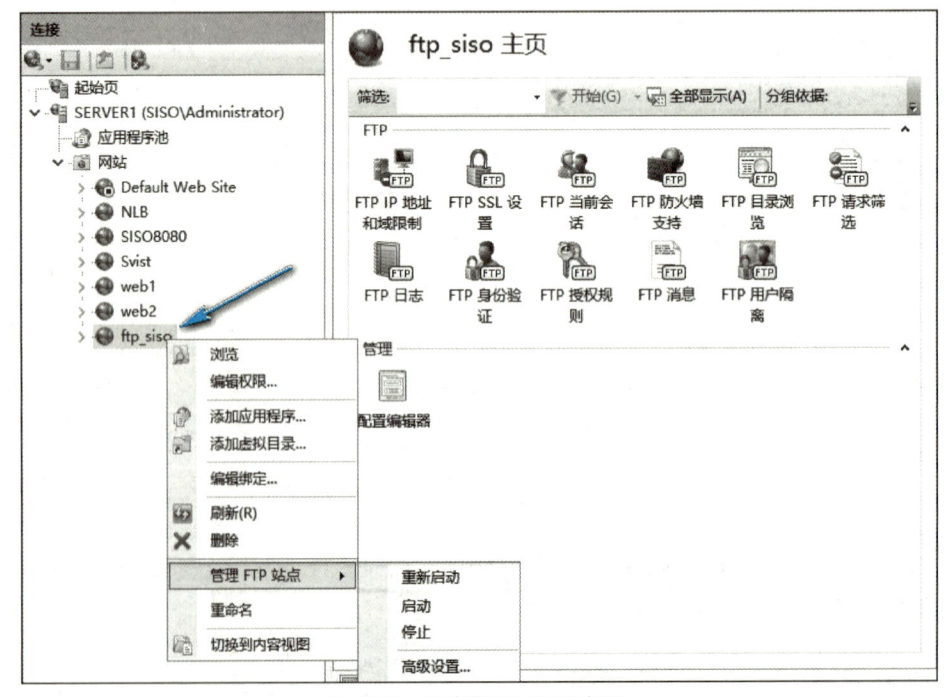

图 12-7　手动管理 FTP 服务器

任务 12-2　FTP 站点的配置与管理

FTP 站点配置与管理　　FTP 站点属性（理论）

任务陈述

网络管理员小陈创建完成 FTP 服务器的角色后，下一步要针对 FTP 服务器进行站点创建和配置。她主要通过创建站点、配置主目录、创建用户访问、FTP 服务器属性设置来创建和管理站点。

知识准备

12.2.1　FTP 站点

Windows Server 2022 网络操作系统中的 FTP 服务是委托在 IIS 下工作的。打开 IIS 管理器，单击网站的 ftp_siso 站点，在中间的窗格中显示 FTP 主目录。在右侧的窗格中可以进行服务器的启动和停止操作，如图 12-8 所示。

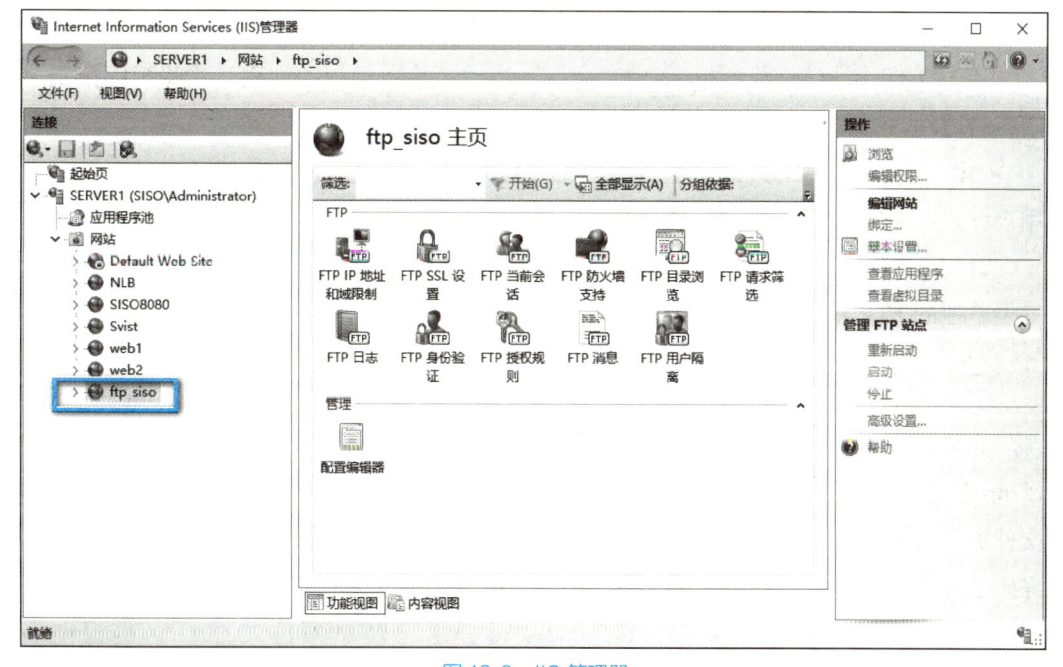

图 12-8　IIS 管理器

一、FTP 服务器的属性

FTP 服务器主要包括以下几个属性。

（1）"FTP IP 地址和域限制"页：定义和管理允许或拒绝访问特定的 IPv4 地址、

IPv4 地址范围或域名的相关内容的规则，它的规则类型就是允许和拒绝。

（2）"FTP SSL 设置"页：管理对 FTP 服务器与客户端之间的控制通道和数据通道传输的加密。

（3）"FTP 当前会话"页：监视 FTP 站点的当前会话。

（4）"FTP 防火墙支持"页：在 FTP 客户端连接防火墙开启后的 FTP 服务器时，修改被动连接的设置。

（5）"FTP 目录浏览"页：修改用于在 FTP 服务器上浏览目录的内容设置。指定列出目录的内容时要使用的格式，目录格式包括 MS-DOS 或 UNIX，它还可以显示虚拟目录。FTP 虚拟目录的概念和 Web 虚拟目录的概念一样，操作步骤也是完全一样的。

（6）"FTP 请求筛选"页：为 FTP 站点定义请求筛选设置。FTP 请求筛选是一种安全功能，通过此功能，Internet 服务提供商和应用服务提供商可以限制协议及内容行为。

（7）"FTP 日志"页：配置服务器或站点级别的日志记录功能，设置日志记录相关参数。

（8）"FTP 身份验证"页：配置 FTP 客户端可以用于获得内容访问权限的身份验证方法。身份验证方法有两种类型：内置和自定义。任务 12-1 中介绍的匿名用户和基本身份都是内置类型，自定义身份验证可以通过安装的组件实现。

（9）"FTP 授权规则"页：管理"允许"或"拒绝"规则的列表，这些规则控制对内容的访问。

（10）"FTP 消息"页：设置当用户连接到 FTP 站点时所发送的消息，可以为每个用户设置不一样的消息。

（11）"FTP 用户隔离"页：可以定义 FTP 站点的用户隔离模式，可以为每位用户提供单独的 FTP 目录以上传个人资源。

二、FTP 客户端

如果用户要连接 FTP 服务器，就要使用 FTP 客户端软件。Windows 操作系统自带了 ftp 命令，可以直接在命令行提示符窗口中运行 ftp 命令。另外还经常利用浏览器和文件资源管理器访问 FTP 服务器，输入格式是"ftp://IP 地址或域名"，如图 12-9 所示，除此之外还有一些专门的 FTP 客户端软件，如 FileZilla、CuteFTP 等。

当使用 FTP 连接服务器时，先在命令行提示符窗口中输入"ftp"，再根据提示输入 FTP 服务器的 IP 地址，接着输入访问的用户名（匿名访问时，用户名输入"anonymous"）。在登录服务器后，可以利用命令行提示符窗口的目录浏览命令访问服务器，退出服务器使用"quit"命令，如图 12-10 所示。

图 12-9　FTP 命令

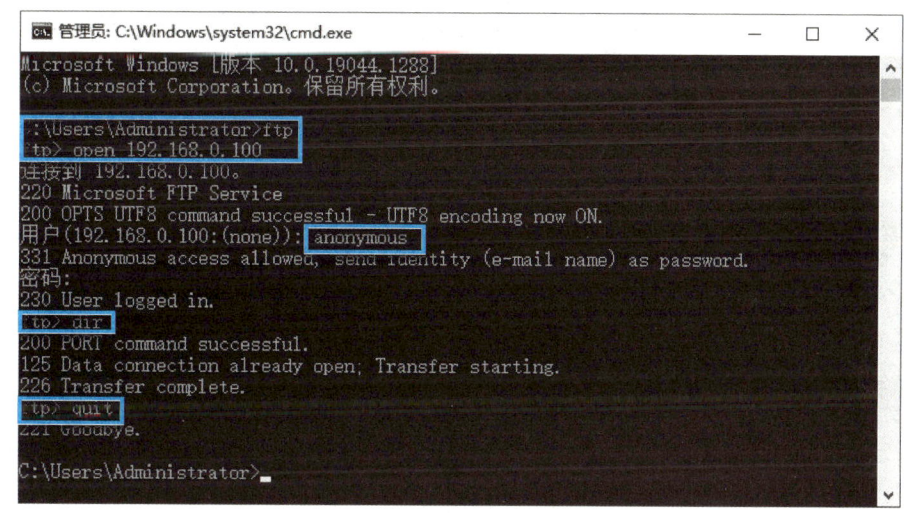

图 12-10　FTP 连接和退出服务器

任务实施

1. 添加 FTP 站点

（1）在"IIS 管理器"界面中右击 server1，在弹出的快捷菜单中选择"添加 FTP 站点"命令，在打开的"站点信息"界面中输入 FTP 站点名称和物理路径，分别为 "ftp_siso" 和 "C:\inetpub\ftproot"，如图 12-11 所示。

（2）在"绑定和 SSL 设置"界面中输入站点的 IP 地址信息，设置无 SSL 连接，如图 12-12 所示，单击"下一步"按钮。

（3）在"身份验证和授权信息"界面中选择匿名和基本用户，授权允许访问的用户选择"所有用户"选项，权限设置为"读取"和"写入"，如图 12-13 所示。本例中只测试匿名用户访问，基本用户访问设置需要在 FTP 主页中修改。

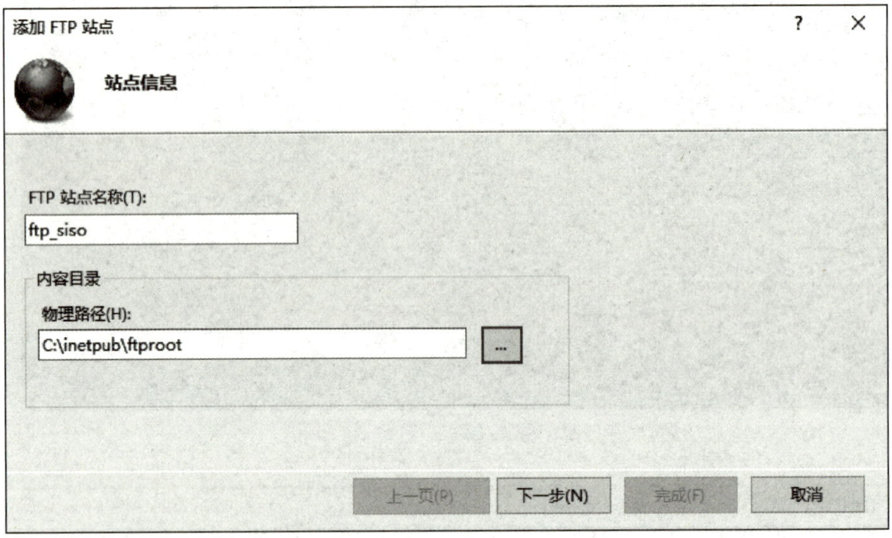

图 12-11 添加 FTP 站点信息

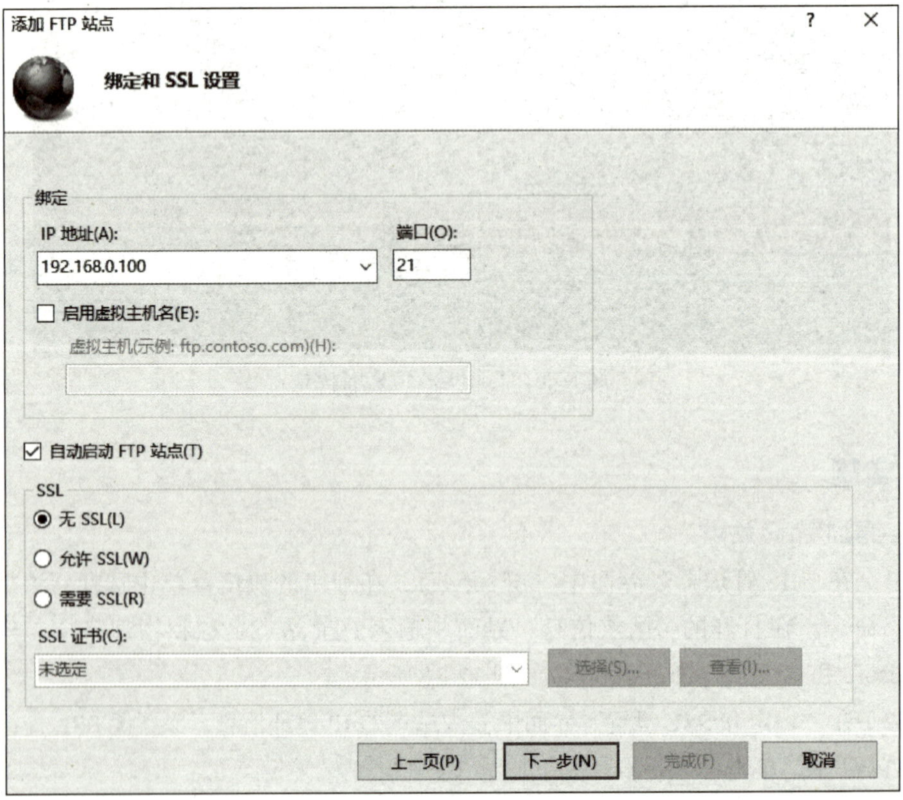

图 12-12 绑定和 SSL 设置

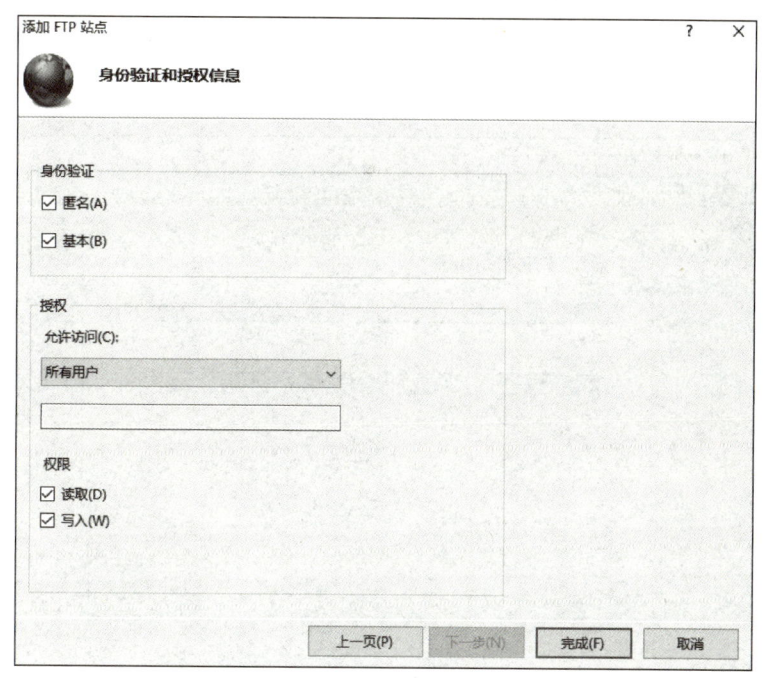

图 12-13　身份验证和授权信息

（4）单击"完成"按钮，可以看到导航菜单的"网站"目录下已经有了 ftp_siso 站点，其主页如图 12-14 所示。

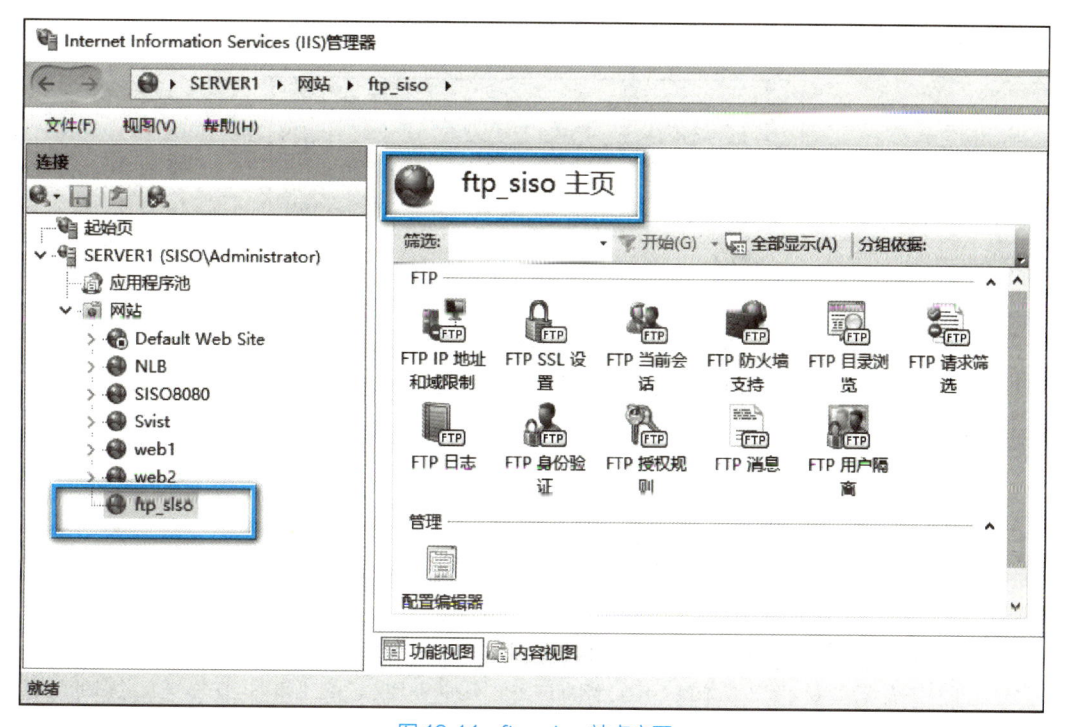

图 12-14　ftp_siso 站点主页

（5）选择 FTP 站点主页中的 ftp_siso，然后选择匿名身份验证并右击，在弹出的快捷菜单中选择"启用"命令以允许匿名身份验证，如图 12-15 所示。

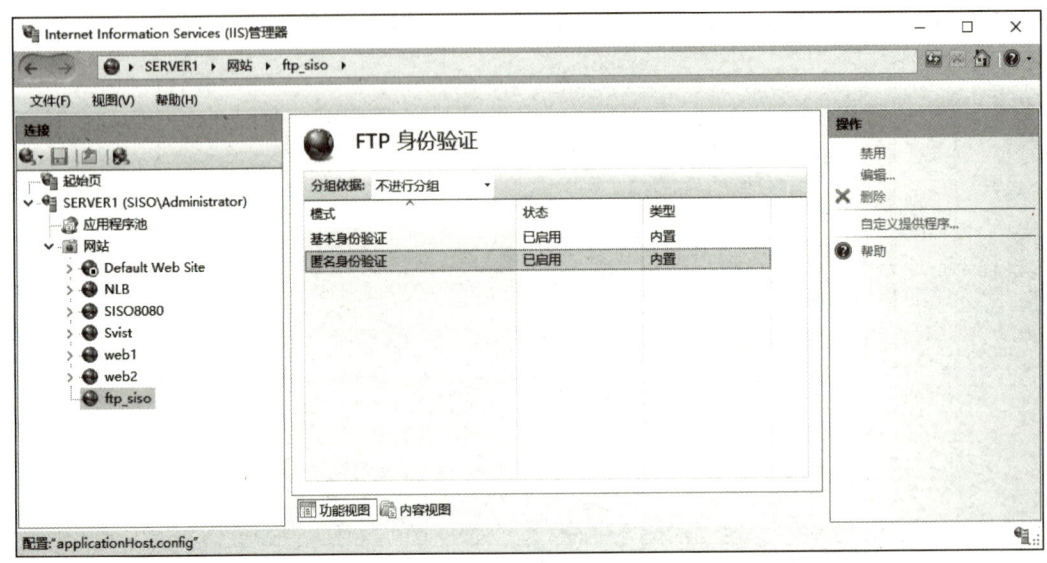

图 12-15　启用匿名身份验证

（6）选择匿名身份验证并右击，在弹出的快捷菜单中选择"编辑"命令，在打开的"编辑匿名身份验证凭据"界面中确认"匿名身份"用户名是 IUSER，后面要给这个用户增加读取 FTP 站点目录的权限。管理员也可以根据需要修改，如图 12-16 所示。

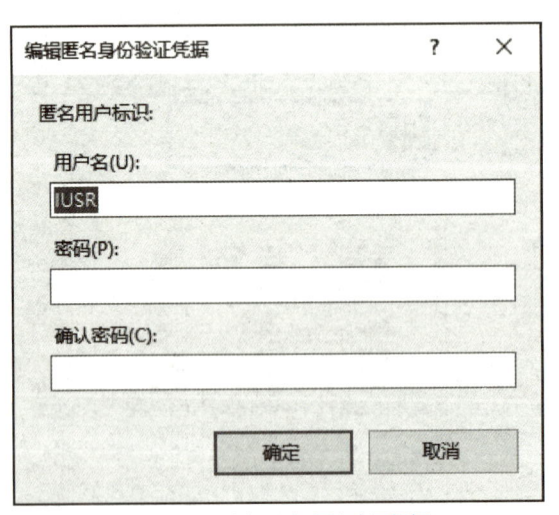

图 12-16　编辑匿名身份验证凭据

（7）选择"FTP 站点"主页，在右侧"操作"区域中单击"添加允许授权规则"或"添加拒绝授权规则"按钮打开"添加允许授权规则"或"添加拒绝授权规则"界面，进行规则的设定，如图 12-17 所示。

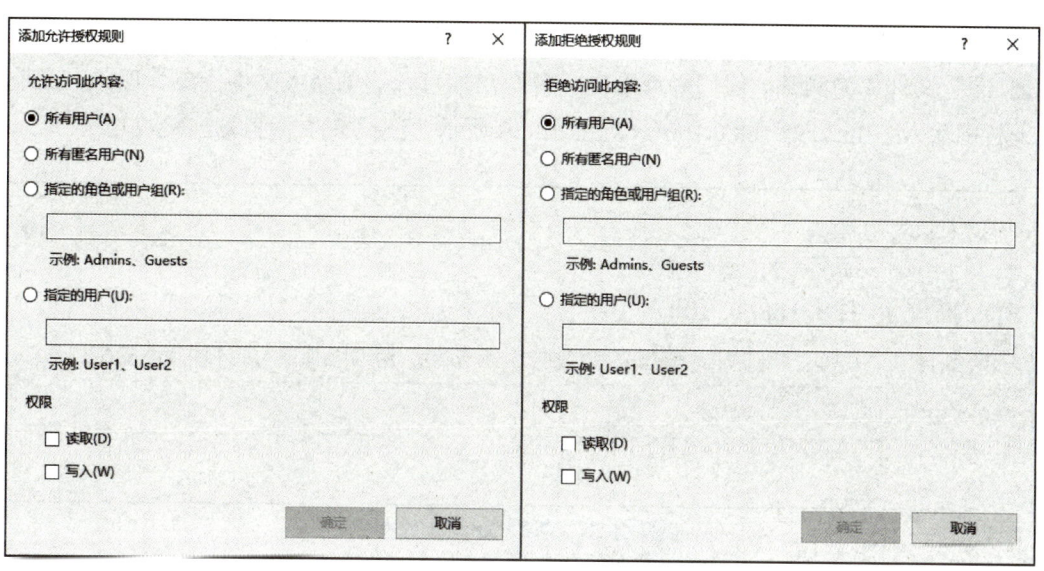

图12-17 添加允许/拒绝授权规则

（8）打开"ftp_siso"主页窗口，右击"ftp_siso"站点，在弹出的快捷菜单中选择"编辑权限"命令，在打开的"ftp_siso 属性"界面中可以看到FTP站点的默认目录是 C:\inetpub\ftproot\。在"ftproot 的权限"界面中添加"IUSER"或"IIS_USERS"用户，并将这两个用户的权限设置为读取和执行、列出文件夹内容、读取，如图12-18 所示。

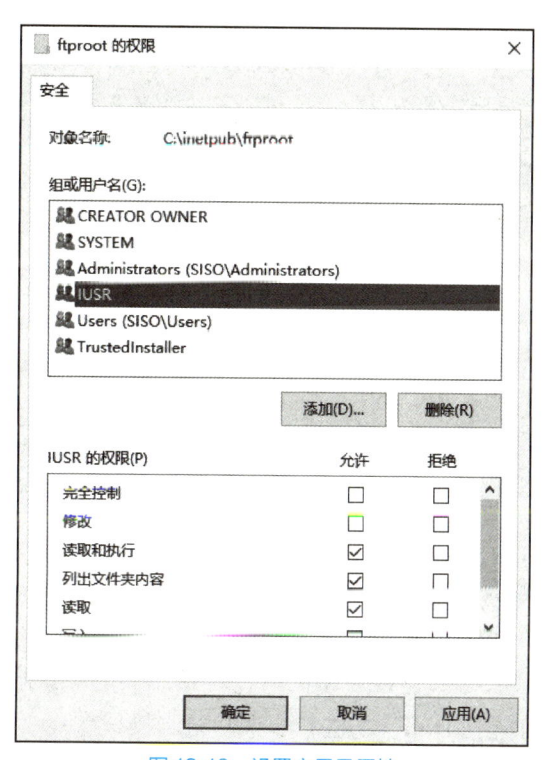

图12-18 设置主目录属性

（9）FTP 客户端测试。网络管理员预先在 FTP 服务器主目录中新建了一个"著创 .txt"文件作为测试。使用局域网内一台客户端打开浏览器或文件资源管理器，在地址栏中输入"ftp://192.168.0.100"，如图 12-19 所示，测试 FTP 服务器连接成功。

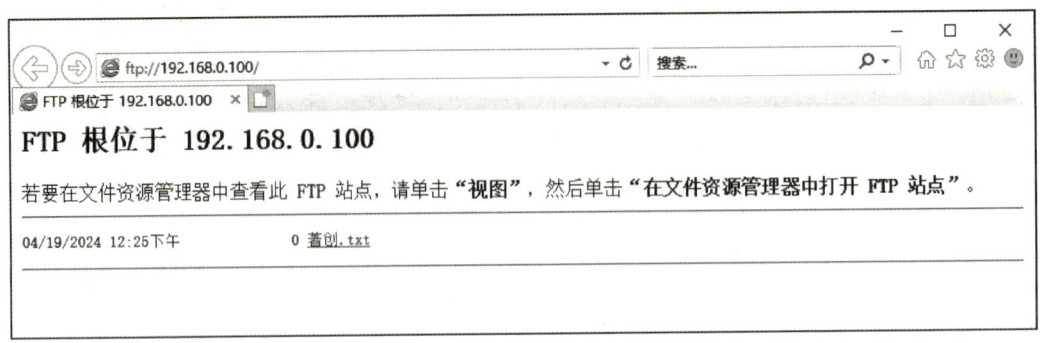

图 12-19　测试 FTP 连接成功

（10）匿名用户可以查看当前文件，但是匿名用户无法对文件进行修改等操作。如果服务器连接时出现"连接超时"等问题，则在网络和共享中心中关闭防火墙。

（11）查看 FTP 当前会话。选择 FTP 站点主页，中间的"FTP 当前会话"窗格，如图 12-20 所示，可以看到当前登录对象是匿名用户访问。会话页标签显示了当前用户的用户名、客户端地址、会话开始时间、操作的命令、命令开始时间、发送的字节数、接受的字节数、会话 ID。

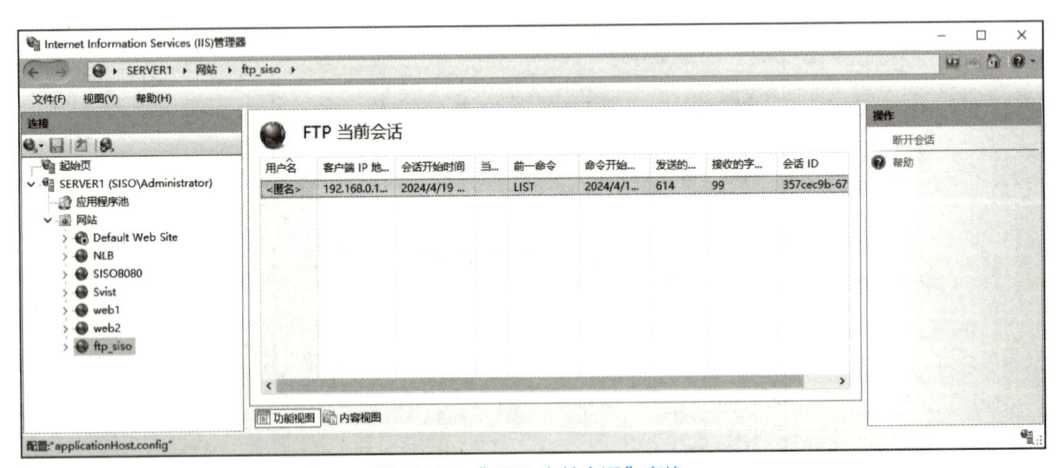

图 12-20　"FTP 当前会话"窗格

（12）查看 FTP 站点日志。选择 FTP 站点主页，中间的"FTP 日志"窗格，如图 12-21 所示，单击"查看日志"链接，当 FTP 服务器不能正常工作时，可以使用日志文件进行分析研究，日志文件是排错的时候经常用到的工具之一。日志文件包含了客户端的连接信息，如连接时间、主机 IP、端口号、操作命令、操作状态等。

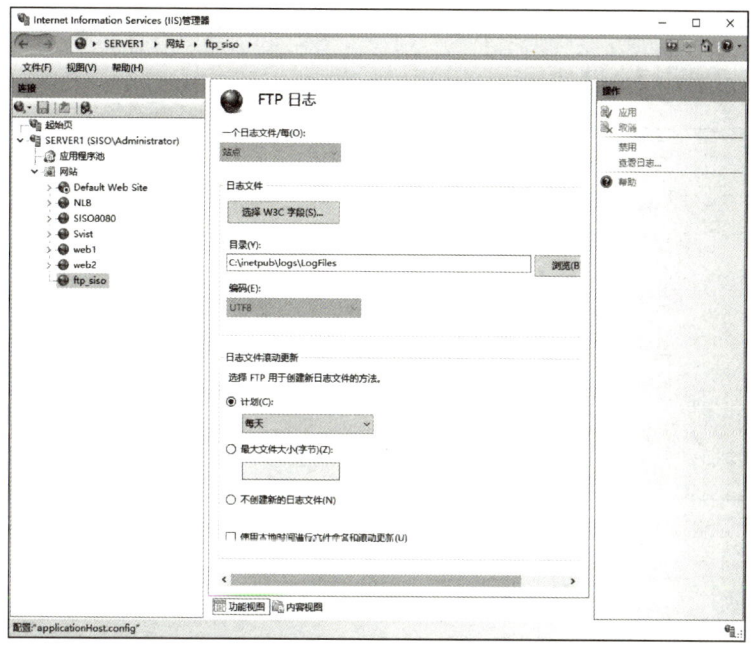

图 12-21 "FTP 日志"窗格

2. FTP 域名配置

（1）在 DNS 服务器创建别名，打开 DNS 管理器，在导航菜单中选中 siso.com 区域，新建 ftp 别名如图 12-22 所示。

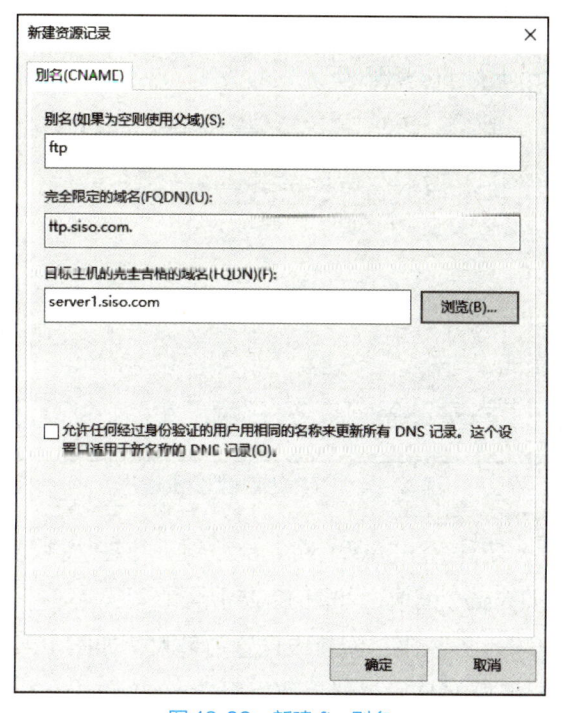

图 12-22 新建 ftp 别名

（2）在客户端打开文件资源管理器界面或浏览器，输入"ftp://ftp.siso.com"，访问 FTP 站点的结果如图 12-23 所示。

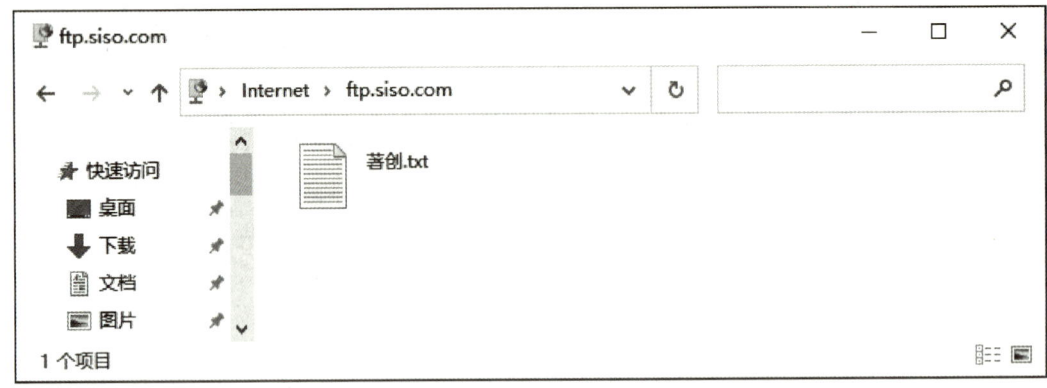

图 12-23　通过域名访问 FTP 站点的结果

任务拓展

（1）网络管理员小陈考虑到站点的安全性，她决定将 FTP 站点设置成只允许域用户访问，并且关闭匿名用户登录 FTP 站点。在"FTP 身份验证"窗格中，启用基本身份验证，禁用匿名身份验证，如图 12-24 所示。

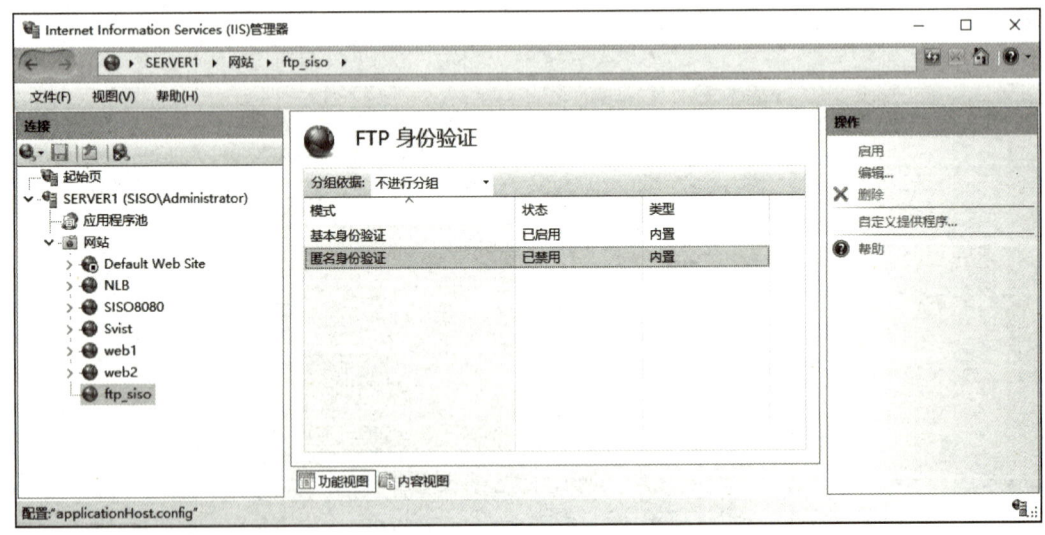

图 12-24　FTP 站点设置安全账户

（2）在域服务器上新建用户 user1 和 user2，在"FTP 授权规则"窗格中，允许 user1 读取和写入，允许 user2 读取，如图 12-25 所示。

（3）添加域用户 Users 的权限，将权限设置为最大，如图 12-26 所示。

（4）使用测试用户登录 FTP 服务器，使用用户 user1 和 user2 登录客户端进行测试，如图 12-27 和图 12-28 所示。

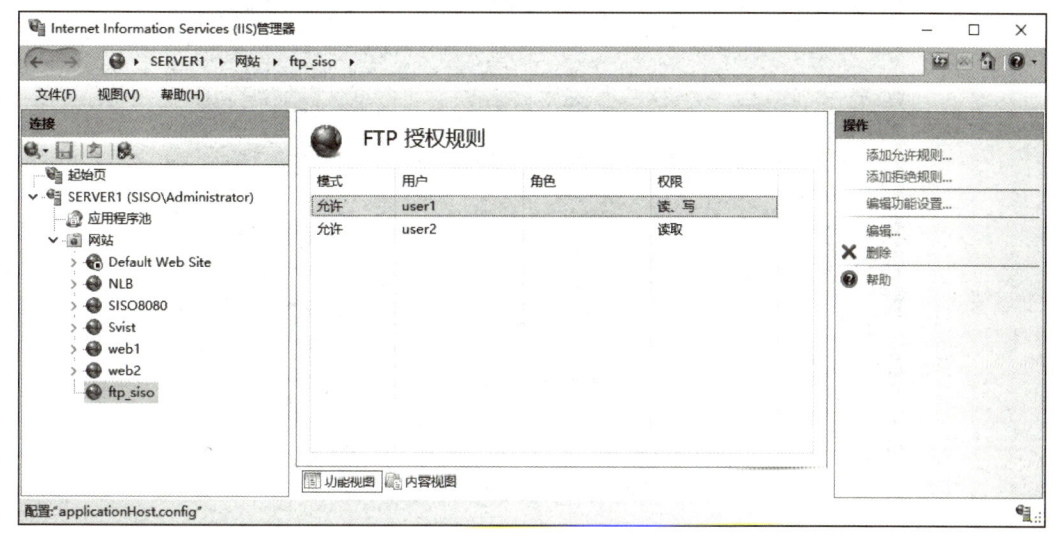

图 12-25　基本身份用户的允许规则

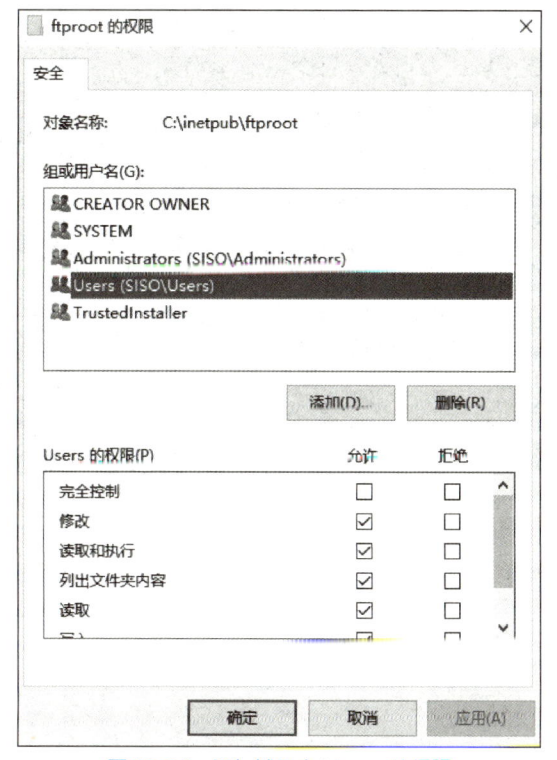

图 12-26　添加域用户 Users 的权限

图 12-27　user1 用户测试

图 12-28　user2 用户测试

任务 12-3　FTP 隔离用户

FTP 隔离用户（理论）　　FTP 域环境用户隔离

任务陈述

考虑到 FTP 服务器文件的安全性，网络管理员小陈要为 FTP 服务器设置隔离用户。成功创建隔离用户模式 FTP 站点，并规划好符合要求的目录结构后，用户即可使用合法的用户账户登录属于自己的私人目录。隔离用户设置可以有效解决公司公共资源的访问安全性问题。

知识准备

12.3.1　FTP 隔离用户的功能

在"FTP 用户隔离"窗格中可以定义 FTP 站点的用户隔离模式，FTP 可以为用户提供单独的 FTP 目录，以便用户编辑个人内容。FTP 用户隔离将用户限制在个人目录中，从而防止用户查看或覆盖其他用户的内容。由于用户的顶级目录显示为 FTP 服务的根目录，因此用户无法沿目录树再看到其他目录。用户在其特定目录内可以创建、修改或删除文件和文件夹。

一、FTP 隔离用户的功能

"FTP 隔离用户"窗格如图 12-29 所示。

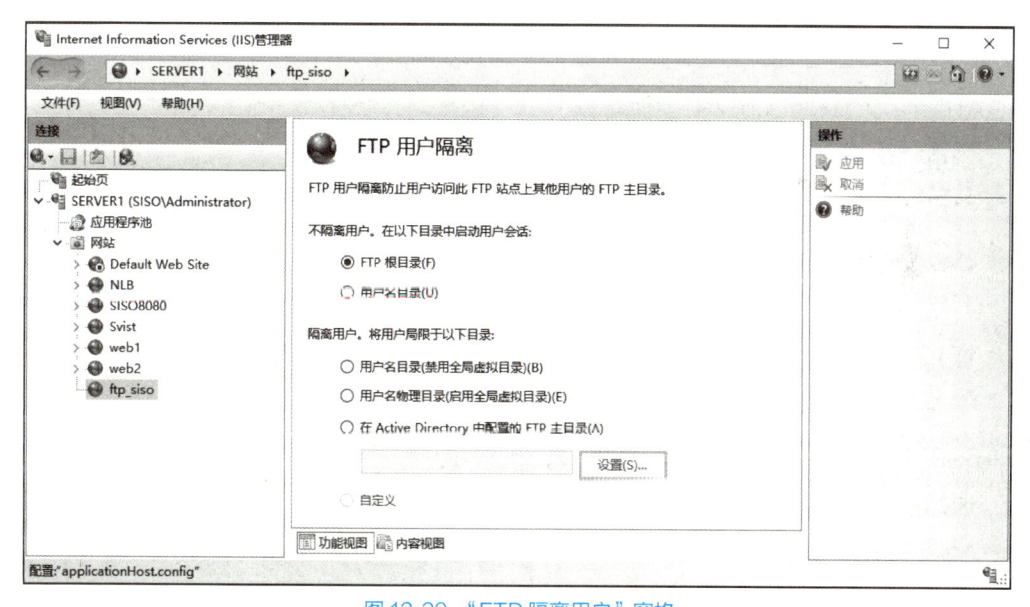

图 12-29　"FTP 隔离用户"窗格

1. 不隔离用户

对于不隔离用户，可以选择在以下两个目录启用用户会话。

- FTP 根目录：所有 FTP 会话都将在 FTP 站点的根目录中启动，这表示可以登录 FTP 服务器的用户可能都可以访问任何其他 FTP 用户的内容。
- 用户名目录：所有 FTP 会话都将在与当前登录用户同名的物理或虚拟目录中启动（如果该文件夹存在）；否则，FTP 会话将在 FTP 站点的根目录中启动。

353

2. 隔离用户

对于隔离用户，管理员要为每个用户创建主目录。首先必须在 FTP 服务器的根文件夹下创建一个物理或虚拟目录，命名本地用户账户为 LocalUser。接下来，必须为将访问 FTP 站点的每个用户账户创建一个物理或虚拟目录。表 12-1 所示为隔离用户账户类型对应的主目录路径格式，"%%FtpRoot%" 是 FTP 站点的根目录，在本例中 FTP 的主目录是 C:\Inetpub\Ftproot。

表 12-1 隔离用户账户类型

用户账户类型	主目录路径
匿名用户	%%FtpRoot%\LocalUser\Public
本地 Windows 用户账户	%%FtpRoot%\LocalUser\%UserName%
Windows 域账户	%%FtpRoot%\%UserDomain%\%UserName%
IIS 管理器或 ASP.NET 自定义身份验证用户账户	%%FtpRoot%\LocalUser\%UserName%

二、隔离用户的类型

隔离用户的类型包括以下三种。

1. 用户名目录（禁用全局虚拟目录）

用户名目录用于指定将 FTP 用户会话隔离到与 FTP 用户账户同名的物理或虚拟目录中。用户只能看见其自身的 FTP 根位置，无法沿目录树再向上导航。

2. 用户名物理目录（启用全局虚拟目录）

将 FTP 用户会话隔离到与 FTP 用户账户同名的物理目录中。用户只能看见其自身的 FTP 根位置，无法沿目录树再向上导航。

3. 在 Active Directory 中配置的 FTP 主目录

选择此类型，将 FTP 用户会话隔离到在 Active Directory 账户设置中，为每个 FTP 用户配置主目录。

任务实施

网络管理员小陈决定规划 FTP 站点隔离用户，这样可以有效地解决公用资源被随便访问的问题，另外给每个有需要的员工设置个人目录，方便员工编辑目录内容并确保资料的安全性。小陈首先给两个部门设置了 user1 和 user2 两个用户账户，两个用户账户都能对 public 目录读取与上传，作为两部门公共文档的交流，具体步骤如下。

（1）在 "FTP 站点" 主目录中指定根路径，本任务中的根目录是 C:\inetpub\ftproot。

（2）在文件资源管理器中打开根目录 C:\inetpub\ftproot，建立 siso 目录（根据域名建立相应的目录。例如，域名为 siso.com，建立目录为 siso）。
- 在 siso 目录中建立 user1、user2 命名的目录和 public 目录（user1、user2 为已经建立好的域用户）。
- 在 user1 和 user2 目录中创建空目录 public，在三个目录中分别设置 aa.txt、bb.txt 和 public.txt 作为测试文档。
- 为 user1 目录增加 user1 的完全控制权限，为 user2 目录增加 user2 的用户完全控制权限，为 public 目录增加 user1 和 user2 的完全控制权限，siso 目录如图 12-30 所示。

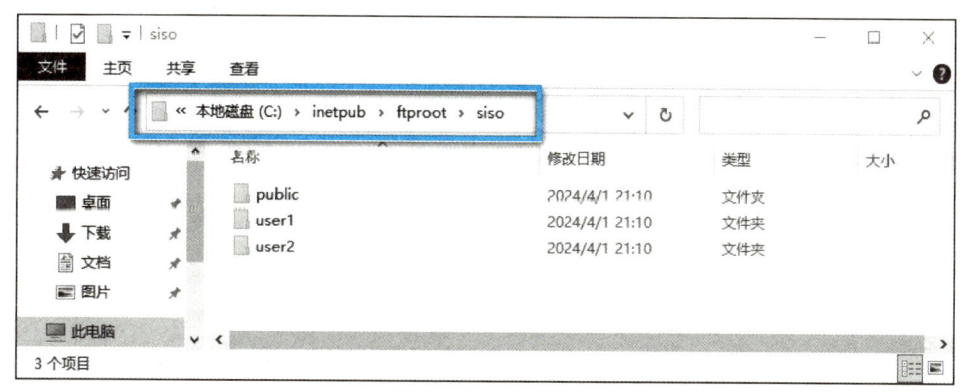

图 12-30　siso 目录

（3）打开"IIS 管理器"界面，新建 FTP 站点主页，设置 FTP 隔离用户如图 12-31 所示。

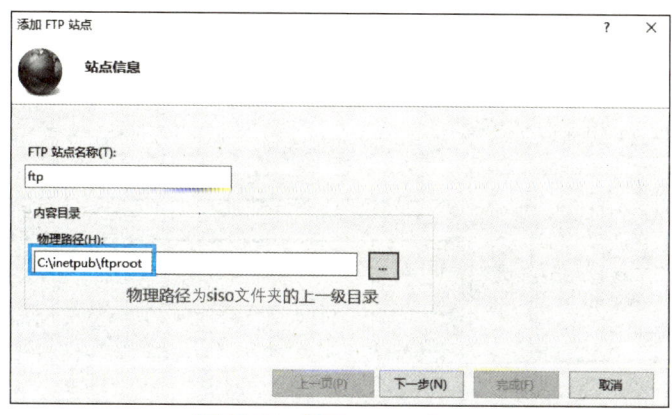

图 12-31　设置 FTP 隔离用户

（4）在站点建立完成后，在"FTP 用户隔离"窗格中，选中"用户名物理目录（启用全局虚拟目录）"单选按钮，在右侧的"操作"窗格中单击"应用"按钮，如图 12-32 所示。

（5）对不同目录进行不同授权，public 目录允许 user1、user2 读取和写入，user1

目录只允许 user1 用户账户读取和写入，user2 目录允许 user2 用户账户读取和写入，如图 12-33 所示。

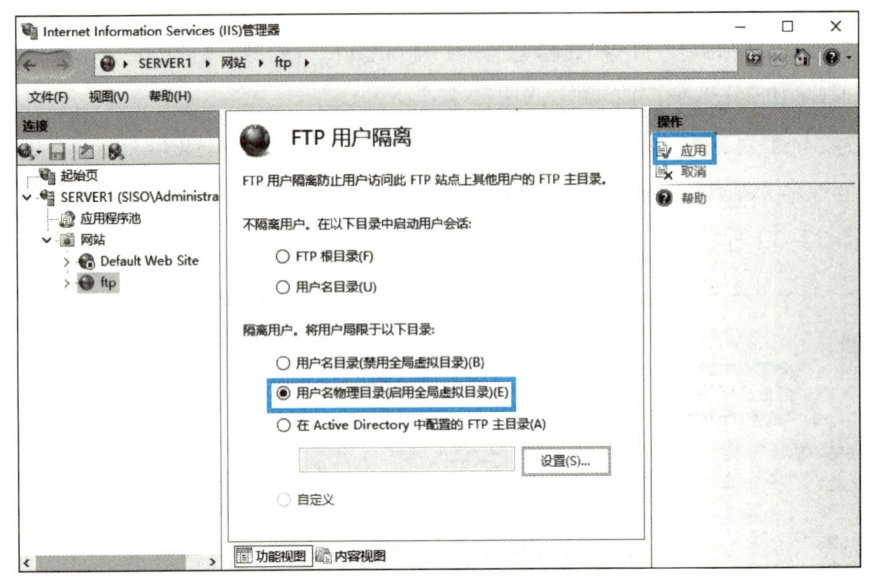

图 12-32　FTP 设置隔离用户凭据

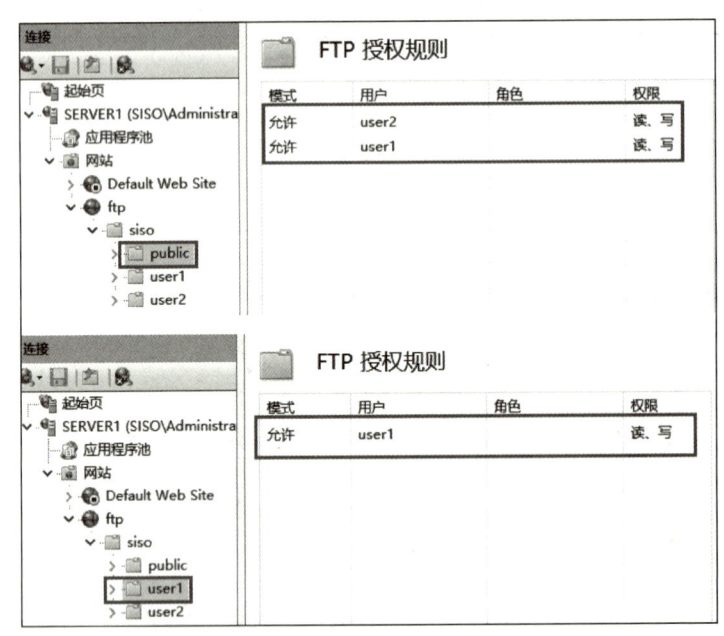

图 12-33　目录 FTP 授权规则设置

（6）在 FTP 站点上建立虚拟目录。右击 FTP 站点名称，在弹出的快捷菜单中选择"添加虚拟目录"命令。在打开的"添加虚拟目录"界面中输入别名"Public"和物理路径"C:\inetpub\ftproot\siso\public"，如图 12-34 所示，单击"确定"按钮，完成虚拟目录的添加。

（7）测试隔离用户的访问。在浏览器或文件资源管理器中输入"ftp://192.168.0.100"，以 user1 用户账户登录，结果显示 user1 能够并且仅能够看见自己的目录和 public 目录，无法在当前目录中看到其他用户目录。user1 可以在 public 目录中下载、上传文件，并对自己的目录有完全控制的权限，如图 12-35 所示。user2 与 user1 拥有相似的权限。

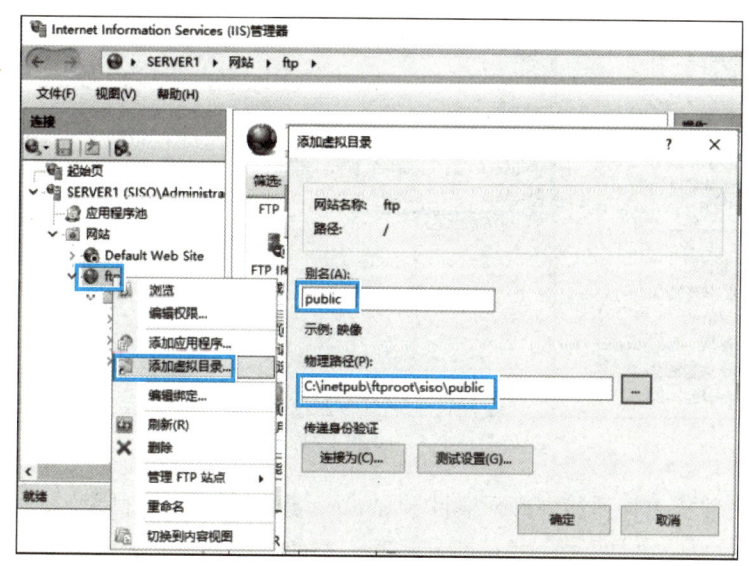

图 12-34　建立虚拟目录

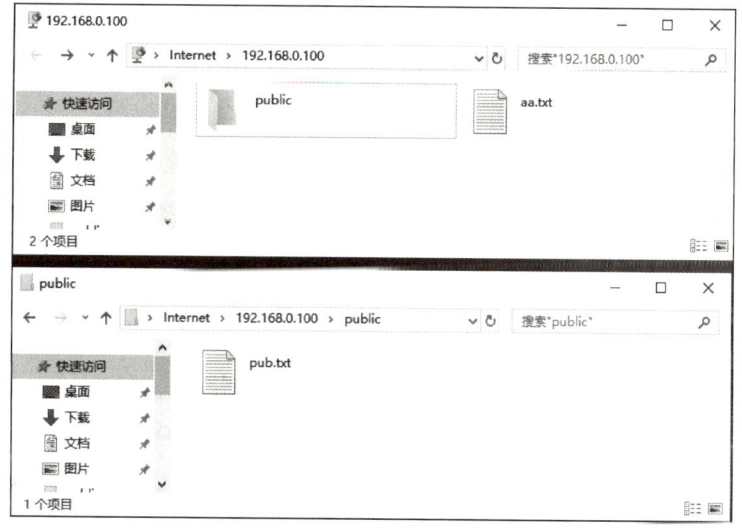

图 12-35　测试隔离用户的访问

任务拓展

公司目前没有域控制服务器，同样需要设置不同部门之间的用户隔离。首先给两个部门设置了 user1 和 user2 两个用户账户，两个用户账户都能对 public 目录读取与上传，可以实现两个部门公共文档的交流。具体设置步骤如下。

（1）在"FTP 站点"主目录中指定根目录为 C:\ftp（该路径可以按需求设置）。

（2）创建两个本地用户账户 user1 和 user2 作为隔离账户，如图 12-36 所示。

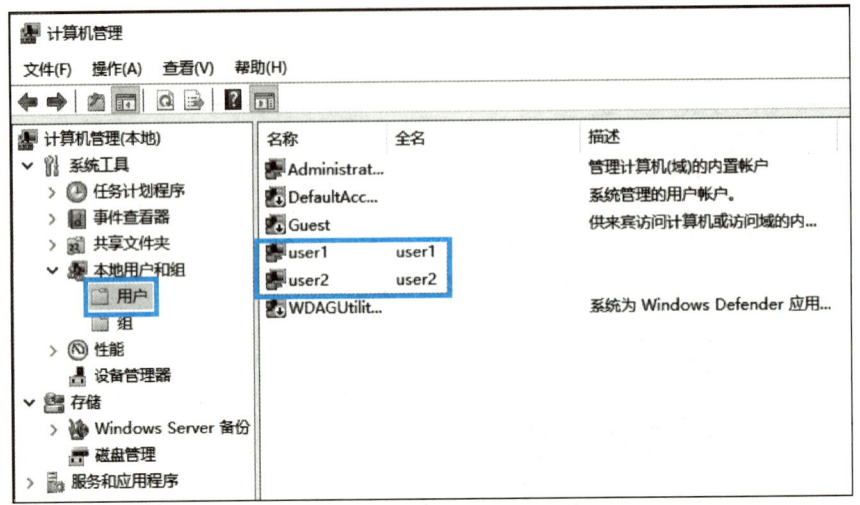

图 12-36　创建本地用户

（3）在文件资源管理器中打开根目录 C:\ftp，建立 localuser 目录。

- 在 localuser 目录中建立 user1、user2 命名的目录和 public 目录。
- 在 user1 和 user2 目录中创建空目录 public，在三个目录中分别设置 u1.txt、u2.txt 和 pub.txt 作为测试文档。
- 为 user1 目录增加 user1 的完全控制权限，为 user2 目录增加 user2 用户完全控制权限，为 public 目录增加 user1 和 user2 的完全控制权限，设置方式同域环境下的设置方式。

（4）添加 FTP 站点如图 12-37 所示。其他的设置方式与域环境下的设置方式相同。

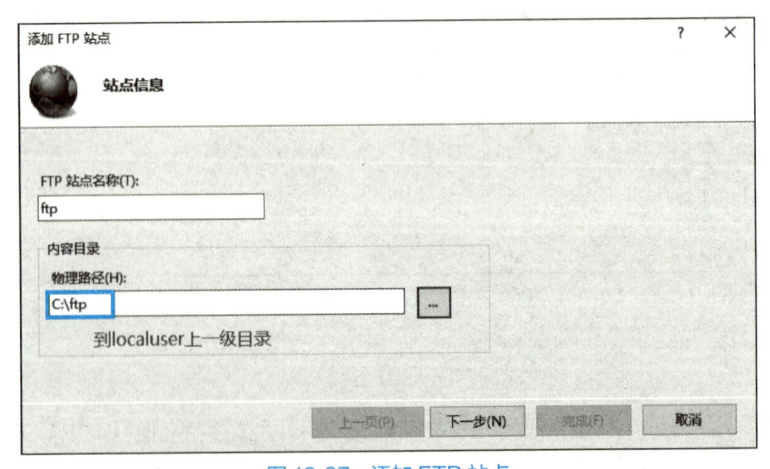

图 12-37　添加 FTP 站点

（5）测试用户隔离。使用 user1 用户账户登录，只能看到 user1 目录下的内容和 public 目录中的内容。在 public 目录中可以查读取和上传文件，如图 12-38 所示。使用 user2 用户账户登录只能看到 user2 目录下的内容和 public 目录中的内容，两个用户账户所查看和操作的 public 目录中的内容是同步的，如图 12-39 所示。

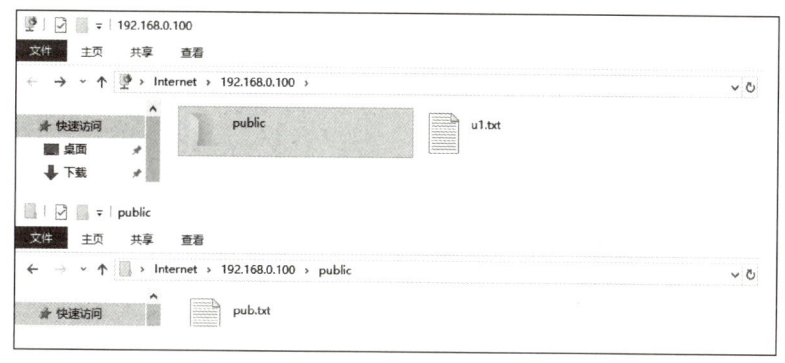

图 12-38　使用 user1 用户登录

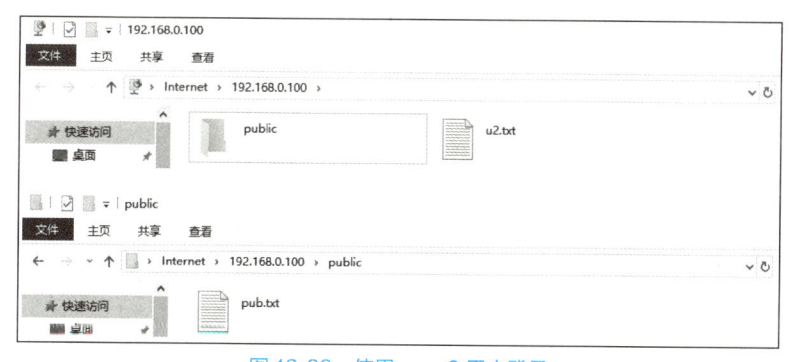

图 12-39　使用 user2 用户登录

FTP 本地环境用户隔离

单元小结

通过 FTP 服务可以在不同的计算机之间进行文件传输。FTP 是互联网的一项核心服务。Windows Server 2022 网络操作系统使用 IIS 管理工具（如 IIS 管理器）可以配置网站、FTP 服务器等应用程序的设置。FTP 是文件传输协议，FTP 和 NFS 之间的区别在于前者是文件传输协议，后者提供文件访问服务。

单元练习题

一、单项选择题

1. FTP 是一个（　　）系统。

A. 客户机/浏览器（Client/Browsesr，C/B）　　B. 单客户机（Client）

C. 客户机/服务器（Client/Server，C/S） D. 单服务器（Browser）

2. Windows Server 2022 操作系统的服务器管理器安装（　　）角色来提供 FTP 服务。

A. Active Directory 域服务 B. DNS

C. Internet 信息管理 D. DHCP

3. Windows Server 2022 FTP 服务器默认主目录的是（　　）。

A. C:\ B. \inetpub\wwwroot

C. \inetpub\ftproot D. C:\wwwroot

4. 匿名 FTP 服务，下列说法正确的是（　　）。

A. 登录用户名是 Guest

B. 登录用户名是 anonymous

C. 用户具有完全对整个服务器访问和文件操作的权限。

D. 匿名用户不需要登录

5. 下列选项中，不是隔离用户的类型的是（　　）。

A. 用户名目录 B. 用户名物理目录

C. 在 Active Directory 中配置的 FTP 主目录 D. 没有设置权限的目录

二、填空题

1.FTP 是 _____。它利用传输层的 _____ 协议进行 __ 次握手进行连接。FTP 服务器的连接端口是 _____，数据连接端口是 _____。

2.FTP 服务器的用户的身份权限包含以下三种：_____、_____、_____、_____。

3.FTP 站点的用户隔离模式可以为每位用户提供 _____ 以供上载个人的内容。

4. 日志记录的数据包括服务器上所有用户登录的 _____ 操作痕迹。

5. 隔离用户中当本地用户需要建立公共文件夹，需要在本地用户主目录下的 LocalUser 目录中建立 _____ 目录。

三、解答题

1. 简述在 Windows Server 2022 网络操作系统中添加 FTP 服务器角色的过程，安装 FTP 服务器前需要做哪些准备。

2. 简述 FTP 服务器的工作原理，FTP 工作模式由哪两种组成，并简述主动模式的工作过程。

3. 客户机在访问 FTP 服务器过程中，如果出现只能查看文件不能操作的错误，请描述解决过程。